野生动植物标本制作

（第二版）

肖　方　林　峻　李迪强　编著

科 学 出 版 社
北　京

内 容 简 介

一件栩栩如生的标本不仅是科研中的资料，教学中的教材，还是生活中美的点缀。本书以详尽的讲解、丰富的经验总结，向广大动植物爱好者展示了动植物标本的巨大魅力。全书共十一章，前六章介绍了动物标本剥制的历史和各种方法，第七章植物标本，第八章模型技术与铸型标本，第九章毛皮鞣制，第十章色彩知识，第十一章标本数字化与保护区标本资源网。

本书不仅是实践操作指南，还具有教学和科研意义，既可供农、林、牧、渔业人员参考，也值得广大动植物爱好者收藏。

图书在版编目(CIP)数据

野生动植物标本制作/肖方,林峻,李迪强编著. —2版. 北京：科学出版社，2014. 4
ISBN 978-7-03-039990-8

Ⅰ.①野… Ⅱ.①肖…②林…③李… Ⅲ.① 野生动物-标本制作 ②野生植物-标本制作 Ⅳ.①Q95-34②Q94-34

中国版本图书馆 CIP 数据核字（2014）第 041106 号

责任编辑：矫天扬/责任校对：郭瑞芝
责任印制：赵 博/封面设计：北京铭轩堂广告设计有限公司

科学出版社出版
北京东黄城根北街 16 号
邮政编码：100717
http://www.sciencep.com
三河市春园印刷有限公司印刷
科学出版社发行 各地新华书店经销
*
2001 年 12 月第 一 版 开本：720×1000 1/16
2014 年 4 月第 二 版 印张：26 1/2
2025 年 1 月第八次印刷 字数：520 000

定价:98.00 元

（如有印装质量问题,我社负责调换）

《野生动植物标本制作》(第二版)编写人员

（按姓氏汉语拼音排序）

白明亮	李　辉	李迪强	林　峻
刘　芳	刘　智	卢春雷	穆培刚
牛　锐	王秀磊	吴　楠	习　琛
肖　方	杨　琴	张于光	赵　岩

第一版序

动植物标本在生物学科研、教学及科学普及工作中占有特别重要的地位。在科学研究方面，它是新种发表和新分布区记述的唯一可供检查和研究的证据。分类学的发展，在很大程度上得益于对世界各地博物馆所收藏的成千上万的动植物标本的比较研究。在教学和科学普及宣传方面，一件姿态栩栩如生的标本是最好的教具，它给观察者留下的记忆甚至是终生难忘的。我国是动植物资源异常丰富的国家，有着从亚寒带到温带、亚热带、热带等多种环境的生物资源，其中很多是特产种。因此，有计划地、系统地进行科学采集和标本制作、收藏，是具有战略意义的一项基本建设。它不仅能反映当地动植物区系的现状，也能反映其在人类影响下的历史变迁。

动植物采集和标本制作是涉及多种知识的一门科学，一件有着完善记录和测量并且制作精美的标本，其科学价值与艺术价值是永存的。反之，如果科学记录不全或制作低劣的标本，则是白白浪费人力及财力的一种无效劳动，甚至是一种对资源的破坏和浪费。

西方生物标本制作技术传入我国已有百年历史，历经几代人的钻研和实践，逐渐形成了不同的风格和技术，对我国动植物采集和标本馆建设方面做出了重要贡献。然而，随着新工艺、新材料的不断出现，现代生物标本制作技术已有很大的革新。如何在继承和发扬我国传统技术的同时，借鉴和探索新的技术和方法，提高标本制作水平，是十分重要的。

本书作者肖方同志是北京动物园标本制作师，有着丰富的理论知识和实践经验，特别是其锐意进取、不断求新的精神，令人敬佩。他所制作的标本可以说是神形兼备，我想这是和他坚实的专业基础及对动物生态的细致观察分不开的。预计本书的出版，将会有利于推动我国科学标本制作事业的发展。

郑光美

一九九八年四月十日于北京师范大学生物学系

第一版前言

随着人类活动范围的扩延，人类的生存环境和整个生态系统不断地发生变化或遭受破坏，使得野生动植物资源呈现加速灭亡的趋势。从鸟类研究的成果可以说明这一点。自 1600 年至 1900 年，有 90 种鸟类灭绝，如澳大利亚的恐鸟（走禽，形似鸵鸟）、北美洲的旅鸽、亚洲的冠麻鸭、欧洲的大海雀和非洲的玉鸠等，都已灭绝。我国目前有 1256 种鸟，其中特有种 89 种，受危种 200 种，且濒危物种和极危物种均有增加的趋势。

这种情况的发展在今天已经引起各国领导人的重视，他们在国际环境发展大会上签署联盟公约，商讨有效途径，采取限时措施，并由各国付诸行动。在这样严峻的形势下，保护、保存和充分利用好有限的动植物资源尤为重要。它对我们人类维系生存环境、认识生存环境、保护和改善生存环境有着重要的科学意义和现实意义。

将濒危野生动植物资源保存下来是一项十分严肃的科学工作，随着人类科学和文明的进步，人们将逐步认清每一种动植物的存在和在生态环境中所起的特殊作用。到那时人类才能骄傲地说我们已认识了我们赖以生存的环境。保存的办法主要有：①尽最大努力保护濒危物种的生态环境，使其能自然繁衍；②建立物种基因库；③将死亡个体用科学的方法制成标本进行保存，以备展开深入地科学研究，并为后人作直观教学、科普宣传和观赏之用。

现代野生动植物标本的制作，是一个涉及多学科、多领域、多技能的综合学科，是依附于现代化经济、工业、社会化的发展而发展起来的一门科学。我国的国情是将在一个较长的历史时期内处于社会主义初级阶段。基于这一点，现代野生动植物标本制作这门科学在我国仍有很长的路有待探索。但我们应了解和掌握该学科的基础知识、技术特点和表现过程，并在条件允许的情况下，部分地应用先进技术展示关键部分，使之为我所用。作者正是依据这一思想来编排本书章节内容的。在这里还要特别说明一点。我们不应该不切实际地去搞那种小作坊式的小而全的技术制作业，因为它违背了现代社会发展的客观规律，不会产生高效的科学作品和获得持续的发展。我们要顺应社会化分工、社会化服务的发展趋势，逐步实现现代野生动植物标本制作这门科学的全部内涵。任何一个人都不可能具有或掌握现代野生动植物标本制作中的全部科学和技术。我们的目的是要用现代社会的生产模式去设计现代野生动植物标本制作业的发展。

本书用三个章节分别介绍了制模与铸型标本、毛皮的鞣制和色彩知识。这在过去的标本制作图书中是不曾涉及的。作者认为它们是现代野生动植物标本制作的一个重要组成部分，因而将它们也写入本书。

在介绍制作野生动物姿态标本（或叫形态标本、剥制标本）的篇章中，除了介绍需要掌握的各种具体技术技能外，还讲述了野生动物的生态环境（即地理区划与生态地理动物群的关系）、基本解剖学结构、机能构造特点与进化历程。本书中还将介绍一些动物剥制方面的研究观点、自然标本的损害原因及防治方法、标本的陈设与保存等有关内容。

肖　方

一九九七年八月于北京动物园

目　录

第一章　综　　述

第一节　我国动物地理区划与生态地理动物群的关系

表 1-1　我国动物地理区划与生态地理动物群的关系（张荣祖，1978）

界	区	亚　区	生态地理动物群
古北界	东北区	大兴安岭亚区（附阿尔泰山地）	寒温带针叶林动物群
		长白山亚区	温带森林-森林草原、农田动物群
	华北区	黄淮平原亚区 黄土高原亚区	
	蒙新区	东部草原亚区	温带草原动物群
		西部荒漠亚区	温带荒漠、半荒漠动物群
		天山山地亚区	高地森林草原-草甸草原、寒漠动物群
	青藏区	羌塘高原亚区 青海藏南亚区	
东洋界	西南区	西南山地亚区←高山带	
		西南山地亚区←中、低山带	亚热带林灌、草地-农田动物群
	华中区	东部丘陵平面亚区 西部山地高原亚区	
	华南区	闽南沿海亚区 滇南山地亚区 海南岛亚区	热带森林-林灌、草地、农田动物群
		台湾亚区	

一、寒温带针叶林动物群

包括东北北部（大、小兴安岭北部）和新疆最北部（阿尔泰山区），均属泰加林南部的边缘地区，是我国木材及重要毛皮兽产区。兽类中有蹄类众多，驼鹿、马鹿和野猪为优势种，食肉类中黄鼬、香鼬、艾虎、棕熊、狐、水獭等较普遍，松鼠、花鼠、林姬鼠为小型兽类的优势种及常见种，后两种对红松更新有严重危害，解放后我国动物学工作者在控制其为害方面取得显著成就。鸟类中以榛鸡、斑翅山鹑和雉较为繁盛，是主要狩猎对象。此外星鸦、渡鸦、黑啄木鸟、三趾啄木鸟等均为本区常见的有代表性的种类。变温脊椎动物稀少。

二、温带森林-森林草原动物群

从东北针叶林带以南至秦岭、淮河以北的广大温带季风地区。林相以温带落叶林阔叶林及针阔混交林为主，限存于山地。在东北、东南部山地以野猪及马鹿较为常见，此外有多种小型食肉兽。啮齿动物以松鼠、林姬鼠、棕背鼠、红背鼠等数量占优势，沼泽区则主要为黑线姬鼠和东方田鼠。华北山林地区优势动物群大致与东北温带林区种类相似，但典型森林啮齿类红背鼠与棕背鼠已罕见，并出现了一些与南方共有的种类（如岩松鼠、社鼠）。本地区农田主要害鼠是小家鼠、黑线姬鼠和背纹仓鼠。

本区森林鸟类中的优势种与常见种为大山雀、沼泽山雀、红尾伯劳及雉等。农田区则为麻雀、家燕、金腰燕及在高大建筑物群聚的雨燕。

爬行类中以虎斑游蛇、火赤链蛇、蝮蛇、麻蜥、草蜥及壁虎等较为常见，两栖类的大蟾蜍、中国林蛙、黑斑蛙、金线蛙和狭口蛙为优势种及常见种。

三、热带森林-林灌草地、农田动物群

热带森林分布于云南、广西、广东、海南、福建南部和台湾，目前原始林区不多，大多形成次生林灌、芒草坡和农田。有关本区鸟兽数量分布情况还有待深入调查。

在灌丛农田区，野猪、猕猴和麂类等为较常见的大型兽类，主要农田害鼠为黄毛鼠、黄胸鼠、板齿鼠、青毛鼠、社鼠和褐家鼠。鸟类中的麻雀、山麻雀、斑文鸟、白腰文鸟、八哥、各种画眉和鹎、棕背伯劳、多种太阳鸟等最为常见。两栖和爬行类中的树蛙、蛤蚧、鼠蛇等南方种类占优势。

四、亚热带林灌、草地-农田动物群

云南、广西、广东和福建北部及秦岭淮河一线之间的广阔地区。农业开发历史较为悠久，原始林型稀少。赤腹松鼠、长吻松鼠和岩松鼠等为小型的林间兽类优势种，林间常见有蹄类为小麂、毛冠鹿、野猪和林麝，华南兔亦较为习见。食肉兽中的优势种和常见种主要是黄鼬、鼬獾、豹猫、果子狸、大灵猫、小灵猫和

青鼬等。在广大农耕地区以黑线姬鼠、黄胸鼠、褐家鼠和小家鼠为主。

鸟类以麻雀、金腰燕、棕头鸦雀、黄臀鹎、绿鹦嘴鹎、珠颈斑鸠、山斑鸠、画眉、噪眉和大山雀等较为常见。两栖类及爬行类中的泽蛙、姬蛙、树蛙、虎纹蛙、湍蛙、东方蝾螈、肥螈，以及草游蛇、水赤链蛇、眼镜蛇、竹叶青、石龙子、鳖、乌龟等较为普遍。

五、温带草原动物群

内蒙古东部干草原地带。动物组成比较简单，兽类中以食草啮齿类（田鼠、黄鼠、旱獭、鼠兔和鼢鼠）特别繁盛，有蹄类以黄羊为代表。鸟类中的优势种及常见种为云雀、角百灵、蒙古百灵、芦莺、黑眉苇莺、凤头麦鸡、灰头麦鸡、毛腿沙鸡、大鸨等。爬行类以眼斑麻蜥、白条锦蛇、黄脊游蛇和蝮蛇较为习见。两栖类中的花背蟾蜍、中国林蛙为本区常见代表。

六、温带荒漠、半荒漠动物群

自内蒙古西部至新疆的荒漠、半荒漠带，包括青藏高原的柴达木盆地和境内各个山的山麓地带。兽类中以沙鼠和跳鼠两个类群为绝对优势种类，此外常见种类为黄鼠、野兔及鹅喉羚。在偏僻地区可偶见小群野驴。鸟类中最常见的是角百灵和凤头百灵。爬行类中以各种沙蜥和麻蜥占绝对优势，在部分地区的沙蟒（*Eryx miliaris*）、花条蛇（*Psammophis lineolatus*）和蝮蛇密度较高。两栖类很少。

在绿洲区的胡杨林灌丛和住家附近以麻雀、黑胸麻雀、紫翅椋鸟、巨嘴沙雀、红尾伯劳、岩鸽和多种斑鸠的数量最多。

七、高地森林草原-草原、寒漠动物群

青藏高原及其毗连的高山。森林草原兽类中的白唇鹿、马鹿、马麝等为常见的大型有蹄类，啮齿类以高原兔、喜马拉雅旱獭、长尾仓鼠、松田鼠、根田鼠和鼠兔为主，食肉兽以狼、狐、猞猁、石貂、马熊和艾鼬等为主。鸟类中的藏马鸡、蓝马鸡、高原山鹑、雪鹑、虹雉、雉鹑等为本区典型代表。爬行类有雪山蝮，两栖类的倭蛙、高山蛙、西藏蟾蜍、短齿蟾和山溪鲵等均为本区数量占优势的种类。

高山草原、寒漠鸟类以褐背地鸦、棕颈雪雀及其他几种雪雀、红嘴山鸦、黄嘴山鸦、岩鸽、秃鹫等为常见代表。爬行类的西藏沙蜥以及前述的两栖类均较普遍。

第二节　皮肤、肌肉和骨骼的机能构造在脊椎动物各纲中的比较

一、皮　　肤

皮肤紧贴在脊椎动物身体的外面，具有保护的功能。外层为表皮，由上皮组织构成，来自外胚层；内层为真皮，由结缔组织构成，来自中胚层。在真皮内有微血管、淋巴管、神经和平滑肌的分布。

圆口纲的皮肤极薄，表皮只有几层细胞，因为没有角质层的分化，所以最外面的细胞也都是活的细胞，均有细胞核，而且还有单细胞的皮肤腺，能分泌一层薄的黏液覆盖表面，以利于在水中滑行；真皮比表皮还薄，只有一层由结缔组织形成的纤维网。由于真皮内有色素细胞，而使皮肤能显现出颜色。

鱼纲和圆口纲一样，都是营水栖生活的种类，表皮也没有角质层，但有些鱼类的雄鱼在繁殖时期，吻和胸鳍等部分有由角质形成的珠星（婚装）出现。表皮细胞层次不多，真皮分层更不显著，也是由结缔组织形成的纤维网。真皮中有各种色素细胞，因而能显现出各种颜色。

两栖纲开始营半陆地生活，高级种类更适应在陆地上活动。因此一方面是皮肤更加厚密，另一方面层次也增多了，特别是表皮外层细胞已出现角质化的现象，可以防止体内水分的过度蒸发。但是这种角质化程度不深，细胞内还有细胞核，所以仍为活细胞。真皮厚而致密，分为两层：浅层为网状层，深层为致密层，已显现出一般陆生脊椎动物真皮的特性。网状层内含有大量的血管，以利于进行皮肤呼吸。在表皮同真皮之间，有大量的色素细胞，所以随着环境的不同，能改变皮肤的颜色。

爬行纲动物的表皮颇厚，角质化程度加深，明显地分化为角质层和生长层（又名马氏层）。真皮更厚，分为浅层和深层。浅层含有丰富的色素细胞，深层大部分由结缔纤维构成，因而有些种类（如鳄）的皮肤可以用来制革。角质层的分化是对陆地生活的重要适应性之一。

鸟纲的皮肤由于适应飞翔生活，除暴露在外面的部分，如后肢的胫部和足部以外（后肢的下部和足外面的角质层加厚，形成角质鳞片），一般都很薄而且很柔软，层次分化的程度也很薄弱。

哺乳纲的皮肤特点是厚而坚固，这是进一步适应陆地生活的结果。表皮可以分为角质层和生长层，但在生长层的上面经常摩擦的地方，还分化出颗粒层和透明层。颗粒层的细胞中含有丰富的颗粒（即角蛋白原），透明层中含有角蛋白，在制片染色时，常不易着色。这两层的出现，是由于生长层细胞角质化程度次第

加强，逐渐向角质层过渡的结果。真皮特别发达，很厚，可分为乳突层和网状层。乳突层有许多乳突伸入表皮中，两层错落嵌合，成为犬牙交错的情形，扩大了表皮同真皮间的接触面，利于营养和代谢物质的相互传递。

由皮肤所产生的衍生物可分为皮肤腺和外骨骼两大类。腺体的演变过程是由水栖脊椎动物的单细胞腺变为陆生脊椎动物的多细胞腺。在从爬行纲到鸟纲这一进化阶段，由于皮肤角质化程度的增加，腺体曾因一度失去其重要性而大为减少，但在哺乳纲又重新获得发展，而且分化为具有多种多样功能的腺体（如皮脂腺、汗腺、乳腺等）。

外骨骼的演变是由原始的表皮和真皮共同形成的盾鳞（如软骨鱼的鲨鱼）开始的，以后逐渐地发展为丧失了表皮衍生的成分而变成真皮鳞；当发展到古代的两栖类时，已成为骨板。自羊膜类开始，由于完全适应陆地的生活，于是那种沉重而妨碍行动的真皮衍生物（骨板）便趋于衰退和消失，相应地表皮衍生物——角质鳞和羽毛获得了发展。

二、肌肉系统

脊椎动物的肌肉系统可分为骨骼肌（或称横纹肌）、平滑肌和心肌三大类。骨骼肌是由中胚层的上板变成肌节而形成的。平滑肌和心肌则来自中胚层侧板的脏壁层。根据骨骼肌着生部位的不同，又可分为体壁肌、鳃节肌、附肢肌和皮肤肌。其中的体壁肌、鳃节肌和附肢肌在脊椎动物各纲中的变化，是颇有进化意义的。

圆口纲的体壁肌最为原始，只是一对对呈波纹形的肌节，排列在身体的两侧。在鳃区开始出现一系列的鳃下肌，它们是由鳃区后部和前几对肌节以出芽的方式共同形成的。

鱼纲的体壁肌由于水平生骨隔的出现可分为背肌系（或称轴上肌）和腹肌系（或称轴下肌）。背肌系接受脊神经的背支的支配，腹肌系接受脊神经的腹支的支配。这样的分化，大大地提高了水栖脊椎动物在水域内的运动能力。

从鱼纲开始有了上下颌和鳃弧，相应地出现了使上下颌和鳃弧运动的鳃节肌。鳃节肌主要包括两大类：背环束肌和腹环束肌，它们也是由中胚层侧板的脏壁层形成的，分别由三叉神经（Ⅴ）、颜面神经（Ⅶ）、舌咽神经（Ⅸ）和迷走神经（Ⅹ）支配。同样，自鱼纲起，伴随着附肢（胸鳍和腹鳍）的出现，开始有了附肢肌，但是却很原始，仅有伸肌和压肌两种肌肉的分化。它们是由位于胸鳍和腹鳍背面的肌节所分离的肌芽形成的，受脊神经的腹支的支配，而且在这些区域，许多腹支结合成神经丛，以扩大和加强该区域的运动能力。

两栖纲的肌肉系统也可反映出半水栖、半陆生的过渡性质。有尾目的体壁肌同鱼纲一样，还保持着分节的特性，但和鱼纲不同，背肌系开始退缩，因而背部肌节变得很小。无尾目比较适应陆地生活，肌肉的分节现象已很少见。其特点是背肌系更加退缩，腹肌系进而在腹白线两侧分化为腹直肌和腹斜肌两部分。腹直肌还具有一些腱划，表示出原始分节现象的痕迹，腹斜肌更分离成外、内、横三层肌肉，因此在功能上也比鱼纲复杂多了。

鳃节肌除附着在上下颌、舌骨器上的以外，大部分已随同鳃弧的消失而不见。

附肢肌肉很发达，分化成外来肌和内生肌两大类。外来肌起于躯干部，止于四肢骨上，内生肌的起端和止端都落在四肢骨上，两者各分离成许多条肌肉。

爬行纲由于更加适应陆地生活，因而肌肉系统也进一步复杂化。最重要的变化是伴随着胸廓的出现，在胸部的腹斜肌变成肋间肌，腹直肌也分化为胸前肌和胸后肌。

自爬行纲起，出现了使角质鳞活动的皮肤肌。

鸟纲的肌肉系统的特点是背肌系更加退化，腹肌系的腹斜肌不发达，腹直肌消失，但是附着在龙骨突起上的、属于附肢肌肉的胸肌特别发达。这样的变化，对于飞翔的生活方式是一种适应。

哺乳纲的肌肉系统基本上同爬行纲相似，但是由于哺乳纲居于更高级的进化水平，因而它们的肌肉也变得更加复杂的强化。背肌系和腹肌系都很发达，而且更加分化。背肌系分化为横突间肌、棘横突肌、背长肌、多裂肌、髂肋肌等。同样，腹肌系也发生很大的变化，如在胸部由于前肢肌肉的发达，胸部的肌肉相应地有所退化。

在哺乳纲还随同横膈的出现而产生了特有的膈肌。实际上膈肌是由颈部的腹肌系转化而来，接受由颈部脊神经所分出的一对膈神经的支配。另外，哺乳纲的皮肤肌也非常发达。

三、骨骼系统

脊椎动物骨骼系统演变的趋势是由软骨到硬骨，由简单到复杂，由不完备到完备。一般可分为中轴骨骼（包括脑颅和脏颅形成的头骨、脊柱、胸骨和肋骨）和附肢骨骼（包括带骨、鳍骨或肢骨）。它们全都起源于间叶组织。

圆口纲的头骨很原始，也很特化。脑的腹面依靠一个软骨的基板捧托着，脑的背面由结缔组织形成的脑盖覆盖，一对耳软骨囊和单个的鼻软骨囊以结缔组织连接在脑盖上。这种情况同其他脊椎动物胚胎时期的情况很相似。无颌弧。鳃弧很特别，呈篮状，包围在鳃囊的外面。由于营寄生和半寄生的生活方式，所以成体具有由一系列分散的软骨棒支持着的吸吮口器和舌。

脊索终生存在，在发达的脊索鞘背面，每一体节有一对极小的软骨弧片，保护着脊髓，这一对对软骨弧片代表着一个个原始脊椎骨，标志着最低级的一纲脊椎动物的特征。

无成对的附肢骨骼。

鱼纲的软骨鱼类同圆口纲一样，终生保留着软骨的状态。保护脑的为1块完整的软骨匣（即软颅），另外还有7对脏弧（即脏颅），支持上下颌、舌和鳃。硬骨鱼系的骨骼，在幼小时期为软骨，随着成长而逐渐骨化为许多块硬骨。硬骨鱼类头骨的构造较复杂，既含有以软骨形成的软骨原骨（形成软颅），又有由结缔组织直接骨化而形成的膜原骨（形成膜颅），还有和软骨鱼类一样的脏颅，不过在成体也变成硬骨，而且在上下颌也有软骨原骨和膜原骨两类来源不同的骨片。

脊椎骨的构造已很完整，为双凹型，中间有残余的脊索通过。双凹型的脊椎骨在脊椎动物的进化上是低级的形式。组成脊柱的脊椎骨又分化为躯椎和尾椎。这样除了使身体能进行整体运动之外，又增加了局部活动的可能性。

鱼纲开始有成对的附肢骨骼，包括胸鳍骨骼和腹鳍骨骼，各分为带骨和鳍骨两部分。胸鳍和腹鳍在水中各处作为一个整体在进行运动。

两栖纲处于由水栖转向陆生过渡的地位，骨骼系统已具备比鱼纲更大的坚固性和灵活性。头骨已很完整，上颌骨同软颅和脑颅愈合成一个整体，下颌骨由于舌弧的舌颌骨转化为中耳内的耳柱骨，而本身同脑颅相关节。鳃弧由于呼吸器官的变更而消失，一部同舌弧的留存部分愈合而形成支持舌的舌骨器。脊椎骨在多数种类中属前凹型，比鱼纲多出颈椎和荐椎的分化，这对身体的局部活动、对头部活动和对后肢的支持有很大的帮助。另外由于发生了肺脏，也相应地产生了保护肺脏和其他内脏的胸骨。

在两栖纲的骨骼系统中，变化最大的表现是在附肢骨骼的变化上，即出现了适应在陆地上运动的典型的五指（趾）型四肢骨骼，但十分软弱，既不能使身体抬高和离开地面，也不能进行很快和很远的运动。

爬行纲的骨骼系统比两栖纲更加坚强，这表现在骨化程度的增高和硬骨成分增多等方面。它们的身体大部由硬骨支持，只有少数低级的种类才部分地保留着软骨。

头骨一般仅筛骨区保持着软骨状态，两眼窝间有眼窝间隔的形成，而且膜原骨的比重开始增加，有些种类（如鳄等）有次生腭的出现，使内鼻孔后移，以利于吞咽，下颌以骨化的关接骨同上颌的方骨相关节。

由于身体局部活动的增加，组成脊柱的脊椎骨不仅数目加多，而且又有了更多的分化，即分化为颈椎、胸腰椎、荐椎和尾椎。颈椎又分化为环椎、枢椎和普通颈椎。脊椎骨虽然一般多属前凹型，但与两栖纲不同，脊索在成体多已完全不存在。在胸部因为有发达的胸骨和肋骨同胸部脊椎骨共同构成胸廓，从而大大地加强了对内脏的保护，并提高了肺呼吸的能力。

附肢骨骼很坚强，更适于陆地上的爬行运动。

鸟纲的骨骼是以轻而坚固为最大特征。构成头骨的骨片很薄，呈蜂窝状，以减轻头骨的重量，但头骨是高度愈合的，这样就加强了头骨的坚固性。头骨腔和眼窝很大，以容纳体积很大的脑和眼球。前上颌骨和齿骨伸长，成为鸟纲特有的坚强的取食器官——喙。

脊柱分为颈、胸、腰、荐、尾 5 部分。胸、腰、荐、尾部的脊椎骨发生愈合，形成愈合荐骨。这样无论在飞翔时，或在行走时，都能承担支持的作用。颈椎不仅数目很多，而且属于马鞍形。这种类型的颈椎具有最大的活动能力，以补偿因身体中部骨骼愈合导致的活动不便。

胸骨特别发达，供强大胸肌的附着。

同其他陆生脊椎动物相比较，鸟纲的附肢骨骼，特别是其末梢部分变化最大。无疑，这是对飞翔生活方式的适应。

哺乳纲的骨骼十分坚强，骨化程度很高，是对于陆地生活更进一步适应。头骨最明显的发展是某些骨片的减少或愈合，以致构成头骨的骨片数目大为缩减，另一明显的发展是头骨腔的增大，以容纳非常发达的脑。颧弓供强大的咬肌附着。下颌的关节骨形成槌骨，上颌的方骨形成砧骨，加上和爬行类等动物耳柱骨同源的镫骨，在中耳内各具备 3 块听骨，结果就使得下颌的齿骨直接同脑颅相关节。

脊柱分为颈、胸、腰、荐、尾 5 个区域。荐椎由于承担后肢的支持作用而发生愈合，形成荐骨。脊椎骨属双平型。前后两个相邻的脊椎骨间垫以软骨的椎间盘。胸骨由一系列胸骨椎构成，由胸骨、肋骨和胸椎共同构成的胸廓，对内脏起着保护和帮助呼吸的作用。

附肢骨骼一般都起着坚强的支持作用。前肢骨骼两侧各有一强大的肩胛骨。鸟喙骨在多数种类中退化为肩胛骨上的一个突起，即鸟喙突。锁骨通常不发达。后肢骨骼以一对无名骨同荐骨相关节，有坐耻骨合缝，且形成适应胎生的骨盘。

第三节　动物剥制技术的发展

动物剥制现象产生于原始社会。当时主要用于：披挂兽皮遮护身体；制造兽骨工具、武器和饰物；悬挂兽皮和头骨作为部落标志或部落首领富有的象征。

传统剥制技术则是伴随动物学而诞生的一项具有多学科知识的专门技术，始于英国，至今已有 300 年的历史。从此，动物剥制技术就有了更鲜明的主题和生命力，即为动物学服务，并得到了系统的发展和广泛传播。

我国的传统动物剥制技术是在欧洲剥制技术的基础上逐渐发展起来的，并形成了具有自己风格的两大派系，即“南唐北刘”：在南方以唐家为代表，1896 年始于福建，第一代创业者为唐旺旺和唐启秀；北方则以刘家为代表，1908 年始于北京，第一代创业者为刘树芳。他们的技术风格对我国目前剥制技术的形成奠定了基础。

我国动物剥制标本技术的历史可分为三个时期：古代手工艺（原始社会）；传统剥制技术（封建社会）；现代剥制技术——剥制、鞣制和模型（21 世纪）。2000 年以来，动物标本行业的国际往来交流日渐增多。从 2009 年至今，现代剥制技术有了广泛的认知基础和实践基础，标本企业在学习应用新技术、新材料上走在前面。自 2007 年中国人首次参加世界顶级标本大赛后，又不断有人相继参加国际标本大赛。中国剥制动物制作技术有了突显的进步，拉近了与发达国家先进技术差距；但是，目前仅限于技术层面，在感知自然、感悟人生，用作品打动人、感染人的层面上还有很长的路要走。

现代剥制技术是一种以剥制技能为基础、与现代模型技术及现代鞣制方法交织在一起的、由多学科、多项技术手段组成的综合性科学技能，原有的剥制标本的概念已得到了更新。现代剥制技术在世界发达国家的广泛使用约在 20 世纪 40 年代开始的。在我国系统地传授与推广这种技术，是由中国自然博物馆学会组织实施的。1990 年 6 月在天津召开了现代剥制技术培训交流会。这只是一次启蒙式的教育，距全面掌握和广泛应用还有很大距离。2012 年 3 月由中国科学院动物学研究所、国际动物学会、中国动物学会在国家动物博物馆举办的“首届中国动物标本大赛”，极大地推动了我国现代动物剥制技术的向前迈进，拉近了我国与发达国家在先进技术上的差距，并起到了引领行业健康有序发展的作用。

现代剥制技术已离不开翻制模型技术的应用。现代翻制模型技术摆脱了完全依赖石膏的时代，而是广泛使用各种类型的硫化胶、硅橡胶，从而减少了模具分块的繁琐，使复原精度得到提高。填充物材料的使用也发生了较大变化，聚氨脂、聚苯乙烯树脂、611 环氧树脂、618 环氧树脂、义齿树脂、义齿基托树脂的应用取代了原有的草、木、棉、石膏等材料，减轻了标本的重量，增强了标本的真实效果，利用树脂材料可取代真皮制作巨型动物模型。在现代剥制技术中，鞣制裘皮技术也应用进来，目前国内外主要是采用酸和铬盐鞣制裘皮，使用鞣制好的裘皮，可以避免生皮在标本成型后发生变型和干裂现象，提高了动物标本的整体效果。但目前的鞣制法及小而全的手工操作，还不能完全适应千差万别的野生动物皮张，有待于进一步研究与改进。总的看，使用现代剥制技术，可以提高动物标本制作的整体水平，使动物标本更能符合科学性。但现代剥制技术延长了制作周期和增加了成本，还不能在所有的剥制标本中全面地应用，只能在关键部位，如头部的口、舌、唇处使用现代材料和工艺，采用传统与现代技术相结合的方法，使目前的剥制水平提高一步。

由于现代剥制技术涉及三大技术类别的多学科知识和多项技术手段，应该采用岗位实践与系统学习相结合的方法进行培训。在我国的中、高等教育中，应该设立现代剥制专业，或由中国自然博物馆协会牵头创办具有中、高等教育水平的专门学校，以培养出我国现代剥制技术的专门人才。只有这样，我国的剥制技术水平才能有一个突破性的进展，才能以较快的步伐赶上世界的先进水平。

第四节 浅谈我国剥制动物标本的创始者

在我国动物标本制作业中，早在解放前就有“南唐北刘”之说，但未见文字记载。首次在文献中提及的是1981年《大自然》第2期刊物上。胡鸿兴和陆景一先生，分别在《大自然》和《生物学通报》中介绍过唐家的一些情况。本文作者通过对两个家族的成员及知情人调查和查阅资料，仅就我国传统剥制技术的起步和发展过程、南北两家在制作手法上的不同，以及“南唐北刘”的历史地位等介绍如下。

一、中国传统剥制技术的起步和南北两家的形成

唐家创业于我国福建省的福州港湾。唐家是渔民出身，擅长打猎，在1896年，唐旺旺和唐启秀先生就受雇于英国传教士 La Touche，为他采集并剥制鸟类标本。从此，唐家就以采集和标本剥制为生计养家糊口。1930年以前，主要在家乡附近从业，发展比较顺利。1930年以后，由于 La Touche 的回国，加上战乱，迫使唐家离开故土寻找生路。这是一段举步艰难的时期。解放后，唐家的生活和标本制作均有了保障，因而得到了社会的广泛承认。

唐家在早期的采集与标本制作中，首先考察了福州附近的鸟类，在武夷山一带得到不少新种，以后又到广东、浙江、山东及河北等省沿海进行考察和采集，并跟随海关运粮食、蔬菜的船只登上沙卫山等岛屿，观察和猎取南来北往的迁徙鸟类。La Touche 根据唐家为他采集的鸟类标本，在1931年和1935年分别出版了《中国东部的鸟类》一书的第一册和第二册。

唐家三代有20多人，分别在武汉大学、中山大学、北京大学、复旦大学、上海师范学院、福建师范大学、中国科学院动物研究所、北京自然博物馆、上海自然博物馆、中国农业展览馆等单位，从事动物标本的采集、制作和教学研究工作。唐家的足迹遍及我国的东西南北，有些鸟类新种的获得，都是出自唐家之手，为我国动物科学事业做出了有益的工作。

刘家创业于我国农事试验场（现北京动物园）。该场筹建于1906年，1907

年正式对外开放。在1907～1909年，清政府直接派人从德国和国内辽东一带购买动物，加上全国各地贡选进京的动物，使试验场的动物园在初创时期的动物就达到100余种700余只。这些动物不仅有我国特有物种，还有产于非洲、美洲、澳大利亚和欧洲各地的鸟兽。农事试验场在初创时，就设有动物标本室（《当代北京园林发展史》第172页），并有2人在1908年同德国人勒克学习标本制作，一位是刘树芳先生，另一位是许庆常先生，但许庆常先生因故早逝。

刘树芳（号稚泉）先生，1892年6月出生在河北省宛平县的职员家庭。19世纪末20世纪初，我国开创新学设博物课，教会学校有生物专业。正在这时，刘树芳先生由旗学堂转入北大博物实习科，后调入农事试验场实习，从事动物饲养、繁殖和标本制作等工作。1914～1936年间，农事试验场的动物标本陈列室已具有一定规模。在《中央农事试验场图》、《北平指南》、《北平旅行指南》、《北平农事试验场图说》、《国立天然博物院图说》等文中，都介绍了动物标本陈列室的位置和内容。《北平旅行指南》中介绍："共分4个陈列室，第一室陈列哺乳类，有：猩猩、猿、猴、狐猿、非洲狮、美洲狮、虎、豹、美洲野牛、纹马、驼羊、獐、狍、羚羊、野猪、箭猪、飞鼠、穿山甲、袋鼠及鲸一角等。第二室陈列鸟类，以鹦鹉为最多，还有食火鸡、非洲鸵鸟、澳洲鸵鸟、印度鹤等皆在。第三室陈列爬行及两栖类，有大蟒、南洋鳄鱼、印度鳄鱼、扬子江鳄鱼及蛇类、龟类、鲵鱼、蝾螈、蛙类多种。第四室陈列鱼类，有烟台获得之大鲸鲛，长凡一丈五尺，统计品种在1000种以上，多系农事试验场动物园死亡者，自行剥制，陈列于此，游客参观动物园，如不见当年故物者可于标本室得之。"农事试验场和它的动物园及动物标本陈列室，都是我国早期博物馆雏形的佐证，同时这里还是刘树芳先生早期实践活动的场所。

1923～1937年是刘家标本制作的鼎盛时期，在技术上已日臻成熟。除上班时制作了大量的动物标本外，为了"维持生活，于公余之暇私人制标本售卖"。当时刘家的牌匾是"清黎阁制造标本处"，地点在北京西直门小五条。中华书局有一个代售处。解放前，农事试验场、北平研究院动物学研究所、北京四中、中国大学、长白师范学院、北京师范大学等处，都有不少刘家制造的动物标本。1938～1949年，刘家的标本制作走入低谷，生活也日渐贫苦。1949年北京解放后，刘树芳先生带其四子刘汝英，重返动物园工作，为恢复动物标本制作做出了积极的贡献。1951年，由刘树芳先生主持，制作了我国第一个巨型剥制标本——亚洲象，并陈列在动物园内，这件标本在制作技术上达到了当时的最高水准。

刘树芳先生在野生动物的饲养、繁殖方面也做过许多工作。1945～1951年，他在长白师范学院生物系和北京师范大学生物系充任讲师，讲授生物技术课，为动物剥制技术的传播和专门人才的培养做出过积极的努力。

刘树芳先生有 4 子 4 女，都随父学习过动物标本制作，其中学有所成的是二子刘汝贵，在中国医学科学院流行病学研究所工作；四子刘汝英，在北京动物园剥制室工作。在他们的家族中，第三代人再无人继承此业，但已有第四代人继承祖业。

二、南北两家的技术特点

唐家始终把采集、观察与标本制作融为一体，独自开辟出一条谋生之路——采集与标本制作；为了便于采集标本，独自设计猎枪和研制弹丸。

唐家在制作手法上，习惯采用填充法制作动物标本，具有省时、体轻、易于掌握，能较好地适用于鸟类、小型哺乳动物、小型爬行动物的标本制作，同时适于野外工作者和我国南方的气候环境。具体地说，一般不保留鸟体的肱骨；采用三根铅丝串连法，即头尾一根，两翼一根，两腿一根，若不做展翅姿态，还可用两根铅丝串连法，即取消两翼的支撑，待标本成形时，再固定两翼；在制作过程中，颈部、躯干及其他部位完全依靠填充来达到复原成形。

刘家的技术是把保护、饲养、繁殖野生动物和标本制作融为一体；他依托于农事试验场，擅长并制作了中国及国外的哺乳动物标本。

刘家在制作手法上，习惯采用假体法制作动物标本，制作时间较长，由于使用填充物的差异，标本的重量略大于唐家制作的标本；但他在标本结构的准确性、坚固性及在造型和对环境的适应性上，都有自己的长处。具体地说，刘家的鸟类标本，保留肱骨，在尺桡部位一般需另开一口，以去除该处肌肉；一般采用六根铅丝串连法，即头、尾、左翼、右翼、左腿、右腿各一根。颈部和躯干部位需做假体，这些特点同样适用于其他类型的剥制标本。

三、“南唐北刘”的历史地位

南北两家都是我国早期动物剥制标本的创立者，他们在各自的环境中克服困难，不断求新。在长期的实践活动中积累了丰富的经验，并形成了自己特有的制作手法。他们为剥制技术的传播和专门人才的培养，做了积极的工作。在许多文献中记述了他们当年的情况，为后人留下了宝贵的研究素材。他们的劳动成果较早地与我国生物科学工作相结合，“南唐北刘”得到了社会的承认。目前，我国在传统剥制技术上还保留着他们的特色和影响。

第五节 我国动物剥制标本的发展趋向

行业管理的趋向是标准化、规范化；市场的发展趋向是多元化、细分化；技术发展趋向是综合性；技术提升的瓶颈是动物骨骼形态学；文化是引领行业可持发展的动力和根基。谁具备了这五个要素，谁就占有了未来，谁就站到了领跑者的方阵中。

动物标本的标准化采集、整理、整合与共享，是使用现代手段对标本进行管理的重要方法，是与国际接轨的基本路径。

对动物标本来源、生产、加工、运输、销售、赠予和收藏的规范化管理，是依法治国，依法保护各方利益的重要手段，是保障行业发展的依托；是从业人员、组织和企业必须维护和遵守的行业规则。野外自然环境中死亡的动物一般不提倡利用，通常把它视为病源携带体。

标本企业要重视市场调研，既要满足需求又能引领需求。修复动物标本的任务需求日益呈上升趋势；将需求细化、细分，从中发现变化和多样性，及时满足不同层面的需求，是标本行业的共同任务。

市场划分：博物馆层面——教育需求，展陈、展示需求，研究需求。团体企业层面——陈设需求，品牌需求，标识标记需求，礼品需求。个人层面——收藏需求，陈设需求，礼品需求，奢侈品需求。动物标本定价的一般原则是应略高于购买服装的平均价格，其消费应纳入文化和娱乐消费的范畴，这样才有利于保护有限的资源利用度和行业的可持续发展。

从技术方面看，在重视新技术、新材料的发展与应用之时，更应重视学习和掌握动物骨骼形态。要学会将动物骨骼形态分解成点、线段和线段与线段的连接；要学会将动物头和脊柱骨骼形态分解成：颈椎、胸椎、腰椎、荐椎和尾椎；要学会将动物前肢骨骼形态分解成：肩胛骨、臂骨、前臂骨和前脚骨；要学会将动物后肢骨骼形态分解成：腰带骨、大腿骨、小腿骨、后脚骨；要学会掌握动物骨骼形态的关联关系，从整体到分解——再从分解到整体的循环过程。这对于提高动物剥制标本的内在品质至关重要，是绕不开、躲不了的核心技术问题。

在没有条件和时间学习动物骨骼形态的时候，可借助影像学技术，解决临时性需求。影像学技术的应用有两种表现形式，一种是将图片通过投影仪，投放到正在制作的实际模型或标本上进行比对；再有就是将正在制作的模型或标本用数码相机拍照下来，放入电脑中与参考图片进行比对，从而发现不足进行修正。这种比对方法也是职业雕塑人的常用方法，但是使用这种方法只能解决大体形态结构而不能精细到点和线段的精准表现，它是具有局限性的补救方法。

标本的文化性，重要的是将民族文化融合于标本作品和陈设环境中。只有将文化的内含注入标本中，才能使标本具有活力和新的生命；才能使标本艺术有更好的发展前景，被更广泛的大众所接受。具有文化内含的标本才是高水准、高境界的标本。

我国动物剥制标本剥制已走过了百年历程，我们对现代动物剥制技术的认识还不够深刻，还不够普及，还需要在实践中加深理解和不懈努力，将世界上最先进的技术、材料和产品，引进过来为我所用。我们要结合国情、市场和需求，并且要有所为有所不为地学习和借鉴他人的东西，走出一条适合自己的民族之路。我们还要把眼光放的远一点，不能只锁定国内，要开发跨地区跨国界的市场。搞市场要有品牌意识、商标意识、知识产权意识，要在竞争中创品牌，在竞争中发展品牌。学习是发展的润滑剂，注重现代信息工具——互联网的使用，通过互联网去了解世界，认识世界；同时，也要通过互联网让世界了解我们，认识我们，通过互联网把我们的产品打向世界。

中国动物标本行业的未来充满希望，赢得青年，就有未来，明天属于青年人。

第六节　死亡动物的综合利用

动物的生老病死是一种自然的客观现象，对死亡动物的利用是一个十分现实而有意义的工作。它的意义不仅在于美丽的羽毛可做装饰工艺品，绒羽可做防寒保温的材料，皮张能够制革，骨骼可以进行雕刻，更重要的意义在于它是能帮助我们进行科学研究，如研究动物与人类关系的重要基础资料，也是进行科学普及的珍贵材料。

一、动物尸体的解剖

解剖的目的有两个：一是做病理诊断与研究，疾病防治，促进医疗水平的提高；另一个是提高对野生动物的认识，包括组织器官形态结构等方面的特性，使我们的饲养管理方法能更适合动物生理的需求。

二、制作和保存各种动物标本

1. 骨骼标本

用于考古学研究，可与动物化石做比较，研究动物化石的种类、分布和深化过程等。骨骼的结构形态还可为现代科学中的仿生学、运动学、美学等学科服务。

2. 各种组织器官的标本

可作为教学的直观教材，为科学研究（如动物分类学）等提供生理学上的科学素材。例如，在大熊猫是否独立成为一科的学术研究问题上，有些专家用大熊猫与熊科动物做生理结构的比较，提出大熊猫应独立成为一个科的理论，当然也有不同看法。还有关于为什么把狮、虎、豹划在同一个属，既不是根据它们的产地，也不是根据它们的体形毛色，而是根据它们的喉头骨结构相同而作出的划分。

3. 形态标本（或姿态标本）

这是大家熟悉的，在小学的自然常识课，中学的生物课，大学的生物系、动物系等都需要这些标本进行直观教学。它具有更广泛的科研生产的意义。例如，鸟类的分类，常常是依据鸟体羽毛的枚数鉴定物种。动物标本是研究动物种群和种类鉴定的不可缺少的基本依据。生态标本还具有一定的观赏和艺术价值，如雄鹰展翅的威武姿态，一对鹦鹉窃窃私语的形象，猛虎下山不可一世的姿势，都能给人一种艺术的享受和联想。

动物园里的标本剥制除有上述作用以外还具有一定的经济效益，从某种角度上说，标本要比活的动物容易管理甚至更有价值。它也是动物园收入的一种渠道。

总之，这项工作是一个变废为宝、具有很大意义和潜力的工作。希望动物园工作者都来重视并做好综合利用动物尸体的工作。应该尽量把无传染病的稀有死亡动物做成标本，或提供给科研、教学单位，以充分利用我们现有的动物资源，为国家创造更多的财富。

第七节　几种常用解剖器械的使用

解剖操作常用器械有解剖刀、解剖镊和解剖剪。

持刀有三种方法，使用时应根据操作的要求，选用适当的持刀方法。第一种方法是右手拇指伸直，中指弯曲，持刀于拇指指腹与中指的末两指节桡侧缘之间，食指平伸压在刀背上。这种持刀法的操作活动，主要利用肩、肘关节，力大而均匀，适用于平稳地切开皮肤。第二种方法基本与第一种方法相似，不过食指不是按压在刀背上，而置于拇指的对侧夹持刀柄。这种方法的运刀力量比第一种方法较小，但灵活性较大，一般用于作较长的皮肤切口。第三种方法是用拇、食两指尖与中指末节的桡侧缘夹持刀柄，与执笔写字姿势相似，操作动作主要利用指间、掌指和腕关节轻巧灵活的运动，用力准确细致，是用得最多的一种持刀方法（图 1－1）。

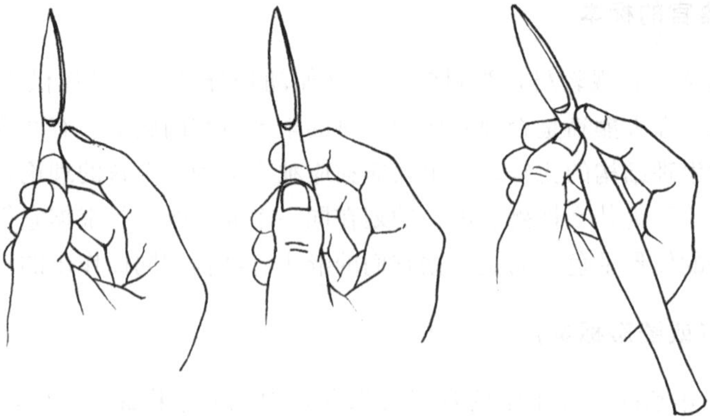

图 1-1　持刀法

持镊的方法与上述第三种持刀法相似，镊子夹持在拇指和食指与中指之间，用拇指末节对食指和中指末节的力量，较为灵活（图 1-2）。

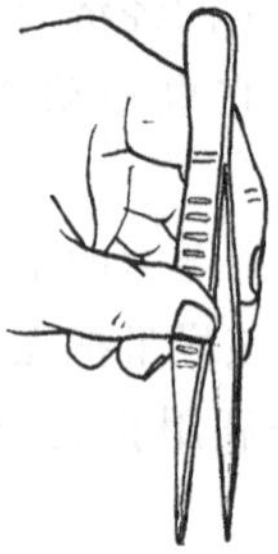

图 1-2　持镊法

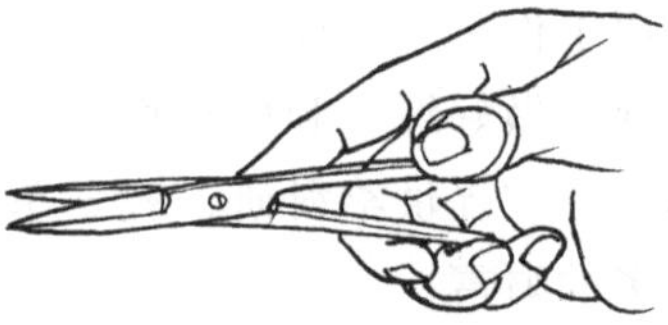

图 1-3　持剪法

持剪的方法是用拇指和无名指分别插入两个剪柄圈内，食指按在剪的关节附近，中指和小指分别承托于无名指所插入折剪柄圈外的前、后方，主要用拇指的力量剪切，食指、中指和无名指起固定的作用，使剪切平稳准确（图 1-3）。

第八节　自然标本的损害原因及防治

文物保护包括对自然标本的保护是一门新兴学科。这门新兴学科涉及的范围很广泛，不仅包括物理、化学、生物学等自然科学，也同社会科学有一定的关系。目前已经形成了独立的新兴学科——文物保护学。博物馆藏品的保护是按藏品的质地和特性的不同，损坏原因、损坏规律不同而采取的科学保护方法，其目的是要延缓藏品的自然老化，延长它的寿命。博物馆藏品（文物、自然标本）损坏的原因主要有两点：一是内因，即文物或自然标本在构成的过程中，其本身产生的不稳定性是文物损坏的内因；二是外因，即客观上存在的造成文物、自然标本损坏的因素。外因有以下三方面。① 物理、化学因素：如温度和湿度的变化、光照、氧、空气中的杂质、灰尘、酸、碱、盐等有害物质都可以使文物、标本受到损坏。② 生物因素：虫、微生物的寄生、鼠咬等对文物标本的损坏。③ 机械性的磨损：在陈列过程中的提取等造成的人为的破坏，包括不正确的保护方法。如动植物标本的剥制方法不当也是对藏品的破坏。从理论上讲，保护文物和自然标本适宜的温度为 4～18℃，最高不能超过 20℃。湿度为相对湿度的 55%～65%也是合适的。但实际上，我国还没有一个文物库房能够达到这个标准。20 世纪 70 年代新建的文物库房，最好的要算湖南长沙保存马王堆出土文物的库房了。库房建筑比较好，是密封性的，使用空调，但也不是很理想。首先从建筑本身来讲，一般各省、市的库房，从要求上看都比较差，都不太好；从建筑本身来看都不理想，有的库房还漏雨。这样的库房怎能防潮呢？用什么药也无济于事。所以，从建筑上讲，对库房的要求首先要密闭，咱们现在做不到这点。建筑库房还要从位置及环境上来考虑，否则随时有潮湿空气、害虫、菌类、有害气体等进入库房，无论用什么防治方法也不能达到保护藏品的目的。有了较好的库房，在此条件下再计防虫、防潮、防霉等才有基础。不然窗开虫子随时都可进来，一边杀，一边飞进来产卵、孵化都在进行，这就不好办了。完全搞成密闭、空调的库房，并不十分符合我国的国情。首先是电的问题，采用空调密闭的库房如果停电，库房里想通通风都没办法。事实上目前我国有时还要停电。其次，这种库房电费、水费花钱很多，消耗能源多，升温还容易些，尤其是降温要花很多的能源。一般情况下降一度要比升十度费用高。用传统的办法保护文物不是完全不能解决问题，但也要有一定的库房条件。说句俗语，“巧妇难为无米之炊”。总之保护好文物、自然标本首要的，是应当有一个比较好的库房条件，这一点是应当强调的。哪怕用最简单的方法，如用塑料薄膜、胶黏带等封闭一下门窗也还是可以好一些的。

一、防潮问题

在有一定的库房条件下，如何防止潮湿呢？有人说用吸湿机。可以，但也要看一定条件。有的库房条件不好，用吸湿机等于吸收大气中的水汽。昼夜 24 小时不停机，还要有人不断倒去吸湿机吸来的水分，累得不得了，成了重体力劳动，一停机湿度又上来了。目前我国的吸湿机开机几小时，马达发热就要停机，根本不能开机 24 小时。有了一定的库房条件再使用吸湿机才能降低库房内的湿度。采用药品吸收库房内的潮气以降低湿度，一般常用无水氯化钙，吸房间的潮也还是有一定作用的。无水氯化钙是白色的固体，吸收空气中的水分，变成为液体。在使用时应当注意将氯化钙放在一个较深的容器中，容器中氯化钙完全成为液体时应立即倒掉，换上新的无水氯化钙。否则容器中的液体也会有水分蒸发到空气中。在局部环境中（如文物标本柜内等较小的环境中）可使用硅胶吸潮。我们现在用硅胶多些。硅胶为蓝紫色，吸潮后变为粉红色，经烘烤等方法去掉水分，硅胶又为蓝紫，可继续使用。但在大面积范围内，使用硅胶吸潮就不太适合了，主要原因是费用太高。

二、防虫、防霉问题

库房也要密闭，用杀虫剂把虫子杀死。杀虫杀菌药物不少，我们要求能杀死处于卵、幼虫、蛹、成虫各个发育阶段的害虫。在杀虫剂方面要求杀虫广谱。一般情况，成虫及幼虫比较容易杀死，对卵和蛹则较难杀死。要求杀虫剂的渗透力强，可以渗入卵、蛹中将其杀死。有的杀虫剂渗透力强，可以渗透木板，在十分密闭的器皿中存放的文物标本不必取出，即可起到杀死害虫的作用。广谱杀虫剂，能杀死多种菌类，损坏文物标本的主要是真菌，库房中常见的有十几种，有些药物对某种菌有杀伤力，而对其他菌则无杀伤力。广谱杀虫剂则是能杀伤多种菌类的药剂。此外，要求杀虫杀菌剂对文物标本的副作用小。到目前为止，还没有一种药物对文物绝对没有副作用，所以只能说副作用小。这点要看成是使用杀虫杀菌剂的首要条件。如果药品对藏品有较大的副作用，虽然有高效的杀虫力、广谱的杀菌力，也不能采用。更不能随意使用工农业生产上所使用的杀虫杀菌剂。文物库房选用防虫防霉药剂，一定要先经过试验，有的文物库房生了虫，请来粮食部门的同志协助杀虫，使用了粮库行之有效的磷化铝氯化熏蒸，结果文物中的青铜器变为黑色，所有字画上的石青石绿都变成烟叶状，而且腐蚀成洞，造成不可挽回的损失。所以工农业生产上行之有效的杀虫防霉药剂，也要经过试验才能在文物（标本）上使用。

目前常用的杀虫杀菌药剂有二硫化碳、四氯化碳、溴甲烷、甲醛、氰化物等。氰化物是剧毒品，使用时要特别注意，并且要设法防止空气污染。以上各种药剂杀虫都是有效的，但各有利弊。现在文物保护方面多使用环氧乙烷，这是20世纪60年代引进的方法。环氧乙烷化学性质活泼，易燃易爆，要同惰性气体如一氧化碳、氟利昂、氮气等混合使用。目前我国已能生产混合气体环氧乙烷，其沸点较低，只有10.7℃。实际用时多为气态。其相对分子质量为44.5，凝固点111.3℃。溶于乙醚、乙醇等。环氧乙烷与氟利昂1∶9混合使用也可。有人担心易爆易燃不敢使用，实际上在使用时无明火是不会燃烧及爆炸的。所以在使用时不能吸烟，也不能穿带铁钉的鞋在水泥地上行走，以免打起火花，注意电器开关，不要打出电火花等，即可保证安全。这种药品是一种比较理想的杀虫杀菌剂，可以在各个发育阶段杀死虫子。渗透力强，杀菌广谱使用效果是比较好的。对字画、纸张、丝织品的颜色，强度等都没有什么影响。环氧乙烷目前在市场上并不难买到，而且有小包装。对于自然标本来说，我不知对羽毛、皮革、皮毛到底有没有影响，如感兴趣不妨一试，可以做些小型试验。用聚乙烯塑料薄膜或复合薄膜制成的塑料袋将文物密封起来，充进环氧乙烷进行熏蒸。熏蒸的时间与用药浓度及温度有密切关系。试验时观察，发现虫体越大杀死的越快。可能是虫体大，接触的药物面大，呼吸的量大的原因。当然与虫子的种类也有关。杀死后，放出塑料袋内的气体，要采取一些措施进行处理，如将排出的气体导入水中，以防发生意外事故。由于这种药物对有机质地文物没有什么损害与副作用，所以目前国内外用得比较广泛。我国用溴甲烷的不太多，日本多采用此药，从资料上看效果也较好。

过去一般都认为有机物才生霉，目前知道没有一种物质是不生霉的。甚至石头、塑料金属也生霉。人们对霉一般不太注意。因为其初生时的孢子肉眼看不见，到长出菌落来才能看见，可是已经对物体产生了破坏作用。因此应在孢子时期就把它消灭掉才好。长成菌落起了霉斑就不容易去掉了，那时文物已经受到了损坏。所以目前世界上研究文物保护的人，对霉菌的问题都很重视。防霉的药品可以介绍如下：① 邻-苯基酚：溶点 57℃，无色晶体，溶于比较多的有机溶剂，钠盐溶于水；② 二氯二甲烷：用于纤维质地物品，包括：丝、毛、棉、麻，多种胶的杀菌剂，溶点为 117～178℃，易溶于乙醇、丙酮，化学纯无色，工业用为棕色；③ 对氯间甲基酚：用于纤维质地、有机质地的物质，皮革和一些动植物胶。熔点 66℃，无色晶体，溶于有机溶剂，乙醇、丙酮等。钠盐溶于水，使用时要注意，这种药对人的皮肤有刺激性，在操作时最好能带上橡皮手套；④麝香草酚；用于有机物质的杀菌剂，熔点 49～51℃，能溶于乙醇、冰醋酸、乙醚，浓度高于 2%～2.5%，对皮肤有刺激性；⑤ 水杨酸苯胺：用于有机质、皮革的杀菌剂，溶点为 135℃，乳白色晶体，溶于一般有机溶剂。使用以上杀菌剂时，不能将药物直接喷在文物上，要做成防霉纸，用防霉纸包裹文物，或夹在书籍的扉页上。如果用溶剂制作防霉纸，可将药物制成 0.5%，最多也不要超过 1%的溶液，将此溶液涂刷在纸上，干后即成为防霉纸。如果不用溶液，可将药物结晶夹在纸的中间，用熨斗熨烫使之熔融后，附着在纸上，制成防霉纸。⑥福尔马林、高锰酸钾熏蒸消毒法：配比为（高锰酸钾）3∶5（福尔马林），每立方米需 73 克溶剂，密闭 24 小时。操作时在容器内先放入福尔马林药液，再慢慢倒入高锰酸钾，此时立即出现强热聚合反映，有浓烈的气体升腾，人员马上撤出，密闭房门。

三、光照的问题

这是一个比较大的问题。在陈列室及库房保管上都存在光照问题。物质的损坏因素很多，而且这些因素互相作用，多为综合性的。如果只是湿度大，而没有光的照射和高温，则湿度对文物的损坏作用不大，如果即湿又热又有光，则对文物的破坏性就比较大了。所以应注意到种种因素的综合作用对文物的破坏。在目前，对光的作用虽已比较重视，但还没有能够像对虫、湿等破坏因素那样得到重视。实际上光对文物的损坏是相当严重的。博物馆采取的光源一般有天然光源及人工光源二种。现在的陈列中都愿使用点光源。将照明集中在陈列的重点陈列品上以突出之。如果使用的不妥当，即对文物有破坏作用。光对文物有害的部分主要是不可见的紫外光。不同波长范围的光相对能量也不一样。波长 260～400 纳米是紫外光区。它对文物的破坏是最严重的。光是一种活化能，加速物质的老化。主要是破坏有机质的碳链。所以说一切天然物质在光照的条件下都是非常危险的。光不仅使其颜色褪变，还会使有机质的机械强度降低，对纤维质常起到光氧化作用。对光来讲，波长愈短，破坏强度愈大。太阳光射线波长 200～10 000 纳米，穿过大气层时已被吸收一部分，随季节的变化，太阳光中含紫外光的程度也不同，一般情况下太阳光中紫外光虽只占 5%，但其破坏力相当大，使有机物的一些碳链断裂。大英博物馆部有研究报告，把光敏性材料分为三组，第一组为非常敏感物质，如纺织品、纸张、染色皮革、羽毛、用植物染料染色的物质等；第二组为敏感物质，如骨、象牙、牛角、木料、竹、芦苇、羊皮纸、皮毛等；第三组为金属、石头、玻璃、陶瓷等对光不敏感物质。对非常敏感物质的照明最大值不能超过 50 勒克斯，自然博物馆的藏品是属于非常敏感的。第二组不能超过 150 勒克斯，第三组应不超过 1000 勒克斯。我们做了一些试验，纺织品在紫外光灯下照 1 小时半褪色，较敏感纺织品继续照 12～13 小时半全部褪色，太阳光照 24 小时后变色，红外光照 54 小时后变色，白炽灯照 87 小时后变色。从机械强度讲，日光照 560 小时，丝织品强度比原来强度降低 2%，棉降低 39%，麻降低 29%，羊毛降低 17%。所以说光照对颜色和纤维制品的强度影响都是很大的。如何防止光对文物的损坏呢？现在用 3 毫米以上的玻璃可滤掉波长 325～400 纳米之间的光带，而波长 325 纳米以下的光带不能滤掉，所以要用防紫外线玻璃或防紫外线胶片。紫外线吸收剂的作用就是防止日光中紫外线照射，或降低人工光源中紫外光的辐射而引起的对有机物质的光氧化作用。紫外线吸收剂把大部分紫外线滤掉。紫外线吸收剂本身是稳定的。受到光激发后，可将激发的光能转化为热能，紫外线吸收剂有：①羟基二苯甲酮类：是目前最普遍的，使用时间较长；②羟基苯骈三唑类：是吸收紫外线能力较强的药物，其本身是无色的；③水杨酸酯类：价钱比较便宜，但紫外线吸收率低，只能吸收 50%～70%的紫外光，是比较差的一类，此药不能在日光下暴晒，否则其作用越来越低。目前自己还不能大批做防紫外线的物品，文物保护研究所曾同北京有机玻璃厂合作，搞一些防紫外线有机玻璃，使用效果不错。但是价格较高。另一个比较易普及的方法就是做成防紫外光胶片。将其薄片做成套管套在日光灯上，价格便宜，效果好，不影响透光率。可滤掉紫外线，而不妨碍其照明度。这不仅能解决用灯光照明的博物馆，对用日光照明的陈列馆也可用，可将胶片贴在玻璃上。此外在陈列上应注意少用点光源，在库房中应注意尽量减低光照度，照明的时间及强度要愈短愈弱愈好。光源离物体要远一些，因其破坏程度同光源距离成反比。光源离物体越远，破坏程度越小。根据资料介绍，光源对物质的破坏作用就是在切断光源后仍在继续。库房的物品受潮后，切忌在阳光下暴晒，特别是没有晾凉就将物品收起来。这样做热和光对文物损坏极其严重，碘钨灯热量较大，紫外光含量较高。国外有的推荐最好光源是钠光灯，但不知博物馆是不是适合。颜色与原有色泽不同。但从安全角度讲是比较理想的。

第九节 溴氰菊酯对标本虫的防治

溴氰菊酯是防治昆虫标本室和动物标本室中的花斑皮蠹的一种比较理想的药剂。该类药剂具有击倒快、药效快、残效期长、对人低毒、低残留等特点。使用方法为：选用 2.5%溴氰菊酯原液，稀释浓度为 1∶250，使用 ARS 塑料喷雾器。首先将标本室内、标本橱内进行全面喷药，并将所有针插盒装标本逐盒进行喷药，喷后约 20 分钟待药液干后再将盒盖盖好，放进标本橱。

该药在使用时按照一般药品的防护和使用方法进行即可，是比较安全的；同时对环境也具有很高的安全性，因此该种药品对皮革制品仓库、羽绒制品仓库、丝纺织品仓库、毛纺织品仓库以及运输的轮船储仓等均可使用；但对粮食仓库、干果仓库、食品仓库和中草药仓库只能在空仓时消毒灭虫，慎重使用，等药剂残留期过后再储物。

应注意的是，使用溴氰菊酯防治皮蠹对昆虫标本为害时，应在喷药后待药液及水分干燥再盖盒保存，以防药液水分腐蚀昆虫针以致生锈。

第十节 皮革的保养

从狭义上讲，皮革是指去了毛的动物皮。“皮”是一切种类兽皮的总称，不论是生皮还是经加工处理过的熟皮。对于那些较大的兽类如牛、马等的皮，又称为革，所以统称作皮革。皮革主要是由一种蛋白质纤维的网状组织构成的。这是一种胶质状的蛋白质，它的分子结构是长链状的，在主链又分枝出一些较小的侧链。成胶质的这种复杂分子大致按同一方向排列，组成束状，并且把水分保持在里边，成为一种松弛的化合状态。因此，皮革除含有蛋白质外，还有大量维持皮革弹性的水和油脂等物质。如果皮革制品在长时期的保存中，失去了一定量的水和油脂物质的话，就会变得僵硬而易脆、易裂。

生皮是没有多大实用价值的。它易于滋生霉菌并发生腐烂。生皮干燥后，性脆，硬，缺乏韧性。

为了使皮革保持柔软和弹性，便于使用和保存，必须对生皮进行加工处理，这种加工生皮的方法叫做硝皮（或称鞣皮）。硝皮的方法有多种，如机械法、生物学法和化学法等。机械法是把皮放在桶里用脚踩。还有人用口嚼的办法使皮变软，既有机械作用，又带有发酵作用。这些方法都很原始。现在，一般则采用鞣皮剂（或称硝皮剂）。例如，浸入某种油脂（像蓖麻子油、磺化牛脚油等），以乳剂的形式使油脂类物质深入到细胞组织内，恢复其韧性。

制作动物标本的带毛皮时，有时是经过油脂鞣制的，有时则仅仅做些机械加工，使其相对的柔软而已。毛皮也可以用明矾鞣，但这样鞣制的皮不能用水洗，因为水可以把矾洗去，使之失效。

通常皮革经去毛、脱脂等处理后，再使用一种硝皮剂。最早的硝皮剂来源于植物的表皮，例如橡树皮的浸渍剂。橡树皮的浸渍剂中含有鞣酸（丹宁酸）。这种物质可以和兽皮中的胶束状蛋白质纤维结合，并置换出其中的水分，增加蛋白质分子的支链，使皮革的性能大大改善。含有这种可硝皮用的鞣酸的树皮种类相当多，统属于植物硝皮法。

另有一种称为矿物硝皮法的。如上述的矾鞣法，即可当作一种矿物硝皮法。但现代主要用铬酸盐来硝皮，其性能不亚于植物硝皮法，且各有所长。

一、皮制品损坏的因素及消毒方法

影响皮革制品变质的外部因素与毛织物是相类似的。光线特别是紫外光线对皮革有很大的破坏作用。高温对皮革也是明显不利的。因为皮革纤维在高温下可能会变成胶糊。湿度也相当重要。太干燥了皮革易于变得脆弱，太湿了又易于生霉、腐败。通常相对湿度以55％～65％为适宜。

皮革是繁殖种种微生物的良好基质，亦容易被虫蛀蚀，因而防霉菌和防虫害是很重要的。常用于皮革的杀菌剂有0.35％的对位硝基苯酚的水溶液或酒精溶液，注意浓度不宜过高，以免产生黄色的污痕，用0.25％的五氯酚乙醇溶液也有效。如果把上述两种溶液混合起来，用0.2％的浓度就可以了。现在，人们用得较多的是五氯苯酚的衍生物作浸透剂，或采用月桂衍生物作喷雾剂。麝香樟脑、硫酸锌和水杨酸等都曾经用来作为皮革的消毒剂。但是，不能用甲醛作为皮革的消毒剂。应用熏蒸法杀虫的效果较快，如氰化氢、溴甲烷、二硫化碳、环氧乙烷等都可以用作熏蒸剂。但是，熏蒸方法的效力不能持久。为了延长杀虫效力，可使用溶液喷射法。用喷枪将杀虫剂喷雾于皮制品上效果较好。硫代氰酸酯杀虫剂（如β-丁氧基-β′-硫氰酸基二乙基醚）用于喷雾杀虫，也有相当好的使用效果。

二、皮革制品的保护

脆弱的皮制品可以用甘油、羊毛脂、蓖麻子油等保护。对于薄皮革、毛皮，可用甘油和水（各一份）、蛋黄（1 升液体中用2～3个蛋黄）制成的乳剂保护，效果不错。

博物馆里的皮制品，若已经变干、变硬、变脆了的话，为防破裂要先作一些处理，然后再去动它们。否则容易毁坏皮张。通常是先用一块湿海绵在皮面上，特别是在褶缝上擦拭一遍，接着再作一道鞣皮手续，就能恢复原状而不受损伤了。潮气有助于鞣皮剂延展开。让它多一点时间透进皮里去。然后应有可能用手指把皮子慢慢地拉回原来的形状。

鞣皮时，常使用一种以羊毛脂为主的混合液体。羊毛脂能浸透到皮组织里，使之润滑。混合剂中要掺上一些蜡。蜡不会浸入皮里，而是留在皮面上把皮的酥化部分凝固起来。

鞣皮剂的配方有多种。英国博物馆的鞣皮剂配方是：羊毛脂 200 克，蜂蜡 15 克，雪松木油 30 毫升，已烷（或戊氯乙烷）350 毫升。美国中央档案馆修整皮革文书的配方是：干羊毛脂 30 份，日本蜡 5 份，加司特油 12 份，硬脂酸钠 3 份，蒸馏水 50 份。

皮革上的污脏，可用棉毛布（或海绵）蘸 2％中性钾皂的酒精溶液去除，或者用肥皂水擦洗。然后，应当用干净的湿海绵将肥皂擦去。晾干后，用海绵蘸着10％乳酸钾溶液抹一遍，放置一夜，第二天再施用鞣皮剂，最后用一块软布揩擦干净。

暴露于大气中的皮制品，在受到二氧化硫气体侵蚀后，会变红或粉化，以往曾用乳酸钾溶液进行处理，方法是用溶液擦拭皮的表面。用乳酸盐处理后，可以延长用植物性硝皮法的皮革的寿命。有人发现，在古代鞣皮中存在的某种能溶于水的物质，可保护皮革不受化学侵蚀。因此，只要在皮革中引用某些简单的盐类做保护剂，就可使皮革制品不受化学侵蚀。乳酸钾溶液的使用即是基于这一原理。可是，保护性盐类只有用在新硝的鞣皮上才有用。对于旧皮所起的作用不明显。现在人们正在研究从皮革中去除能促使生成硫酸的铁质（起催化作用）。例如，应用一种能溶于水的草酸盐，或者应用焦磷酸钾。目的是使铁质分离，以此来达到保护皮革的目的。

三、饱水皮革的处理

浸泡在水中的湿皮革，不能立即让它自然干燥，因为那样会完全失去韧性，而难以复原。处理方法有多种，其中之一是先将表面洗净后，用 2%苯酚酒精溶液擦一遍，而后，把它浸到熔化了的凡士林里去，温度在 80～100℃，浸一天或更长时间，这样就可以恢复原貌，可是总会有些皱缩现象。其中之二是用石蜡来代替凡士林。方法是把皮放在 110℃的溶蜡中浸半小时，然后取出来，在皮件里塞上柔软的纸张，使它在冷却时保持形状。蜡里可加上极少量的沥青粉以加深颜色，使皮面上不致显出一层浅色蜡壳。

近年来，许多人试用聚乙二醇来处理饱水的皮革制品。例如，用相对分子质量为 1500 的聚乙二醇（由聚乙二醇 1540 和聚乙二醇 300 组成的混合物）来处理皮革。将皮制品浸泡在聚乙二醇溶液中几天，取出后，表面多余的聚乙二醇可用薄绵纸擦去。比较起来，最成功的方法是把湿皮革浸泡在一混合液中：100 毫升蒸馏水，2 克聚乙烯醇和 40 毫升甘油。浸泡几天后，让皮革自然干燥。有人用低分子量的聚乙二醇来代替甘油，效果还要好。比如使用聚乙二醇 750 处理皮制品就是例子。这是一种甲氧基聚乙二醇，处理方法和浸泡在聚乙二醇 1500 中的方法相同。

四、朽皮的加固

对于那些糟朽、脆弱的旧皮，要恢复原状几乎是不可能的。为了加固它们，往往可在皮的背面裱上帆布，这样就变得相当结实了。有褶皱的地方，可先将其湿润，然后在上面慢慢压以玻璃，当皮已经回软之后，可适当加些重压，直到皮革干时，撤去重物即可弄平。

以上只是简单叙述了保护和处理皮制品的一般方法和原理。在我国的古代文物中，皮制品文物发现和保存下来的较少，这可能是因为皮制品不耐久，在潮湿的墓葬中多已朽烂了的缘故。可是在近代文物中，此类物品则并不少见，当然，对于大多数的此类文物或艺术品来讲，不一定都需要经过处理，而正确的保管条件则是最有意义的。

第十一节 标本的陈设

陈列标本一般是放置在陈列橱里或有玻璃罩的台上。陈列时应注意标本的分类，要按照系统内部结构，从一般标本到专题显示，以形态为主兼顾功能，以正常为主兼顾变异，以基础为主适当联系其他等。条件许可时，解剖陈列室应设置幻灯、录音和电视设备。大家接触比较多的标本，可制成幻灯片，配上简要的说明词录音。对一些需演示解剖步骤和方法的标本，可制成录像和光盘。为了更好地发挥陈列标本的作用，引导参观者对陈列标本感性认识的深化，在陈列橱柜的一定距离，应有简短的说明词、图表或示意模型，作必要的解说，以弥补标本难以表达的内涵，使陈列内容更为完整与系统。

第十二节 标本的保存与管理

所有入库的标本都要按先后顺序统一编号和登记，设立总账、卡片和标签。每件标本除挂上标签外，还要填写详细的标本资料卡片，记录该件标本的一切资料。标本应按分类系统排架。标本库的柜门、抽屉上要有分类批示标签。标本入库前应在密闭室内用灭虫剂进行杀虫灭菌处理，时间一周左右，然后再放入库房。库房应注意避光，防尘，防虫，防潮湿。湿度过大，易于生霉、生虫，温度过高或温差变化较大会对标本造成损坏；适宜的湿度为50%左右，温度是4～10℃。库房还要注意通风，同时又要关好门窗，防止昆虫飞入。防灰尘工作是标本库应下大力做好的事，灰尘可直接损坏标本，同时也会将微生物及虫卵带入库房。在有条件的地方可采用双层门窗以阻止灰尘的侵入。对标本危害最大和最常见的害虫是皮蠹和衣蛾，为防止标本害虫，可在库房内放置樟脑粉、烟叶、溴氰菊酯等驱虫剂。对标本库房一般都定时按期熏蒸，一年最少在春、秋两季进行药物熏蒸，以杜绝标本害虫的出现。对标本的良好管理是发挥其作用的基本保障。

第二章 动物剥制

剥制标本是指剥取动物的外皮，内面涂以防腐剂或将整个皮用防腐固定液浸泡，再用钢棍、铅丝或木架和填充物支撑制成的标本的过程。兽类、鸟类、大型爬行类、两栖类和鱼类等都可制成剥制标本。

动物剥制标本的制作是动物学技术的主要内容之一。由于动物的种类繁多，其外部的形态构造和躯体的大小以及皮肤的厚薄等差异很大，因此，在制作过程中必须根据不同情况采用不同的方法进行。剥制标本主要供教学、研究、博物馆陈列观摩和家庭等场所的陈设。

第一节 采集工具的准备

一、捕 捉 工 具

1. 网具

捕捉鱼类和两栖类的拖网及捕鸟粘网。

2. 夹具

捕蛇夹、不同型号的捕鼠夹、捕捉兽类的踩夹（弓形夹或钢夹）。

3. 猎枪

猎枪：猎枪是野外实习、考察和狩猎者最常使用的工具之一。其型号可分为单管猎枪、双管猎枪、三管猎枪和四管猎枪四种。若按枪管口径的粗细区分，又可分为 10 号（枪管口径为 19.20～19.70 毫米）、12 号（18.20～18.60 毫米）、16 号（16.80～17.20 毫米）、20 号（15.70～16.10 毫米）。号码越小，口径越大。

国产猎枪多为 12 号和 16 号。猎枪按使用的弹丸分为霰弹枪（滑膛枪）和膛线枪，前者枪管内光滑，没有螺纹状的来复线；后者枪管口径细，内有来复线，具有稳定弹丸在空中方向的作用，其射程也远，使用专用子弹，适于猎取大型鸟、兽。

现将常用的几种猎枪的性能、结构分别介绍如下。

单管猎枪：使用时以右手搬动枪的机柄，枪管即行拆离，将子弹装入枪管后，再将枪管还原。遇到要采集的标本时，迅即把机柄后面的保险机向前推，瞄准后扣扳机射击。射出后，再搬机柄使枪管再度拆离，将空弹壳取出另装子弹，以备下次射击。单管猎枪射程可达 50 米，且构造简单，携带方便。其缺点是猎物如没有击毙，当其带伤逃避时，易失去补射机会。

双管猎枪：根据枪管排列的位置，分为横列和纵列两种，以前者为多。结构基本上与单管猎枪相同，只是猎枪有两个枪管和两个扳机，一个扳机管一个枪管。前面的扳机发射右膛（或上膛）子弹，后面是发射左膛（或下膛）的。装子弹及射击与单管猎枪相同。双管猎枪每次可以装入两发子弹。一般左膛装大号铅砂子弹，右膛为小号铅砂子弹，以便在遇到各种动物时，迅速发射不同大小的子弹，以提高猎取机会。

三管猎枪和四管猎枪：系用于猎取大型鸟、兽，尤其是凶猛兽类，国内较少使用。

二、盛具及饲养动物工具

存放鼠类的小白布袋；帆布或其他盛物桶；存放鸟卵、鸟巢和鸟、兽类剥制标本的标本盒、标本箱；临时饲养鸟类或小型兽类的笼子。

修理鼠夹等使用的钳子、捕鼠诱饵、枪油及擦枪器、子弹袋等。

第二节　鱼类的剥制

一、鱼外部形态的测量

参见图 2－1 鱼类的测量方法。

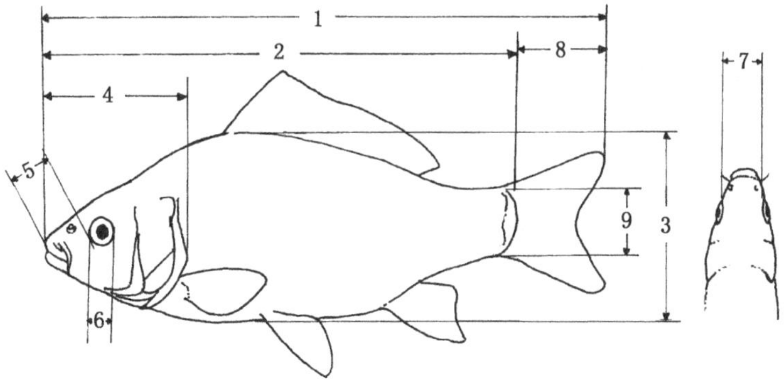

图 2－1　鱼类的测量方法

1. 全长　2. 体长　3. 体高　4. 头长　5. 吻长　6. 眼径
7. 眼间距　8. 尾柄长　9. 尾柄高

首先测量体重即整条鱼的重量（纯重指去内脏后的重量），以克为单位，然后依次测量。

1）全长　从吻端到尾鳍末端的直线长度。长度测量以厘米为单位。
2）体长　有鳞类从吻端至尾柄正中最后一个鳞片的距离；无鳞类从吻端至最后一个脊椎骨末端的距离。
3）体高　是身体的最大高度，通常采取背鳍起点处的垂直高度。
4）头长　从吻部到鳃盖骨后缘的距离。
5）吻长　眼眶前缘到吻端的距离。
6）眼径　眼眶前缘到后缘的距离。
7）眼间距　从鱼体一边眼眶背缘到另一边眼眶背缘的宽度。
8）尾柄长　从臀鳍基部后端到尾鳍基部垂直线的距离。
9）尾柄高　尾柄部分最狭处的高度。

二、鱼类的识别方法

为了在野外实习的较短时间内，准确识别收集的活鱼或新鲜标本，一般可先根据鱼类的体型、体色、鳍的形状位置和数目、须的有无和生长位置、腹棱以及鳞的形状等，并根据所学的分类知识，对鱼类标本进行初步识别。

1. 体型

体型是识别鱼类最明显的标志，因此一般先从体型上分类，然后再根据其他特征加以识别。鱼类的体型大致可分为四类：鲤鲫型、鳊鲂型、鲌型和鳝型。

2. 体色

绝大多数鱼类的腹部银白色，背部深灰色，但也有不少鱼类体表具有各种花纹，是识别鱼类的一项特征。体表花纹一般为三种：图案式花纹、条纹状花纹、斑点或块状花纹。

3. 鳍

鱼类胸鳍、腹鳍、背鳍、臀鳍及尾鳍的数目、位置和形状，常是鉴别鱼类的一项依据。

4. 须

须的有无、对数及生长部位，也是识别鱼类的特征。鳅科鱼类的体型很相似，有时不易识别，但从口须的对数则较易分辨，如泥鳅有须 5 对，花鳅 4 对，黄沙鳅 3 对。

5. 鳞

鳞的有无及它的形状，也是识别鱼类的重要特征之一。

鳞的有无：淡水鱼类中有一些种类是无鳞的，如鲶、黄颡鱼和黄鳝等。

鳞的形状：常见的中华鲟的鳞片为硬鳞，而绝大多数硬骨鱼的鳞片为圆鳞，如鳘条鱼、鳡鱼等；有一些鱼类鳞片为栉鳞，如青鱼和赤眼鳟等。

以上就鱼类一般的体型、体色、鳍和鳞等类型作了介绍，使学生在观察标本时能有意识地注意这方面的特征。在从事标本的鉴定工作时，必须先查检索表和分类学专著，并结合实习地区的地区性鱼类名录来加以考虑。对于没有把握的标本，不要轻易定名，以免出差错。

三、鱼类的年龄及其测定方法

鱼类的生长是在不断代谢中逐渐积累营养物质，增大其体重及体长的过程。由于生活环境具周期性的变化，鱼类的生长也具明显的周期性。在一年的特定季节生长较快，而其他季节则较慢。这种一年之中生长的不平衡性，可在鳞片、鳍条、脊椎骨、鳃盖骨及其他骨片和耳石上反映出来。因此，我们能够利用鱼体上述部分来测定年龄。在实际工作中，常用鳞片来判断它们的年龄。现以鳞片为例说明年龄的测定方法。

1. 鳞片的构造和生长

鳞片分两层。

基片：透明纤维层，由胶原纤维渗有鱼鳞质组成，位于下层，由多层薄片相互叠合而成。薄片的数目随年龄增大而增加。下一层比上一层宽大，宽度随生长情况而异。食物多，气候温暖，生长快，长成的薄片也宽，反之则窄。

骨质层：透明齿质层，位于表层。生长时加宽不加厚，当基片形成新层时，骨质层外突形成新的环片以覆盖基片加宽处。鳞片是由自上而下逐渐增大的薄片堆叠而成。最上面一层是最先形成，面积最小，最下面一层是最近形成的，面积最大。因此，鳞片的中央比边缘为厚。

2. 年轮的形成

年轮的形成是以四季生长不平衡为基础的。当生活环境有利时，鱼类生长迅速，形成的环片较宽，环片间距离也宽，组成疏带；当环境不利时，生长缓慢，形成的环片较窄，环片间距也窄，组成密带。疏带与密带之间的分界线形成年轮。年轮的形成是周期性的、有规律的。年轮在圆鳞中是封闭的，在栉鳞中不封闭，后部往往被细齿遮盖，通常看不见年轮。如果由于外在的或内存的原因，严重影响鱼类生长速度，以致在鳞片上留下了痕迹，称为副轮。副轮的形成是鱼在一年中生长起了非周期性的变化而形成的。它具有如下特点。

1）一般不甚清晰，呈支离破碎的轮圈。

2）在鳞片周围的某一区形成 2 或 3 个紧密排列的环片，但不形成一个封闭的同心圆。

3）只能在部分鳞片上见到。

3. 年轮的鉴别

硬骨鱼类鳞片上年轮的主要特征有。

环片分歧：这是最普通的一种形式，环片排列不像其他环片规则地排列，而成不规则的分歧。在侧部与后部交界处，环片分歧特别明显，形成“切割”现象。

疏密相间：由中央到边缘环片排列先密后疏，疏密相间，形成大小不同的同心圆（与副轮的突然由疏到密，然后很快变疏不同）。

环片合并：由两个环片合并成一个粗而厚的环片，形状也不十分规则。

环片形成间隙带：即缺一部分环片，在空隙部分出现大小不定的不规则突起，类似环片的加长、缩小或堆叠。年轮与年轮之间的间隔是有规律的，如间隔出现忽疏忽密，即应注意鉴别，去伪存真。

4. 鳞片采集和标本制作

取得鱼后，放入清水中，用刀由前到后轻刮，以除去黏液和黏附在皮肤上的污物，洗净取出，在背鳍前半部下方、侧线上方，用镊子轻扯鳞片，即可取下完整鳞片。可对着光用肉眼初步检查，若中央成网状，乃是再生鳞，应弃除。每条鱼应取 20 片以上，利用鳞片本身的黏性贴于鳞片册上。鳞片册要写清名称、编号、体长、体重、性别、日期、地点，以备将来查考。在室内测年龄时，将取出的鳞片放入清水或淡氨水中，用刷子将黏液洗去，洗净后取出用软布擦干，然后夹在两个载玻片中，用橡皮筋绑紧，在玻片上编号以免搞错。全部制好后，逐片置于双微解剖镜下观察，观察时应根据具体情况，倍数不宜过高，以看清楚为原则。每条鱼应观察 5 片以上，以避免差错。

四、鱼类的剥制标本技术

（一）材料的选择和处理

因生态环境的多样性，鱼类的形态变化很大。例如，软骨鱼中的鲨鱼呈长纺锤形，电鳐呈扁平盘状。硬骨鱼中大都为扁纺锤形，如鲤鱼和鲈鱼等；也有呈长圆形的，如鳗鲡和黄鳝等；还有许多特殊的形态，如翻车鱼、双髻鱼等。但是，不论何种形态，除了体小或鳞片极易脱落的种类宜采用浸制法保存外，一般只要选择鱼体新鲜、皮肤和鳞片完整无损者，就可作为制作标本的材料。特殊形态的鱼类，其剖口线和制作步骤与一般鱼类略有不同。体形大的鱼类不宜采用浸制方法制作标本。一般常用剥制方法来保存它的外形。

由于某些鱼类在剥皮时，其鳞片极易脱落，而且脱落之后很难胶黏或修补。因此，在剥皮之前可按下列方法进行处理，尤其是鳞片较大的鱼类，如鲤科各种，大都容易脱落，可用抹布将鱼体表面拭干，置于阴凉处 1～2 小时，冬天可稍长些，等鳞片略为干燥后再行剥皮，这样，只要稍加小心就可以避免脱落或减少脱落。另外，还可用胶水涂在躯体表面，利用胶水的黏性使鳞片不易脱落。但在制作期间，要用湿布罩在躯体两侧，以防胶水干燥和皮肤脆裂。

至于鲨鱼、鳐类以及某些鳞片细小且不易脱落的种类，不必通过上述方法处理，只要把躯体表面揩拭干净即可。

（二）记　　录

除详细记录上述各项测量指标外，还要把性别、采地、采期、虹色等记录下来。由于鱼类体色容易变化，需要详细进行记录，以备标本干燥后作为涂色的参考。

和其他动物一样，鱼类大都为雌雄异体，从外表上不易区别，必须解剖其内脏观察。但是有些鱼类在生殖期间，尤其是雄鱼，常显出一种特殊的颜色，即婚姻色，所以，在生殖期比较容易识别，但生殖期一过，特殊的颜色又会消失，而恢复其原有的色彩。有的种类雌雄鳍的形状和大小不同，有些鱼类具有特殊的交接器（例如鲨鱼）等，总之应尽量利用体表构造的差异来确定性别。

（三）鱼类的皮肤剥离法

鱼类躯体的大小和皮肤厚薄相关很大，另外，其外部的形态变化也是多种多样的，因此在剥皮的时候，应根据各种不同的形态采用不同的剖口线，在不影响皮肤剥离的情况下，力求减少和缩短剖口线。

1. 一般鱼类的皮肤剥离（以鲤鱼为例）

剥皮时，先在工作台上铺一块湿毛巾或抹布，用来减少鱼体与工作台的摩擦，避免鳞片脱落。将鱼体横卧于毛巾上，用解剖刀由躯干部腹面（腹鳍前端）

向后直线剖开，绕过肛门直至尾柄基部。继续用解剖刀沿剖口两侧腹面的皮肤与肌肉之间逐渐剖割分离，在剖割时刀口应稍偏向肌肉，宁可割坏肌肉，也要力求避免割破皮肤。剥至腹鳍和臀鳍时，可于体内把腹鳍和臀鳍的鳍棘基部剪断，接着用解剖刀沿着躯体和尾柄的两侧剖割，直至尾的基部时，在尾椎的末端（尾鳍前端）切断。这时尾部的皮肤与肌肉大部分已分离。接着由躯体两侧剖割至背鳍鳍棘基部，也就是至鱼体背脊部时，即用剪刀由尾部背脊向前逐渐把鳍棘剪断，直至头部后侧肩带位置时，再用解剖刀从头的后侧切断颈椎，并把已剥离的肌肉割下。肩带的锁骨、乌喙骨等因与皮肤密切相连，不能切除，可将与皮肤不相连的部分骨骼及附在上面的肌肉除去。宁可让骨头多留一些于皮上，而不可强取其骨，否则极易造成皮肤破裂。喉部的肌肉只能用刀或剪刀除去，不能往前剥离。

对于大型的鱼体，应在一部分皮肤与肌肉剥离之后，将肌肉分段切除，以减轻躯体重量，便于工作。然后，尽量把鳃和附着于头部的骨肉，尤其是两颊部的肌肉，以及与体表无关的骨头设法尽量除净，并去除脑髓，挖去眼球。最后把残留在躯体各部的肌肉、脂肪等除净。

2. 特殊形态鱼类的皮肤剥离

特殊形态鱼类的剥皮方法与一般鱼类大致相同，所不同的主要是由于它们的形态变化大，因而，其剖口线也颇不一致，其剖口线可按下列原则决定。

1）尽量减少和缩短剖口线，但必须确保各部分肌肉都能够剔除。

2）剖口线应尽量藏在隐蔽处，以免影响标本的外观。

3）保持各器官的完整，如肛门孔、鳍和鳞片等。

根据以上原则，下面介绍几种比较常见而形态特殊的鱼类剖口线开法。

双髻鱼：躯体部分呈纺锤形，可按一般鱼类由腹面纵行剖开。其头部前端呈弧形，向两侧伸展，似铲状，故应在头部腹面剖开成“丁”形。剥皮时应尽量除净头部等处的软骨，以免干燥后收缩而产生凹凸不平的现象。

鳐类：躯体呈扁平的盘状，体盘宽大，单由前胸至尾纵行剖开，还不能把肉体剥下，必须再从两侧之间直线剖开，使两剖口互相垂直，呈“＋”形。

翻车鱼：躯体呈侧扁的椭圆形，背鳍和臀鳍很大，向上下伸展，皮肤厚而粗糙，剥皮时很难翻转，所以它的剖口线较其他鱼类大。

哺乳类动物中也有许多种类生活于江海之中，其中有的种类形态似鱼，如江豚（江猪）和鲸等。因为它们和鱼类很相似，所以也可按鱼类的方法进行剥皮。江豚的四肢特化成胸鳍和尾鳍，不过鳍的表面覆有皮肤，故必须在鳍的腹面剖开后取出鳍骨和肌肉，同时还应将其大量的脂肪用铲刀刮除干净，以免日久溢至皮肤表面。

（四）鱼类皮肤的防腐处理

将剥离的皮肤浸于75%～80%的酒精中，隔几小时后需翻动一次，使酒精容易渗透到各部位的皮肤中去，避免产生浸渍不匀而使部分皮肤腐烂，鳞片脱落。大型鱼类更应注意。一两天后取出（也可保存较长时间），此时皮肤因酒精的作用而发硬，这是因为皮肤中的一部分水分被酒精吸收所致，故可将皮肤浸于水中冲洗数小时，待皮肤柔软后取出。在皮肤的内侧，用三氧化二砷等混合成的防腐粉涂擦，力求涂擦周到，然后就可进行充填。

（五）鱼类剥制标本的装填法

有充填和躯架两种方法，前者适用于体形小的鱼类，后者适用于体形大的鱼类，现分述如下。

1. 一般鱼类的充填法

先用铅丝和五夹板或木板（板的厚度按鱼体大小而定），做成类似鱼体中央纵剖面形态的骨架，作法有如下三种（支架的长度、宽度和厚度应根据鱼体的形态作适当的修改）。

用薄木板锯成略似鱼体纵剖面的形态，充作主干板，取一段适当长度和粗细的铅丝，弯成钩状并用钉固定于主干板上，作为支柱（图2-2，A）。支柱下端，以板牙绞好螺纹，用作固定台板。它适合于躯体呈侧扁形的鱼类。

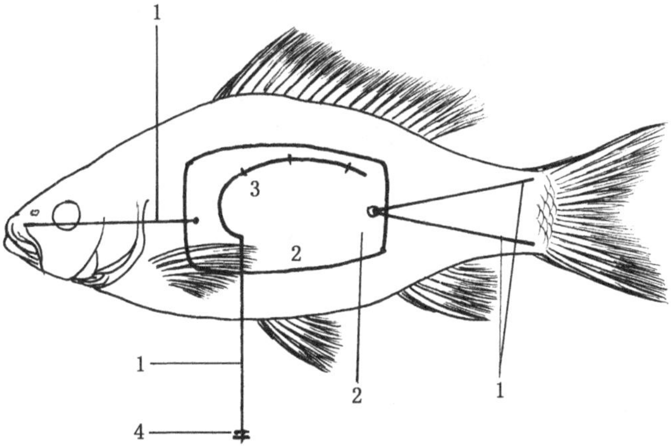

图2-2，A　鱼类支架的安装方法

1. 铅丝　2. 木块　3. 骑马钉　4. 螺帽

用长方形木块连接成主干板，前半段为木块，后半段用铅丝绞合在板上，在板面的适当位置钻两个孔，取两段铅丝 30～50 厘米（根据鱼的大小而定），分别由孔中穿过而至中点处后，把两侧铅丝折向下方，并且把它绞合在木板中，铅丝的下端作为支柱（图 2－2，B）。此法适用于呈纺锤状且躯体较长的鱼类（如鲨鱼等），还适用于将尾部做成摆时弯曲姿态的鱼类。

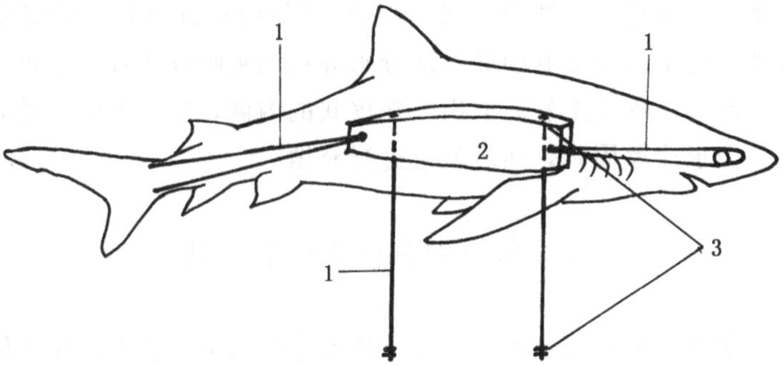

图 2－2，B　鱼类支架的安装方法

1. 铅丝　2. 木块　3. 螺帽

单用铅丝弯曲成纵剖面的形状（图 2－2，C），它适于体小而短的鱼类，不能负担较大的重量。

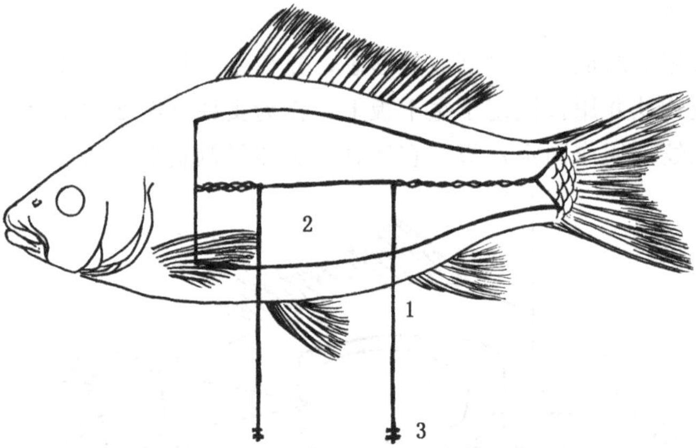

图 2－2，C　鱼类支架的安装方法

1. 铅丝　2. 木块　3. 螺帽

必须注意，无论采用哪一种骨架，标本的支柱在体外部分必须留出 20 厘米长，以便固定于台板上。

另外，只用一根铅丝支柱来支持躯体，观察时比较顺眼。铅丝支柱应仅次于长点上，并需要用较粗的铅丝或圆铁，否则前后重量不平衡，会使标本产生前倾或后倒的现象。所以体形大的鱼类还是采用两根支柱比较稳固。

然后，把已制成的骨架装入体内，并将尾端的铅丝插入尾基的上下侧，而头端则插入头颅骨中，使铅丝与躯体互相连接，不致松动。

接着用木屑（或竹丝）由尾柄开始充填，每充填一段，随即用针线向前缝合，针口由鳞片之间插入，这样可以隐蔽线的痕迹。如果把标本做成尾向左侧弯曲，则在它的右侧可多填一些。倘若做成静止时的形态，则必须将两侧充填均匀、对称。头部和两侧的鳃裂用竹丝进行充填，避免木屑漏出。或者加入适量的白胶水，使木屑粘连起来，直至全部充填饱满和缝合为止。

标本缝合之后，如果发现体表有凹凸不平或充填不足的现象，可用手稍加揿捏，或由口腔补充一些填充物入内，务必使其表面平滑、充实、饱满。

2. 大型鱼类的躯架装填法（以鲟鱼为例）

鲟鱼的躯体呈纺锤形，体重重者达数百斤，若按上述方法进行充填较难完成。因为标本的重量已超过支架的负荷量，标本无法站立起来。因此必须根据剥制前测得的颈围、胸围及腰围的大小和形状，用木板和木条钉成较躯体略小的中空躯架（制作时可参考兽类躯架装填法）。再取两段直径为 10～15 毫米，长度适当的圆铁作为支柱（支柱两端需绞好螺纹），分别由螺帽固定在躯架和标本台板上。

框架做好后，在它的表面覆以一层竹丝，用绳扎紧，使其表面平稳圆滑，并且与原来的躯体形态相似（如尾部欲做成摆姿势需钉框架时，把尾部钉成弯曲形状）。然后把躯架装进体内，检查背脊、胸鳍各处是否充实，不足之处可用竹丝进行补充，直到饱满为止，随即用针线把剖口线缝合。

兽类中的海豚、江豚的装填方法（体形小的可参照一般鱼类的充填方法）与鲟鱼大致相同，但在剥皮时已经将胸鳍和尾鳍剖开，并除去肢骨，因此，在装填时锯成形状、大小相似于胸鳍和尾鳍的三夹板嵌入鳍内，用铅丝固定在躯体的支架上，并于上下垫入适量的竹丝或其他填充物，以代替被除去的肢骨和肌肉。用三夹板的目的是为了防止胸鳍和尾鳍在干燥过程中收缩变形。因为海豚和江豚的皮肤富有弹性，收缩性很大，装填时必须充实、饱满，以避免收缩变形。最后用针线把它缝合，在缝合过程中应经常注意观察，不足之处，应采取措施适当地加以补充，或修改纠正。

（六）鱼类姿态标本的整形

先用刷或湿抹布把表面黏附着的木屑或竹丝等除净，如果体表涂有胶水，也应除净。接着将标本整理成某种生态姿势。

然后量取两段（或一段）约 10 厘米长、管径较铅丝支柱直径略粗的有色塑胶铝管或光滑的细竹管等，分别套在标本的支柱上，以遮蔽铅丝，避免日久之后铅丝生锈而影响标本的美观。

取一块标本台板，在两支柱相应的位置上钻两个孔，把支柱下端的铅丝由孔中插入，并固定在标本台板的底面，使标本借铅丝或元铁支柱的支持而悬于空中（图 2－3）。对于体形大的鱼类，也可不用铅丝支柱。最后把标本搁置于附有圆凹形（根据鱼类体形）托板的标本台板上。

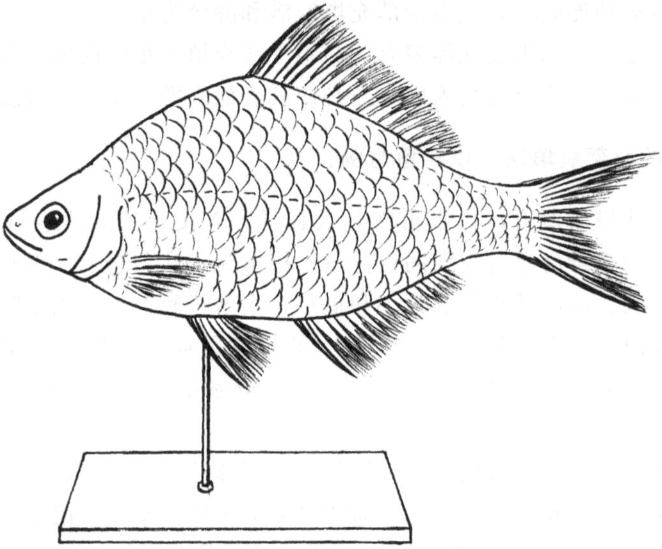

A. 鳊鱼

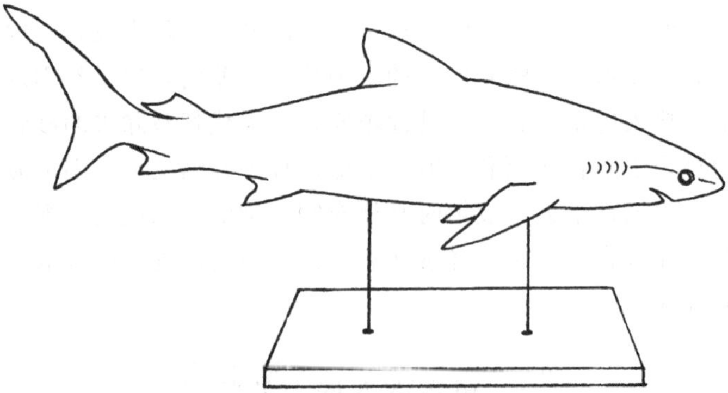

B. 鲨鱼

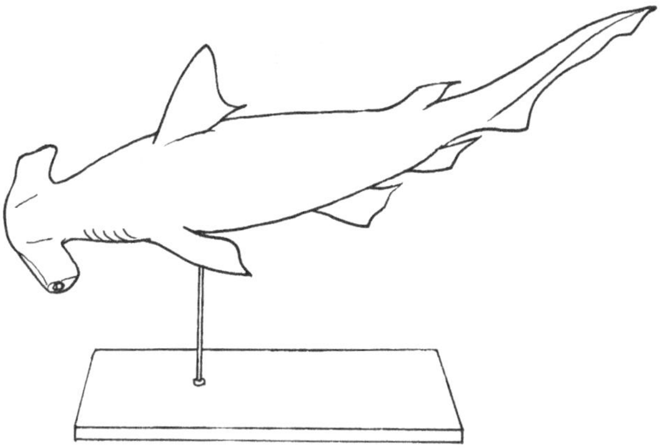

C. 双髻鲨

图 2-3　鱼类支柱的固定方法

为使鳍条展开，而且不致产生卷曲或凹凸不平的现象，可用马烘纸（鳍厚的需用三夹板）剪成略似各鳍条展开时的形状和大小，每鳍各两块，分别夹在鳍的上下或左右，用回形针将鳍一一夹住（图 2-4）。须将口部稍微张开，以使牙齿显现，最后将义眼嵌入，置于通风处晾干，切忌在阳光下晒，以防鳞片卷曲翘起。

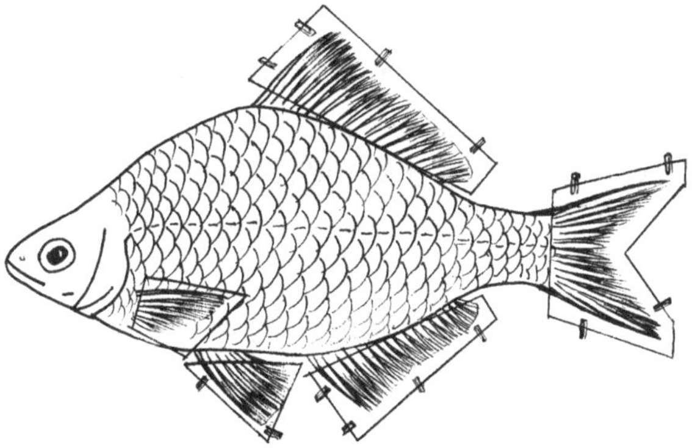

图 2-4　鱼鳍的整形

待躯体干燥后，用稀清漆、松香水液涂在躯体表面，以增加光泽，并显示其生活时湿润的自然形态，同时具有保护皮肤和鳞片的作用。

为了显示鱼类体表口腔和鳃裂的原有色泽，应根据剥制前的颜色记录或鱼类图谱，用油画颜料掺一些清漆和松香水进行着色，颜色由浅至深，逐步上色，使所着颜色不易擦掉。对于鳞片花纹鲜艳、清晰的鱼类最好选用透明水色，以增加鳞片花纹的透明度。

最后将标签贴在标本台板上。

第三节　两栖类的剥制

一、两栖类雌雄的鉴别

两栖类一般在外形上两性并无明显差别。只是在繁殖期由于雄性性征的发育而有别于雌体。

东方铃蟾：雄性与雌性相比，雄性的吻端较尖，繁殖季节在第一指内侧有两个较为突出的婚垫，前后肢较长，繁殖季节跗骨较粗壮。

粗皮蛙：雄性比雌性小，且第一指内侧有婚垫，前肢较雌性长。

中国林蛙：雄性比雌性小，吻端与鼓膜前缘的距离较长，鼓膜较小，繁殖期前肢粗壮而发达，第一指内侧的婚垫发达，一对声囊仅次于喉端。

泽蛙：雄体较小，有声囊，喉部有黑赤褐色带。

二、两栖类剥制标本技术

两栖类的躯体除极少数种类较大外（如大鲵，俗称娃娃鱼），一般都是很小的。某些种类在分类检索时，往往需要根据其内部构造来确定。因此大多采用浸制方法保存。至于剥制标本的方法，除了躯体较大或特殊需要外（如布置生态环境等），一般很少采用。

我国所产的两栖类主要为有尾目和无尾目，它们的形态可以以蝾螈和蛙作为代表。

（一）测量和记录

1. 测量

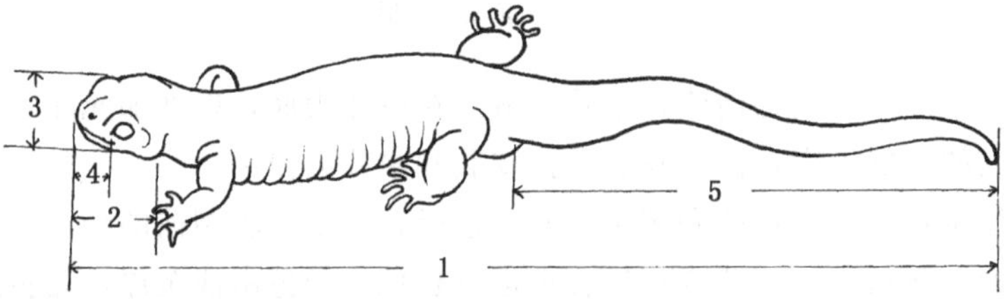

图 2－5　有尾目的测量方法

1. 体长　2. 头长　3. 头宽　4. 吻长　5. 尾长

有尾目的测量方法（图 2－5）

1）体长　自吻端至尾端。

2）头长　自吻端至颈褶。

3）头宽　左右颈褶间的距离（或头最宽处）。

4）吻长　自吻端至眼前角。

5）尾长　自肛孔后缘至尾末端。

无尾目的测量方法（图 2－6）

1）体长　自吻端至体后端。

2）头长　自吻端至上下颌关节后缘。

3）头宽　左右颌关节之间距离。

4）吻长　自吻端至眼前角。

5）后肢全长　自体后端正中部分至第四趾末端。

6）前臂及手长　自肘关节至第三指末端。

7）胫长　胫部两端间的长度。

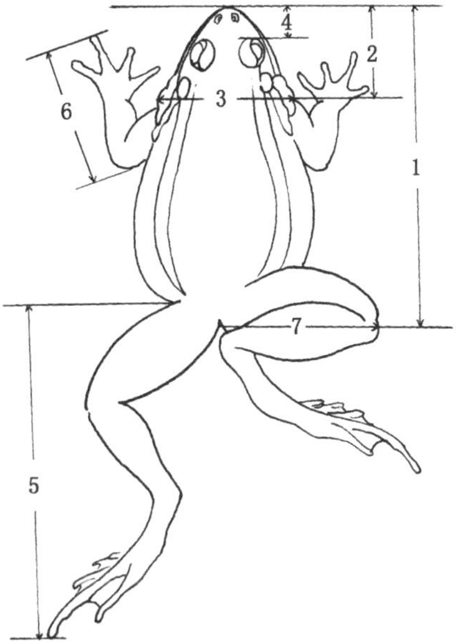

图 2－6　无尾目的测量方法

1. 体长　2. 头长　3. 头宽　4. 吻长

5. 后肢全长　6. 前臂及手长　7. 胫长

2. 记录

除将上述测量数据进行记录外，还应将采集号、采集地、采集日期、性别等记录在标本登记簿中。

无尾两栖类雄性的个体具有多种形式的第二性征，较为普遍的是拇指上有婚垫（由增厚的腺体形成），或在不同的部位有角刺等。

（二）两栖类的皮肤剥离法

1. 蛙类的皮肤剥离

把活的蛙放在密闭的容器中，倒入少量乙醚，使其深度麻醉致死。或用解剖针从枕骨大孔中插入脑颅腔中，略加搅动，蛙即迅速死亡。

将蛙体仰卧于桌上，在腹面中央把腹部皮肤纵行剖开，由于它的皮肤和肌肉的结缔组织疏松，只要用手指就可把两侧的皮剥离。用手将两腿褪出，并在股骨与胫腓骨之间的关节处截断，然后将其躯体翻转，使背面朝上，头部向左，把后肢翻向背的上方，再向前剥至出现前肢，在肱骨与尺骨、桡骨之间关节处截断两前肢骨。继续向前剥至头部为止，在头骨和颈椎骨之间连同肌肉截断，然后，除去脑和附在头部周围的肌肉，并挖去眼球，最后把四肢顺次剥至指骨、趾骨出现为止，除掌骨、趾骨外，可将其他的肢骨连同肌肉全部除去。

由于蛙类的口很大，还可以沿口腔周围剪开，将颈椎剪断，并切断颈部的肌肉和两前肢，然后由口中把肌肉渐渐剥出。这种方法的优点是不需要把腹部剖开，但剥皮过程比较费时，充填和安装支架也比较困难。

2. 大鲵的皮肤剥离

大鲵的剥皮方法，可参照鳄鱼剥皮方法进行。

（三）两栖类皮肤的防腐处理

先用75%酒精浸2小时，取出用水冲洗后，再用防腐粉涂擦于皮肤的内侧，即可进行充填。也可使用食盐、明矾液浸泡5天，取出用水冲洗干净即可。

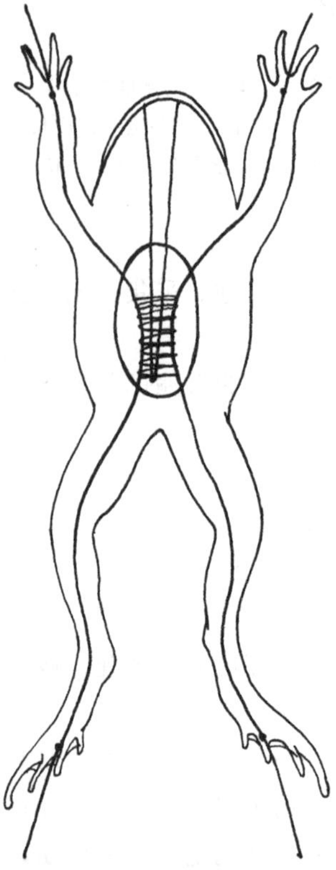

图2-7 蛙类支架的安装方法

（四）两栖类姿态标本的充填法

1. 蛙类姿态标本的充填

先取两团棉絮填于眼眶中，以替代除去的眼球，随后把四肢和头的皮肤翻转复原。量取铅丝三段，分别插入头部和四肢，用绳在躯体中央把铅丝支架结扎在一起（图2-7），然后用木屑进行充填，或在木屑中加入适量的稀白胶。充填时先由四肢开始，其间需用镊子伸入前肢和后肢，把填充物充填至适当大小，再充填躯体，并用针线缝合剖口。由于蛙的口很大，如果发现充填不足，可张开其口，把填充物由口腔充填入体内。为了防止木屑由口漏出，需用一小块棉絮塞于口中，以堵住木屑。待充填好后，用清水洗净蛙的体表。

2. 大鲵姿态标本的充填

参照鳄鱼姿态标本的充填方法进行。

第四节 爬行类的剥制

一、爬行动物的捕捉和识别

（一）蛇的捕捉方法

当发现蛇后，悄悄接近，用蛇钳叉口对准蛇颈（如蛇过小，可将蛇叉倾斜），张开把柄，迅速钳住，然后送入装蛇的采集箱内。也可迅速用蛇叉叉口压住蛇的颈部，再用手捉住头颈部，或先用脚踏住头，再用手捏住颈部，直接装入采集箱。

有相当经验的人可徒手捕捉。下面是一首江西山区群众的捕蛇口诀：“一顿二叉三踏尾，扬手七寸莫迟疑，顺手松动脊椎骨，捆成缆把挑着回。”意思是当发现蝮亚科（Grotalinae）毒蛇时，先悄悄接近它，然后脚一顿，造成振动，使蛇突然受惊游动，趁势下蹲，迅速抓住蛇颈；再立即踏住蛇尾，用劲拉直蛇体，松动脊椎骨，使它暂时失去缠绕能力而成瘫痪状态；然后将蛇体卷好，用绳扎牢其颈和蛇体，放入容器中或用棍棒挑着回去。这种方法，一般无经验的人不能采用。

（二）捕蛇须知

捕蛇时要注意预防毒蛇咬伤。万一被咬伤应按毒蛇识别与急救方法及时处理，到医院治疗。另外，捕蛇时不能一人单独行动，必须有 2 或 3 人互相配合。如被蛇缠住手或脚，不要惊慌，仍然紧握其颈不放，设法松开手脚。不得已时可由另一人帮助解脱。如遇蛇逃窜或有进攻行为，来不及使用捕蛇工具时，可用任何物件打击蛇的身体前部，心脏所在之处，这就是一般人说的“打蛇打在七寸里”。

（三）毒蛇的识别与急救

毒蛇一般并不主动伤人，但被人畜不慎触动或被捕捉时，常常会给人畜造成伤害。因此，学习识别毒蛇咬伤及咬伤后的急救知识，对野外工作人员很有必要。

1. 毒蛇的毒腺与毒牙

毒蛇的毒腺位次于头部两侧口角上方，毒腺常呈袋形或梨形。蛇毒就是毒腺分泌出来的毒液，毒液的颜色常因种类而异。金环蛇和眼镜王蛇的毒液为金黄色；蝰蛇和蝮蛇是橙黄色；眼镜蛇为淡黄色；银环蛇为乳白色；竹叶青为绿色毒液。新鲜的毒液具挥发性和弱酸性，有臭味，放置一昼夜会失去毒性。毒液经真空干燥后妥善保存，则15～25年毒性仍不失效。

毒牙着生在上颌的前方或后方，有纵沟（沟牙）或管（管牙）与毒囊相通。当咬到人或动物时，毒汁就沿着毒牙的纵沟或小管流出，注入动物体内引起中毒。有的毒蛇如眼镜王蛇、尖吻蝮（五步蛇），甚至一张开口就可喷射出毒液。

2. 我国10种剧毒蛇的简明识别

据现有资料，在我国分布有近50种毒蛇。现将其中10种剧毒蛇分布的地区、生态习性及形态特征用表简介，供识别时参考。

表2-1 我国10种剧毒蛇的识别

毒蛇名称	分布范围	生态习性	形态特征
竹叶青（*Trimeresurus stejnegeri*）	甘肃文县及长江流域以南	山区森林、竹林或山溪旁灌木丛中	体以绿色为主，侧具一条白色或红白各半的纵线；尾后端焦红色，眼睛红色，有颊窝，头大、三角形，头背具小鳞片
白唇竹叶青（*T. albolabris*）	北纬25度以南低海拔地区，东部可达福建北部	平原、丘陵灌木杂草丛中	与竹叶青形态特征相同，只是鼻鳞与上唇鳞愈合或仅有不完整的鳞沟
烙铁头（*T. mucrosquamatus*）	向北至北纬35度；以四川盆地边缘及福建武夷山区较多	丘陵及山区较多，于傍晚活动	背棕褐色，正中有一行紫棕色粗大逗点状斑，有时前后连续呈波纹，有颊窝，头大、三角形、头背具小鳞片
尖吻蝮（*Agkistrodon acutus*）	长江沿岸与北纬25度之间，西止贵州西南，东迄沿海各省及台湾省	山区溪边阴湿处，多于傍晚活动	背暗褐色，有一行二十余个浅褐色的大斑块，有颊窝，头大、三角形，头背具大形对称鳞片，吻尖翘出
蝮蛇（*A. halys*）	除青藏高原及南岭山系以南，全国各地都有	平原及丘陵、山区都有	背灰褐色，有两行深色圆斑，左右交错，有的地方彼此连续，有颊窝，头略呈三角形，头背具大形对称鳞片

续表

毒蛇名称	分布范围	生态习性	形态特征
蝰蛇 (*Vipera russelii siamensis*)	广西、广东、福建东南、台湾省	丘陵及低山较多，昼夜均可遇，受惊时常“呼呼”作响	背棕色，有三行深色大圆斑，无颊窝，头长，吻宽圆，头背都是起棱小鳞片
眼镜蛇 (*Naja naja*)	长江以南及台湾省	平原、丘陵及山区都有，多于白天活动	体黑或黑褐色，背面有时可见白色细横纹，幼蛇尤明显，前半身可竖立，颈可膨扁，颈背有白色眼镜样斑纹
眼镜王蛇 (*Ophiophagus hannah*)	基本上分布于南岭山系以南，向北可达浙江南部	山区森林边缘，多于白天活动	背面前半黑褐、有黑横纹；后背黑色网纹显著，显黑褐色横斑，前半身可竖立，颈可膨扁，颈背无眼镜斑，头背有一对大枕鳞
银环蛇 (*Bungarus multicinctus*)	与眼镜蛇的分布大致相同	平原、丘陵或低山水域附近，多于傍晚活动	背色黑，有多数白横纹，背鳞 15 行，脊鳞扩大呈六角形
金环蛇 (*B. fasciatus*)	与眼镜王蛇分布大致相同	山区水域附近，多于晚上活动	体具黑黄相间的宽大环纹，背鳞 15 行，脊鳞扩大呈六角形

3. 蛇伤中毒及毒蛇咬伤的鉴别

蛇伤中毒的症状：根据蛇毒的性质可分为神经性毒、血液循环性毒及混合性毒三种。神经性毒主要作用于神经系统，被咬伤后伤口不红不肿，不十分痛，但有麻痹感觉。不久便会出现头晕、精神倦怠、呼吸困难、麻木、直到昏迷，自主呼吸停止，以致死亡。这种中毒症状，一般是有前沟牙的银环蛇、金环蛇咬伤引起的。血液循环性毒主要作用于伤者的血液循环系统，咬伤后伤口及伤肢主要症状有急剧肿胀，起或变黑，以后细胞和组织坏死溃烂。全身症状有时恶寒战栗，时而发热，严重时内脏出血，最后引起心脏、肾衰竭而死。这种中毒症状，一般是具管牙类的蝰蛇、尖吻蝮、竹叶青等咬伤所引起。混合性毒兼有上述两者症状，如蝮蛇、眼镜蛇咬伤就会引起混合性中毒症状。

毒蛇与无毒蛇咬伤的鉴别：毒蛇咬伤的伤口，绝大多数情况下留有 2 个大而深的牙痕，由于毒牙之后有的还有预备牙，以及咬人时角度的不同，故有时可以见到 1、3 或 4 个牙痕。

无毒蛇咬伤的伤口，局部留有 4 行均匀而细小的牙痕。伤口出血不多，且很快就会止血结痂，周围没有肿胀，或仅有轻微红肿。

4. 毒蛇咬伤急救

1）应保持镇静　不要奔跑，放低伤口部位。如神经紧张会使备注循环加速，毒素也会加速散布全身。

2）立即结扎　被毒蛇咬伤后，需迅速用绳带、手帕或从衣服上撕下布条扎在伤口的上端（近心脏的一端）。阻止蛇毒向全身扩散。结扎时间不能过长，约20分钟可放松一次，约经3分钟后再扎起来，以免血液循环受阻，形成局部组织坏死。也可利用流动泉水或小溪流水反复冲洗伤口。

3）排毒和破坏蛇毒　最好用双氧水或千分之一高锰酸钾清洗留在伤口表面的毒液，也可用冷开水或食盐水。用清洁的小刀或其他利器剥开伤口（如被尖吻蝮和蝰蛇等具出血性的毒蛇咬伤，则不适用扩伤排毒法），从伤口周围向伤口挤压排毒20～30分钟。有条件还可用火罐拔出毒液，也可用6～8根火柴同时点燃，烧灼伤口，破坏蛇毒。

4）敷药和服药　按蛇药说明书敷以蛇药或服以蛇药。切勿用止血药物止血。最好注射抗蛇毒血清。

5）及时送往医院　在野外采取上述急救措施后，不能认为已安然无恙，还应送进医院观察治疗。

（四）蜥蜴的采集

我国产的蜥蜴大多数是小型种类，分布广泛。其中，少数种类生活在寒冷或干燥的荒漠区域，如胎生蜥（*Lacerta vivipara*）和荒漠麻蜥（*Eremias przewalskii*）；有的种类在屋舍的天花板或墙壁上活动，如无蹼壁虎；有的滑翔于树枝之间，如斑飞蜥（*Draco maculatus*）；有的潜伏在岩石缝隙里或隐藏于草丛中，如草蜥；还有能在沙面迅速爬行的沙蜥。了解它们的栖息地点和生活习性，有利于采集。我国产的蜥蜴均无毒，故一般可用手捕捉，或采用一些简单的工具和方法捕捉。

1. 软树条扑打

待看准蜥蜴后一般可采用柔软的树枝迅速扑打蜥蜴的头部或体躯，使其暂受震不能活动，随即拾起放入容器内。在沙地或平地上，可用带叶枝条扑打，因其面积大，易于打中，又不易损坏鳞片或体躯。

2. 活套法

用一根长约 2 米的竹竿（或两根竹竿连接起来）。其末端结一马尾或尼龙丝的活套。当遇见蜥蜴，待它抬头凝视异物时，乘机将竹竿轻轻伸出去，套住颈部，立刻拉回；或摇动马尾套，挑逗蜥蜴，待其仰头时，迅速将活套对准蜥蜴头部扣下，即提起拉回。此法主要适于捕捉树上活动的种类。

3. 蝇拍追捕或用小网扣捕

此法对捕捉小型蜥蜴均可收到良好效果。

4. 诱钓法

对栖于石缝的种类使用诱饵垂钓（只要半米长的棉线系上昆虫即可），方法简单，效果也不错。

（五）乌龟的捕捉

乌龟一般在 11 月，即温度在 10℃以下时进入冬眠。冬眠时静卧在池塘底的淤泥中，或长有杂草的松软土壤中，不食不动。翌年 4 月出蛰，当温度上升至 15℃以上时，开始正常活动，并大量取食。乌龟在水中以小鱼、小虾、螺类为食，也常上陆觅食。5～8 月常于黄昏或黎明爬到沙滩或泥滩上产卵，挖掘直径 8～12厘米，深 10 厘米左右的小穴产卵于其中，每年可产 3～4 次。因此，可以根据乌龟的活动规律，利用它到陆地上来觅食或产卵的习性加以捕捉。其方法是，将捣碎的菜子饼撒在乌龟经常出入的田埂或池塘边。到夜晚，由于菜子饼散发的香味引诱乌龟前来捕食，这时可借手电或其他照明工具的光亮进行捕捉。

（六）鳖的捕捉

鳖为我国江河、湖泊、池塘和水库中的广布种。我们只要掌握它的生活习性和活动规律，就容易捉到。在福建永定县有一首专讲鳖活动规律的歌谣：“春天发水走上滩，夏日炎炎柳荫潜；秋季凉了入石洞，冬季寒冷钻深潭”。意思是春天，溪水深浊，久居深潭的鳖开始积极活动，白天爬至浅滩寻觅食物。夏季气温增高，便常在柳树下、岸边上、草丛中或溪流弯曲浮柴及垃圾处乘凉，也经常钻进泥沙下 3～4 厘米的深处。秋天气温下降，钻进深潭边缘的沙石之下或石洞中。冬天，因天气变冷，鳖大多潜入深潭，或钻进浅滩沙中，不易发现它们。因此捉鳖时机以夏、秋两季为宜。

欲捉鳖首先要寻找水中有无鳖进食后剩下的碎螺壳和像鼠粪一样的鳖粪，也可根据溪流岸边，或长满青苔的岩石上，有无留下鳖爬行的足迹，以辨别是否有鳖及其活动的方向。若在平展的泥沙上，有隆起的松散新泥沙，呈弯月状或八字形，这就是鳖钻在泥沙中留下的痕迹。可用钝头铁叉或棍棒试探戳敲，如触到鳖甲，则有滑溜溜的感觉，并可听到一种“卜卜”的响声。此时应迅速用脚踏住，用手摸到鳖后脚胯下两个凹进部位，即可捉住。钻入洞中的鳖，总是头朝里，尾向外，伸手抓住后腿，可从洞中拖出。在洪水季节，河水混浊，鳖多在水面活动，鼻孔向上露出水面，很容易发现。可在长竹竿上捆扎筛或扒网捞捕，但效果不好。

（七）爬行动物的鉴别

我国爬行纲动物有：龟鳖目 24 种，蜥蜴目 117 种，蛇目 173 种，鳄目 1 种。现将各目的主要鉴别依据和常见种的识别特征分述如下。

1. 龟鳖目的鉴别依据

龟鳖目的分类鉴别，科和亚科主要依据骨骼的构造、四肢形状和表皮结构；属种的鉴别还要依据背、腹甲骨板、盾片（角质板）的形状、数目和排列方式，头部皮肤或鳞片的征状，韧带组织的有无和吻突的长短等。

龟壳背甲和腹甲各盾片与骨板更是常用的分类特征（图2－8）。

2. 蜥蜴目的鉴别依据

蜥蜴目的鉴别除依据骨骼特征和体表被覆的鳞被征状外，鼻孔的位置、耳孔的大小、四肢发达的程度、指趾的形态及结构、股窝、蹊鼠窝或肛窝的有无等，都是分类鉴别的标志。

蜥蜴目各属种的鳞片大小、形状、数目和排列情况比较稳定，是分类鉴别的主要依据。头部各鳞片的位置和名称见（图2－9）。

体鳞片的特点：

1）方鳞　身体腹面鳞片大方形，如蜥蜴科。

2）圆鳞　身体背腹面鳞片近于圆形，如石龙子科。

3）粒鳞　鳞小而略圆，平铺排列，如壁虎科。

4）棱鳞　鳞片上面具有突起的棱，如草蜥属的背鳞。

5）锥鳞　鳞耸立呈锥状，如长鬣蜥（*Physignathus cocincinus*）头两侧后下方的大鳞。

6）棘鳞（棘）　鳞耸立呈刺状者，如鬣蜥科常具有的眶后棘。

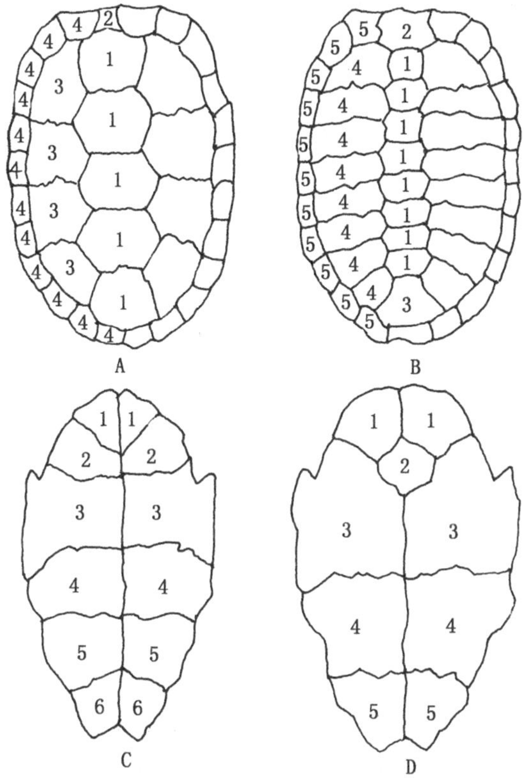

图 2-8　龟背甲、腹甲的盾片和骨板

A　背甲的盾片　1. 椎盾　2. 颈盾　3. 肋盾　4. 缘盾

B　背甲的骨板　1. 椎板　2. 颈板　3. 臀板　4. 肋板　5. 缘板

C　腹甲的盾片　1. 喉盾　2. 肱盾　3. 胸盾　4. 腹盾　5. 股盾　6. 肛盾

D　腹甲的骨板　1. 上板　2. 内板　3. 舌板　4. 下板　5. 剑板

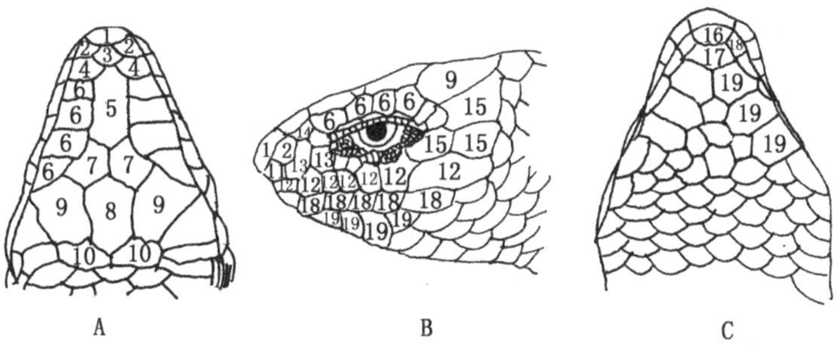

图 2-9　蜥蜴头部鳞被

A　头背面鳞被　1. 吻鳞　2. 上鼻鳞　3. 额鼻鳞　4. 前额鳞　5. 额鳞
6. 眶上鳞　7. 额顶鳞　8. 顶间鳞　9. 顶鳞　10. 颈鳞

B　头侧面鳞被　11. 鼻鳞　12. 上唇鳞　13. 颊鳞　14. 上睫鳞　15. 颞鳞

C　头腹面被鳞　16. 颏鳞　17. 后颏鳞　18. 下唇鳞　19. 颏片

7）鬣鳞　仅次于颈背中央，呈纵行竖立的侧扁鳞片，常见于鬣蜥科的种类。
8）板鳞　仅次于雄性肛前或腹中央有一团较大而颜色略异的鳞，见于鬣蜥属。
其他结构特征：
1）睑窗　下眼睑中央的无鳞透明区，如滑蜥属（*Leiolopisma*）
2）瓣突　耳孔边缘鳞片突出部分所形成的叶状物，如石龙子。
3）喉囊　咽喉部皮肤突出所形成的带状结构。
4）颈侧囊　颈侧皮肤形成的囊状结构。
5）喉褶　喉部横行的皮肤褶，褶缘具细鳞。
6）领围　喉部横行皮肤褶，褶缘具一排突出的大鳞。
7）肩褶　在肩前所形成的皮肤皱褶，如鬣蜥科某些属种。
8）翼膜　飞蜥体侧皮肤形成的膜状物，有肋骨支持，借以作滑翔活动。
9）肛前窝与股窝　仅次于肛前或股部腹面鳞片上的小窝，如壁虎科某些种和鬣蜥科某些属种。
10）指、趾下瓣　指、趾腹面排列盛行的皮肤褶襞，如壁虎科。

3. 蛇目的鉴别依据

蛇目分类上，科与亚科的鉴别主要依据骨骼的构造和牙齿的特点；对属与种的鉴定，主要依据鳞片的形态、数目。排列和起棱情况，色斑的特点，以及外部器官如鼻孔的大小与位置、眼的大小、瞳孔的形状、雄性交接器的结构等。蛇类鳞片形状、数目、排列和起棱情况等，是鉴别属种的主要依据。鳞片的位置和名称如图（2－10）。

尾部的鳞片如下：

腹鳞：躯干腹面、肛鳞之前，正中的一行较宽大的鳞片，统称腹鳞。在少数种类没有明显的腹鳞，如盲蛇科，周身鳞被大小一致。

肛鳞：覆于肛孔之外或肛孔前方的鳞片称肛鳞。一般为单片或纵分的二片（图 2－11）。

背鳞：躯干背面的鳞片，统称背鳞或体鳞。如背中央一行鳞片显著大于体侧背鳞，则称为脊鳞。背鳞排列略呈纵行（图 2－12）。计数时一般取颈部、中段（吻端到肛孔之间的中点处）及肛前三个部位的数据表示。可写作 21－19－17，表示背鳞在颈部 21 行、中段 19 行、肛前 17 行。

尾下鳞：一般为双行，左右交错排列，其数目以对数计算，但尾尖为单片。少数种类为单行，如脊蛇属（*Achalinus*）。眼镜王蛇则单行与双行变化不定。

4. 爬行动物雌雄的识别

有些爬行类的两性个体在外形上容易区别。如红点锦蛇和蝮蛇的雌性个体较

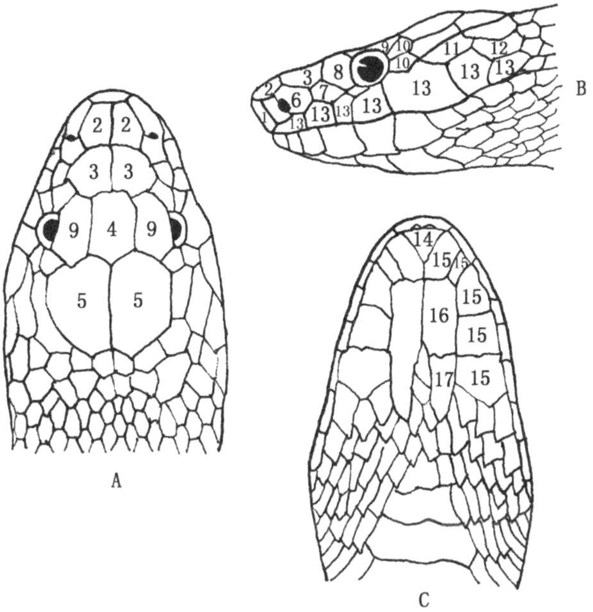

图 2-10　蛇头部鳞片

A　头背面鳞质　1. 吻鳞　2. 鼻间鳞　3. 前额鳞　4. 额鳞　5. 顶鳞
B　头侧面鳞质　6. 鼻鳞　7. 颊鳞　8. 眶前鳞　9. 眶上鳞　10. 眶后鳞　11. 前颞鳞　12. 后颞鳞　13. 上唇鳞
C　头腹面鳞质　14. 颏鳞　15. 下唇鳞　16. 前颏鳞　17. 后颏鳞

雄性为粗，尾较雄性短。雌性乌龟甲壳稍带黄色，纵棱显著，尾短而基部粗，躯干短厚，无臭味；雄性龟甲深黑色，尾长且尾基细，躯干部长而薄，有异臭。鳖的雌性尾短，不突出甲外，而雄性尾长，突出甲外。有的种类两性外形相似难以区别，必须仔细对比观察，如变色树蜥（*Calotes versicolor*）雌性颈部最长的鬣鳞等于眼径长，背部鬣鳞至腰部不明显。而雄性颈部最长的鬣鳞为眼径长的 1.4～1.6 倍，背部鬣鳞至腰部仍明显。

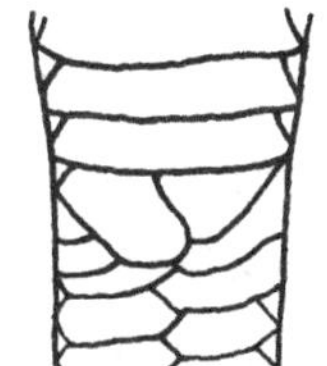

图 2-11　蛇体后端腹鳞

蜥蜴中的雄性在繁殖季节出现第二性征。如北草蜥在生殖季节雌雄体色有明显的差别，雄性背中央的四行纵鳞及外侧的一行纵行鳞片上密布着黑点，各构成一条黑褐色纵纹，且体侧呈草绿色。又如蓝尾石龙子，雄性腹侧及肛区漫散着紫红色小点，而雌性腹面为青白色。

大多数蜥蜴和蛇类的雌雄个体在外部特征上不易区别。比较可靠的方法，是用手在肛门处挤压，可见到雄性成对或单个的交尾器。

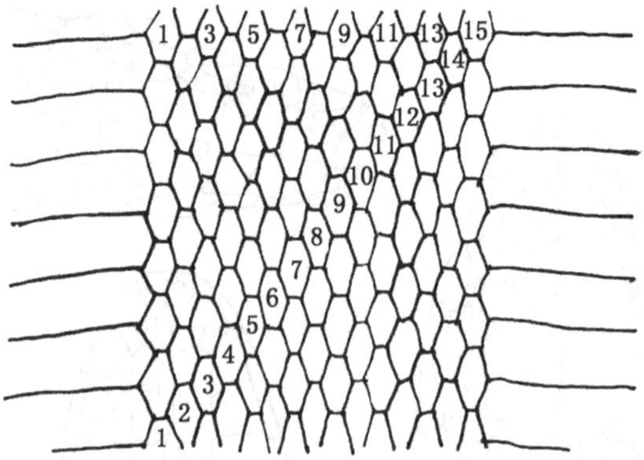

图 2-12 蛇背鳞的计数方法

（八）冬　眠

冬眠习性的观察是爬行类生态学研究的内容之一。在野外工作中，观察爬行类冬眠习性时，应注意环境温度与冬眠和苏醒的关系；不同种类及同种不同年龄和性别进入冬眠的顺序；冬眠地点与冬眠洞穴小气候特征等。

1. 冬眠、苏醒与环境温度的关系

根据各地气候特点，分别在爬行类开始冬眠和苏醒期前后，每隔一定日期（3～5 天）在越冬地点进行观察，并安放自动记温度计，记录温度的变化。记录开始冬眠（进入冬眠场地，行动迟缓）、冬眠（对刺激无反应或反应不大）、苏醒（对刺激已有反应或稍有反应）、开始活动（爬出洞外活动）的日期和温度。例如，在安徽省芜湖地区，对红点锦蛇冬眠及苏醒时间与温度的四年观测记录表明，在 10 月下旬前后，当平均气温下降到 13℃左右时开始进入冬眠；翌年 3 月，当平均温度回升到 12℃以上时苏醒。

在进行爬行类冬眠与苏醒日期观察时，对不同性别的成体、幼体应分别记录。进一步了解观察对象的种群组成中，具有不同生态生理特点的成员，开始冬眠与苏醒时间的差别。

2. 冬眠状态特点

关于冬眠状态，需要观察是单独还是集群越冬；体态卷曲或伸直；睁眼或闭眼；并用半导体点温计测量冬眠动物的体温。

二、爬行动物剥制标本技术

爬行动物的外形随着种类的不同而有很大的差异，所以剥皮的方法颇不一致。根据爬行动物的体型，一般可归纳为下列三种类型：

（一）龟的皮肤剥离

由于龟类的躯体覆以硬甲，故需用骨锯在它的腹甲与缘甲间的两侧锯开（图 2－13）。并将前臂与腹甲间，大腿、尾与腹甲间相连着的皮肤切开，也就是说整个腹甲仅与颈部皮肤相连。然后，用解剖刀割离附在腹甲内壁上的肌肉，直至腹甲完全与躯体肌肉脱离；再除去内脏，并把前肢的肩带骨和后肢的腰带骨连同肌肉逐渐地用刀割除干净。

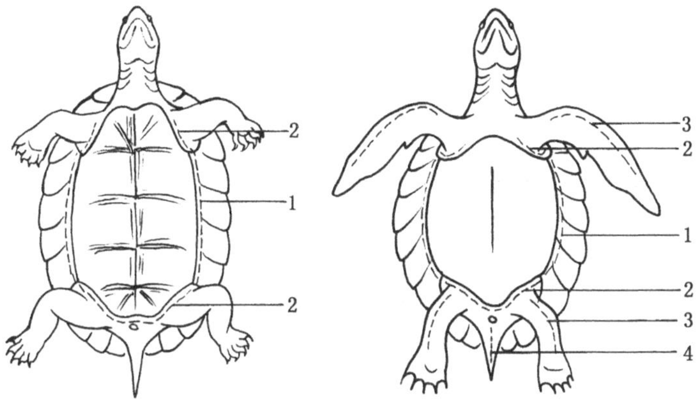

A　小型　　　B　大型

图 2－13　剥龟的方法

1. 腹甲锯开线　2. 皮肤开口线　3. 四肢的开口　4. 尾部的开口

接着将四肢跗跖及尾的腹面剖开，再把四肢逐渐剥离后除去四肢骨（包括掌骨和跗跖骨）。随后将尾部剥离。

最后由颈向头部剥去，当剥至头骨出现时，由于头颅顶的皮肤已骨化，非常坚硬，无法再向前剥离，所以可在第一颈椎骨与枕孔之间将颈项截断，再用骨剪或凿把头骨下的基枕骨、基蝶骨和上颌等除去，但必须确保头部外表不受损伤，接着将两颊等处肌肉除净，挖出眼球。

某些大型的爬行动物背、腹甲甚厚，肋间板部分呈中空状，骨隙中间储藏着很多骨髓和脂肪，需用凿将背腹甲内侧凿开，然后铲去其中的脂肪和骨髓。否则，制成标本后，时间一长，脂肪即由骨隙中溢出体外，使标本质量受到影响。

小型的龟类不必剖开四肢就可以翻剥下去，但需将肱骨、尺桡骨和股骨、胫腓骨留着，并将附在肢骨上的肉除净即可。

（二）鳄鱼的皮肤剥离

鳄鱼的体表覆以角质鳞，鳞下有真皮形成的骨板，剥皮时难以翻转，所以剖口线需要长一些。首先将其躯体仰卧，自颈的中部腹面正中央向后部方向剖开，至尾柄的后端为止。泄殖孔处的剖口需偏向左面或右面，避开泄殖孔，使其保持原状。尾柄的剖口也偏向尾的一侧剖开。剥皮的方法较易掌握，主要是它的角质鳞皮肤牢度较强，一般不易剥破。剥皮时，先把两侧皮肤剥离，分别截断颈项和四肢的肩、股关节，随后转动躯体，使背面朝上，头部向右，然后将头翻向背面，右手持解剖刀自颈背入后剥离，直至尾端为止。蜥蜴类也可采用此方法，但其尾部断层处易断，剥皮时需要小心。

剥四肢时，先将前臂部和胫跗部腹面的皮肤剖开，然后分别把两前肢的肱骨、尺桡骨和前掌的肌肉剔去，尺骨和掌骨留下。再把后肢的腹部、胫部和跗跖部的肌肉剔去，胫骨和跖骨留下。

头部用钢凿把腭骨、横骨、翼骨及基枕骨除去后挖去眼球和舌，并把附在头骨上的肌肉剔除干净。

（三）蛇的皮肤剥离

将蛇体仰卧伸直，在躯体的腹面中央纵行剖开 10～15 厘米（大型蛇类的剖口应适当扩大），沿剖口两侧剥至背面，用剪刀将皮内部分截断为二，先把前面一段逐渐翻转剥离至头部鼻端为止，在颈椎与枕孔之间将颈项截断，并除净附在头骨下侧的肌肉，再挖去眼球和脑髓。同样，将后部翻转剥离至尾端为止。最后将附在皮肤上的残脂余肉除去。

（四）爬行动物皮肤的防腐处理

将上列三种剥离的皮肤，浸在 75%酒精中 1～2 天后取出。这时皮肤发硬，可浸入水中冲洗 2～3 小时，待皮肤柔软后取出拭干，用三氧化二砷、明矾和樟脑混合成防腐粉涂于皮肤的内侧，取两团棉花嵌入眼眶中，以代替被剥去的眼球，然后将头部翻转复原。

因为酒精价格较为昂贵，故对体形大的爬行动物也可先浸于食盐、明矾液中

5～7 天，后用水冲洗干净，再用防腐粉涂擦于皮肤内侧。

（五）爬行动物剥制标本的充填法

1. 龟姿态标本的充填

量取头至腹长两倍的铅丝一段，在中点处将其折合成镊状，在铅丝上用竹丝缠绕成如颈项粗细（铅丝端部需留出少许），把不相连的一端伸入头部，并由脑颅插入，直至鼻孔中，再使铅丝固定在头骨上，然后用针线把尾部剖口缝合。量取腹至尾端长度的铅丝一段，用竹丝缠绕成略似尾椎的形状和大小，插入尾部。再量取约等于两肢伸直长 1.5 倍的铅丝两段，将铅丝一端挫尖，龟的四肢铅丝只起固定形态的作用，而不需要做支撑身体之用，故不将铅丝露出体外（参见图 2－14）。

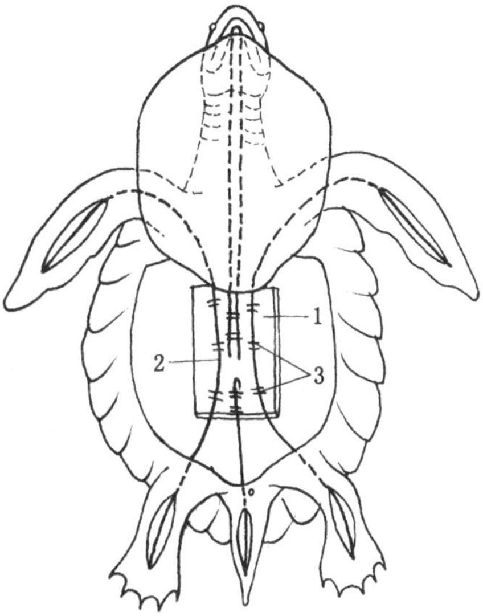

图 2－14　大型龟类的支撑串连方法
1. 木块　2. 铅丝　3. 固定点

躯体中央也和中型兽类那样，用一块长方形的木条，把头、尾和四肢的铅丝分别固定在躯干部的木条上。

体形小的龟类一般不用木条，只要用铅丝或绳在躯干中心把它们结扎在一起，因四肢皮肤没有剖开，肢骨亦保留着，所以，应在肢骨上缠上竹丝。然后将其翻转复原，再把四肢铅丝插入脚底即可。

骨架装置完毕，即可进行充填。先用充填器把头、颈充实至适当大小。然后分别充填四肢，关节间必须充填结实、饱满，避免出现凹凸不平的现象。最后再用稻草或竹丝充实躯体，直至充填饱满为止。

这时，把腹甲盖上，沿腹甲剖口两侧边缘，用钻穿成数对（每侧 4～5 对）相对称的孔，顺次用细铅丝串连并加以绞合，将铅丝端部嵌入剖口缝中。再用针线把四肢与腹甲之间的剖口及尾部与腹甲间剖口边缘的皮肤缝合。

2. 鳄鱼姿态标本的充填

先量取等于体长的铅丝一段，在其上用竹丝缠绕成比躯体略小的假体，缠绕时前端留出一段以插入上颌骨中（剥头部时已将腭骨、横骨、翼骨以及枕孔下端除去），另一端则插入尾端皮肤之间，再按前法固定四肢的铅丝，然后进行充填，先用充填器将头部充填结实，继续将两肢掌部和关节充填，随后充填颈背及胸部两侧，这时可取针线把前胸剖口向后进行缝合，并采取边缝合边充填，直至后肢的前端，这就是充填两后肢。接着再由尾端向前边缝合边充填，如果把尾部做成弯曲姿态，应先将铅丝弯曲成所需的形状，并顺着弯曲度进行充填，两侧的填充物不能相等，如果尾部向右弯曲，则应在左侧多填一些。与此相反，如果尾部向左弯曲，则在右侧多填些，直至全部缝合为止。

3. 蛇类姿态标本的充填

量取等于体长的铅丝一段，从剖口处插入躯体，一端插入尾端，另一端由脑颅腔中插入头骨，使其固定。因蛇体很长，为了便于充填，也可把铅丝分成两段，待尾部充填得差不多时，再将另一段铅丝插入头骨中，并在剖口处将其绞合连接。随后取细长竹条一根作充填器，用木屑作为填充物（木屑中加入一些防腐粉，并搅拌均匀）。充填时，由剖口处逐渐将木屑向尾部充填，边充填边用竹条伸向尾端部使其充实，当充填至躯干部(剖口处)后再向头、颈部充填，直至充实饱满为止。但不要过度，只要尽力使标本符合原来的体形大小即可。将前后充填成适当大小后，在剖口处和口腔中填入少许棉絮，以防木屑由剖口处和口腔中漏出，然后，缝合剖口处。缝合时针口由鳞下穿入，以隐蔽缝线痕迹，同时也避免鳞片脱落。如果需要把标本固定在标本台板上，则在剖口两端的铅丝支架上再安装两段细铅丝即成。

（六）爬行动物剥制标本的整形

将已经充填好的标本整形成适当的生态姿势。

1. 龟的整形

龟类生活时姿态变化不大。头部呈仰起状，用木块等物把它垫起，以防干燥过程中下垂。一般四肢在固定前应确定关节的弯曲度，大型的龟类，其四肢呈桨状。

2. 鳄鱼的整形

先整理鳄鱼四肢的姿态，并将脚上的铅丝固定在台板上。然后将鳄鱼的头部略微抬起，一般使口腔做成张开的形状，以呈现出凶猛的形象。并用油灰充填口腔，利用油灰的可塑性，把它塑成原来的形状并着色。将四肢稍微抬起，使尾部呈弯曲状，在弯曲部位的两侧，用钉固定好位置，以防干燥过程中收缩变形。

3. 蛇类的整形

蛇类生活时一般常呈弯曲状爬行于地面或盘旋于树枝上。如果体表有凹凸不平现象，可用手稍加揿捏加以纠正。蛇类一般不用标本台板，可将义眼嵌入并整理好姿态后，放在通风处晾干。

营树栖生活的种类最好做成盘旋于附有台板的树枝上。

最后，将标本置于通风处晾干，再除去整形所用的夹板、钉等，刷去标本上的灰尘，用稀薄的清漆涂于躯体各部的表面，以增加光泽（不宜过多，以免失去原有的色泽），干燥后即置于标本橱中保存或陈列。

第五节　鸟类的剥制

一、鸟类标本的采集

要采集适于制作标本的鸟类，方法有以下几种。

1. 枪击法

是采集鸟类最常用的方法。用装有大小合适的霰弹的猎枪，能对各种鸟类予以有效的杀伤。此法的优点是能有目标性地采集各种状态，包括正在飞行的鸟类，且成功率高，不受地理条件的限制。缺点是在近距离内易将鸟体打烂，使用中或多或少存在不安全因素，不严肃的狩猎动机将严重破坏鸟类资源。

2. 网捕法

为民间常见的捕鸟法。捕鸟网的大小规格及网眼大小，视准备捕捉对象的大小而定。做法是将透明尼龙丝织成的网，垂直地架设于灌丛、树林间，用人力驱赶，使受惊的鸟撞入网眼中，无法逃脱而就擒。此法的优点，是捕到的鸟体完整无缺，挑选所需的种后，其他的仍可放归山林，对生态影响较小。缺点是所需人力较多，且受地理条件的限制，采集的种类受到局限。用此法捕鸟时，希望勿一网打尽，留下所需的种，其余的应及早放飞为好。

3. 讹捕法

是利用有些鸟类在繁殖期间，有争夺领域和配偶的习性，某些地区的百姓将自幼驯养的雉鸡等野禽（有时用标本）作为“媒鸟”，去引诱野生鸟进入猎人事先布置的笼子、圈套或陷阱中。也有模仿鸣禽的叫声进行诱捕的。此法所需人力少，且所捕的大多为进入繁殖年龄的成年雄鸟。不足之处是此法必须有一定的条件，需相当丰富的经验，而且捕鸟种类单一。

4. 其他

采集鸟类的方法，还有胶黏法、罩扣法等多种，因操作时受多种局限，捕捉效果不理想，故不作阐述。特别要指出的是，我们采集标本的活动，必须是有计划性有目标的，坚决杜绝那些无节制的毁灭性的采集方法，诸如放置毒饵，夜间结群轰赶，或是一网打尽式的掏窝取卵，或在鸟类繁殖期间的滥捕乱猎。

采集标本是一件很艰苦的工作。在进行此工作之前，要查阅有关的资料和图片，对将要采集的鸟类有个基本了解后，做到有的放矢，避免盲目行动，劳而无功。在采集中，要仔细观察该鸟的姿态、鸣声和行为，掌握第一手资料，在工作告一段落时，及时详细地做好记录。采集标本是每个鸟类工作者的必修课，是做好剥制标本的基础和前提，我们应以认真的态度对待。

二、鸟体测量

1. 鸟体外形名称

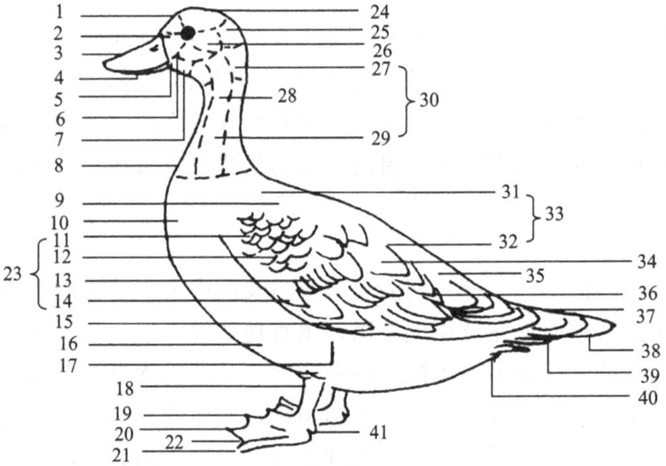

图 2-15A

1. 额　2. 眼先　3. 上嘴　4. 下嘴　5. 颏　6. 颊　7. 喉　8. 前颔　9. 肩　10. 胸　11. 小覆羽　12. 中覆羽　13. 大覆羽　14. 小翼羽　15. 初级覆羽　16. 腹　17. 胁　18. 跗蹠　19. 内趾　20. 中趾　21. 外趾　22. 蹼　23. 次级覆羽　24. 头顶　25. 枕　26. 耳羽　27. 上颈　28. 颈侧　29. 下颈　30. 后颈　31. 上背　32. 下背　33. 背　34. 三级飞羽　35. 腰　36. 次级飞羽　37. 初级飞羽　38. 尾羽　39. 尾上覆羽　40. 尾下覆羽　41. 后趾

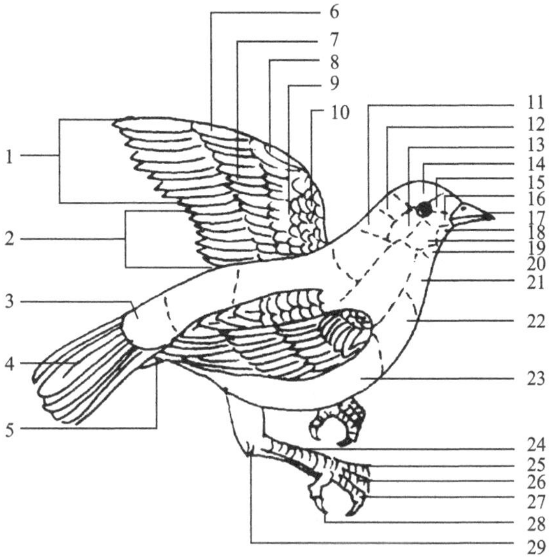

图 2－15B

1. 初级飞羽 2. 次级飞羽 3. 尾上覆羽 4. 尾羽 5. 尾下覆羽 6. 初级覆羽 7. 大覆羽 8. 小翼羽 9. 中覆羽 10. 小覆羽 11. 颈项 12. 枕 13. 耳羽 14. 头顶 15. 额 16. 眼先 17. 嘴 18. 颏 19. 颊 20. 上喉 21. 下喉 22. 胸 23. 腹 24. 跗蹠 25. 内趾 26. 中趾 27. 外趾 28. 后趾 29. 腿

采集的动物标本，均应及时系上标签，进行编号、测量和记录。标签的记录内容，可根据需要自行设计。常用标签内容：编号、中名、学名、采集期、采集地；性别、体重、体长、尾长、翼长、跗蹠长。剥制标本在制作过程中，分离的头骨和皮张，应立即系上编号相同的标签，以免混淆。

2. 鸟的测量

为了，使标本尽可能符合其自然大小，避免失真，在标本剥制前都要进行测量和记录。鸟类外形的测量方法及部位：

体长：自嘴端至尾羽端的长度（图 2－16）

图 2－16 鸟的体长

嘴峰长：自嘴基至嘴端的长度（图 2-17 A、B）

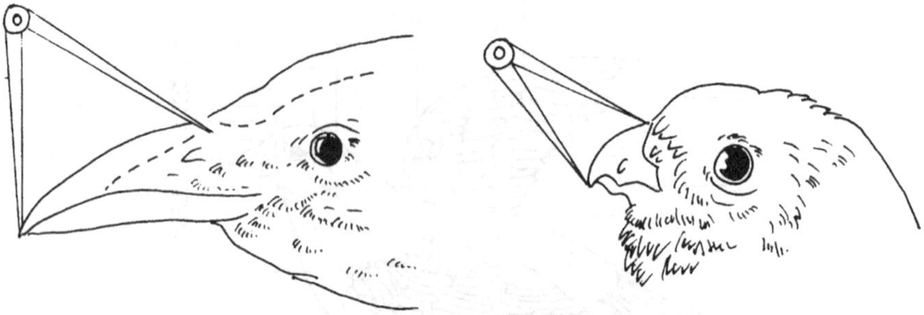

图 2-17 鸟的嘴峰长

翼长：自翼角至最长飞羽之先端的直线距离（图 2-18）

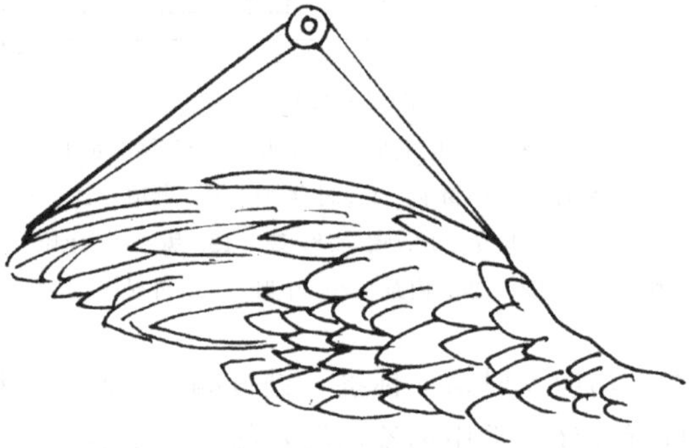

图 2-18 鸟的翼长

翼展长：自翼的右侧飞羽之先端至翼的左侧先端的直线距离嘴峰长：自嘴基至嘴端的长度（图 2-19）

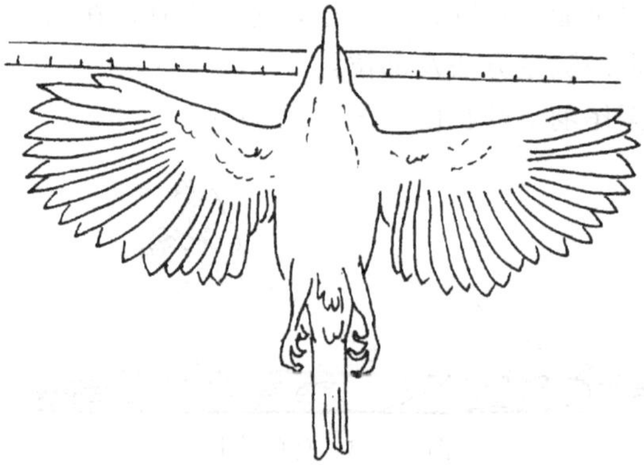

图 2-19 鸟的翼展长

尾长：自尾基至尾羽末端的长度（图 2－20）

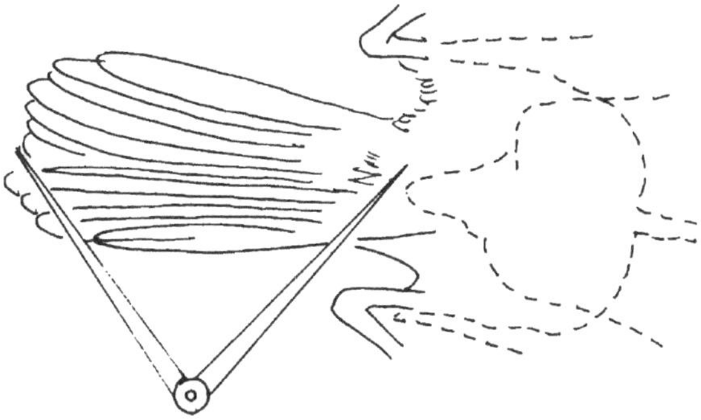

图 2－20　鸟的尾长

跗蹠长：自胫骨与跗蹠骨关节后面的中点至跗蹠与中趾关节前面最下方之整片鳞片的下缘（图 2－21）

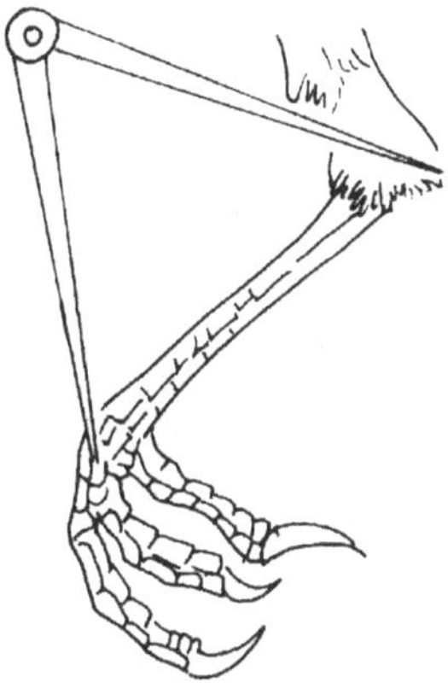

图 2－21　鸟的跗蹠长

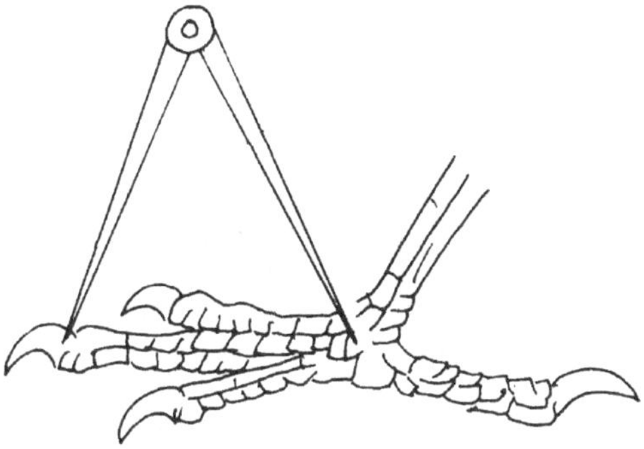

图 2－22　鸟的中趾长

中趾长：（图 2－22）

三、北派鸟类剥制标本技术

制作标本的材料要完整、洁净、新鲜。剥制人员要了解制作对象的行为、习性特征和栖息环境，主要是活体形态、解剖结构和生理结构，并认真测量、记录其体重、体长、翅长、腿长、尾长、嘴长、胸高、胸宽、年龄、性别、产地、采集日期、动物所属的目、科、属、种等。在准备好解剖刀、剪、镊、防腐药品、填充用品及保护用品等解剖器材后，即可进行剥制工作。具体的操作过程如下。

（一）剥　皮

先用棉花分别塞入鸟体的口腔和肛门，以防在剥皮过程中内容物流出污染羽毛。把鸟体腹面朝上（图 2－23），从胸部中线开口，用左手的食指和拇指将胸

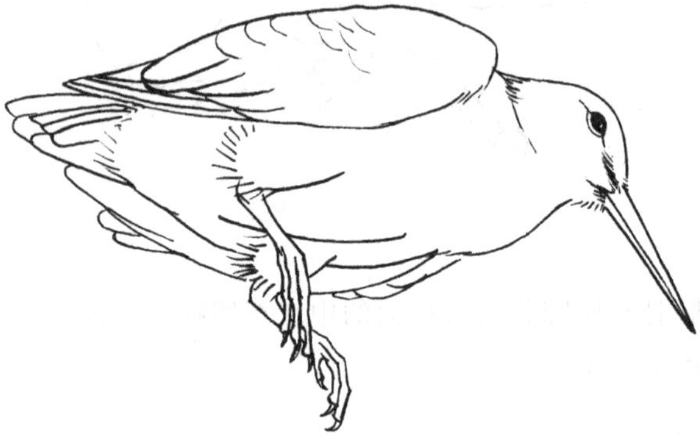

图 2－23　鸟类的剥皮方法（一）

部中线位置的羽毛向两侧分开。右手持解剖刀自胸部（龙骨突的高峰点）起到腹部肛门前端止，拉开皮肤。见肉即止，不要把肌肉和腹腔划开。在开口两侧的羽毛和皮下，边剥离边撒上一些石膏粉，这样皮下的血液、脂肪或黏物就不会使羽毛污染而黏在一起。用左手捏起一侧的皮，右手将刀插入皮与肌肉之间，刀刃向内贴于肉体进行钝性剥离。剥离的顺序是由腹面至背面，从前向后。剥至腿部时，左手捏住跗蹠骨部向内推出胫骨（图 2－16），使膝关节突出，并从膝关节

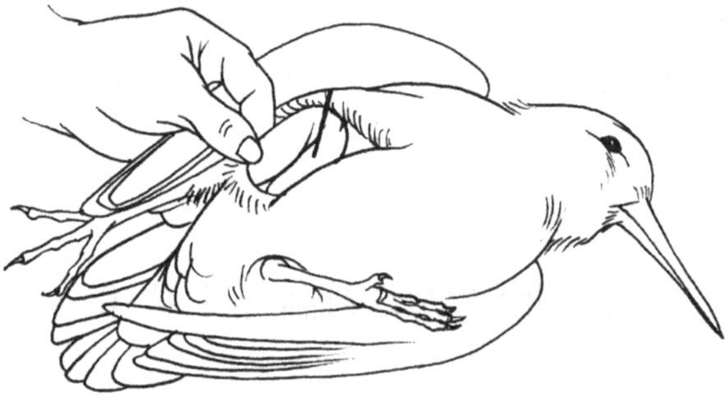

图 2－24　鸟类的剥皮方法（二）

割断或剪断，使股骨以下的部分与躯体脱离。另一侧也照此进行。当两腿都与躯体分离后，向肛门和尾部剥离。从直肠末端将直肠割断，继续向下剥离，在尾椎

骨的末端（尾综骨）将尾椎骨剪断（图 2－25）。尾部便可脱离躯体。这时将躯体竖起，臀部朝上，由后向前剥褪。剥褪到肩部，从肩关节截断，使翅膀与躯体

图 2－25　鸟类的剥皮方法（三）

分开（图 2－26）。而后继续向前褪剥，用右手抓住躯干，左手分离颈部的皮肤（可不用刀具）。当露出头骨时，左手抓住颈部，右手持刀剥离头部的皮肤，见到白色的薄膜，表明已到外耳孔处，将耳膜割断，顺次向前剥，到眼眶分离开，使眼球全部露出。皮肤一直分离到喙的基部截止。皮与头骨要保持连接状态。这时从第一颈椎沿枕骨把整个颈及躯体部分剪去（图2－27)。剥皮的工作基本完成。

图 2－26　鸟类的剥皮方法（四）

图 2-27 鸟类的剥皮方法（五）

对于颈部较长和头大颈细的鸟，如鹤、天鹅等，还需在头部顶端或头的腹面向后加开一口，才能将颈部全部剪除，直至剥褪头部的皮肤。

（二）去肉与防腐

1. 去肉

就是把留在骨骼和皮肤上的肌肉和脂肪等软组织剔除干净。

头部：用镊子夹棉花从枕骨大孔塞入脑腔，将脑挤出，反复进行，蘸净为止。用刀、剪、镊摘除眼球、舌体及各部位的肌肉和软组织。

翅膀：先将肱骨提起，剥褪周围的皮肤，剔除肱骨上的肌肉，再将其送入皮内，然后把翅膀展开，内侧朝上，自肘关节下刀沿尺桡骨位置顺次开至指骨端止。皮向两侧分离，剔除此处肌肉。对于比鸽子体形小的鸟，可从肱骨处一直将皮剥褪到指骨端，去除此处肌肉。不用再行开口。

腿、跗蹠部：胫骨上肌肉的剔除与肱骨位置完全相同。对于跗蹠骨部位的筋腱等组织也要除去，通常在脚掌中心的脚垫位置纵开一小口，用带钩的铅丝从开口插入跗蹠部位钩出腱、筋和肌肉。

尾：用刀刮或用剪刀剪去在尾综骨和尾羽根周围的骨肉、脂肪及尾脂腺，在尾羽根处，切记不要像剔牙那样一个一个地剔（此处也不可将肉剔刮过净），防止尾根分离，尾羽脱落。

2. 防腐固定的作用

凝固蛋白质，制止微生物腐败；防止羽毛脱落，使标本能长期保存。一般在填充前或连固假体前，在皮内侧面涂刷防腐固定剂。这里介绍几种防腐固定剂。

砒霜膏是一种剧毒药品，但又是最常用和防腐固定效果最佳的防腐剂。使用时应特别谨慎。砒霜膏的配比：软皂 1500 克，砒霜 500 克，樟脑粉 30 克。加入适量的水搅成膏状。

非剧毒防腐剂的配比：硼酸粉 130 克，樟脑粉 60 克，烧明矾粉 60 克。搅匀即可使用。

在最简陋的情况下也可单独使用“666”粉或樟脑粉防腐剂。

对于不易涂刷防腐剂的脚趾部位，应浸泡在浓度为 75％的酒精溶液中 2～4 小时以起防腐作用。

使用 2.5％的溴氰菊酯溶剂或粉剂也可以起到防腐的作用。

（三）装　置

1. 做假体（或模体）

假体材料的选择要做到体轻和便于铅丝的穿插与固定。通常用稻草、竹丝、木丝或泡沫为材料，按照躯干的形状，捆绑出或锯出形态相仿的假体（图2－28)。假体一般要比实际躯体小五分之一至四分之一。

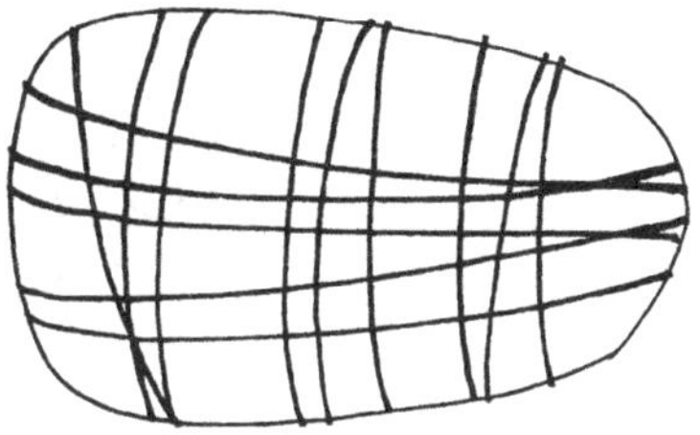

图 2－28　躯干假体

2. 铅丝的准备与各部位的穿固（六根铅丝串连法）

六根铅丝分别用于支撑头颈部、尾部、双翅和双腿。铅丝粗细的选用要以能支撑各个部位、便于穿插固定和整形时的屈伸为原则。选用铅丝的一般规律为腿部粗，头颈部其次，翅膀和尾部稍细。为便于使用，应将这六根铅丝顺直，末端磨成尖状。

颈部一般还要用棉花在铅丝上缠卷一个圆柱形的假体。这个圆柱体要实不要虚，并用细线缠起来。颈部假体要比原实体短粗些。

铅丝准备好后就开始分步穿插。

头：选用黏泥把眼窝垫平或略突一点，这时把颈部假体上的铅丝，从枕骨大孔沿上颚背面插入头骨中，而后用铅丝或针线横穿两侧耳道并与颈部假体缠固，起到固定头骨与颈部假体的作用。然后，将头颈部的皮返褪回来，使羽毛朝外，再用镊子手柄拨出眼眶，使左右对称（图 2－29）。

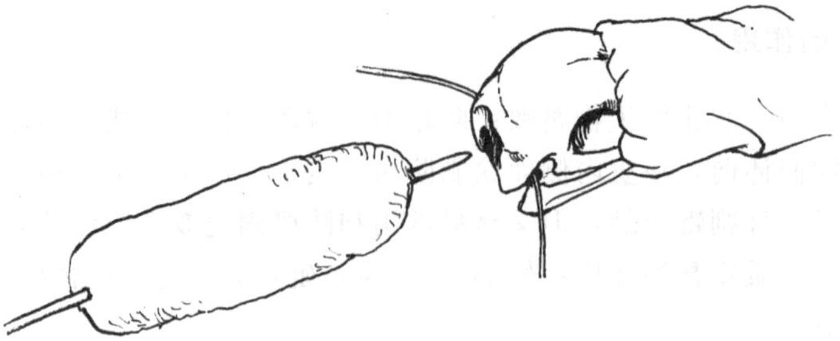

图 2-29　颈部假体及串连方法

翅膀：将铅丝从皮内面穿插，经过肱骨、尺骨、桡骨至指骨。把穿插好的铅丝按各个关节自然状态进行初步弯曲，然后用线或细金属丝把穿插的铅丝与各骨段连固在一起（图 2-30）。

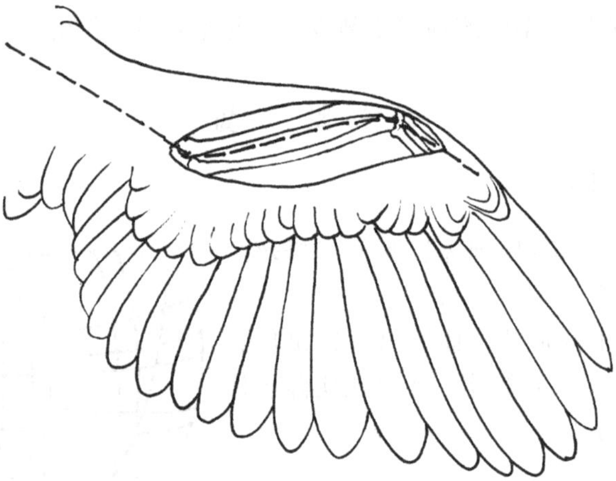

图 2-30　翅膀铅丝的串连方法

腿：将铅丝从脚掌中心，插入贴跗蹠骨后侧经过胫骨穿入皮内面，两端各留出一部分铅丝做固定用（按相反顺序穿插也行），穿好后，用线把铅丝和胫骨连固在一起，涂刷防腐剂后，用棉花缠卷在胫骨上，代替原有的肌肉。最后，把皮褪回伸展摆正（图 2-31）。

铅丝按部位穿插好，就开始把各部位的铅丝同假体连固成一个整体。连固的顺序从前至后：先把颈部铅丝纵贯假体的中央；翅膀部位的铅丝分别从假体前端两侧横穿；腿部的铅丝分别从假体两侧中央略后的位置横穿；尾部铅丝从下覆羽和尾羽之间插入皮内并纵穿在假体上（图 2-32）。这些铅丝的固定方法是一样的，按铅丝插入假体的相反方向把铅丝窝成一个钩，且把钩插入假体中，这六根铅丝就与假体连成了一个整体。这时要注意把皮顺展摆正，并要向横宽方向抻拉，以矫正在剥皮时皮的纵向抻拉（图 2-33）。

图 2－31　腿部的串连方法

图 2－32　尾部的支撑方法

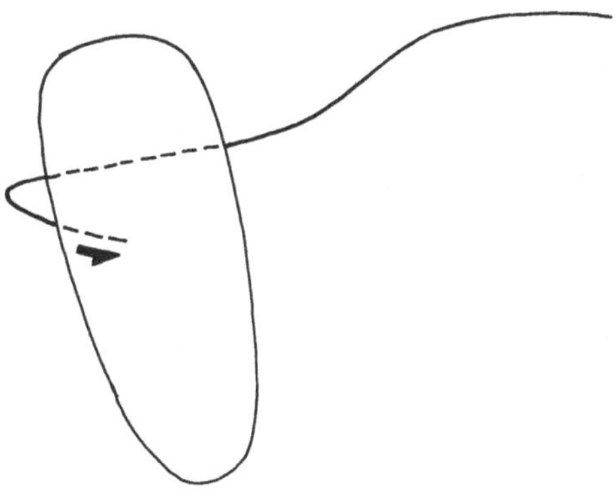

图 2－33　铅丝与假体的固定方法

3. 填充与缝合

填充物有很多，例如棉花、竹丝、木丝、椰子丝、麻等。填充物的选择可因地而宜，并根据制作材料的大小和鸟皮的薄厚而定。鸟皮薄，应选用棉花或柔软的细丝做填充物；鸟皮厚、体型大，应选用膨胀性能较大的填充物，可达到事半功倍的效果。填充物选择不当会影响制作效果。

填充的目的就是弥补假体显示不出的部位，填充时要根据动物的形态特征进行，要把鸟的胸、腹、背、长、短、肥、瘦等特征填出来。一般规律为：嗉囊部位要少填，胸部要丰满，腹部要填起，背脊部位要显示，腿部要丰满，形态要逼真。一次性的填充量不要过大，应少填勤填，这样才能把细微的地方显示出来。填充的松紧虚实都要适量。初学标本制作的人，往往掌握不好，走两个极端：一是填得过少，皮没有完全撑起；二是填充的过多像个铁块。正确的填充是即要将皮完全撑起，又要具有一定的蓬松感，这样才有利于显形和顺羽。

填充、缝合、顺羽是彼此交替进行的。填充一部分，缝合一部分，顺羽一部分，缝合的方法是每次均由皮内面向外穿针，顺着刀口两侧对称缝合，针距要等，由前向后。针距的大小，以不露填充物和针线为度。

（四）整　形

1. 初步造型

把缝制好的标本在轮廓、结构和趋向方面进行初步造型。若做一般常态标本，就可把鸟的翅膀收拢起来；将两腿摆正伸直，略有弯曲；折窝颈部使头抬起。若躯体过宽过肥，则将两侧向中间挤压。羽毛要进行大致的梳理。

2. 上置台板（或支撑架如树枝等）

先设计确定好脚在台板上的具体位置，然后用电钻打孔，将脚掌部位的铅丝插入台板的孔中，使标本立起。若感到位置不当，可变换位置。最后，要将穿入台板下面的铅丝加以固定，使标本能稳固于台板上。

3. 安装义眼

义眼即玻璃或有机玻璃制成的假眼，虹膜和瞳孔的特殊颜色，是根据各种鸟的实际颜色用油画颜料配涂而成的。为防止颜料遇潮后脱色，可在配涂时加入少许清漆。安装义眼时，先把眼眶下端的皮掀起，将义眼一端放入眼眶下端的皮内，再用一个细直带尖的钢针，从眼眶下端义眼的外侧插入眼皮内，撬起眼皮，顺次环绕义眼就会装入皮内。随后，把义眼的视线摆正，用镊子把眼皮按照自然状态摆好。

4. 精细设计和整理

在摆设姿态时，要以实物为准，选择最佳最美的形态，加以造型。在这个过程中要做到协调、对称、合理，用良好的姿态设计与羽毛的配合去掩饰标本的各种不足，达到栩栩如生的效果。

5. 顺羽

可先逆梳羽毛使其蓬松，便于逐个理顺。由绒羽到表羽，从大羽到小羽都要精心顺理。若翅膀的羽毛不易贴体，可用绷带缠裹起来，但不要过紧。对较宽阔的尾羽，可用两块纸板，将其上下夹住进行固定，脚趾可用大头针分别钉固在台板或托架上。这些起固定作用的附属品（绷带、大头针、夹板等）可待标本完全干后取下。

制好的标本，应放在阴凉通风处，使其自然风干。在完全干后，对无羽区、裸区颜色褪掉的部位，要用油颜材料进行配涂。一般需要着色的部位有面部、冠部、颈部、跗足迹、脚、蹼等。此外还要用清漆在喙的角质部、腿的跗蹠部、脚趾部及蹼进行涂刷，起保护作用。

（五）其　他

1. 填写标本签

在每件标本的标本签上应注明名称、性别、成幼、产地、死亡及制作日期等。

2. 假剥制与真剥制的区别

鸟类的假剥制标本与姿态标本（真剥制标本）的主要区别：假剥制标本在材料的选择上要求较严格。它的主要用途是为动物科研人员做研究和教学使用，基本没有陈列和观赏的作用。因此，在制作方面比姿态标本简单省事。只需做大致的填充缝合及顺理羽毛，不用摆设姿态，不安义眼（也可以安），在眼眶内放入棉花。两腿交叉而置，并在腿上系上标本签。标本签填写的内容要详细，便于考察和研究。

3. 大型鸟类的剥制

如非洲鸵鸟的剥制方法和大型兽类的剥制方法相近。防腐固定也需浸泡在食盐明矾液中约 30 天。

四、南派鸟类剥制标本技术

（一）剥　皮

将鸟体横卧于桌上，头部向左，右手持解剖刀分开胸部中央的羽毛，然后沿着胸部前端正中，至胸部龙骨突中央后缘，由前而后地把皮肤正直地剖开一段（图 2－34），并将刀口向上，沿皮肤剖开处向颈部后端方向挑割少许（使皮肤开口稍大些），至颈项后端显露为止。再用左手持起已剖开的皮肤边缘，右手持解剖刀，把皮肤与肌肉之间的结缔组织边剖割边剥离（图 2－35），渐渐地剥至胸部两侧的腋下。在进行剥皮时，需经常撒一些石膏粉于皮肤内侧和肌肉上，以防羽毛被肉体上的血液和脂肪所沾污。用左手的拇指与食指压住靠近颈项两侧所剖开的皮肤边缘，其余三指将头向上托，使颈项伸出，再以左手拇指、食指把颈项肌肉捏住，或用镊子将颈项夹起，右手则持剪刀在颈项基部（靠近前胸位置）剪断（图 2－36），用左手把连在头部的颈项向头部方向拉回（必须注意，在剪断颈项时暂勿将气管与食道剪断，以免污物流出而沾污羽毛，同时避免剪破颈背的皮肤）。

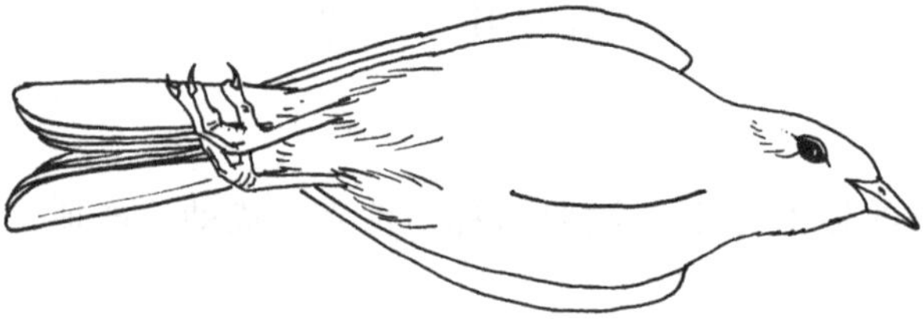

图 2－34　鸟类的剖口线

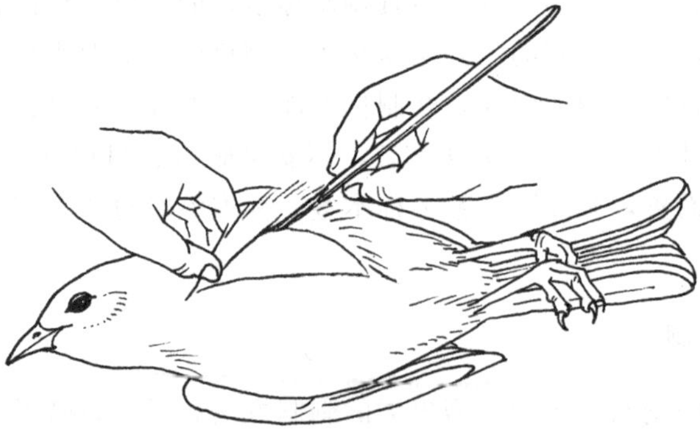

图 2－35　胸部的剥离

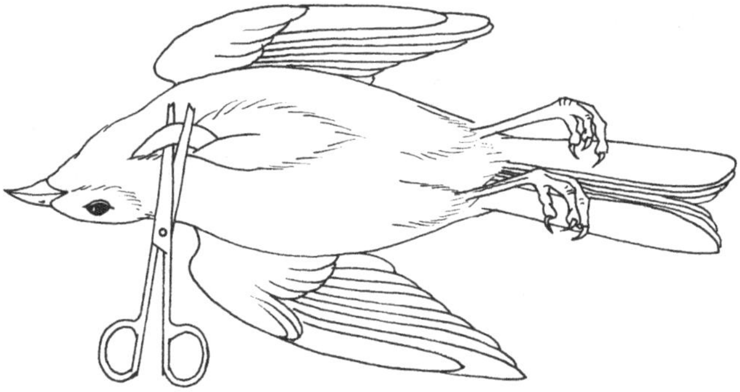

图 2-36　颈部的截断位置

用右手把连接躯体的颈项拿起，将鸟体翻转，使背部朝上，尾部向左（如为大型鸟类，则可将其颈项挂在适当高度的金属钩上进行剥皮）。然后以左手把头和颈部翻向背上，并压住已剖开的颈部皮肤边缘，使颈背和两肩露出（图 2-37），此时用剪刀在颈的基部处将气管与食道剪断。

图 2-37　肩、背的剥离

继续用解剖刀在肩部与肱部附近的皮肤和肌肉之间进行剖割，逐渐使其分离。再用剪刀在肱部中间剪断（图 2-38）。剪时需注意两腋下的皮肤，避免剪破。

然后继续向体背、腰部方向剥离，当剥至腰部时，因为一般鸟类的腰部皮肤都比较薄，而且腰部羽毛的羽轴根大都着生于腰部荐骨上，所以不能用力强拉，必须细心地用解剖刀紧贴于腰骨上，慢慢地割离，尤其对于红头咬鹃和鸠鸽科的种类，更要小心谨慎，否则其腰部的皮肤极易破裂。

在背、腰部皮肤逐渐剥离的同时，腹面也必须相应地向腹部方向剥离，此时腹与两腿显露，接着将两腿的皮肤剥至胫部与跗蹠之间的关节处（隼形目和鸮形目等种类可以剥至跗蹠部的大部分，鹭科与鹤科等种类则只能剥至胫部的一半位

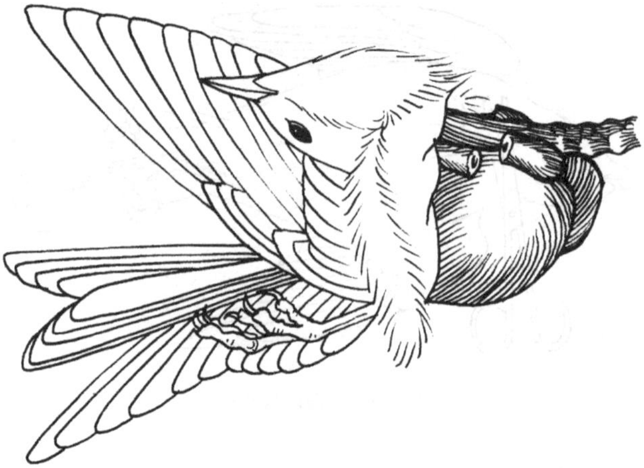

图 2-38　肱骨截断位置

置)，再用剪刀插入胫部肌肉使其紧贴于胫骨上，向股部方向挑剔，把附在胫骨上的肌肉割离剔净，并在股骨与胫骨之间关节处将骨剪断，胫部上的肌肉则在胫跗关节间剪断、剔净（图 2-39)。

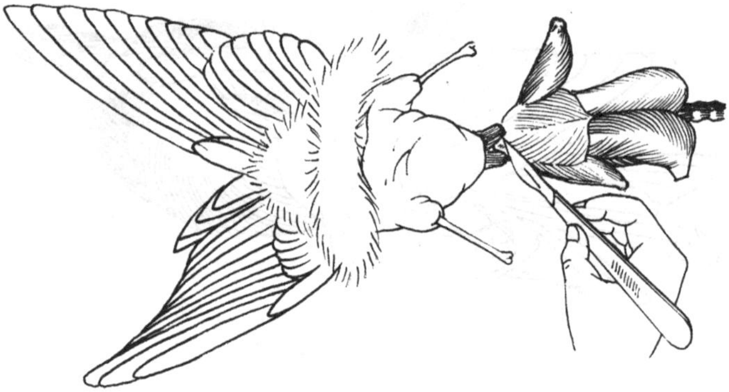

图 2-39　后肢及尾部的截断位置

然后再向尾部方向剥离，当尾的腹面剥至泄殖孔时，用刀把直肠基部割断，并向后剥至尾基。当尾部背面剥至尾脂腺显露时，需用刀将尾脂腺切除干净。此时，用剪刀在尾综骨末端剪断，剪断后的尾部内侧皮肤呈“V”形（图 2-39)。由于在剪断尾综骨时容易剪断尾羽的羽轴根，造成尾羽脱落，所以必须引起注意。这时，躯体肌肉与皮肤已经脱离，立即将剥下的躯体腹部右侧（腹面观）剖开，检查生殖器官，辨认性别，以免遗忘。

某些鸟类，雌雄异色，其性别可以根据外部形态特征的不同来区别，如鸡形目和雁形目等种类。但也有许多的鸟类雌雄同色，无法从外部形态特征来区别，因此需要剖开腹腔，检查其两性的生殖腺来确定。

雌性：在肾脏左侧有一个形状不规则的卵巢，有大小不同的圆形粒状体，即为不同发育阶段的卵，生殖期间特别发达。

雄性：在肾脏前部可见到一对乳白色或赤褐色呈椭圆形的睾丸（精巢），生殖期间特别发达。

性别确定后，将性别记录下来，标签系在标本的脚上。

随后，进行翼部皮肤的剥离，首先将肱部皮肤拉出，右手执持肱部，左手将皮肤渐渐剥离，当剥至尺骨时，因翼部飞羽轴根牢固地着生在尺骨上，比较难剥，可用拇指指甲紧贴着飞羽轴根将翼部皮肤刮下，并将皮肤与尺骨分离，否则极易拉破皮肤，甚至使翼羽脱落。当剥至尺骨与腕骨关节之间时，即把桡骨、肱骨和附在尺骨上的肌肉全部清除干净后留下尺骨。

必须注意，如果要制作飞行标本（即将两翼张开），就不能用上述方法进行剥离，可按图 2 - 40 从翼下剖开，并除去附在肱骨和尺、桡骨上的肌肉。不然所制成的飞行标本，其着生在尺骨上的飞羽会往下垂，以致无法使飞羽张开。

图 2 - 40　翅膀的开口

两翼剥离后，就可进行头部的剥离。头部的剥离以剥至喙的基部为止。先将气管与食道拉出，右手持颈项，左手以拇指、食指把皮肤渐渐向头部方向剥离，当剥至枕部，两侧出现不明显的呈灰褐色的耳道时，即用解剖刀紧靠耳道基部将其割断（图2 - 41），或用手指捏紧耳道基部将它拉出。

继续向前剥去，在头部两侧出现的暗黑部分，即为两眼球，按图 2 - 42 用解剖刀把眼睑边缘的薄膜割开（切勿割破眼睑和眼球，否则不仅眼球流出的污液沾污头部的羽毛，而且由于眼睑破损的痕迹会影响标本的美观）。然后用镊子将眼球取出，并用剪刀把上下颌及其附近的肌肉剔除干净。在枕孔周围剪开脑颅腔（图 2 - 43），使枕骨稍为扩大些后用镊子夹住脑膜把脑取出，并用一团棉花把脑颅腔揩拭干净。

某些鸟类，例如大部分雁形目种类和啄木鸟等，由于头大颈细，相差很大，按上述方法无法将头剥离，应先将颈椎剪断，并在后头和前颈背中央直线剖开。

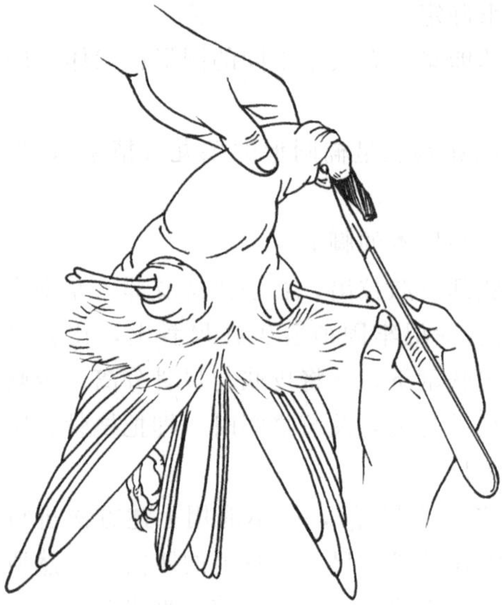

图 2-41　耳道的剥离

图 2-42　眼部的剥离

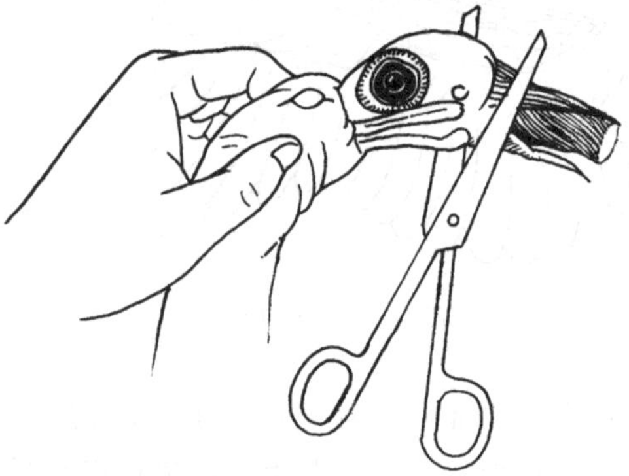

图 2-43　头与颈的截断位置

剖开线的长短，视鸟头的大小而定，但一般以能将头部和颈项翻出为度。然后按上述方法进行剥离，切勿强行剥下，不然颈部的皮肤极易破裂，头部的羽毛也易脱落。

必须注意，一般应尽量避免剖开头部，以免于缝合手术。例如白眉鸭和乌鸦等种类，在剥离头部时，虽然也感到很紧，但只要小心些，不要用力过猛，还是可以剥得下去，并且也不会使羽毛脱落，既省时又美观。对于头部具肉质冠的种类，应在肉质冠后侧剖开（图 2-44）。

在鸟体剥好以后，应将附在皮肤内侧的残脂碎肉清除干净，同时把剥皮过程中所用的石膏粉用刷刷去。对于体形较大的鸟类，如鹭、鹤和天鹅等，还应抽去脚腱。抽腱的方法是用刀把脚底皮肤剖开少许，再用圆锥或镊子伸至脚跟内，立即将腱抽出（图 2－45），并用剪刀在靠近脚底处剪断即成（图 2－46）。

图 2－44　肉质冠开口方法

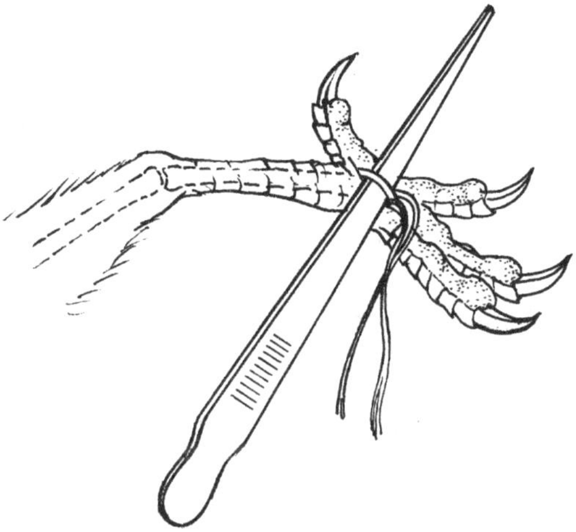

图 2－45　脚腱的剔除

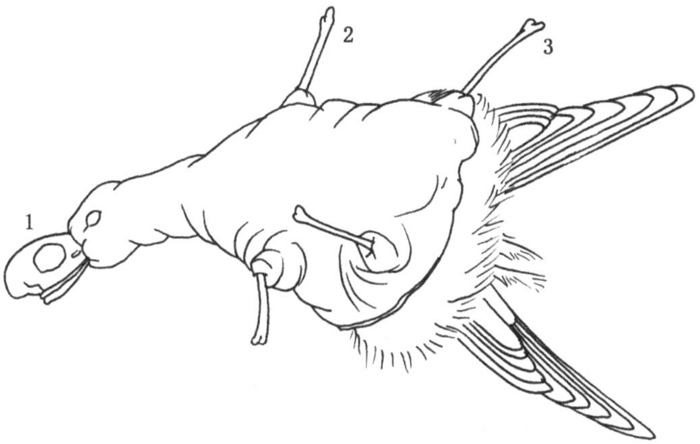

图 2－46　剥离后未复原的皮张和骨骼

1. 头骨　2. 尺骨　3. 胫骨

（二）制　　作

1. 铅丝支架的制法和安装

量取一段适当粗细的铅丝（家鸽用 16 号），其长度为鸟喙到趾端长的 1.3 倍（鸟体仰卧伸直时），另取一段较前者长 3～6 厘米（颈项长的种类例外），按

图 2 - 47中 A、B、C 顺序绞合，折成铅丝支架，绞合处应当绞紧，使其不致松动。

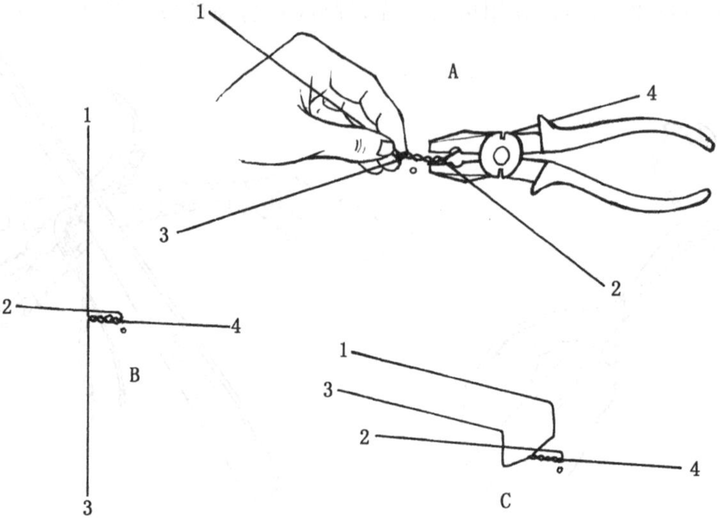

图 2 - 47　鸟类支架的制作方法

铅丝支架制成后，在 4 上缠绕的棉花或竹丝略小于颈项（图 2 - 47C），将相互平等的 1、3 两端，分别从两脚胫骨与跗蹠骨关节间的后侧，向脚跟方向边旋转边插入，由脚底掌部穿出（图2 - 48中 1、3）。同时将 2 端插入尾部腹面中央，由尾部腹面穿出，以支持尾羽，避免下垂。

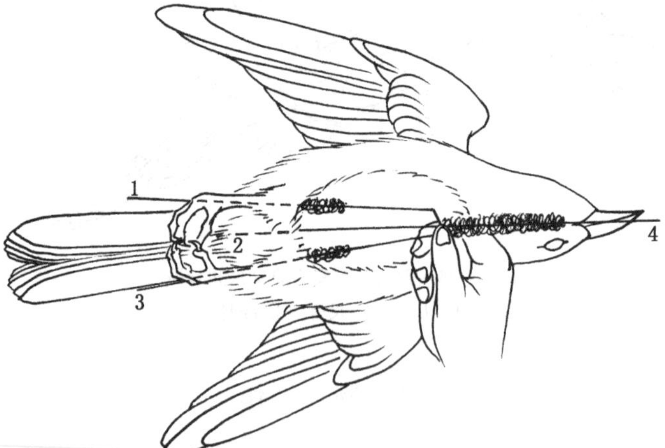

图 2 - 48　鸟类脚、尾的支架方法

尽量将 2 端铅丝向尾部方向后移，使 4 端（4 端在安装时可稍弯曲）能由颈项皮肤中穿至头部脑颅腔中，左手持头部，右手捏住 0 点，并稍用力使 4 端由脑颅腔插入上喙尖中（图 2－49），这样头部就不会摇动，然后用镊子向后轻拉体表颈项的皮肤，避免头部皮肤皱褶在脑颅腔中。这时适当调整铅丝支架的位置，使体长和原来测量时基本相似。

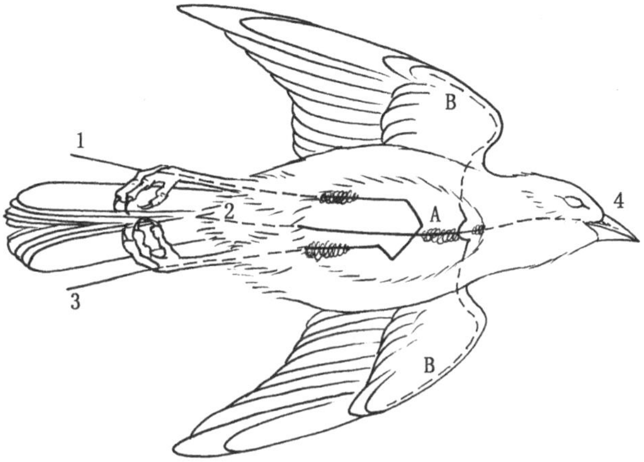

图 2－49　鸟体铅丝支架的安装

A. 鸟体支架　B. 翅膀的支架

2. 姿态标本的充填

把安装好铅丝支架的鸟皮仰卧于桌上，使头部向右，胸、腹朝上。首先在支架（腹面观）下面，也就是身体的背面，用镊子夹持长条状的填充物（棉花或竹丝，下同），顺次由尾、腰、背及其两侧逐渐充填入一层（图 2－50），以此作为躯体背面的肌肉（其充填多少视鸟体的大小而定），也可使支架能裹在填充物当

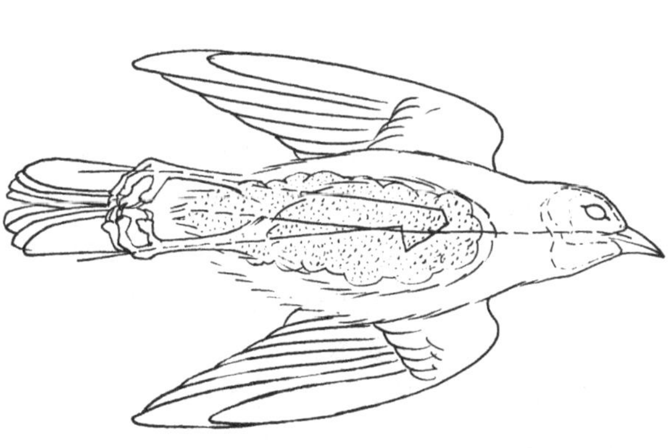

图 2－50　鸟尾、腰、背支架背面的充填

中，这样，当标本制成后，鸟体的背面不致产生凹凸不平和有铅丝支架的痕迹。随后再用棉花充填腹部和两腿的两侧（图2－51）。

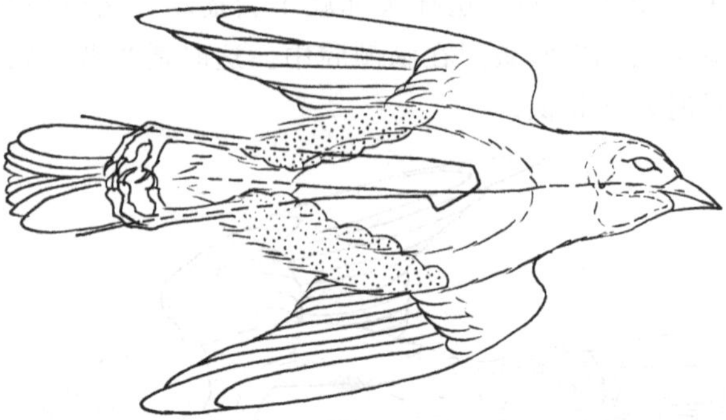

图 2－51　鸟类腹部、腿两侧的充填

其次，在脑颅腔、后头和颈背充填入一长条的填充物，要使后头、颈背饱满（图 2－52），不能有凹陷现象，颈的两侧也适当充填一些填充物。

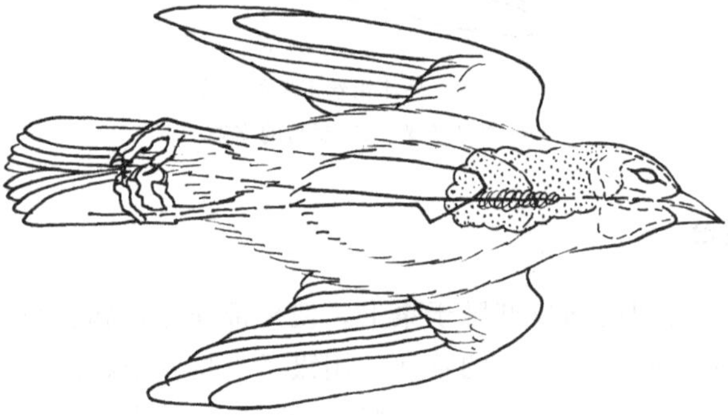

图 2－52　鸟类头、颈部支架背面的充填

然后，将两翼上的尺骨拉出，把它压在支架中间的下面（即 0 点绞合处的背面），如果翼上小覆羽的肩羽不服帖，应稍加整理或调整位置，并在两胁充填一些填充物（图 2－39，图 2－53），压住尺骨，使其不致松动。再夹持长条状的填充物，逐渐向尾部、两腿的外侧和下面，以及尾部腹面的中央顺次进行充填（图 2－54）。充填过程中，必须注意，穿过两腿和脚跟的铅丝应尽量保持在腹面上面，充填时不要将填充物充填在它的上面，否则不仅使两脚被压向后方，而且显不出两腿，这样就无法整理成自然姿态。

尾部充填成与原体同样大小后，随即充填胸腹部的两侧和两腿的内侧（图 2－55），直至接近鸟体原来大小（因填充物富有弹性，所以充填时可稍大一些，缝合后就接近鸟体的大小），这时须检查各处是否充填得均匀、饱满，如发

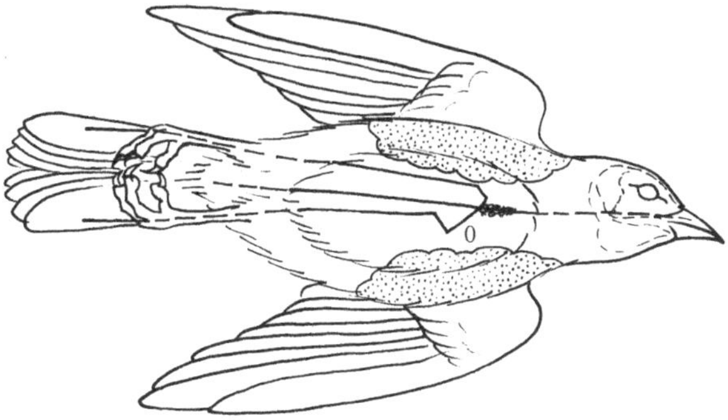

图 2－53　鸟类胸部两侧的充填

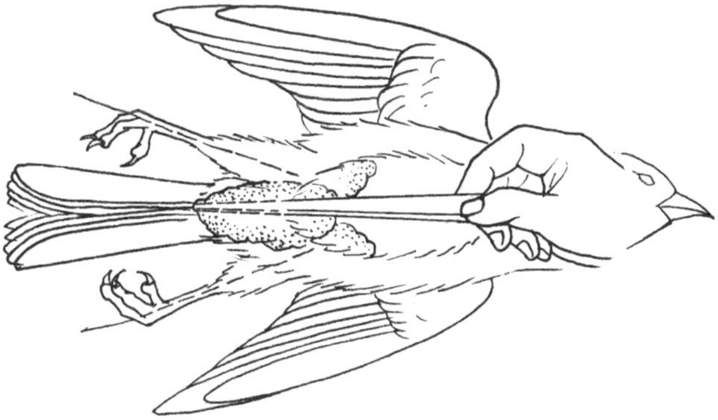

图 2－54　鸟类尾部腹面充填

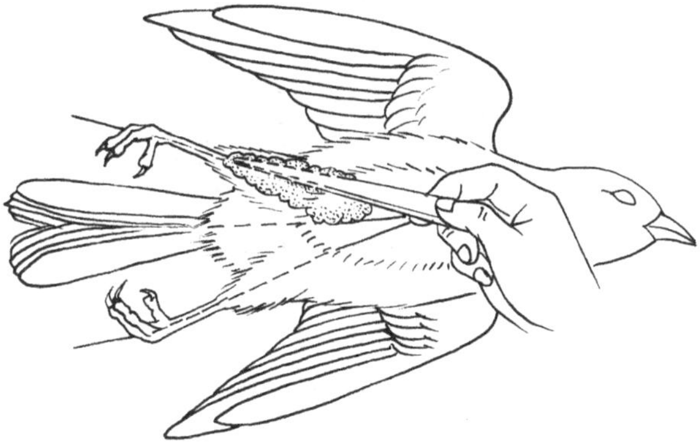

图 2－55　鸟类腿部内侧充填

现有不足之处，应及时加以调整补充。然后再用镊子夹一长条填充物，由颈项腹面伸至下颌，以替代气管（图 2－56）。最后，在胸、腹部面上填入一薄层棉花，

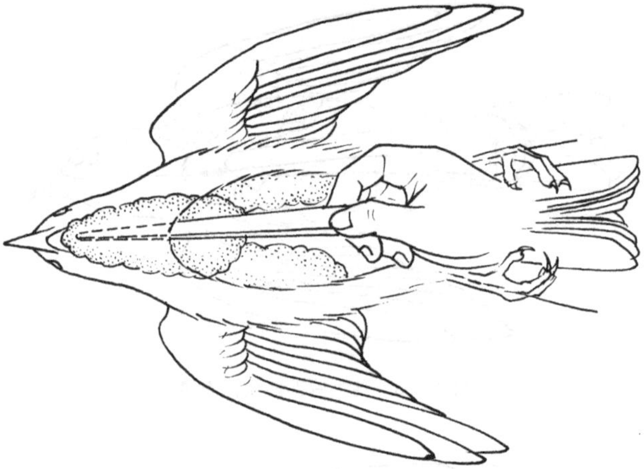

图 2-56　鸟类下颌和颈部腹面充填

用针线由前向后将剖开处加以缝合（图 2-57），针距不宜太密。在缝合过程中，线暂勿收紧，等全部缝好后，左手轻轻捏紧躯体两侧，迫使剖口合拢，右手把线收紧，收线时用力要均匀，不能用力过猛，避免皮肤破裂，线收紧后要立即打结。

图 2-57　鸟类开口的缝合方法

由于鸟类的品种繁多，体形不尽相同，故在充填时需多加注意。如潜鸟目中的种类，它们的脚着生于躯体的后方，鸥形目种类，其脚几乎在躯体的中间；雁形目种类，其体呈扁阔，腹较大；鹳形目种类的背部凸起……总之，在充填过程中应多加观察，竭力使标本符合其生态特征，以制成较为理想的标本，然后进行整形工作。

(1) 鸟类飞型标本的充填

飞型标本又称飞翔标本，实际上也是姿态标本的一种，仅是制作方法稍有不同布局。其充填方法基本上与上述相同，唯在两翼中需用一根铅丝固定于支架上，以支持两翼的重量，使其保持水平状态而不致下垂。具体做法是：取一段铅丝（家鸽用 18 号），其长度较两翼展开时两指端的距离稍长一些，中点折成 0.5 厘米左右的“U”形。左手持翼部，将铅丝的两端同时沿着两肱骨、尺骨的腹面和皮肤的内侧，分别由两指端插入。然后将“U”形中点的铅丝套在躯体支架绞合的位置上，并用粗线将其扎紧。调整两翼的展开度使其对称，再用粗线分别把两翼的肱骨和尺骨连同铅丝紧扎在一起，并在翼部剖口处适当地填入一些棉花，再分别将两翼部剖口处缝合。躯体的充填方法与姿态标本基本相同，只有尺骨不必再压在支架的背面。

（2）鸟类研究标本的充填

研究标本完成后的姿态，呈死鸟仰卧状。

这种标本的制作过程比较简单，所制标本体积小，所占位置不大，便于在野外采集时运输和室内保管储藏。目前，国内各教学、科研单位在野外进行动物资源考察和采集动物标本，大多都采用这种方法制作标本。

研究标本的支架比姿态标本简单，不必缠绕铅丝支架，而是用竹条（也可用铅丝）。制作方法是取一根约等于头至上腹长的竹条，其粗细视鸟体大小而定，家鸽用直径 4 毫米左右的竹条，一般不宜过粗，否则头骨容易损坏。将竹条的一端削成丫杈状，先端削尖，杈深约 5 毫米，在杈的后端竹条上缠绕棉花，其粗细略小于颈项。然后，将叉端由颈项中伸向枕孔内，并由脑颅腔中插入上喙基部。另取一根约长 5 厘米、直径 3 毫米的细竹条，把一端削尖，在削尖处的后端缠绕一薄层棉花，将尖端由体内插入尾部中央的腹面，以支撑尾羽。安装好后即可进行充填。

研究标本的充填方法与姿态标本基本相同，因为不需要其站立起来，标本支架也简单，故充填时就比较容易，可参照姿态标本的充填方法进行。

必须注意，为了便于运输和保存，颈项较长的种类可略为使其缩短些，至于颈部特别长的种类，如苍鹭、丹顶鹤等，可将颈项中的竹条，改用铅丝（直径略较竹条细），以便制成标本后，将头、颈向后弯向体侧。脚胫特别长的种类，应将两脚弯向腹面。头顶具有凤冠的种类，应将头部侧转，并将眼睑的一侧朝上，使凤冠显现。

3. 整形

所谓整形，就是把已经充填好的标本整理成某种自然姿态，并把羽毛整齐，嵌装好义眼等工序后，使其站立在树枝或标本台板上。鸟类剥制标本的整形工作，在标本制作过程中是极为重要的一个环节，因为标本做得是否生动、逼真，和整形工作有着密切的关系。所以，需要耐心细致地琢磨，竭力使标本的形象符合它的生活姿态。但不能过分艺术夸张，避免失真。这一工作初学者较难掌握，要做好这项工作，不是轻而易举的，也无捷径可走，只有通过实践，了解鸟类的生态习性，经常到野外或动物园中观察它们的形态特征，或者借助于某些比较好的鸟类图谱作为整理姿态时的借鉴，才能最终把标本做得栩栩如生。

制作者如熟悉它们的生态习性、注意观察其生活时的形态，在掌握标本充填技巧的基础上，整形工作就比较容易掌握。现将整形工作分述如下。

(1) 姿态标本的整形

用镊子初步把鸟体各处的羽毛整理一遍，力求羽毛顺势整齐，头部及眼睑处最为重要，如发现缺少羽毛，应尽可能利用附近的羽毛把它遮盖，并用镊子将眼眶拨成圆形。倘若发现躯体有凸起、凹陷或不合适的情况，可用手指略加揿捏加以矫正。因为竹花富有弹性，故有此优点（棉花弹性较差）。然后将标本摆弄成所需的姿态，如欲做成静立时的形态，一般使两脚平行直立或稍有前后，胫跗关节微曲，两腿一般位于躯体中心偏后些（特殊种类例外，如潜鸟目种类应靠近尾腹两侧，鸥形目则在躯体的中心），头颈在躯体的前上方，头部向前或转向侧面，颈部略有弯曲，躯体背部较腰部稍微高些，尾部朝下，尾羽不张开或微张。倘若做成觅食时的姿态，则使两脚一前一后，胫跗关节较为弯曲，头部向下靠近地面，似在寻觅食物，颈部稍有弯曲，偏向左侧或右面，背部较腰部为低，尾羽一般朝上并张开。如欲做成静立观望的姿态，则要使鸟体直立，两脚胫跗部伸直，头部略微抬高，似在站岗放哨。若要使鸟体飞翔，则应使头、颈与躯体几乎成一直线，也可使颈部稍微弯曲，两翅张开，两脚缩起或向后伸直。

姿态初步确定并整理好后，取一块较两脚距离稍大的方形（正面有斜边）标本台板，在上面量取与两脚趾距离相应的位置，用钻钻两个比支架铅丝稍大的孔，并把台板底面挖两个槽沟后，将标本脚下的铅丝由孔中插入，再把铅丝固定在台板底面的槽沟中。

此外，营树栖生活的鸟类，其标本应固定在树枝或树桩上，树枝的下端固定在标本台板上，如黄鹂、啄木鸟等。营陆栖和游禽生活的鸟类，就不宜于将其装在树枝上。

选择树枝和树桩也有一定的讲究，好的树枝不仅能衬托标本的形象，而且能引人入胜。因此，应尽量选择有俯有仰、互不交叉、形态奇特的树枝，黄杨等的树根也是很好的材料。但是，应将树枝消毒后方可使用，以防虫蛀而影响标本的寿命。

在有条件的地方，标本橱中还可布置一些简单的生态环境，如草地、田野、树林、假山或溪流等背景，使标本的形象逼真。

将标本固定于台板上后，应继续整理羽毛，矫正各部位的姿态。鸟体羽毛在干燥过程中，容易被风吹乱，两翅也易松散变形或下垂，可用一薄层脱脂棉花包裹标本的躯体（体形大的用纱布），待标本干燥后取下。

将眼眶整理成圆形，加一滴白胶水于眼眶中，选取与原来虹膜颜色基本相同、大小适当的义眼，嵌入眼眶中，用针挑拨眼眶，使眼眶正好遮住义眼的边缘。

具蹼鸟类，如野鸭、鹈鹕等，应使其蹼张开，并用大头针将其固定在标本台板上。

具肉质冠和肉垂的种类，需要用厚纸夹紧固定。

对于鸟类的尾羽，应根据需要，使其呈半第开或全张开状。为了防止干燥过程中变形，应将尾羽理整齐，并用一根薄竹片使其一端剖开后呈夹子状，然后将尾夹住，并将其剖开的一端用线扎紧。

最后，在标签上记录标本的重量、体长、采期、采地和性别等，并将其系在鸟脚上。

必须注意，标本应放在遮阳通风处晾干。待干燥后，将裹在躯体上的棉花、夹尾用的竹片和大头针等拆除，并刷去羽毛上的灰尘。在喙、脚上涂一层稀清漆（加松香水），等干燥后，即将标本置于标本陈列橱中保存。

（2）鸟类飞型标本的整形

基本上与姿态标本相似，不同的有以下几点。

1）张开的两翅，用两条呈夹状的薄竹片将翅膀上下夹住，其端部则用线扎紧，翼大的种类需夹二至三道。

2）义眼的眼球视线应稍向下方。

3）飞翔标本一般不必用标本台板，而是用透明的尼龙线穿入鸟体，悬挂于空中。如欲显示将要起飞的标本，可将其脚固定在附有标本台板的树枝上。

4）因鸟体无法用棉花包裹，所以在干燥过程中，必须经常整理羽毛。

5）使两脚向后伸直，或向前缩起。

（3）鸟类研究标本的整形

鸟类研究标本较上述两种简单，其姿态变化不大，多呈仰卧状，主要是把羽毛整理顺势，并将眼眶拨圆，使两脚交叉。某些种类为了便于观察其特征或便于保管、储藏，则需另行整形。对于头部具有凤冠或喙长而弯曲的种类，如红翅凤头鹃、冠鱼狗、戴胜、反嘴鹬等，需要将其头部侧面（面颊）朝上，以显示其凤冠和喙，并便于保存。对于颈长、脚长的种类，为了便于安放，应将其头颈弯向躯体的侧面，附于体侧。其两脚则在胫跗关节处，须把后脚折向腹面上方。然后，将羽毛整理顺势，用棉花或纱布裹其躯体，待标本干燥后，拆去纱布等，立即保存于标本柜中。

由于教学和陈列的需要，往往需要将已经制成的研究标本改装成姿态标本，供教学和陈列之用。现将其改装过程叙述如下。

将需要进行改装的研究标本的缝合线拆除，并将鸟体中的填充物、支架逐渐取出，用脱脂棉花蘸水润湿并塞入皮肤的内侧，其两脚和两侧则用湿布包裹，促使皮肤湿润后软化，一般体型小的种类只需隔几小时就可软化，体型较大的种类，一般需 1～2 天。在软化过程中，脚部较难软化，须使软化时间加长，以致影响皮肤和羽毛的质量。所以一般使脚部先行软化至适当程度后，再软化皮肤。其间必须经常观察，以防软化过度，特别是当气温较高时（改装工作一般不宜在夏季进行）更需要注意，软化工作最好在 0～4℃的条件下进行。由于标本在干燥时，其皮肤已经定型，部分皮肤可能还不够柔软，需用双手手指捏住羽毛和皮肤，轻轻地加以揉擦，促使皮肤充分软化。待皮肤充分软化后，应及时进行改制。改制的标本，其姿态往往受到一定的限制，不如用新鲜材料制成的标本那样容易整形。

具体的防腐和充填方法，可按照姿态标本的制作方法进行。

五、制作鸟类标本中的问题解答

（一）脂肪的剔除方法

在全部剥褪工作完成后，将碾成粉末状的明矾粉撒于内皮上，沾脂肪的部位略微揉搓一下，让其自然脱水。当明矾粉吸附部分油脂，并使鸟皮在失去一些水分后变得更柔韧时，缓缓地揭除脂肪层。有些脂肪特别厚的地方，要这样反复几次才能清除干净。揭脂肪时，要遵循从尾部向头部方向揭，由中间向两边揭的规律。以免造成羽根松动或羽毛成片脱落。所以撒了明矾粉以后，操作必须在皮肤尚柔韧时进行，若皮肤在明矾粉中作用的时间过长，会发硬变脆，不利于下一步的缝合和整形。

（二）不新鲜鸟的剥制法

有时候我们得到的鸟由于耽搁时间稍长，鸟体变得不十分新鲜，其特征是两腿和趾爪发硬，躯体脱水干燥，眼部下陷；羽毛，尤其是头部的羽毛，稍加用力便可能脱落。碰到这种情况，如果操作谨慎，应可避免鸟材的浪费，仍可制成较为满意的标本。剥制过程中尽量少用拉扯的动作，而采用钝性剥离较为合理，头部最好不用常规的翻剥法，因为头部皮肤失去水分，弹性已不足，需另开一口。脚趾太硬无法弯曲时，可在水中浸泡至变软后再操作，注意勿浸湿羽毛。若遇鸟类本身腐烂过度，出现了组织自溶现象，羽毛稍触即落，并伴有不良气味，此种情况就不宜制作剥制标本，即使勉强制成，由于防腐无法彻底，日后仍会出现羽毛脱落现象。从节约鸟材的角度考虑，可设法将其制成骨骼标本。

（三）什么季节最适合做鸟类剥制标本

长期闷热及潮湿的环境，不宜制作剥制标本。炎夏季节采集到的鸟，不及时处理会很快腐烂；春秋季，鸟处于繁殖或换羽期，亦不适合采集、制作标本。最适宜的季节当属冬季，这时期鸟羽丰满，空气干燥，鸟类放置时间稍长也不会变质。较低的气温抑制了有害微生物的生长，防腐效果佳，因而制成的标本质量较好。

（四）初学者选择什么种类的鸟为好

初学者可选择材料易得，皮厚毛韧的家禽，如鸡、鸭等作为练习对象。手法稍熟练后，可试做鹌鹑、鸽之类较小的种类，再逐步过渡到制作更小型的鸟，如麻雀或更难剥制的及展翼的标本。制作标本应循序渐进，在许多次的尝试中总结经验，提高技艺。

（五）鸟类标本能用浸制法保存吗

剥制标本表现鸟的外部特征，浸制法则难以做到这一点。因为浸制过程中，防腐液的作用可能使羽毛褪色变色，而且羽毛在溶液中是无法保持整齐光亮的外观的。因此，哺乳类、鸟类和部分爬行动物的形态标本是剥制的，只有富含水分的动物脏器标本、两栖类、鱼类和刚孵出的鸟类标本，为防止干燥后变形，才适合于用浸制法保存。

（六）剥皮时需要注意的几点

1）对刚处死的动物，应待血凝后再动手开口，避免血液溢出，污染羽毛。中型鸟类（如山鸡）在常温下（20℃）血液凝固时间约 2 小时。体型加大血液凝固时间也需延长，环境温度较高血液凝固时间也应延长，反之则酌减。

2）剥到腹部时，持刀要轻，防止把腹腔划破；剥到头部时持刀要稳，要细心，划破头面部会损坏颜面的原貌。

3）剥皮的具体步骤可概括为 5 句话：中线开口，两侧分离，断腿骨、尾椎和翅膀，剥褪颈部到头端，头部、腹部要细心。

（七）为什么羽毛会成片脱落

这主要是皮剥剔不净和防腐措施不当造成的。在标本的制作中，防腐药涂抹不匀，或不采取防腐措施，或者勉强将已经轻度腐烂的鸟制成标本等，都是造成日后羽毛脱落的原因。在确信防腐措施完善的情况下，不排除外力作用使羽毛脱落的可能，如家养宠物的抓挠，鼠类的啃咬或昆虫的蛀蚀。要仔细分析原因，及时采取补救措施。

（八）标本干燥后，还能再改变形态吗

干透的标本会变硬变脆，不能再随意改变姿态。在通常情况下，标本制成后就不再随意改变形状。干燥后的标本肆意地扭曲，势必使标本皮肤破裂，严重的可使标本报废。

（九）如何确定鸟类标本的重心

当一个静止站立的人突然被别人推（或拉）一把的话，他便可能跌倒。人站立时，人体的重心位于脚上。脚作为支撑点，正好位于重心位置。当外力的作用使人体的重心偏离时，人就无法保持稳定了。鸟类也是如此。鸟在栖息时，重心应落在脚上或两脚之间。一种较简单的确定重心的方法，是将标本固定在架子上并先托在手上，看其是否前仰后倒，不断调整脚与身体的角度，直到基本稳定为止。也有特殊的情况，即制作时为强调动感，有时故意使鸟的重心不稳定，但是这种大胆做法需要有扎实的整形功底和对鸟类动感的深刻了解，初学者不宜尝试，以免弄巧成拙。

确定重心是整形的重要一步，需要熟悉鸟的形态结构，平时对鸟类活动的多加观察，有时专业人员在给标本整形时也会因疏忽大意而造成重心不稳。

（十）姿 态 设 计

这是个很大的题目。自然界中生活的鸟类姿态各异，有共同特性，如飞行、跳跃、觅食、奔跑等，也有个别性，如孔雀开屏、鹦鹉的呵欠等，即使整个篇幅都用来描述鸟的姿态犹恐不能详尽，在此只能极粗略地以最精炼的文字来概括基本的姿态，供标本整形时参考。

1. 栖息

鸟在静止站立休息时，往往缩起头部，收拢双翼，尾部松弛，有时会收起一足。蹲伏时的姿态，差不多只是双腿完全收起，位于胸腹部，全身羽毛放松，尤其是腹部和翼。

2. 觅食

颈部伸长，眼神专注，重心略向前移，喙直指食物方向，双脖微曲，作势欲动。

3. 观望

胸部挺起，双腿和头颈部较伸展，头略偏向一方（个别例外，如猫头鹰的头部可转180度）。颈部较长的种类头颈部的结构要复杂些，处理不当会使颈部显得强直。

4. 鸣叫

颏部舒张，上下喙张开，有时伴有双翼下垂，尾部抬起。不同的鸟类在鸣叫时的姿态亦有所不同，不能千篇一律。

5. 争斗

两眼圆睁，冠部和颈部羽毛耸起，双翼微张，有时趾爪有强烈动作。

6. 求偶

几乎所有的鸟类求偶姿态都不同，虽然有时鸟的求偶姿态很优美生动，但不十分熟悉该鸟的求偶姿态便不可轻易地塑标本的求偶形态。

7. 飞行

是绝大多数鸟类的共同特性，标本制作者有时偏爱飞行姿态的标本。

8. 开屏

适用于某些鸡形目的鸟，如孔雀。要使标本做成这个姿态，需要在其特化的尾上覆羽之隐蔽处，用铁丝（或其他材料）编结一个支架，可能各有不同。但都要求外观不能看到支架，并且能有效地将尾屏展开到满意的程度。考虑到要保证这部分的长羽有足够的支持强度，即使在标本充分干透之后仍不能拆除支架。

（十一）鸟类标本在整形中容易出现的几种错误

1. 颈部过长

颈部皮肤经制作的拉扯动作后可能被拉长。同时活生生的鸟类颈椎是略为弯曲的，在一般情况下，鸟类的颈部不极度伸长。

2. 双腿强直

除非鸟类处于警戒观望的目的，才竭力抬起身体。如果你仔细观察，总能发现鸟的腿与跗蹠是弯曲成一定角度的，小型的雀形目种类最为明显。

3. 趾型不对

大部分鸟的常态趾型是三趾向前一趾向后，而部分攀禽的趾型是对趾型，即第一、第四趾向后，第二、第三趾向前，这样便于在树枝上牢固地抓握（例如鹦鹉、啄木鸟）。有些鸟是前趾型，四趾均向前，这种趾型的鸟腿部力量很弱，趾爪仅起支撑作用（例如雨燕）。我们在整理鸟趾时，对于不甚清楚的趾型情况，要先查阅参考资料。

4. 尾羽舒张

鸟的尾羽舒张，是为了调节身体平衡或在飞行时增加上升力。静止的鸟尾羽不呈扇状展开，即便是飞行中的鸟类，其尾羽是否舒张因状态而异。研究用的标本出于分类鉴定的需要而张开尾羽则是允许的。

（十二）各种鸟类支架需用铅丝规格

表 2-2 各种鸟类支架需用铅丝规格参考表

铅丝号数	铅丝直径（毫米）	适用种类
8	4.19	白鹈鹕、疣鼻天鹅、白鹳、丹顶鹤、白尾海雕
10	3.40	孔雀、斑嘴鹈鹕、黑脚信天翁、灰鹤、小天鹅
12	2.76	鸢、大白鹭、苍鹭、豆雁、银鸥、蓝马鸡、褐鲣鸟
14	2.11	绿头鸭、环颈雉、苍鹰、白鹇

续表

铅丝号数	铅丝直径（毫米）	适用种类
16	1.65	花脸鸭、白骨顶、乌鸦、池鹭、家鸽、冠鱼狗、鸳鸯
18	1.24	黄鹂、绿啄木鸟、杜鹃、画眉、蓝翡翠、沙锥、斑鸫、黑头蜡嘴、太平鸟等
20	0.89	小翠鸟、长尾鹟、雨燕、云雀、大苇莺
22	0.71	麻雀、白眉鹟、白脸山雀、绣眼等
24	0.56	黄腰柳莺、太阳鸟、红头长尾山雀、长尾缝叶莺、白腰文鸟

（十三）各种鸟类标本义眼的规格

表 2-3　各种鸟类标本义眼的规格

义眼直径（毫米）	适用种类
2～3	太阳鸟、绣眼、家燕
4	金腰燕、小燕尾
5	赤红山椒鸟、太平鸟、寿带鸟
6	黄鹂、灰胸竹鸡、绿啄木鸟
7	蓝翅八色鸫、绯胸鹦鹉
8	蓝翡翠、杜鹃、勺鸡
9	丘鹬、环颈雉、白颈长尾雉
10	燕隼、雀鹰、鸳鸯
11	夜鹰、游隼
12	褐鲣鸟、白鹳
13～14	白琵鹭、白尾鹞
15～16	白枕鹤
17～18	大鵟、毛脚鵟
19～20	金雕、斑嘴鹈鹕
21～22	褐林鸮
23～24	雕
25～26	雕鸮

（十四）野生鸟类测量数值

见附录一。

第六节　兽类的剥制

兽类（哺乳动物）标本的剥制，是脊椎动物剥制标本中制作难度最大的。哺乳动物是高等动物，它的骨骼、肌肉、神经等都十分发达和完善，具有结构复杂、差异性大等特点。在学习掌握鸟类标本的制作方法、原理之后，再来学习兽类标本的剥制，就比较容易理解了。在此仅做粗浅的介绍与初学者进行交流。

一、准 备 工 作

（一）选材和形态观察

兽类标本的材料，要求皮毛完好、材料新鲜、没有污染、不具传染病、皮下脂肪不能多等条件。

形态观察要求我们观察活动物的各种姿态：站立、行走、奔跑、跳跃、进食、排泄、休息等状态下脊柱曲线结构的改变，四肢的相互位置关系等。由于其头部具有耳、鼻、口、目，其肌肉和被皮都很发达，并能表现出喜、怒、恐、痛等情感，所以头部结构的细微之处，如肌肉的凸凹、皮肤的舒展与皱褶，都是观察的主要内容。在做形态观察时可按总体轮廓→局部特征→细微变化→面部颜色分步进行。要准确记录头、颈、背、腰、尾、四肢各部的关系和布局；由静止状态到运动状态反复观察。记录动物的各种姿态是我们塑造标本形态的依据。在观察时，还可利用写生、拍照、录像等手段帮助记忆。

（二）处死动物的方法及原则

保证人员安全、操作简便、保护动物皮毛完好。处死中小动物可采用速冻、毒、麻醉、外力造成脑震荡、淹溺、外力抑制呼吸、触电、枪杀、放血等手段，对大型动物一般采用触电与放血结合或麻醉与放血结合的手段。采用触电处死动物时，要使电流触击动物的舌头，这样致死较快。

（三）测　量

对动物各部长度的测量，是制作标本的重要参考依据，它可以使制成标本符合动物生活时的形态和结构，避免失真。

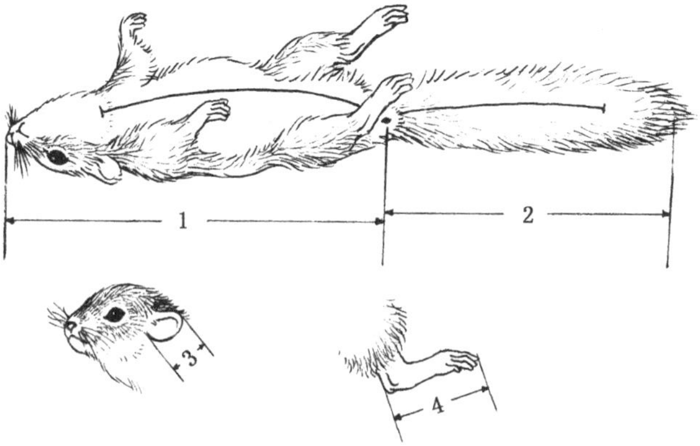

图 2-58 哺乳动物的测量方法（一）
1. 体长 2. 尾长 3. 耳长 4. 后足长

1）体长　自鼻端至尾基部的直线长度（以肛门前缘为界）。（图 2-58）
2）尾长　自尾基部（肛门后缘）至尾骨末端的长度（尾端毛不计）。
3）耳长　耳基部至耳壳顶端的长度（耳尖毛不计）。
4）后足长　自跗关节的最后端至最长趾端的长度（爪不计）。
5）颈长　耳后至肩的前缘长度。（以下各项见图 2-59）
6）颈围　颈中段的周长。
7）躯干长　颈后至尾基部的直线长度。
8）肩高　前肢与躯体垂直时，足底至背脊的直线距离。
9）前肢围　前腿最大部位的周长。
10）前肢左右间距　前肢两侧足底平行的最小距离。
11）胸围　前肢后侧胸廓的最大周长。
12）腹围　胸廓后方腹部的周长。
13）腰围　后肢前侧的腰部周长。
14）臀高　后肢足底至腰脊部的直线距离。
15）后肢围　后肢最大部位的周长。
16）后肢左右间距　后肢两侧足底平行的最小距离。

17）前后肢间距　前肢肱骨下端后缘至同侧后肢股骨下端前缘的直线距离。

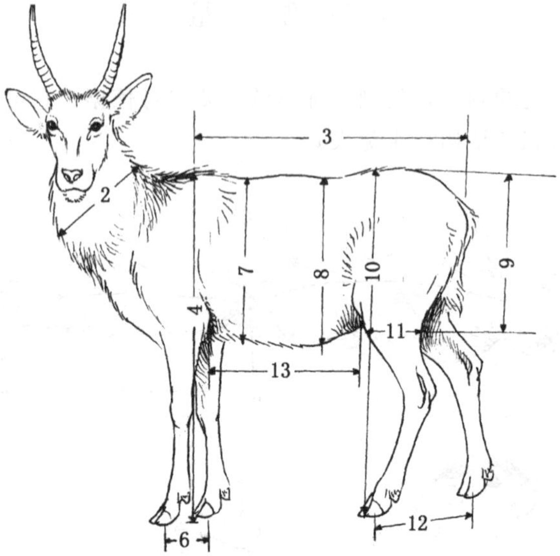

图 2-59　哺乳动物的测量方法（二）

1. 颈长　2. 颈围　3. 躯干长　4. 肩高　5. 前肢围

6. 前肢左右间距　7. 胸围　8. 腹围　9. 腰围　10. 臀高

11. 后肢围　12. 后肢左右间距　13. 前后肢间距

（四）常用器具和材料

1. 器具

解剖盘、解剖刀、镊子、剪子、钳子、锤子、钢锯、木锯、起子、台钳、电钻、圆板牙及扳手，米尺、秤、梳子、毛刷等。

2. 材料

1）支撑物　圆柱钢筋、铁丝、扁铁、台板等。

2）填充物　方木、板条、稻草、木丝、竹丝、椰木丝、竹板、竹条、不同规格的点焊网、塑料泡沫、海绵、棉花、锯末等（填充物可根据本地区现有条件和制作材料情况，做自主选择）。

3）制作及劳保用品　缝合针、缝合线、钉子、螺母、垫片、大头针、义眼、石膏、黏土、颜料、清漆、稀料、帽子、口罩、手套、胶鞋等。

4）防腐固定、消毒、杀虫驱虫药品　砒霜（三氧化二砷）、樟脑、烧明矾粉、硼酸、明矾、食盐、福尔马林、酒精、高锰酸钾、高效碘、消洗液、对二甲苯、敌敌畏、溴氰菊酯等。

二、特殊测量的补充

在哺乳动物中，某些种类的形态特异，如蝙蝠，其前肢特化成翼，江豚、虎鲸和海狮的四肢特化成鳍等。对于这些动物的测量方法就要和一般种类的有所不同，除量取共同部位外，还应根据需要，按下列方法补充进行特异部位的测量（图 2-60）。

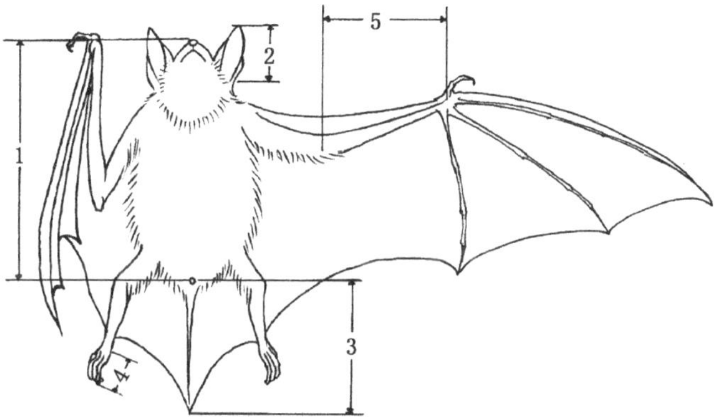

图 2-60 蝙蝠的测量方法

1. 体长 2. 耳长 3. 尾长 4. 后足长 5. 前臂长

将上述测量的结果登记在记录簿上后，还应将虹色、性别、采集地点、采集日期等一并记入，作为长期保存的参考资料。至于用作装填时的参考量度，只要附记在草图中，一旦标本制成，就无需保存了。

此外，许多哺乳动物性情凶猛，例如虎、豹、豺和狼等。为了使标本表现出它们的凶猛形象，在制作时往往需要把头骨安装在标本中，并把它的口腔张开，使牙齿显露，以呈现出张牙舞爪的凶态。

头骨是分类研究的重要材料和依据。因此，在制作之前，需要先对头骨进行测量和记录，以供参考。测量头骨的方法如下（图 2-61）：

1）颅全长 自头骨前端最突出处（门齿、前颌骨或鼻骨）至后端最突出部位的直线距离。

2）颅基长 自前颌骨的最前端至枕髁后缘的直线距离。

3）眶间宽 为眼眶间的最大距离。

4）颧宽 为左右颧弓外缘的最大距离。

5）臼齿列长 为臼齿列（齿冠或齿槽）的最大长度。

如果测量兔形目或啮齿目的动物，还要注意其虚位长（齿隙长），即自上门齿基部的后缘至前臼齿或臼齿基部前缘的距离。

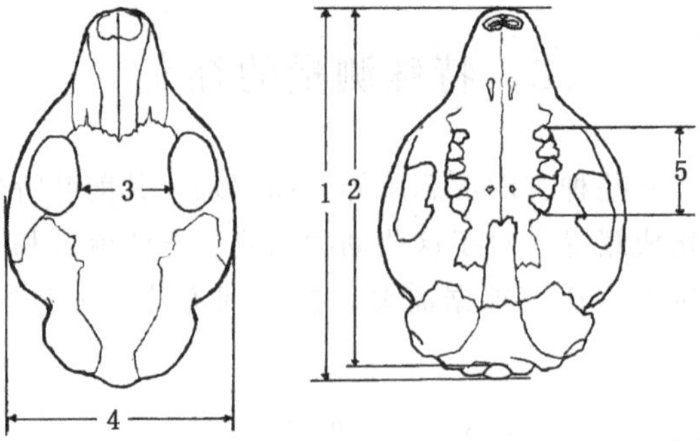

图 2-61　头骨的测量方法

1. 颅全长　2. 颅基长　3. 眶间宽　4. 颧宽　5. 臼齿列长

三、剥皮与去肉

剥制哺乳动物标本，一般在腹侧正中从颈基部（或胸部）至肛门前端开一口。持刀开口时，不要过深，以减少附着在皮上的脂肪和肌肉，并可避免划破腹腔。用刀沿开口向两侧剥离 2～3 厘米，然后一手扯起一侧的皮，另一手持刀剥皮，剥至后肢股骨时，用刀将股骨周围（大腿根）的肌肉拉开，沿大转子关节，将后肢截下，随即向臀、尾部剥离，用刀或剪刀在尾基部截断尾椎骨，而后再剥另一侧。待两侧后肢剥离后，即可由后向前褪剥。剥到前肢时，从肩关节（或上臂骨下端关节）截断，两侧前肢截断后，继续往前剥离颈部和头部。剥至头部时，用刀先将两侧外耳道软骨（耳根部位）切断，再向前剥离，剥到眼眶时要小心，不要将眼睑皮划坏，一手扯起眼眶的上皮，另一只手持刀并使用刀尖向内、沿眼眶向下贴眼球体剥离。眼皮剥完后，往前褪剥到鼻前端和唇端截止。一般中小型哺乳动物、不带角的可让皮与头骨保持相连。这时从第一颈椎前端的枕髁位置截断头骨与颈椎、躯干体的连接，动物的躯干就可从切口处取出。

躯干剥离以后，开始做逐项的剥离。先从头部进行，剥褪耳郭软骨，使其背侧的皮与耳郭软骨分离，到耳尖部截止，并将皮翻出。如果不这样，防腐固定液就不能渗透，耳部就会掉毛。

头部软组织的清除。摘除眼球体，一手用镊子插入眼球体底部向外拉，另一手持刀割断视神经、视肌，眼球体随向外的拉力即可摘除。脑的清除，用镊子插入颅腔，将脑搅烂，夹出或挤出，需反复多次进行，直至干净为止。头部的肌肉可用刀、剪、镊子剔刮去除。

尾椎骨的去除。若其长度小于 10 厘米，可直接从皮的内侧剥褪至尾尖，将尾椎去除；若尾椎骨长度大于 10 厘米，可考虑在尾的腹面另开一口，一般自肛门向后 5～10 厘米开至尾尖，将皮分离，便可去除尾椎。

四肢肌肉的去除。对中等以上体型的动物，需分别在四肢内侧另开一口，一般这个开口要与腹部中央的开口相隔5～10厘米，将口开至肢体的末端，先把皮与肢体分离，再剔除附着在骨骼上的肌肉。注意保留骨骼间的韧带，不使骨块分离。

最后，把残留在皮上的肌肉、脂肪全部去除。用自来水将皮洗净，洗去表面的血迹、污物，而后，将水空净就可将皮放入防腐固定液中浸泡。

以上是一般的剥皮方法，依动物的体型、种类及造型的不同要求，再介绍几种不同的做法。

四、特殊类型的剥皮方法

哺乳动物的种类较多，大部分种类的外部形态基本相似，但尚有部分种类因生活习性迥然不同，故形态变化较大。如蝙蝠，其前肢特化成翼，形似鸟；江豚和虎鲸等，四肢特化成鳍，形似鱼；驯鹿、马鹿和岩羊等，其角粗大……对于这些特殊形态的哺乳动物，应根据它们各自的特点，采用不同的方法进行剥皮，现将主要的特殊类型介绍如下。

（一）有角哺乳动物的剥皮

偶蹄目种类，其雄性大多数具有粗大而分叉的角。对于这些种类，躯体部分的剥皮方法，基本上和上述介绍的方法相同。不同的是当剥至头部时，因头大、角粗、颈项较细，所以无法直接剥离，而需按上述方法剥至颈项后，将颈项截断（截断位置尽量靠近头部），这样，躯体的肌肉就与毛皮分离了。其次，在头顶表面的后端，可用解剖刀由两角的根部斜向或横向颈背中央剖开，并使剖口线会合后，再由颈脊后直线剖开，使剖口线成“丁”形（图 2－62），其剖口线的长短根据头骨大小而定，宜小不宜大，以能够取出头骨为度。最后，用解剖刀剖割角的四周根部皮下的结缔组织，以及头部后侧和颈部，使毛皮与头颈分离。

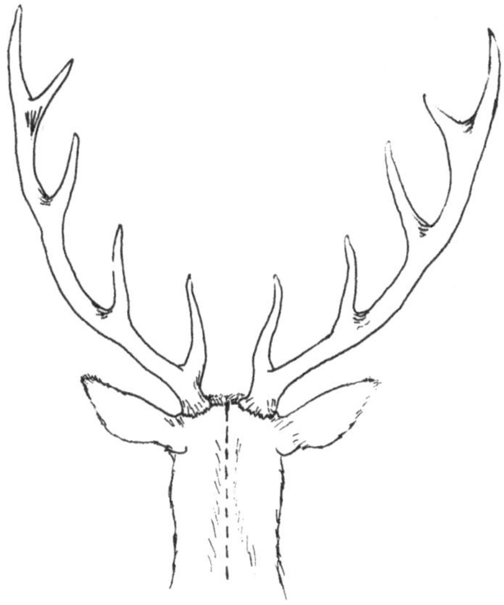

图 2－62 有角哺乳动物头颈的开口方法

角小的种类，可以把角从剖口处翻入毛皮的内面，再按上述方法进行剥离。角粗大的种类，如梅花鹿等，需沿着角的两侧和前端剥离少许，随后将头骨从剖口处翻到毛皮外面，再按上述方法将头部等处全部剥离。

（二）灵长类的剥皮

上面所介绍的剥皮方法，其剖口线都是采用从胸部剖开进行剥皮的方法，简称“胸剥法”。这是因为，一般兽类喜爱四脚着地行走，胸部朝下，且其胸部毛比较稠密，因此，制成标本后，胸部剖口线缝合后的痕迹，就可以被遮盖，即使胸部毛比较稀疏，其外表也不易看出痕迹。

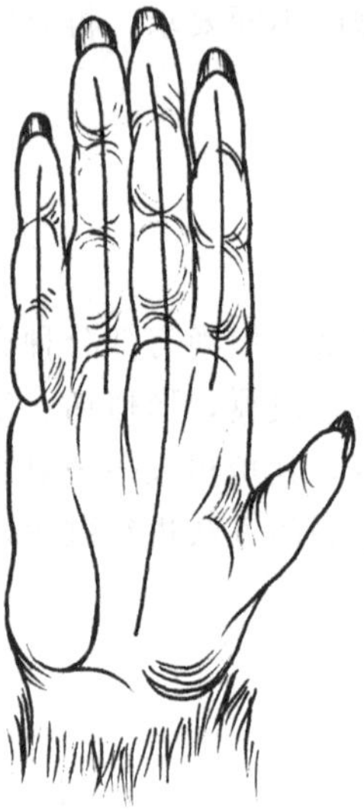

图 2－63 灵长类的指（趾）的开口方法

然而，灵长目的种类如猿、猴等，因其生活习性与其他兽类不同，坐、立或攀爬树枝时常常喜爱胸部朝前，而且它们胸部、腹部的毛稀疏，如果按胸剥方法剥皮，必然会显露出胸部剖口线缝合后的痕迹，影响美观。所以，灵长目种类剥皮时，其剖口线宜由背部剖开，然后进行剥皮，这种方法称为“背剥法”。至于剖口线的长短及剥皮方法，可依照一般哺乳动物的剥皮方法进行。灵长目种类眼眶周围的皮肤深陷于眼窝中，紧贴在头骨上，剥皮时需要小心，不要把眼睑周围的皮肤割破。另外，四肢掌、指、趾上的肌肉很多，应由其腹面中央剖开（图 2－63），并把肌肉和肌膜尽量剔除干净。

（三）特殊形态的哺乳动物的剥皮

具翼的哺乳动物，例如蝙蝠等，它们是哺乳动物中能够飞翔的种类，其形态基本上与鸟类相似，所以，它的剥皮和填充方法，可依照鸟类剥制方法进行（其测量方法与鸟类不同）。

类似鱼形的哺乳动物，例如江豚、海豚和须鲸等，其形态与鱼类相似，可依照鱼类剥制方法进行。但这类动物皮下脂肪发达，必须用刀细心地清除干净，否则，制成的标本干燥后，脂肪渐渐溢至皮肤的表面，不仅影响标本的美观，而且容易发霉，影响标本的寿命。

至于鳍足类中的海豹、海狮等，虽然它们的四肢也特化成鳍状，但四肢仍然存在，可参照一般兽类方法进行制作。剥皮时需要剖开鳍脚腹面，并将脂肪清除干净。由于海豹的皮肤富有弹性，因此在装填过程中，要对照剥皮前的量度进行，避免装填得过于肥大，致使它的形象失真。

（四）对剥皮的几点说明

1. 开口位置

可根据情况灵活掌握，决定开口位置的原则是既便于操作，又能掩饰开口缝合线的痕迹。如灵长目动物，就不全是腹面开口，有的在背侧开口，有的在侧面开口。小型动物的四肢可不用另行开口或只在指（趾）部开一小口；大型动物四肢开口的上端，可与腹部中央开口贯通。

2. 四肢骨的取舍

动物大于家猪、家羊的，其四肢骨可考虑不要，只保留第一指（趾）骨，因其与蹄或爪相连；动物小于家猪、家羊的，其前肢可保留前臂骨以下的骨骼，其后肢可保留胫骨、腓骨以下的骨骼。四肢骨的取舍决定于是否便于制作时的操作和复原时的造型。

3. 较为细长的尾的尾椎骨取出

一般指尾部等于或大于其躯干长的动物，如小白鼠、黑叶猴等动物，可不用另行开口，用手在尾的外部反复揉搓，使尾椎骨与其内皮分离，而后，从臀侧直接抽取尾椎骨或在尾椎骨的基部缠上3～4圈布绳，一手捏住尾椎骨基部，另一手捏住布绳，两手同时向外用力即可取出尾椎骨。

4. 带角和大型动物的头部处理

这类动物的头骨要与皮完全分离，分别做防腐处理。有角动物需在头顶另开一个“丁”字形的口，在两角基部间距最小的地方横开一口，在其中间纵向往后再开一口（参见图2-54），开口的大小可根据角的形状和头骨的大小而定。剥下来的头骨，可用2%的氢氧化钠溶液煮，直至把头骨上的肌肉与骨骼分离，将脑去除，经过刷洗晾晒后即可使用。

五、防腐固定

防腐固定就是抑制微生物生长和代谢的进行，凝固蛋白质，使动物皮毛能长久地保存下来。体重在250克以下的动物，可直接涂刷砒霜膏或明矾粉；体重在250克以上的动物，一般使用食盐明矾液进行防腐固定，其溶液的组合为：50公斤水，15 公斤食盐，2～5 公斤明矾。在容器中按放入水、明矾、食盐的顺序进行，而后加热使其全部溶解，放凉后即可使用。将需要进行防腐固定的皮张浸泡在食盐明矾液中，并使溶液超出所浸泡的皮张，溶液的最佳温度应保持在 15℃左右，高于和低于这个温度一是会影响时间和效果，二是会使皮张发硬或掉毛。皮张在浸泡过程中应经常翻动，使溶液浸泡到皮张的每一个部位，以利于提高防腐固定的效果。防腐固定的时限为小型动物 5～10 天，中型动物10～15天，大型动物 20～40 天。对于皮厚、毛厚、毛长、脂肪多的皮张，都应酌情增加浸泡时间和更新食盐明矾液。食盐明矾液的配比还可根据我国不同的地区，将明矾的含量进行调整。我国的南方气温高、湿度大，在 50 公斤水中可加入 5 公斤明矾；在我国的中部地区，50 公斤水中可加入 3.5 公斤明矾；在我国的北方地区，50 公斤水中可加入 2.5 公斤明矾。

砒霜膏的配制：软皂 50 克、砒霜 50 克、樟脑粉 50 克、水 150 克，加热熬成膏状放凉后使用。用 75%～80%的酒精溶液浸泡皮张，也可起防腐固定的效果。使用和配制时要谨慎，防止人员中毒。

六、装　　置

在装制前，应根据原动物眼球虹膜的颜色，用油画颜料加少许清漆，涂抹在义眼的背面。此外，还要根据所制标本的大小，准备好用于支撑各部位的支撑物。在截取支撑物各部长度时，应考虑到穿连和固定时所需多用的部分。这时，应将固定标本的托板或固定环境同时做好准备。

皮张从浸泡的溶液中取出，要用清水冲洗，目的是洗去皮张表面的盐和矾，使皮毛恢复柔软和原色。浸渍液是酸性溶液，经冲洗可去除皮张表面的酸性物质，这有利于标本的长久保存。冲洗前，应将皮张放在清水里静泡一段时间，其时间的长短，可根据皮张的大小和薄厚而定。皮张厚者，需静泡 2 小时；皮张薄者，需静泡 1 小时。冲洗时，可用手轻揉，皮毛的外侧面、面部和四肢是重点，要反复进行多次。冲洗的程度可以见水清澈为度，皮张表面水的 pH 为 7 最佳。冲洗和静泡的时间若掌握不好，还会影响标本皮张的固定效果，或出现皮张掉毛现象。

（一）头、颈、尾、四肢、躯干分别准备支撑物和制作假体

1. 头

根据记录和记忆把头骨上原有肌肉的部位，用石膏或黏泥（黏性较强的土质即可）塑造出来，并将眼眶填平。鼻端和唇部要适量多填一些，因该处皮肌较

厚，标本在干燥过程中，会出现较大的收缩和变形。制作时可能感觉有些膨大，待干后则会更真实。否则，干后皱缩成尖形，必会失去原貌。在头骨枕孔周围，用铅丝把头骨和支撑物连固起来，以支撑头颈部位并和躯干的假体连接。铅丝的数量和粗细，以能支撑这个部位又便于整形为准。铅丝与头骨的固定方法可灵活掌握，用铅丝相交叉卷拧固定；也可在颅腔内灌注石膏，把支撑物固定。该处的支撑物一般不易太细或太软，因头颈部位的皮又厚又重。

2. 颈

在头骨后侧的支撑物上缠绑一个与动物颈（脖子）相似的假体。假体的长度要略小于原体，粗细要略大于原体。假体的制作材料可用竹丝、椰木丝、稻草、木丝、棉花等。颈部假体也可与躯干假体做在一起。将头颈部位的皮毛复位于头骨和颈部假体上。

3. 尾

一般用一根不太粗的铅丝作为支撑物，缠上适量的棉花、稻草或竹丝，用来代替尾椎和肌肉，然后插入皮内，并将开口缝合。

4. 四肢

分别把用于支撑的铅丝从掌心（或从肢体的皮肤内侧向外穿透掌心）插入皮内，并与肢体骨骼绑在一起，用棉花或竹丝等适宜的填充材料，缠绑出肢体肌肉的形态，将皮摆正，把开口缝合。

5. 躯干

躯干假体通常使用稻草、木丝、竹丝或方木为材料进行制作，假体制作的要求是，应尽可能做到体轻、易做和便于各部穿插、连固；假体轮廓应与实体形态相仿，假体的长短、粗细都应小于实体的五分之一至四分之一；捆绑假体要紧、要实，以确保在连固各部时的稳固性。

（二）整体连固和复原

连固可按从头至尾的顺序进行，分别把各部的铅丝插固在躯干的假体上。固定的方法是，向穿插假体的相反方向再弯一个倒钩插入假体中。这个步骤的关键是掌握好四肢的结构位置和固定的牢固性。整体连固后，先把皮子舒展好，并按预先设计的形态进行填充及塑造肌肉的结构。填充的要点是：肩胛、臀部要突出，这两处结构是整体轮廓形态显示的关键部位。在大体填充后，开始缝合，并兼做局部细致的填充和整形。边填充→边缝合→边整形，相互交错进行。缝合完以后做初步造型，整出一个姿态来。先把制成的标本固定在台板上，然后做头部的整理，若做闭嘴的姿态，则将唇缝合，缝唇时针线要走内唇，尽可能不使针线外露。若做张口姿态，舌部可用薄金属片做芯，外层用石膏、黏土或纸浆塑出舌的形态，再用颜料着色，装入口腔内并加以固定。做头部整形时，还要根据动物的神态，塑造面部肌肉和皮肤的凸凹、皱褶，确定眼、鼻、口的开闭程度。耳朵也要按需要进行整理，若耳朵较大不能立起成形，可用纸板或小木楔，把耳朵固定起来，最后安装义眼。眼睑周围最好用细针加以固定，因此处易变形。兽毛可用梳子或者刷子进行梳理。整形后，先将标本放置一天，待第二天再进行观察，这样容易发现标本的不足，以便进一步整理和完善。做好的标本放在通风处阴干，待标本接近七成干时再检查，因这时兽皮的收缩力较强，标本出现变形的可能性较大，特别是头部各器官要天天检查，发现问题及时矫正。标本干透后，需要着色的部分，可用油画颜料配涂。最后把标本放在柜内，即使没有条件，也要注意防尘、防潮、防虫和避光，在远离热源的地方放置。

（三）大中型标本的装制方法

中大型哺乳动物，体高、皮厚、皮张收缩和变形较大，这就需要支撑物的坚固和填充物的变形要小，才能防止收缩和变形。

中型哺乳动物的四肢一般选用直径 8～12 毫米的圆铁或圆钢做支撑。大型兽的四肢一般选用直径 12～16 毫米的圆铁或圆钢做支撑。截好的圆铁材料两端要分别套上丝扣，并各配两个螺母及垫片。支撑头颈部位可用同样粗细的圆铁或 3～4 毫米厚的扁铁。选好的支撑物还要根据四肢和颈部的结构形态做适当的弯曲。

制作假体的中心结构架，把木制台板（托板）准备好，中型兽的台板厚 3～4 厘米，大型兽台板厚 5～6 厘米。第一步根据标本站立姿势来确定四肢在台板上的位置，打孔并分别把四根圆铁固定在台板上。第二步用两块小方木，做假体结构中心梁的横衬托木，这两块托木的厚度，中型兽 3 厘米以上，大型兽 5 厘米以上；宽度 6～10 厘米，长度要比原动物的肩关节和髋关节的左右宽度小 10 厘米左右，把托木打孔并固定在圆铁上端的丝扣上。第三步用一根长方木（宽度和厚度都应不小于 4 厘米，长度约比躯干小五分之一）固定在横托衬木上，做假体结构的中心梁。第四步把头颈部位及尾部的支撑物固定在中心梁上。这时假体的中心结构梁就组合起来（图 2-64，2-65，2-66）。

中型兽可用稻草、木丝为材料，将颈、躯干、四肢的肌肉形态捆绑出来，反复披皮试看，对不合适的地方进行拆补修整，披皮试看感觉良好再进行缝合。缝合时，对局部仍要边缝合、边填充、边整形。

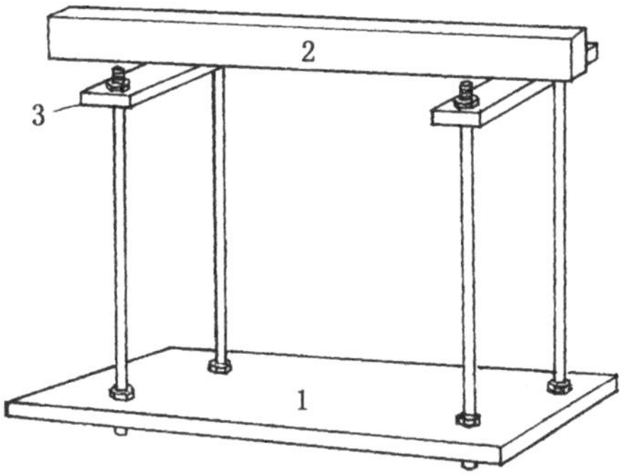

图 2-64　大型哺乳动物的支撑及内部结构制作方法（一）
1. 台（底）板　2. 中心梁　3. 横托衬

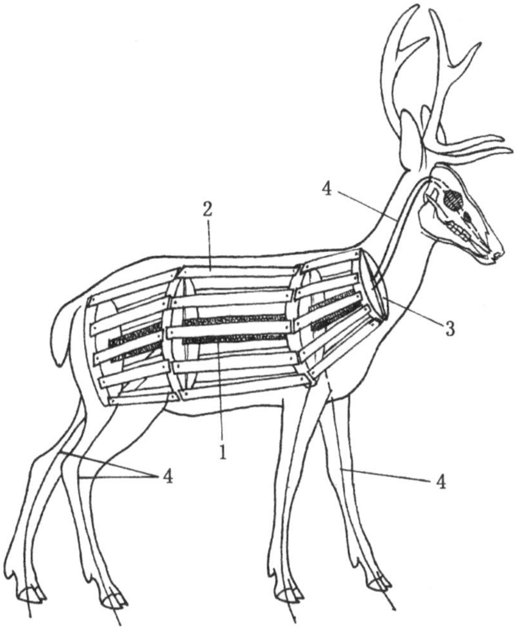

图 2-65　大型哺乳动物的支撑及内部结构制作方法（二）
1. 木块　2. 木条　3. 木板　4. 圆铁（钢筋）支架

大型兽用板条或竹条在中心结构架上钉出标本的基本轮廓。板条或竹条要具有一定的韧性，条的宽度在 4 厘米左右，厚度0.5～1 厘米。在钉板条前，应在中心梁上两侧的前部、中部、后部钉上六块半椭圆形的楦，楦的弧度要根据动物体态而定。楦钉好后，把板条纵向钉在楦上。板条的间隔一般不大于 5 厘米。臀

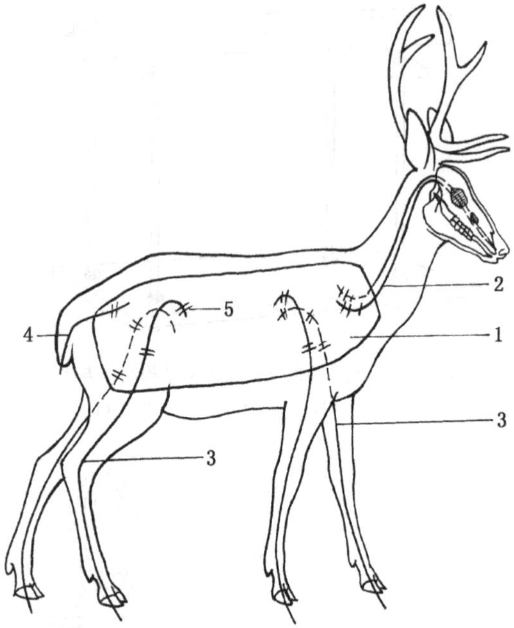

图 2 - 66 中大型哺乳动物的支撑及内部结构制作方法
1. 主木板 2. 头部支架 3. 四肢支架 4. 尾部支架 5. 固定点

部也要用两块木板钉在结构架的后端，注意要把裆部留出、留足。四肢也可用板条绑出轮廓，再用木丝或稻草绑出肌肉的形态。试皮时，感觉四处有余，又能把皮撑起，这样较为合适。这时可用石膏、纸浆或石膏加纤维物，在结构架上较细致地雕塑出肌肉的形态。大型厚皮兽缝合的穿孔，可先用电钻打好孔，再用针线缝合。在结构架上较细致地雕塑出肌肉的形态。大型厚皮兽缝合的穿孔，可先用电钻打好孔，再用针线缝合。

七、马的剥制标本技术

（一）马体形的测量

1. 马体测量的部位如下

1）背侧头尾间长（或身长） 从两耳联线中点起，沿颈部背侧中线至尾根的长度（参见图 2 - 67）。

2）腹侧头尾间长 由两下颌骨角联线中点起，沿颈部腹侧中线至尾根的长度。

3）颈长 由下颌骨枝后缘中点至肩部的中点间之长度。

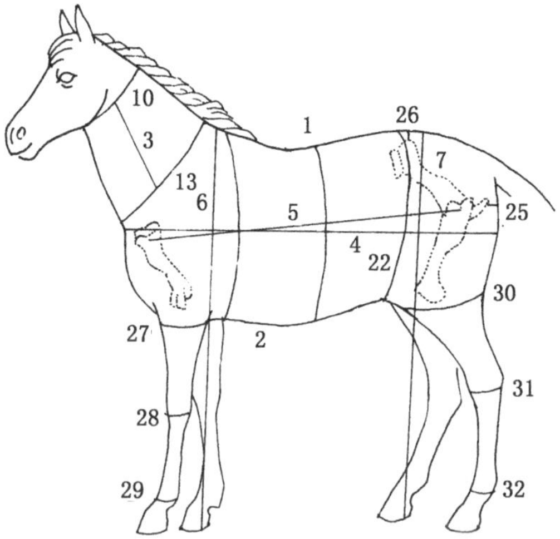

图 2-67　马的外形测量

1. 背侧头尾长　2. 腹侧头尾间长　3. 颈长　4. 体长　5. 因转子至臂骨外侧结节间长　6. 体高　7. 荐高　10. 颈上围　13. 颈下围　22. 肋围　25. 坐骨结节至臀部后缘的横线长度　26. 荐结节至荐部上缘垂直线长度　27. 前肢上围　28. 前肢中围　29. 前肢下围　30. 后肢上围　31. 后肢中围　32. 后肢下围

4）体长　由肩端至臀端的水平直线长度。

5）因转子至臂骨外侧结节间长　同后肢股骨的因转子至前肢臂骨的外侧结节间的直线长度。

6）体高　肩胛至地面的垂直距离。

7）荐高　荐骨最高点至地面的垂直距离。

8）外侧结节间长（或前胸宽）　左右两臂骨外侧结节间的长度。须用大卡尺测量（凡测量部位未在图中标出者，均用大卡尺测量）。

9）中转子间长　左右两股骨中转子间长度。

10）颈上围　颈上部的周围长。

11）颈上围竖径　颈上围之垂直长度。

12）颈上围横径　颈上围最宽处之横长。

13）颈下围　颈下部的周围长。

14）颈下围竖径　颈下围的垂直长度。

15）颈下围横径　颈下围最宽处之横长。

16）胸围　肩胛骨后角处体躯的周径。

17）胸围竖径（或胸深）　胸围的垂直长度。

18）胸围横径（或胸宽）　胸围最宽处的横长。

19）腹围　腹部最宽处的周围长。

20）腹围竖径　腹围的垂直长度。

21）腹围横径　腹围最宽处的横长。

22）胁围　后肢前缘的胁部的周围长。

23）胁围竖径　胁围的垂直长度。

24）胁围横径　胁围的最宽处的横长。

25）坐骨结节至臀部后缘的横线长度（剥皮后测量）。

26）荐结节至荐部上缘垂直线长度（剥皮后测量）。

27）前肢上围　前肢靠近胸部的周围长。

28）前肢中围　前肢腕关节的周围长。

29）前肢下围　前肢系关节的周围长。

30）后肢上围　后肢靠近胁部的周围长。

31）后肢中围　后肢跗关节的周围长。

32）后肢下围　后肢系关节的周围长。

在进行测量时，要力求正确，这是制作剥制标本的关键。例如，坐骨结节和荐结节的位置是装置骨盆的依据，而骨盆的位置又为后肢位置的依据，后肢的位置又为前肢位置的依据。这些关键性的定位问题，均依靠所测量的正确数据，标本才能做好。

2. 照相

在生态观察和体形测量后，即行照相。目的在于用活体时生动姿态作为制作标本的整形时的对照依据。照相的部位，一般取侧面正立全身、头部正中、臀部正中和背部正中等四个部位共拍四张照片。

（二）剥　　皮

1. 开刀的部位

剥皮开刀之前，先划定开刀线。其划法是先从头部底面中间开始，向后经颈部、胸部、腹部的中线直到肛门的下方（如为雌性则至阴门的下方）划一由前到后的腹侧中央线。若为雄性，画线须由阴茎之一侧绕过，以免将阴囊割破。腹侧中央线划定后，再划四肢的开刀线。

前肢的开刀线，是由划好的腹侧中央线起，从前肢内侧蹭划至腕关节处，将线转移至前肢的后侧中线，继续向下至指骨。后肢也自腹侧中央线起，从后肢内侧蹭划至跗关节处，再将线转移至后肢的后侧中线，向下至趾骨。

2. 剥皮的顺序

剥皮要细心，勿伤皮被。并注意尽量使皮被上不带肌肉和脂肪。其顺序是先从腹部中央线开刀，即由前向后至肛门下方或母畜阴门下方，将皮肤直线割开，然后向两侧、前后剥离皮被。剥至前肢时，沿开刀线剥至指骨，割断系关节，使指骨连在皮被上。继续剥离系关节以上皮被，剥至肩端割断肩关节（臂骨至掌骨部分保留待用）。后肢也沿开刀线剥至趾骨，割断系关节，使趾骨连在皮被上。继续剥离系关节以上部分，剥至股骨上端割断髋关节（股骨至跖骨部分保留待用）。如果剥离母畜，剥至阴门下方时，由下向上翻剥，将阴道和肛门内的直肠切断。再向上是尾部，在尾基部将尾椎切断，并在尾底面切一纵行开口，将尾椎骨剥出，泡在盐水里，作为制作假尾椎骨的依据。然后再由尾转向臀部背侧，继续向前经颈部背侧直到头部。割断寰枕关节，此时躯体与皮被完全脱离。

剥离头部至两耳根时，在耳软骨和头骨交界处，须紧靠头骨处将耳软骨切断。向前剥至眼睛时，注意不要损伤眼睑。并将两眼球挖出。剥至鼻部时，因马的鼻孔大而深，须剥至鼻孔深处，将鼻孔内的皮肤连同部分黏膜完全剥离，使黏膜连在唇上。剥口裂时，也需将颊部内侧的黏膜剥离，使之连于皮肤上。

耳郭内的软骨需先用带齿的镊子将软骨夹住，用小解剖刀细心地剥离。随剥随往外翻皮肤，直到耳郭软骨的尖端。将耳郭软骨由两层皮肤内翻出。

（三）皮被及骨骼的处理

1. 刮皮

在皮被浸腌之前，先进行刮皮。刮皮时，将皮被置于刮皮架上，用刮皮刀将皮内的残余软组织和脂肪等仔细刮掉。但经刮皮后，皮被常会顺着刮的方向伸延，所以刮皮时必须先行纵刮，再行横刮，以防皮被向单一方向伸长。

2. 骨骼的处理

制作标本需用一部分骨骼，如头骨、四肢及骨盆等。用前须先将骨上的残余软组织清除干净（但前肢的肘关节和腕关节、后肢的膝关节和跗关节不要断开），放入盐水内保存。唯头骨还需经过水煮，方能将其肌肉全部除去。并将脑组织挖出。再用水洗净，晾干备用。

（四）马假体的制作

马的假体系制作剥制标本的关键部分。手续比较繁杂，按其工序分述如下。

1. 假体基干板的建立

在躯体的正中矢状面上，先建立一纵行的木板，作为马假体的基干，所有马的四肢、头尾等均要固定在基干板上。基干板的厚度约 3 厘米即可，如作重型马的标本，可适当加厚。木材以不易弯曲变形者为合格。基干板要表示出马体矢状切面的轮廓。其轮廓可依据马的活体观察和测量的颈长、体长、背侧头尾间长、颈围、胸围、胁围竖径等数据确定。具体做法是先按以上诸项数据画出基干板轮廓的初步图样。但须指出，按以上数据绘制的轮廓，包括马的皮肤厚度和制作假体的部分材料（如小木条、铁丝纱、石膏泥等）的厚度在内。所以在初步轮廓的图样上，必须将上述材料所占厚度一一减去，方能使假体符合于实际。

依照上述绘制的正确图样制作基干板。做好后，用一木制或铁制的支架(图 2 - 68)将基干板侧立架起来。基干板架的高度需按测量的体高和荐高的数据，再从中减去皮肤、木条、石膏泥所占的厚度（约 1.5 厘米）。支架的下端要加上合板的厚度（约 7 厘米），即为基干板的临时高度。

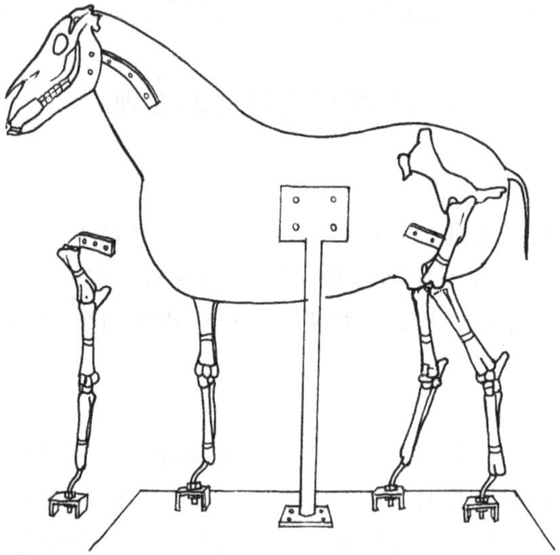

图 2 - 68　骨盆、四肢和头骨的安装方法

2. 马的四肢铁架

首先将马的四肢骨骼，按所作标本四肢的姿势和位置，把四肢骨骼的弯曲度

平放摆好，依此绘制四肢骨的图样。再在四肢骨的后侧分别画上铁棍的形状。注意铁棍要紧靠在骨骼和关节的后侧，这样铁棍的弯曲度即可与四肢骨的弯曲度相符。

依照以上所绘制的四肢图形，做出四根铁棍的弯曲度。注意在四肢铁棍的上端需留出适当长的一段，以备和基干板相接。在四肢铁棍的下端，也要留适当长的一段（这一段无弯，应垂直向下），以便将指骨和趾骨并装在台板上。铁棍的两端需套螺丝扣。铁棍的粗细以能支持标本为度。

在四肢铁棍的上端与基干板之间，需用弯曲形的铁板（图2-69），将四肢铁棍固定于基干板上。在弯曲的一端要钻上和铁棍粗细相符的孔，以备装置铁棍。

下一步，将弯曲好的四肢铁棍，分别安装在四肢骨骼的后缘。骨骼的膨大隆起处，可用骨锯或凿子挖开一沟槽，将铁棍安放在沟槽内，然后用细铁丝把骨骼与铁棍紧紧地扎在一起，不使活动。

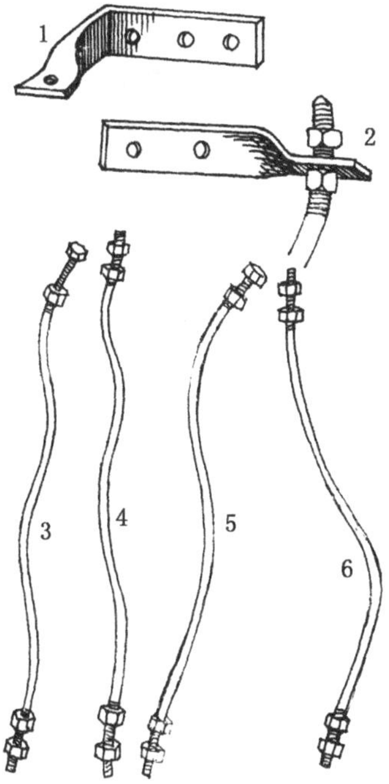

图2-69　四肢的铁结构支撑
1. 前肢上端的弯曲铁板　2. 后肢上端的变曲铁板　3～4. 两前肢铁棍　5～6. 两后肢铁棍

在扎好骨骼的铁棍下端各安放一个小板凳。在凳的中央钻一孔，将四肢铁棍的下端插入凳孔内，以螺丝母固定住，四肢即可站立起来。

3. 安装骨盆骨

骨盆骨安装在基干板后上端，须将基干板后缘锯一凹形口，方能安上。骨盆骨的位置以坐骨结节至臀后缘的距离和荐结节至臀背缘的距离为依据。以上这两个数据均应包括皮肤、木条及石膏泥的厚度。

4. 头部的铁架与安装

取适当大小的木板，使其能恰好装入马头骨下颌支之间，在木板的中央钻一个孔，用木螺丝将小木板固定在两下颌支之内。再取一根粗细相当于小木板中央孔的铁棍（以能支撑标本头重为限），一端套螺丝扣，固定在小木板上。铁棍的另一端焊上一块“ ┌┐ ”形薄铁板（图2-70）。“ ┌┐ ”形薄铁板间距离与基干板的厚度相同。于薄铁板的两侧各钻两个孔，将其夹在基干木板上，用木螺丝固定。也可在铁棍的另一端套上螺丝扣，在“ ┌┐ ”形薄铁板上钻一个孔，将铁棍

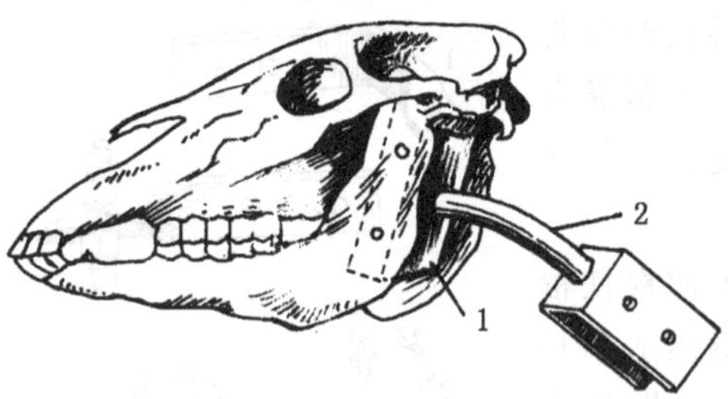

图 2-70 头部铁架的安装
1. 方形木板 2. 头部的铁棍

插入此孔，用螺丝母加以固定。在固定头部时，应注意头部和颈部的自然状态和位置。

至于马尾部的支架，首先在基干板后上方尾的适当部位钻一孔，再用5～6 根细铁丝插入此孔，拧成绳状。尾的长度以剥出之尾根骨长度为准。

此后，在安装好的四肢和头部的骨骼上涂抹石炭酸以防腐。

在台板上按照四肢铁架的位置钻四个孔，将四肢铁架插入孔内，用螺丝母分别固定在台板上。

依据测量的颈围、胸围、腹围及胁转绘制弧形图样。在每一种弧形板图样上的周围减去皮肤、木条和石膏泥的厚度，同时减去基干板所占的厚度，再将弧形板分别安装在基干板的两侧。

5. 钉木条

将三合板锯成窄木条（也可用厚薄一致的小木条代替，但其宽度不超出 2 厘米）钉在弧形板上。小木条之间的距离约为 2 厘米。由颈上围起，一直钉到胁围。为取厚度一致，基干板之背侧、腹侧也要钉上。此时马躯体的凹凸即可由木条大致地显示出来。（图 2-71）

图 2-71 整个假体结构轮廓

6. 披铁纱（铁制纱窗网）

先披两前肢。将铁纱剪成适当宽度，由肩部向下包，直到腕关节。用小铁钉将铁纱钉在小木条上。在腕关节处要用细铁丝将铁纱绑紧，并依前肢的自然状态加以整形。再包后肢的臀部。包后肢时，须先在后肢的跟上钻一孔，穿一直径2～3毫米的铁丝（也可用几根细铁丝拧在一起代替）。并将铁丝依臀部的自然状态加以弯曲，再将铁丝的上端穿在骨盆的坐骨所钻的孔内。如此两根铁丝即可将臀后缘的轮廓显示出来。而后在臀部及后肢包以铁纱。注意大腿后缘及后腿上部内侧都要包紧，并依其自然状态加以整形。其后依次包腹部、胸部、颈部，使铁纱彼此相接成一整体。

取适量漆片，以酒精溶之，遍涂于铁纱上，以便涂石膏泥时易于黏附。

7. 涂石膏泥

石膏泥是由石膏20份和纸浆10份配合而成的。配制时，先将水加热，再加纸浆，随搅随将纸浆块捏碎，然后加入石膏粉搅拌成泥状即可应用。其加水量依石膏泥稀稠的需要酌情处理。若无现成纸浆，可用废报纸，和水浸泡成纤维状的碎屑亦可代用。

将石膏泥先后两次遍涂整个模体。第一层要稍稀一点，易于黏附。第二层要稠一些。两层约为1厘米厚。在涂抹过程中，将马体自然形态的凹凸之处都要塑造。马头部的表层肌肉，凡剥去的都要用石膏泥加以塑补。下颌间隙和颞窝等处，均需分别填上棉花后再涂石膏泥。鼻孔和上下唇需用含胶量较多的石膏泥精心塑造，并需塑制口裂和颊，以备包皮被时黏膜黏于其上。此外，耳的听道上要插一小木棒，作为装耳时听道位置的标记。最后对照所测量的各种数据加以验校，不符之处，以石膏泥找补纠正。与此同时，将马的头部、腹部及躯体两侧的表层主要血管凸显之处也塑造出来。并参照马体表层肌肉的走向、活体照片，精心塑制，以显示出生动的姿态。假体做好后。置于通风处晾干（图2-72）

假体干后，用砂纸将假体表面磨光。再以1.5%的明胶水溶液（胶水）遍刷整个假体。头部及四肢有凸凹的地方稍涂多一些，并注意口唇内侧和颊内侧一定要涂上。

8. 假耳软骨的制备

以剥出的耳郭软骨为样板，用薄的铅皮仿其形而制作假耳郭软骨。如无铅皮时，则可仿原耳软骨用熟石膏粉做一模型。将耳软骨置于细砂上，使其背面朝下而腹面向上，背面完全埋入砂中，并使其边缘与砂面一致。再将熟石膏粉加水搅拌均匀后，倾倒在耳软骨上，制成石膏模型。等石膏模型干后为模样，以透明漆

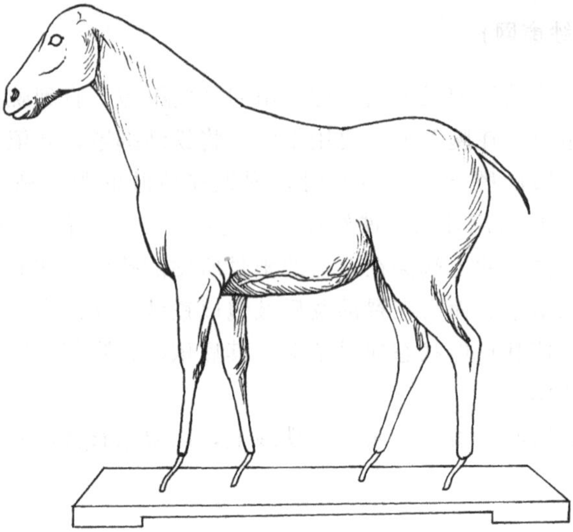

图 2-72　马假体外形

和纱布为材料制作假耳郭软骨。可先在石膏模型上贴一层吸墨纸，在吸墨纸上贴一层纱布，再在纱布上涂一层透明漆。如此，一层纱布一层漆地制作。纱布铺 5～6 层时即和耳郭软骨的厚度相当。注意制作时要使耳的基部稍长些（约 1 厘米），以备将来钉在头骨上。透明漆干了，可从石膏模型上剥离下来，修剪成形即可应用。

（五）装　皮

装皮包括装耳、披皮、缝合、补皮、装眼、烫皮等六部分工作。

1. 装耳

取预先制好的假耳郭软骨模型，先涂上胶水，将假耳郭软骨插入两层耳皮之间，再反复捏紧耳皮和假耳郭软骨，使两者黏附牢靠不留空隙，以免干后变形。

2. 披皮

在马的皮被里面普遍涂一层亚砷酸肥皂膏（砒霜膏）之后，将马皮披在假体上。先对准背侧中线，然后在头部将假耳软骨对准两侧外耳道，以钉固定在头骨上。将眼睑和眼窝对准后，在眼窝内塞上棉花，再填上油灰泥，填至与眼窝相平。将鼻孔之皮及黏膜套在假体的鼻孔上，鼻孔深处也填上油灰泥。注意鼻唇、口裂及颊部凡有黏膜处均须将黏膜妥为粘贴。并于唇周围、耳根周围以及头部之一切凹陷处均用大头针钉上。耳郭周围可用曲别针卡上，以防干后变形。

头部装好后，再装四肢的皮被。由四肢的下端起，先把马蹄后缘锯一缺口，把四肢的铁棍装蹄内，然后，把趾骨和指骨分别与跖骨和掌骨安接好，将皮被对准。如有空隙则填上油灰泥。在四肢的后侧，将皮被的切口对准（注意至腕关节和跗关节处转向四肢的内侧）后，用大头针钉住。

3. 缝合

须从四肢的下端开始，向上缝合。缝合线要平整均匀，缝线不要压在手上。缝至肢体上端接躯体腹侧中央线为止。在缝的过程中，四肢骨骼与皮被间的空隙均填上油灰泥，使之饱满如生。颈部由下颌部开始向后缝合，至胸部接前肢缝合线后，直缝至腹部。后部由尾的尖端起始缝。缝前先将支持尾的铁丝架上缠上纱布，粗细以剥出的尾椎骨为准。纱布上涂亚砷酸肥皂膏，再将尾部皮被摆在尾支架上即可开始自尾尖缝合，直至尾根肛门的上缘。再由肛门（或服门）的下缘向前缝合至腹股沟部，接后肢上端内侧缝合线，向前连于腹部。缝合工序即告完成。

所用油灰泥是用桐油 3 份、白粉土 7 份混合搅匀而成的。

4. 补皮

皮被上如有大片脱毛或破裂缺皮之处，须在装皮之前进行补皮。补皮的方法是：先将无毛或缺毛的地方按其破损的情况，修挖成圆形或椭圆形的洞，再取与之毛被颜色相同的马皮为材料，修剪成与所挖洞同样开头大小的皮块镶入洞内，从皮被的内侧缝合。

5. 装眼球

取玻璃义眼球，在它的平面上用油画颜料按原来的色泽绘画。干后，用镊子拨开眼睑，将义眼球镶在油灰泥上，再把上下眼睑摆正。

6. 烫皮

用布口袋装上炒热的砂子，在马皮上普遍熨烫一遍。在有凹的地方要多烫。熨烫的目的是将假体上的胶液熔化，使皮被黏于假体上。烫完后，凡原有钉大头针的地方，仍复钉上。

（六）整　形

整形是最后一道工序。先用梳子普遍按自然状态顺着毛的走向进行梳理，然后以棉花球蘸酒精擦洗毛上不洁之处，使之放出原有的光泽。

眼睑、口唇、肛门、阴门等不生毛的地方干后易于变色，可用油画颜料按原来的色泽加以绘染。蹄子的方向如有不正者，可用在台板上钉钉子的办法加以矫正。

将标本置于通风处，促其干燥。在风干期间，每隔 1～2 天检查一遍，有变形之处，立即矫正。整形是长期的，直到标本完全干后为止。

八、兽类局部标本的装填

这种标本大多数采用大型具角的哺乳动物进行制作，国外主要是供作艺术品陈列观赏之用。国内一般都是选取整体标本，但当动物躯体或四肢残缺不全，而头部却完整无损时，就可制作这种标本。下面以鹿标本的制作方法为例。

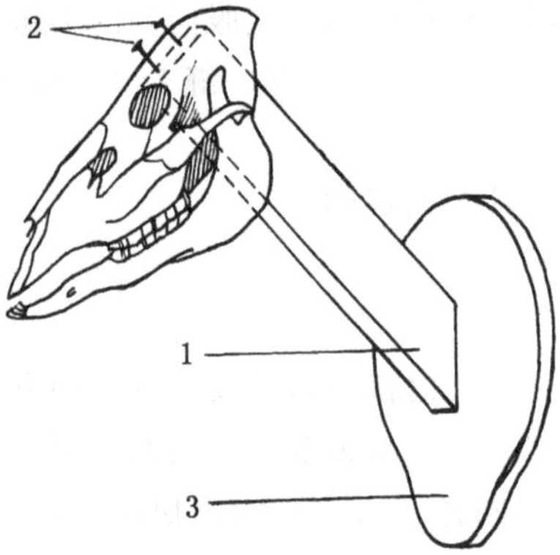

图 2-73　头部标本的支撑方法
1. 木板　2. 铁钉　3. 颈板

局部标本的剥皮和防腐处理的方法与大型哺乳动物相同，但因一般将这种标本挂在墙上，所以在截断颈项时，应注意颈的斜度，一般是颈的背面较腹面短，挂在墙上，可使标本的头部位置保持它原来生活时的姿态。

同时，需要测量颈围的直径，并用纸剪成相当于颈部肌肉横切面的大小，作为制作颈板时的依据。必须将两角之间和颈背的皮肤剖开，使呈“丁”形（参见图 2-54）。然后，剥下头骨，剔除肌肉。其防腐处理、测量头骨等均按上述方法进行。

头部支架通常是用方形木条来固定，其粗细以能支持头部重量为度，长度为颅顶至颈的截断处，两端锯成适当的斜度，将其一端插进脑颅腔后与颅顶吻合，并在头骨的颅顶上方钻两个小孔，用铁钉由颅顶钉入，使头骨固定在木条的一端，另一端则固定在颈板上（图 2-73）。

然后，在木条的周围用竹丝缠绕，并用绳捆扎成与原来的颈项同样大小，把头部毛皮套进已制成的模体后将两角之间和颈背的剖口缝合。如在耳部及其周围有凹凸不平或不够饱满的现象，应用竹丝适当地加以补充。并在颈部截面皮肤的周围，用小铁钉沿其边缘钉在颈板上，钉距不要太稀，再将标本板固定在颈板上，使颈项皮肤边缘与标本板紧密地吻合（图 2-74）。

头部的充填和整形工作与姿态标本相同，可参照进行。

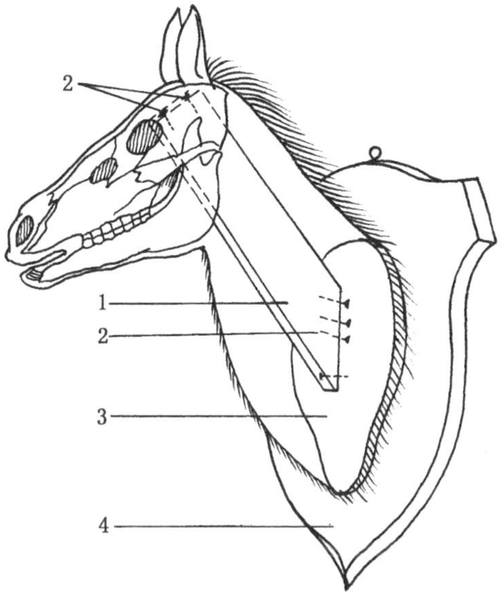

图 2－74 头部标本安装透视图
1. 木板 2. 铁钉 3. 颈板 4. 标本托板

九、兽类剥制标本的整形

所谓整形，就是把已经装填好的标本，整理成适合它在生活时的某一种姿态，内容主要包括：站立台板、摆设姿态、理毛和嵌装义眼等。

剥制标本的整形工作，在标本制作过程中是一个关键。其间需要耐心细致地琢磨，并且需要根据各种动物的生态特征，整理成适合于它在生活时的某一种姿态，千万不能过分地艺术夸张，尤其重要的是要注意颜面部的形态和表情。因为标本形象做得逼真与否，与整形工作存着密切的关系。所以制作者在野外采集时和在剥制前，需要细致观察动物的生活习性和形态特征，同时也可借助某些动物图谱，作为整理姿态时的参考，竭力把标本的形象做得生动活泼，千姿百态，如觅食、跳跃、求偶、攀爬和静立观望等。

在制作过程中，应当根据实际需要，结合自己的愿望和标本橱的大小，选择并确定制作成某种姿态。如果某一种类的标本数量多，则可尽量制作成不同的生态类型。如果条件许可，在标本橱中还可布置一些生境作为背景，例如森林、草丛、山坡、泥滩等，以使标本的形象酷似生活在大自然的生境之中。当然，要做到这样，不是轻而易举的，必须下一番苦工夫才能达到。现将整形方法介绍如下。

首先，将标本初步整理成确定要做的生活时的某种姿态，并检查各部位填充物是否均匀、对称，尤其是四肢的关节，如有凹凸不平或不足的现象，可用手稍加揿、捏，及时地想方设法加以补充和矫正。

其次，选取一块适当大小的标本台板（大型的，种类经常暂用普通的木板固定，标本干燥后再行安装），在台板上量取与四肢掌心相应的位置，用稍大于支架铅丝直径的钻头钻四个孔，然后将由四肢通出的铅丝插入孔中，而下端则弯曲成“L”状，以使四肢固定在标本台板的底面（或用螺帽固定）。凡是营树栖生活的种类，如灵长目的金丝猴、长臂猿和啮齿目的松鼠、鼯鼠等，最好将其固定在附有标本台板的树枝上。

然后，适当地调整标本的姿态，更需要整理好脸部的形态和表情，具体方法如下。

小型哺乳动物：用镊子先将眼眶整圆，并将眼眶中的填充物压实，填入少许油泥（或加入少许白胶），取一对与原来眼球颜色相同，大小较眼睑稍大的义眼（各种动物使用义眼的直径可参考表 2-5），嵌入眼眶中，并用针挑拨，使眼眶遮住义眼的边缘。然后整理颜面部的表情，用手加以揿、捏，力求使颜面部与原来生活时的形态相似，再将整体检查一遍，适当地加以调整，直至各部位的形态基本相似后，置于通风的地方晾干即成。

中型、大型哺乳动物：由于剥皮时需要取下头骨，充填时，上下颌部只用绳扎紧，头部尚未充填，唇皮和头骨仍然完全分离，并且具角的种类，其头部后侧的剖口线又尚未缝合，所以整形工件比较复杂。首先应将绳解下，并将上下唇的唇皮翻开，在两唇皮内侧中间、鼻端、面颊、眼眶周围和上下两颌等处，填入适量的油泥（根据原来肌肉多少而定），接着使两唇皮翻转复原，并借助油泥的黏性和可塑性，在头部外表用手指揿、捏，使毛皮紧密地附在油泥上，利用油泥的可塑性，把标本的颜面部形象塑成它在生活时的形态。上下唇之间，可用针线将其缝合，也可用小铁钉钉入上下唇的边缘，以防干燥过程中变形，这时，应当耐心细致地琢磨其颜面部表情，如有不妥之处，应及时加以矫正，尽量使标本保持本来面目。然后将义眼嵌入眼眶中。

虎、豹等猛兽的颜面部形象凶猛，义眼嵌入眼窝时应深陷眼窝，上眼睑几乎成“一”字形，下眼睑成半圆形，使凶相显露；性情温善的种类应将义眼稍浮于表面，眼睑成圆形，使形象温善柔和。必须注意，义眼质量的好坏与标本的表情、神气也有很大的关系，所以应尽量选择质优的义眼。

为了突出表现猛兽的凶恶形象，还应将标本的口腔张开，使其呈现张牙之势。凡张开口腔的标本，必须安装假舌，一般常用木头雕刻或用石膏、纸浆塑成原来舌头的形状，并用颜料涂成原来的色泽。

在干燥过程中，耳朵极易收缩变形，一般用两片马粪纸，剪成稍大于耳朵的形状，夹在耳朵的内外侧，并用回形针夹紧。

四肢内侧腋部和鼠蹊部的皮肤，也极易收缩变形，常用薄木板，削成适当的凹槽形状，将其顶住，待标本干燥后取下。

偶蹄目等具角的种类，头部后面的剖口线应适当充填后缝合。

最后，将标本置于通风处晾干，切忌在阳光下曝晒。在干燥过程中，必须经常观察，防止姿态变形，尤其需要注意的是，一旦发现头部姿态走样，应及时加以矫正。标本干燥后，某些有颜色的裸出部位，根据剥制前记录，用油画颜料涂上，角、蹄、爪等用清漆加松香水调稀后涂于表面，保持它原有的光泽和颜色。最后，将标本置于标本橱中保存。

十、姿态标本的整形与艺术性

要素：结构、环境、情节和艺术性。

（一）结　构

生理的组织结构与形态（如骨骼与肌肉等组织），生活中各种结构和运动变化。

（二）环　境

要了解所制作的动物在野生条件下的栖息地点的环境特点，如是水生还是陆生，是平原还是高山，是灌木林还是乔木林，是落于岩石还是枯树，是常落于枝条还是地面等。

（三）情　节

要了解所制动物在生态中的行为特征，体会动物的性格，并善于抓住反映情节的关键部位。

1）马　粗犷善于奔跑；

2）鹿　善跃善跑，胆小机警；

3）虎　机警凶猛；

4）家猫　温顺可爱，善于玩；

5）鹰　翅形矫健，凶在于目、喙、爪；

6）麻雀、鹦鹉　喜集群落于枝条；

7）猴　因种类而异，有胆小贪睡的，有机警伶俐的，有善于模仿的，等等。

（四）艺　术　性

就是将动物的性格特征加以重塑或夸大。

十一、部分兽类足趾着地类型和着地趾数

见图 2 - 75。

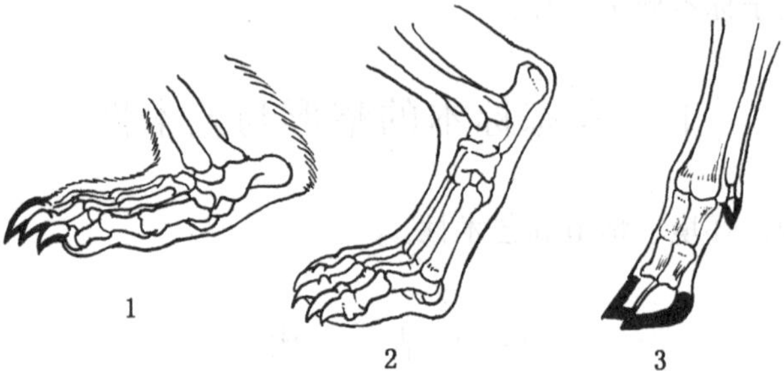

图 2 - 75　兽类足趾着地类型

1. 跖行型（熊）　2. 趾行型（狼）　3. 蹄行型（鹿）

表 2 - 4　部分兽类足趾着地类型和着地趾数

类别	指趾式（前足：后足）	着地趾数（前足：后足）	着地类型	种类举例
食虫目				
鼹科 Talpidae	1～5：1～5	5：5	跖行型	缺齿鼹
食肉目				
犬科 Ganidae	(1)2～5：2～5	4：4	趾行型	狼、狐
熊科 Ursidae	1～5：1～5	5：5	跖行型	黑熊、棕熊
鼬科 Mustelidae	1～5：1～5	5：5	趾行或半跖行型	貂熊、紫貂、黄鼬
猫科 Felidae	(1)2～5：2～5	4：4	趾行型	虎、豹、猞猁
兔形目				
鼠兔科 Ochotonidae	1～5：2～5	5：4	跖行型	鼠兔
兔科　Leporidae	1～5：2～5	5：4	跖行型	雪兔、东北兔
啮齿目				
松鼠科 Sciuridae	(1)2～5：1～5	4：5	跖行型	松鼠、旱獭
鼯鼠科 Petauristidae	(1)2～5：2～5	4：4	跖行型	小飞鼠
田鼠亚科 Microtinae	(1)2～5：1～5	4：5	跖行型	麝鼠
偶蹄目				
猪科 Suidae	(2)3～4(5)：(2)3～4(5)	2：2	蹄行型	野猪
鹿科 Cervidae	(2)3～4(5)：(2)3～4(5)	2：2	蹄行型	马鹿、驼鹿
牛科 Bovidae	(2)3～4(5)：(2)3～4(5)	2：2	蹄行型	青羊、黄羊

十二、兽类标本义眼规格

表 2－5 各种兽类标本义眼的规格参考表

义眼直径（毫米）	适用种类
2～3	菊头蝠
4	黑线姬鼠、刺猬、小家鼠
5	褐家鼠、黄胸鼠、社鼠
6	五趾跳鼠、江豚（中）
7	鲮鲤、松鼠
8	豪猪、黄鼠
9	海豚、小灵猫
10	水獭、大灵猫
11	白颊长臂猿
12	懒猴、黑长臂猿
13～14	大猫熊、猕猴
15～16	熊猴、金丝猴、野兔
17～18	海豹、狐
19～20	麂、麝、野猪（中）
21～22	毛冠鹿、云豹
23～24	黑麂、金钱豹、海狮
25～26	苏门羚、黄羊
27～28	东北虎、狮

十三、部分野生哺乳动物测量数值

见附录二。

第三章 骨骼标本

动物骨骼标本是针对脊椎动物门而言，用于观察研究骨骼的形态结构，以及与其他系统、组织、器官相互关系的主要材料。动物骨骼标本是从事动物形态学、比较解剖学、分类学等科研、教学及科普教育的重要材料。通常意义上的骨骼标本，是指经过各种方法剔除动物肌肉后，将留下的骨骼经脱脂、漂白，按其自然状态串联起来的整体骨架；或者根据需要，选择其中的一部分（如头骨等）或骨块，保存下来；它包括软骨和硬骨两种类型的动物骨骼；而透明骨骼标本是小型脊椎动物或软骨经化学药品染色、透明而制成，其结构清晰可见。

骨骼标本的制作方法很多：物理法、生物法（虫蚀）、化学法、物理化学法、水浸法、沙埋法和土埋法等。这些方法的选用，需依据制作环境、条件、被制作物的个体大小和制作者的能力而定。取材和取材后的骨骼处理是制作骨骼标本的首要步骤。

第一节 取材和骨骼处理

一、取 材

制作骨骼标本的材料，一般以选取比较瘦削的成年（不宜过老）的个体，并采用放血致死的新鲜材料为好，这是因为其骨骼内脂肪含量较少，制作时易于脱脂，制成的骨骼标本颜色洁白，效果好。而老龄骨骼往往易出现因软骨和纤维质骨化而变形的情况。同时，其中黄骨髓含量较多，制作时因难于溶尽，往往在骨端和结节部残留脂肪，致使制成的干骨表面呈现黄色，甚至发霉变黑。未成年个体其骨髓发育还不完善，常在骨块的某些部位（例如管状长骨的骨骺部、脊椎骨的椎体前、后端等处）骨化愈合不全，增加装置时的麻烦，以致影响效果。此外，未经放血死亡的个体，或经福尔马林固定处理后的尸体，由于淤血滞留于骨髓之中，或因骨髓被药液所固定，一时很难将其去净，作为标本材料，一般较难得到满意的效果（但经特殊处理后仍可利用）。

个体经放血致死后，应立即进行解剖处理，将各部位骨骼肢解，取得材料。其做法是先剥去皮肤，再切断肩带骨肉，将前肢卸下（操作时注意保留肩胛软骨的完整）；然后再切除体壁肌肉，将内脏器官全部摘去（取出的内脏器官可浸泡于福尔马林固定液内或作其他标本使用）；最后将各部位肌肉仔细地剔除干净，并从骨块的连接处切断韧带、关节囊或椎间盘等结构（若做附韧带骨骼标本，则必须保留关节韧带、关节囊和软骨等）。由此，将全身骨骼分解为若干段，例如头部、颈段、胸段、腰段、荐段和尾段等（这样分段的目的是为了便于骨骼处理时的操作）。肋骨部分最好是从肋关节处切断韧带和关节囊，并从肋软骨下端与胸骨连接处切开，将肋骨（包括肋软骨）一根根地卸下来（注意保留其完整性及防止变形），然后在其内侧隐蔽的部位，刮去骨膜，用磁漆写上序号，以免串制时造成混乱。四肢部分也以同样方法将其分解为数段（后肢腰带部分通常和荐骨连在一起）。总之，在进行以上工作时，必须仔细操作，一方面要尽可能地把肌肉等不需要的软组织剔除干净，另一方面又不损伤骨组织以及保留的软组织结构（例如肩胛软骨、肋软骨及剑状软骨等）。

二、骨 骼 处 理

骨骼处理的目的是为了将骨骼材料制成干骨，以显现其固有的外部形态，并便于长久保存。骨骼处理的方法很多，常用的有水浸沤制法、土埋法和煮制法三种，可因地制宜，选择使用。

（一）水浸沤制法

此法主要是利用微生物的腐败分解作用，使骨面附着的软组织腐败分解，以制成骨骼标本。优点是简便易行，不需要什么药物，对骨组织没有损伤。缺点是会发臭生蛆，对环境卫生有些污染（应注意采取防臭和离蝇措施）。此方法一般在夏季最为适宜，秋季次之，冬春两季温度太低，分解作用缓慢，效果不佳。其具体做法如下。

将剔除软组织后的骨骼材料（马属动物要注意卸去蹄铁，同时骨块不能用铁丝绕裹，否则，由于铁的氧化，影响骨骼标本的颜色或带有铁锈印痕），放在比其体积稍大的（带釉）缸内，用水浸泡，令其自然腐败。泡水量要高过骨面，使骨块全部浸入水中（水深一些更好，以造成嫌气条件）。缸宜放在太阳能够照到的地方，周围能够保温则更好，使缸内经常保持较高温度，促使微生物繁殖生长，加快分解。缸口最好加盖铁丝网罩或木盖，并用大石块或其他重物压好，以防狗或其他野兽偷食骨头。在浸泡期间，可以换水 1～2 次，并将骨面的软组织和缸底沉积物用水冲去。平时若水量因蒸发或流失减少时，必须随时加足，避免骨块露出水面晒干。骨块一经晒干，其中的脂肪就很难溶解脱尽，从而影响效果。为了便于检查，避免骨块散失和安装的次序混乱，在浸泡前，躯干各骨可选择内侧隐蔽的部位，剥去骨膜，用瓷漆写上标号（如左、右侧和序号等）。对于一些小骨块，例如尾椎、舌骨和四肢的指（趾）骨、腕骨、跗骨等，最好在浸泡腐解至韧带等软组织刚能扯断时，即取出肢解，分别用纱布包好，再继续浸泡腐解。胸骨（特别是牛和猪的）以及幼龄的肋骨，因骨化愈合较晚，常易泡散或泡烂，也需单独浸泡，等其表面软组织腐烂能剥离时，即取出用水冲洗并细心剥离干净，再用马烘纸等夹住，并按其自然形态位置固定好，晒干备用（幼小动物的骨骼最好不用沤制法制作，可用煮制法或用10%福尔马林固定后进行剥制）。

浸泡好了的骨骼，骨表面的软组织都已充分腐烂（一般在高温季节约经1个月左右即可，但稍久放亦无妨碍），这时就可取出放在水龙头下用细刷边冲边刷，直到刷洗干净，再放在清水中（稍加来苏儿液更好）浸泡1～2天，等其无特殊臭味时取出洗净，置于日光下晒干。日晒时可多淋几次水，以利用日光进行骨的漂白，但不宜曝晒过久，特别在高温季节，应经常观察翻动，避免曝晒炸裂。至此，干骨骼标本制作就告完成，但要注意保存，原先单独浸泡的小骨块，仍需用纱布包好保存，最好是及早地串制起来，免得丢失。

（二）土 埋 法

此法实际上和沤制法一样，也是利用微生物的腐败分解作用，使骨面附着的软组织腐败分解掉，以制成骨骼标本，不同的是挖坑深埋，操作更为简便，不需要什么药物和其他管理措施。缺点是制成的干骨标本颜色不佳，常滞留土黄色。现将操作要点及注意事项简列如下。

1）采用的骨骼材料应尽可能地将软组织剔除干净，并做好序号标记，用合适的木箱装好，以便刨挖时比较集中，不易丢失。

2）选择向阳空旷地方且无流水冲刷之处，挖坑土埋，土坑深一些为好（离地面2米左右），以利微生物繁殖，进行腐败分解，并避免兽类偷食骨头和臭气散发，污染空气。

3）土埋时间的长短与当时当地的气温及土壤湿度有关，一般至少得需半年以上。刨挖时必须仔细，避免丢失。

4）出土之后经流水冲洗，并置于清水中浸泡1～2天，再用细刷刷洗干净，然后放在日光下漂白晒干（方法同沤制法），保存使用。

（三）煮 制 法

此法是利用某些药物加水煮制，使软组织在短时期内除去，并经化学脱脂用漂白处理以制成骨骼标本。优点是时间较短，脱脂较完善，制成的骨骼标本效果好，骨块呈象牙色；缺点是耗费一些药品，成本较高，操作比较繁杂（以制作禽类、小动物等比较精制的骨骼标本为宜)。现将制作过程及注意事项介绍如下。

1. 煮制

将剔除软组织后的骨骼材料用清水浸泡 2～3 天，让其泡透，甚至稍微腐败时再剔刮一次软组织。然后放入大锅内，加水及少量洗衣碱（碳酸钠）煮沸（碱的含量约为 0.5%～1%），煮至韧带变黄时取出泡水，再剔刮软组织，然后再煮。第二次水煮，碱量要减少到 0.3%，煮沸后取出泡水再剔除软组织。这时基本上把软组织都能剔除干净（如果剔刮不尽，还可再煮一次，泡水再刮）。煮制时，对于胸骨和肋骨要掌握好火候，一般煮制时间不宜过长，以尽量保留其软骨部分，并注意保持其原来的形状。待骨表面软组织都剔除干净后，即取出晾干和钻孔（钻孔的位置一般都选择在关节面的中央或骨块内侧面隐蔽的部位），然后再用碱水煮制（碱的含量更少，约 0.1%），以使骨髓内的物质能够部分溶解逸出，煮的时间不能过长，以免伤及骨质，应以煮沸后即停火，再用金属注射器抽取锅内的热碱水，从钻孔处注入，冲出骨块内的骨髓和脂肪等物质，如此反复数次，尽可能地冲洗干净，最后水洗晒干。

2. 脱脂

除腐败骨外，骨髓腔里的脂肪用浸蚀和蒸煮方法都很难除净。而脂肪未清除干净的骨标本，在长久的使用和保存过程中，油脂会缓慢渗出，污染生霉，使标本受损，并有碍使用，因此需要脱脂，彻底清除骨内脂肪。现介绍几种脱脂方法。

有机溶剂浸泡 骨标本晒干后，浸泡于有机溶剂中，使脂肪溶解排出。当脂肪被溶，溶剂变浊后，要更换新溶剂，直到骨内脂肪全部溶解排出，溶剂不再变浊为止。此法耗药量较大，通常采用挥发性好、无色、价廉的溶剂，如汽油、工业酒精、丙酮、二甲苯、氯仿、乙醚等。一般常用纯汽油或纯二甲苯脱脂，成人四肢骨需浸泡 3～5 个月，颅骨及骨盆等则只需 2 周，中间换一次溶剂，再用热水加洗衣粉或碱溶液洗刷。如果脱脂后骨表面附着油污，必须认真清洗。将洗净的骨骼迅速阴干，使骨质内部水分脱出，为骨质漂白创造有利条件。

热四氯化碳脱脂法 四氯化碳（四氯甲烷）是一种有机溶剂，无色，沸点 76.8℃，易挥发，不能燃烧，用循环加热方法脱脂，可节省溶剂，并加快溶解脂肪的过程。用薄铁制成三层箱，上层为冷却水箱，中层为四氯化碳盘及标本放置格板，下层为加热水箱。把晒干的骨放在格板上，用 500～1000 毫升四氯化碳洒泼在骨上，任其流进盘内。在约 1 周内，每日升火加热水箱一次。四氯化碳遇热变为气态，熏蒸骨骼，气态四氯化碳遇上方冷却水箱又凝集下落，浸入骨骼，溶解脂肪流入盘内。由于四氯化碳的循环，可不断将骨内脂肪溶解，直到除净。四

氯化碳气体有毒，操作宜在通风柜进行，并注意防护。

用瓦缸或搪瓷桶盛装四氯化碳（或汽油）浸泡已煮制好了的骨块，浸泡药液量以能浸入全部骨块为度，浸泡时间 7 天左右（可适当延长些，脂肪脱得更干净），浸泡期间要上下翻动几次，届时取出，放入即将煮沸的热水中（约 90℃），使骨块内已溶解的脂肪逸出——放入热水后即见冒水泡（为使逸出的脂肪不凝固，可在热水中先加入三分之一量的氨水），待冒水泡现象停止后（说明脂肪已经脱出），即可取出用清水洗干净晾干。

3. 漂白

用于精制陈列标本，一般标本可不必漂白。因为漂白只增加标本美观，耗用药品较多，而且有些漂白过程会对骨质造成一定损害。骨标本漂白前，需先洗净，脱脂。常用漂白剂有以下几种。

过氧化氢　又称双氧水，是强氧化剂，能放出原子氧使标本漂白。商品过氧化氢氧含量 3%左右，一般使用浓度为 10%。依骨质情况，通常浸泡 1～3 日，如放入 5%浓度中可延长浸泡时间 3～4 日。中间也可换液一次，效果更好。浸泡时容器必须加盖，防止氧丢失。操作时双氧水应避免与眼及皮肤接触，并远离易燃品。

过氧化钠　过氧化钠与水反应生成过氧化氢与氢氧化钠。由于生成物中有 NaOH，使用浓度不宜太高，免伤骨质。常用浓度为 5%，使用时应避免与有机物接触，并远离易燃品。

漂白粉和漂白粉精　为强氧化剂，前者含有效氯 35%，后者含有效氯 45%～70%，都能溶于水，同时分解生成次氯酸（HClO），使有色物质迅速分解。次氯酸很不稳定，在溶液中逐渐分解为氯化氢及原子氧。最后只有 HCl 留在溶液中。因此使用漂白粉时，应密切注意骨质情况，如浸泡时间太长易损骨质。漂白粉常用浓度为 2%～3%，漂白粉精为 1%～2%。

应用过氧化氢进行骨的漂白，可提高温度，加速过氧化氢的分解氧化，加快漂白效果。其方法是首先把骨骼标本放入 50～60℃的 3%～10%氢氧化钠内10～20 分钟（最高温度不超过 70℃），如此使骨骼表面残留的脂肪和灰尘充分皂化或乳化，溶于水中，便于清除，保证骨骼漂白质量。取出后用流水冲洗，再放入清水容器内加温至 50～60℃。将加温的骨骼立即放入制备的 10%～20%的过氧化氢溶液内，加温至 50～60℃，10～20 分钟，冷却后取出，流水冲洗，晒干，即可使用。

将脱脂好了的骨块泡入 3%的过氧化氢中，时间不宜过长，以免损伤骨质等结构，然后取出晒干保存使用。因过氧化氢价格较贵，所以也有用价格较低的次氯酸钙（漂白粉）来漂白的。常用的浓度为 2%～3%，浸泡的时间视骨质情况而定。

附

经过防腐注射固定后的骨骼的处理：先将骨骼材料上附着的软组织尽可能地剔除干净，再用稀释的安替佛民液（配法见下）加热煮，并使液体保持将沸状态，待骨面软组织能够刷洗脱落时，即取出泡入热水用铁丝刷刷洗干净。必须注意不要等到软组织完全脱落后再行取出，否则因煮制时间太长而伤骨质。通常将软组织去除约需煮制 12 小时以上，再用热水洗刷，软组织即可全部去除，最后用热水浸泡 24 小时，使药液完全除去，然后进一步脱脂（方法如上）即可。

安替佛民（Antiformin）液配方：

碳酸钠	150 克
漂白粉	100 克
水	1000 毫升

配制方法：将碳酸钠溶于 250 毫升的水内，漂白粉溶于 750 毫升水内，然后混合两液，摇荡 3～4 小时，并过滤，再将滤液加入适量的 1.5%氢氧化钠浴液，即可保存备用。

用法：1 份安替佛民液加水 5 份，全量要能浸没全部骨材料而多余一些，以备因加热蒸发减少的液量。此药液用过后还可过滤后再用，若浓度不足，则可以酌量加入新原液。

第二节　骨骼标本的串制

一、骨标本的串连方法

应根据各不同部位的要求和材料情况，加以选择。常用的方法如下。

1. 线纽结

用于其生前密切接合而少运动的两骨之间的连接。以细金属丝或琴弦串连相邻骨的接合部，有的加用皮垫圈或金属垫圈做成纽结，拉紧固定。例如腕骨之间、跗骨之间的连接。

2. 双方向活动连接片

用一蹄铁形薄片，凸面中部再竖一薄片，蹄铁形薄片的两脚和竖片分别用钉穿插在两骨的相邻面，构成相互垂直的两个轴，使相连的两骨之间可在两个轴上产生运动。

3. 钩环连接

取两段粗金属丝，一段做成圆环形，另一段做成钩形，环形部长 5 厘米，钩形部为 8 厘米和 12 厘米。钩、环部的另一端作成螺纹，以螺丝帽分别固定于相邻两骨的关节面上。常用于肩、髋关节，可做多轴运动。

另外还有其他方法，如黏结剂加竹钉内固定，球窝连接，弹簧连接等多种多样的连接方法。原则上依据骨连接形式的需要，可采用加固性连接方法（直接连接）或灵活性连接方法（二轴和多轴关节）。

骨骼标本分为全身骨骼和局部骨骼标本两类。串制工作在全部骨块材料经过处理后即可进行。

二、串制前需要备用的工具

手摇钻（或手持电钻）和钢钻头（直径 0.5～5 毫米的多个，以及用 6～8 号钢丝自制的长钻头）、钢丝钳（扁嘴的、圆嘴的和尖嘴的）、台钳、攻丝板（一套）、螺丝起子（大的和小的）、锉刀（圆形、扁形和三角形）、什锦锉（一套）、小铁锤、铁砧（中型的）、锥子（粗的和细的）、剪刀（大型的）、钢锯和锯条、电烙铁（150W 以上）、焊锡、焊膏（或松香）等。

另外，串制时要用的一些零件事前准备好。例如，串连脊柱用的圆铁条（直径 5～10 毫米，视躯体大小而定，长度适当），支撑用的两根铁杆及相匹配的垫片与螺帽（支撑铁杆可用 4～6 分的自来水铁管代用，其长度分别自寰椎和腰椎至地面垂直距离再加长 7～10 厘米，上端做成叉形，与椎体相适，下端制成螺纹并配备相适的垫片和螺帽）；安装固定骨的台板（大小与全身骨骼相适）；以及串制时使用的粗、细紫铜丝（无紫铜丝时，用镀锌铁丝代替，主要是为了避免生锈，影响骨的颜色）、铅丝、小号平头螺丝和螺帽、充作椎间盘用的垫片（或橡皮）、石灰、棉纸、石蜡、白乳胶（或鱼鳔胶）等。

三、全身骨骼标本的串制

依据解剖学图谱或 X 光片串制全身骨骼标本，应以牢固和保持其固有的形态为主，其次再考虑关节运动形式的装置。串制的次序一般是先串连四肢骨骼，再串连躯干骨骼，最后将前、后肢骨骼分别连于肩带和盆带部。现将各步的具体做法与注意事项分述如下。

（一）四肢骨骼的串连方法及注意事项

串连前应将前、后肢各骨块顺序查对一遍，分别放置，以避免失落和接错位置。串连时，先将前肢的腕骨（或后肢的跗骨）分别在各个相关骨块的接触面上，以细钻头钻好孔道，再将短铜丝用攻丝板绞好螺纹，旋入孔内（其外露部分用锉刀锉平），使得各个相关骨块紧密连接。各个籽骨（包括膝盖骨）也以同样方法固定于相应的位置上。然后，前肢自肱骨的肘窝至主指的蹄骨（偶蹄兽至掌骨的远端），后肢自股骨大转子内侧的凹陷处至主趾的蹄骨（偶蹄兽至跖骨的远端），沿骨块长轴的中心钻好孔道。然后顺序穿入一根粗铜丝，在铜丝的上端（肘窝处或后肢大转子内侧凹陷处）用攻丝板做好螺纹，配用合适的螺帽固紧；铜丝的下端，于蹄骨的底面留出长约 3 厘米的余端（偶蹄兽则于掌骨或后肢骨的远端留出长约 1 厘米的余端），也用攻丝板做好螺纹，配以合适的螺帽固紧，并将此插入在座板上作为固定位置使用。偶蹄兽的各个指分别按顺序穿入一铜丝，并将其上、下余端 1～2 厘米用攻丝板做好螺纹，下端配用合适的螺帽固紧，上端部分待四肢的上部骨骼串制好后，在掌骨远端相应关节面的中央处钻一孔道，将其旋入连接固定。

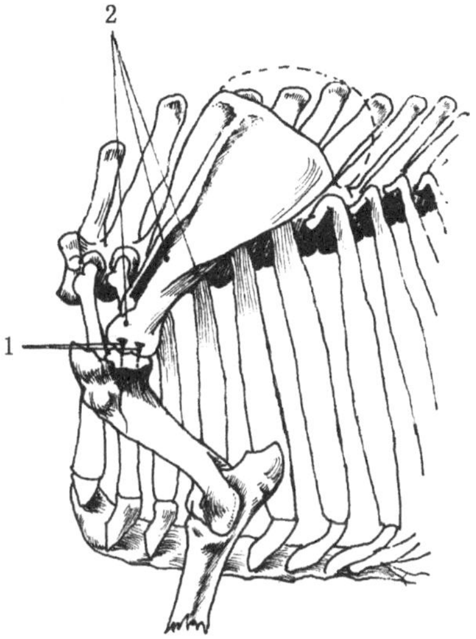

图 3－1 前肢与躯干骨骼的连接
1. 连接肩关节的固定点 2. 连接肩胛骨与肋骨的固定点

前肢肩关节的连接，可在肩臼的上缘选取三点，用手摇钻分别斜向肱骨头钻好孔道，再用短铜丝钉入铆平即可（图 3－1）。

串连四肢骨骼必须注意各个关节的方向和角度及骨块连接的位置，以使制成的标本具有生前形态。其次，串连孔道的位置多选择在关节接触面的中央或骨块内侧隐蔽的地方，尽量避免外露，以减少外加物的直观感觉，万一不可避免时，也要将外露部分用小锤打紧铆平。另外，钻孔时钻头的粗细要合适，其长度要比被钻骨块的长度略长一些，这样，一个骨块的中轴孔道可以一次钻好（但需准确地掌握钻头的行进方向），并便于连接。

（二）躯干骨骼的串连方法与注意点

躯干骨骼的串连，可以分为以下几部分依次进行，即骨盆、脊柱和肋骨、肋软骨和胸骨、头骨以及尾椎骨等。

1. 骨盆的连接

在左右髂骨翼的中部（荐结节下方处）各选取两点（图 3－2），分别对准荐骨翼的方向钻好孔道，在此旋入 2 厘米长的小号平头螺丝，使荐髂关节连接紧即可。

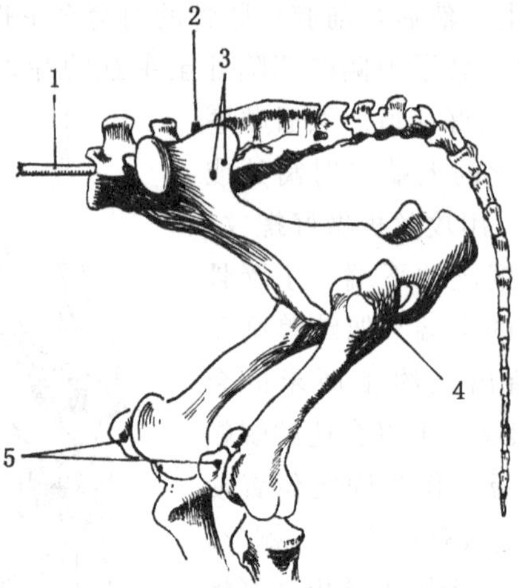

图 3-2　骨盆与其他骨块的连接
1. 串连脊柱的铁棍　2. 固定荐骨与铁棍的销子
3. 连接髂骨与荐骨固定点　4. 连接髋关节的
螺丝（外侧端）　5. 固定膝盖的骨钉

2. 脊柱和肋骨的串连

串制时必须注意脊柱的曲度和胸廓的形状（各种动物形状不同）。脊柱的曲度（特别是颈曲和背曲）主要是由贯穿于整个椎管内的圆铁条弯成相应的形状而成的。因此，事先应计算好铁条的长度（前端插入枕骨大孔以连接头骨，后端至荐骨的椎管内为止），并将其弯成相应的曲度。然后，自前至后顺序套入各个椎骨。每个椎骨在套入前，要在相邻接的椎窝与椎头接触面的中央钻一小孔道，插入一短铜丝（或由前至后穿入一整条铜丝），以串连固定椎体，并在头窝之间填入一片形似椎间盘状的垫片——用毛垫、橡皮或泡沫板剪成，大小比头窝关节面稍小一点（注意不宜过厚），垫片中心钻一小孔，穿于连接椎体的铜丝上，以此充作椎间盘，尽可能地保持脊柱的固有长度，不致改变体形结构的比例。当椎骨套入铁条时，在每个椎骨的椎孔内（铁条的周围）都要塞入两片形状相当的木片，将铁条塞紧，这样椎骨也就不会左右摇动了。

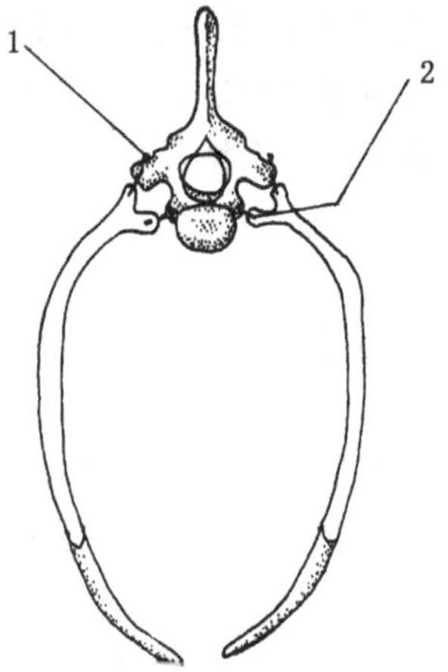

图 3-3　肋骨与胸椎的连接
1. 固定胸椎横突与肋结节的位置
2. 固定肋骨小头与肋小窝的位置

在串连胸段脊柱时，就应顺序地将肋骨固定

于相对应的胸椎上，固定的方法是在每根肋骨的肋骨小头和肋结节处，分别对准肋小窝和胸椎横突各钻一小孔，用平头螺丝或短铜丝（后者也要用攻丝板绞成螺纹）旋入固定（图 3 - 3）。

脊柱串好之后（颈段至腰段），就可将其架在预先做好的座板支撑上。支撑的位置，前方一根正对枢椎的腹侧面，后方一根撑在第一腰椎椎体的腹侧面（图 3 - 4）。

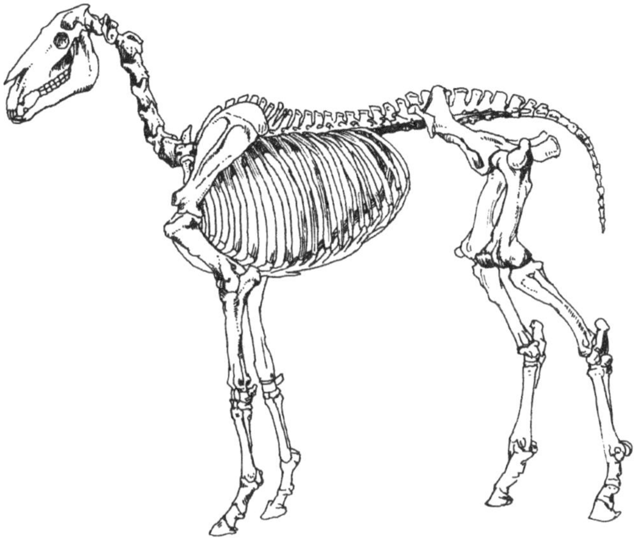

图 3 - 4　全身骨骼标本

3. 肋软骨和胸骨的串连

肋软骨在骨骼处理过程中往往很容易变形或与硬肋脱开，串制时，可用细铁丝连接于硬肋下端和胸骨侧缘的关节面上，然后，外面涂抹一层油灰，再裹棉纸和石蜡，边涂边贴，直到适当粗细，连接牢固即成。肋弓部分也用同样方法连接。

4. 头骨的连接

动物的头部骨块，除下颌骨外，一般都自然地连接成整体，无需再连接。至于下颌骨与其他骨块之间的连接，可于左、右上颌骨的齿槽内侧和下颌骨骨体部（内侧面）各钻一孔，在这两孔之间安装一个用铜丝做成的风钩样装置（牛、马等大动物的头骨，还需在颧弓和下颌关节突之间加装一个风钩样装置），这样就可把下颌骨与其他骨块连在一起了，必要时又可单独取下。牛的下颌骨左右两部分往往愈结不牢，这时可在颏孔前后选取一点，横向地钻一孔道，插入短铜丝打紧铆钉，即能使其连接牢固。

头骨经过骨骼处理之后，其牙齿往往松动，易于脱落，这时可用白乳胶（或其他黏合剂）从齿槽缝隙中滴入，使其粘牢。

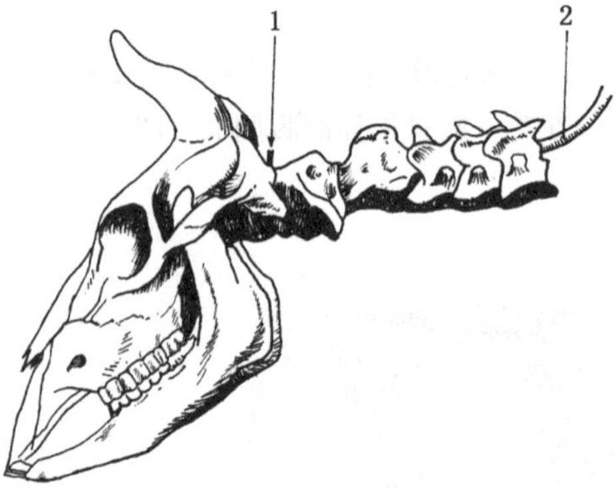

图 3－5　头骨与脊柱的连接
1. 固定头骨与圆铁条的销子
2. 串连脊柱的圆铁条

上述四部分串好之后，就可以将它们串连在一起了，即将骨盆由荐骨的椎孔处套入串连脊柱的圆铁条的后端，使最后腰椎与荐骨恰好接合（两椎体之间同样穿以短铜丝，并有垫片作椎间盘），然后在荐骨嵴的前方向下钻一孔道，此孔道通过铁条至荐骨椎体内，在此插入一根短铜丝作为销子，将荐骨与铁条闩紧。头骨与躯干之间的连接亦大致相似，即将头骨从枕骨大孔处套入铁条的前端，使枕髁与寰椎的关节前窝接合，再从枕骨大孔的前方处向下钻一小孔道，此孔道通过铁条至枕骨基底部，然后在此孔道内插入一根短铜丝作为销子，将头骨与铁条闩紧（图 3－5）。

5. 尾部骨骼的串连

先将每一尾椎骨自椎体的前端向后用细钻头钻好孔道，然后顺序套在一根细铜丝上（末段尾椎骨较细小不便钻孔和串连，可用白乳胶或其他黏合剂粘连，但要注意尾巴的弯曲形态），铜丝的前端留出 2 厘米长的余端，并用攻丝板做好螺纹，再在荐骨椎体的后端中央处钻一孔道，将其旋入固定。最后整好形态即成。

（三）前肢与躯干骨骼的连接

将已连好的前肢骨骼拿到躯干骨骼的前胸部，对好连接位置（这时要通过旋动支撑下端的螺丝帽来调节前方支撑的高度，使之与前肢的高度相适应），然后在肩胛骨上选取三点。分别与相对的肋骨各钻一孔（参见图 3－1），用 10 厘米长的小号平头螺丝与螺帽连接固定。

（四）后肢与躯干骨骼的连接

将已串连好的后肢游离部骨骼于股骨大转子外下方处选好一点，平对股骨头的中央至髋臼中央钻一孔道，用平头螺丝①（或用粗铜丝制成螺纹配用合适的螺帽代替）及螺帽固紧，这时也要通过旋动后支撑下端的螺丝帽来调节支撑的高度，以相互适应。

（五）局部骨骼标本的串制

局部骨骼标本是为了观察各部细小结构而制备的。其中有的需要加以适当串制，如四肢骨骼、躯干骨骼等。有的则不需要串连而单块陈列，如单个的椎骨、胸骨、肋骨等。后一类骨块标本，只要将其固定在合适的木座上就可以了。现将四肢和躯干骨的串制简要叙述如下。

1. 四肢骨骼标本的串制

为了显示四肢骨骨骼的排列及关系，串连方法与全身骨骼串制可以有所不同，如将肩关节、肘关节等连成能作屈伸活动的装置。其方法是在相对应关节的骨骺部的内、外侧面，用细钢丝弹簧或带孔的铜片相连接（图 3－6），其他部分的连接与全身骨骼串制相同。

有时为了给观察者提供联想，可在骨块的肌肉起止点处标以红、蓝色点（一般起点用红色，止点用蓝色）。②标色时，位置要力求准确，色点不要太大，色调淡一些为好。这一类标本应悬挂于水泥座钢筋弯钩上。

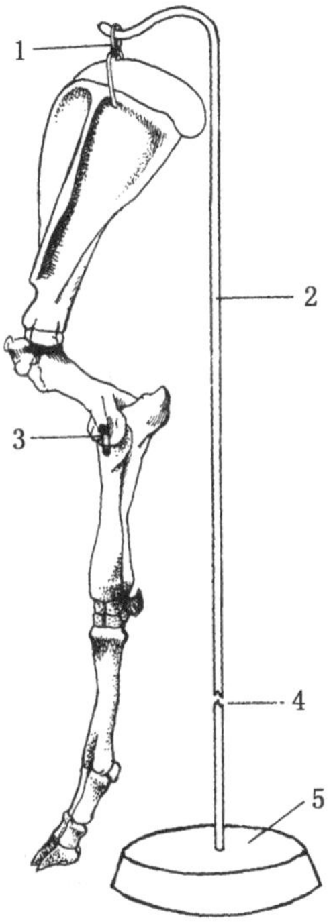

图 3－6　前肢骨骼标本展示
1. 挂钩　2. 钢筋支柱　3. 连接关节的固定点　4. 钢筋支柱的连接位置　5. 水泥底座

2. 躯干局部骨骼标本的制备

脊柱各段相连接的标本、胸椎与肋骨相连接的标本、肋骨与胸骨相连接的标本及公母骨盆标本等，这类标本既能说明各有关部分的构成关系及其特征，又便于使用和保存。其串制方法与全身骨骼标本有关部分大同小异，在制作时还可摸索总结出一些简便有效的方法。

① 在串制过程中，凡遇铜丝端部需要攻丝并配用螺帽之处，当条件不便时，也可将铜丝端部弯转，并用烙铁焊一锡坨，以此代替螺丝帽的固定作用。

② 骨骼标色可用瓷漆，应置备红、黄、蓝、白色四种瓷漆，其他颜色和色调深浅可用上述四色调配取得。瓷漆过浓时也可加松节油或丙酮调稀。还可用酚醛清漆，加各色油画颜料调成所需的颜色。

第三节　显示骨结构标本

一、显示骨块构造的标本

（一）骨　　质

包括骨密质和骨松质两部分，可用骨的切面标本显示。由于这两部分在不同种类的骨中分布不同，因而可用各类骨骼标本对比，并联系说明结构与功能的一致性。

股骨上端和距骨纵剖面标本，常用于显示骨小梁排列的力学曲线，它们一部分与压力方向一致，称压力曲线；一部分与张力方向一致，称张力曲线。应用简图对照说明，比较清楚。

（二）骨　　膜

1. 骨外膜

用有软组织附着的长骨，保留骨外膜，修净其余软组织，再将骨外膜作“[”形切口，自骨表面剥离并翻向一边。

2. 骨内膜

可用银盐浸染法显示，方法步骤如下。

1）用一段新鲜长骨，先以含有抗凝剂的生理盐水将骨髓腔内积血冲洗干净；再用有机溶剂浸泡，溶去脂肪；最后用清水冲洗干净，使骨小梁清晰可见。
2）依次放入下列溶液内浸染：1%草酸浸 10～20 分钟，5%硝酸银泡 24 小时，取出冲洗约 1 分钟后移入氨银溶液浸泡10～15 分钟。氨银溶液要在使用时临时配制，配法是：10%硝酸银 10 毫升，滴加 40%氢氧化钠 5 滴，立即产生棕黑色氧化银沉淀，再滴加氨水至沉淀恰好溶解为止，最后用蒸馏水稀释至 20 毫升。
3）清水冲洗后放入 10%中性福尔马林液内使之还原，此时骨内膜呈灰黑色。
4）流水冲洗 15～20 分钟后，放入硫代硫酸钠水溶液约 5 分钟，使骨内膜的着色固定。

浸染成功的标本，骨内膜为灰黑色，骨质浅红白色。若骨质也被银染，可用细毛笔蘸 5%氢氧化钠液和氨水涂抹除去。

（三）骨 髓

用新鲜完整的长骨、短骨、扁骨和不规则骨，避免与水接触，修去软组织，沿骨的长轴或中线锯开，以原色保存液固定和保存。长骨的两端及短骨、扁骨和不规则骨的剖面可看到红骨髓；长骨骨体的剖面可看到黄骨髓。这种标本可同时用于显示骨外膜。

红骨髓也可用染色法显示，方法是取含红骨髓的骨切面标本，放入下液内浸染。

苯胺蓝 0.5 克，橘黄 G 2 克，草酸 2 克，蒸馏水 100 毫升，混合煮沸，冷却后过滤使用。标本由浸染液取出，用蒸馏水冲洗后，放入 96%酒精内分色。染好的标本血细胞区呈红黄色，骨内膜和血窦壁蓝色。用原色保存液保存。

二、显示骨质成分的标本

构成骨质的化学成分包括有机质和无机质，可以用理化处理的方法予以证明。一种是去掉无机质（脱钙）而保留有机质，即用 5%的稀盐酸浸泡新鲜的长骨（如肋骨），浸泡时间长短视骨质的构造而定。经过这种方法处理的长骨，仍保持其原来的形态，但因钙质脱出后，骨质失去了坚硬性，因此可以随意地弯曲。这种标本可保存于甘油等液体内。若保存在福尔马林或酒精内，会因有机质内的蛋白质成分凝固，而使标本变脆、变硬。

另一种是去有机质而保留无机质的标本。处理方法很简单，即取一骨块，放在火中煅烧（最好是闷烧，以免灰化），待其变成黑色骨炭时取出。这样的“骨块”也没有失去原来的形状，但因有机质经煅烧氧化挥发，所以脆性极大，落地即碎。这种标本应保存于标本瓶内。

三、显示骨块愈合部的标本

制作这类标本应选择未成年动物的骨骼（如管状长骨或骨盆等）作材料，同时在骨块处理时（用沤制法和煮制法均可）应掌握好火候，切勿处理过度，造成愈合部相脱开，制成的标本（例如管状长骨）在骨干与骨骺部之间有一层软骨层相接。这类标本可保存于盛有 5%福尔马林溶液的标本瓶内，以防干涸变形。

四、头部骨骼的显示法

整个头骨是由许多形状不规则的骨块构成的。同时，它除了是脑髓的容器之外，还有眼眶、鼻腔、口腔等。因此，头骨应该有多种多样的标本，以显示其局部的关系，现分述如下。

1. 完整头骨涂色标本

即在头骨半边的各个骨块表面涂以不同颜色的瓷漆，以区别它们的界限，另一半作为对照。

2. 头骨剖面涂色标本

即将头骨用钢锯锯开（制作时要轻手缓锯，以免破坏一些脆薄的骨块），并在各个骨块的内、外表面涂以颜色，以示它们的界限。此类标本应取同种动物的数个头骨，做成纵剖面、横剖面等几种，以配套使用。

3. 头骨分离骨块标本的制作

制作这种标本以选用幼龄动物的头骨最为适宜。因为成年后的动物头骨接缝已完全骨化，分离时常感困难。分离的方法可以用沤制法取得，即在取材之后，剔除表面的软组织，通过沤制、水洗和漂白等工序，即可取得头骨分离骨块标本。若要在短期内制成，则可用干黄豆由枕骨大孔处装入并填满颅腔，外表再用纱布松松地包好，放在水锅内，徐徐加热至 40～50℃，约 2 小时后，即因黄豆泡水而膨胀的张力，将头骨的大部分接缝张开，未张开的部分可放在水内煮一下，使骨缝处的骨质变软，用手慢慢地掰动，也就不难分离开了。分离后的骨块须经漂白，然后散装陈列在玻璃匣内，亦可进行复装保存。复装的方法是在座板上固定两根粗铜丝作支撑，分别固定腭骨和蝶骨（支撑的高度以下颌骨能够卡入为度），然后以这两个骨块为基础，将其他骨块按其自然位置，用铜丝弹簧连接起来（连接前要选好位置，用细钻头钻好孔），骨块之间相距 1～1.5 厘米，以便观察接缝开头及通过接缝看到内部的结构。

4. 显示副鼻窦的标本

额窦和上颌窦部分可用骨凿、骨钳和骨锉等将额骨和上颌骨等骨块的外壁打开，以显露其窦腔的形状与范围（额窦和上颌窦的形状与大小，随动物种类及年龄而有差异，因此，最好能多做几个，顺序陈列，进行比较）。另外也可以用铸型的方法来显示额窦和上颌窦的形状。筛窦、蝶窦和鼻甲窦部分，可利用头骨的剖面（纵剖面和横剖面）标本来观察。

副鼻窦铸型标本的制作法：铸型标本是利用某些金属混合之后，熔点降低，便于灌铸，而且不怕腐蚀变性，并便于保存，又具有经久耐用、美观等特点，通常作低熔点合金用的金属及其熔点如下：

铅	326℃
铋	271℃
锡	231℃
镉	200℃左右

现将几种常见的合金列表如下（其配合比例均按重量计算）。

伍德（Wood）氏合金，熔点 66～77℃：

铋 50%		铋 50%
铅 24%		铅 25%
锡 14%	或	锡 12.5%
镉 12%		镉 12.5%

纽方（Nenfon）氏合金，熔点 95℃：

铋 52%
铅 32%
锡 16%

劳斯（Rose）氏合金，熔点 77～94℃：

铅 25%		铅 21.40%
锡 25%	或	锡 21.40%
铋 25%		铋 57.20%

合金的配制方法：先将熔点较高的铅用小铁锅或铁质饭瓢熔解后，移开火焰，使温度稍为降低，将铋加入，继续加温至全部熔解后，再移开火焰，使温度降低，再将锡加入搅和，待温度又稍降低后才加入镉（因镉容易被氧化燃烧，故不能在高温情况下加入），最后倒在木板上呈薄片条状，让其自然冷却备用，或直接用来灌铸标本。

上颌窦和额窦的灌铸法：取完整的头骨（下颌骨不要），在额骨中部，矢状缝的外侧处，用圆锯作一圆孔，以硬纸作一漏斗插入孔内，周围用石膏粉调水围好。另外在上颌骨的中部（眼眶的前下方 2～3 厘米处）同样用圆锯作一圆孔，插入硬纸漏斗，周围固以石膏，并且用石膏填满鼻腔，填时用纸隔住上颌窦孔。将头骨放于烘箱中彻底烘干，然后再将熔融的合金从漏斗处灌入窦内。待冷却后，置于20%～25%盐酸中腐蚀，辅以骨钳剪去未被蚀掉的骨质部分，取得额窦和上颌窦的铸型标本。唯经腐蚀处理后的金属表面变黑。此时用 10%氢氧化钾处理后即可恢复原色。此类标本应置于玻璃框匣内，底座上衬以棉花衬托，以备陈列。

5. 牙齿标本的制备

动物的牙齿具有鉴别年龄的作用，而且也是动物分类学的重要依据。因其鉴别依据与牙齿的脱换及恒切齿的结构有关。所以，制备一些牙齿的标本具有一定的意义。其中一种是将固定好了的动物尸体头部材料，剥去皮肤和面部肌肉等软组织，再用骨凿和骨钳等工具把上、下齿槽的外壁打开（齿颈处要保留一线齿槽骨质缘，以防牙齿脱落），显露牙齿脱换和齿根的形态。这种标本应置于标本瓶中，用5%福尔马林液保存。另一种是将动物的恒切齿锯成纵剖面和横剖面，以显示牙齿的结构层次和不同断面的形态变化，这类标本应固定于玻璃匣内。另外，还可以收集不同年龄的动物下颌切齿标本（连同下颌骨从齿槽缘处锯断），顺序陈列，进行对照比较。

五、禽类骨骼标本的制作

（一）个体的选择

若系制作一般标本，则只需选择发育正常、健康无病、体型适中的个体即可。年龄以2～3岁为宜，雌雄均要，以便比较。

（二）制作方法和过程

1. 放血

放血比不放血好，一则不致因血污影响剥离肌肉，再则制出的骨骼也较白净些。

2. 剥制

去毛之后，自软腹切开摘除内脏，并分别自肩、髂关节处卸下前后肢，即开始剔除身体各部肌肉及其他软组织，特别注意保留必要的韧带和软骨。这样既能最大限度地保持骨连接，又能使各骨间位置关系基本上保持原形。特别是胸廓部分，倘若肋骨离散开来，粘固既费事，又不易恢复胸廓原形。故剔时须小心谨慎，特别是颈椎和尾椎部分。经过剥制，大约可去掉百分之九十的肌肉，完全清除干净则有待于水煮或碱处理。

摘除眼球，制备巩膜骨环。

3. 脱脂

以5%的氢氧化钠溶液软化或溶解附着在骨上的残余物，并脱去骨中的胶质和脂肪。碱处理的方式和时间因部位而异。

1）先自枕骨大孔处掏尽脑髓。因头骨易破碎，故只宜用热碱溶液浸泡，浸泡时注意检查。舌骨因有软骨部分，为避免散失，可摘出单独浸泡。

2）颈椎、胸廓和尾椎部分置于煮沸的碱溶液中边浸泡边剔尽残余物。处理胸廓部分时，要特别注意勿使浸泡过度，致使肋骨散脱。当肋软骨快溶解时，即停止处理，否则影响胸廓完整美观。颈椎处理过度，亦会使各突起脱落，椎体变脆。当颈椎肌肉去尽，椎间关节有所松动时，即行用线或铅丝穿过椎管，以免零散后花费时间辨认。

3）四肢部分虽能经碱煮，但须注意小骨块的散失。左右前后肢分别处理，则不致混杂，安装就可以节省时间。碱处理时间和性别、年龄有关，一般说来老龄和肥壮的禽类脱脂较难，时间需要长一些。脱脂完毕，即用流水冲掉附在骨面上的碱液。由于碱处理不易掌握火候，故亦可采用水煮。在清除残余肌肉和不必要的软组织以后，用工业乙醚进行脱脂，效果亦佳。

4. 漂白

3%的过氧化氢除具漂白作用外，多少有点脱脂作用。

漂白时间也因个体和部位而异。头骨、臂骨和颈椎等漂白最快，而股骨、胫骨最慢。一般需时1～3天。

眼球摘下后即沿巩膜环后缘（保存角膜和巩膜环）除去其余部分，刮去附着物，经流水冲洗后，置于5%过氧化氢水中，约需漂白1天时间，则色素尽行褪去。晒干后用小纸条将其黏着在眼眶内壁上。若用碱煮，则眼球部分很快溶解，用碱液浸泡也很快变形，巩膜环分散为十几块透明软骨片，黏结费事，亦不够美观，故制作眼球部分不宜碱处理。

骨骼漂白完，也要经流水冲洗，然后置阳光下曝晒，则更为洁白。

（三）安装和整形

零散骨块按其所在部位用胶粘固时，因各骨之间原来有肌肉、韧带等连接，故粘固时部分骨的连接只能相对吻合。

用手摇钻钻孔，分别打通股骨、胫骨和跖骨两端，并分别在股骨头、股骨和胫骨的远端滑车面按关节的屈曲方向拉槽或做一深缺刻，以便在屈曲该关节时，容纳铅丝才不致因铅丝外露而妨碍关节的屈曲。另在荐椎腹侧正中向前钻一槽形孔连通椎管。钻孔通道以股骨和跖骨较难，因为前者骨干扭曲，后者远端较薄，并有凹陷，钻时须多加小心。选用粗细适中的铅丝长短各一，短的穿过颈、胸、腰、荐的椎管，自荐椎腹侧钻孔处通出，弯成一环固定，另一端铅丝自头骨和枕骨大孔端插入颅腔，塞以棉花，在寰枕关节处粘以胶，以固定头。另取一稍长的铅丝，穿过左右髂臼及荐椎腹侧钻孔的铅丝环，再分别依次穿过左右后肢的各骨，并按生前形态姿势使各关节弯曲成一定角度。

安装时应注意颈的自然弯曲和四肢的正常形态，前后肢各关节的屈曲角度，以及各指（趾）骨之间的角度，上述各骨和躯干骨的位置关系尤应注意。此外，还要根据禽类生活情形选取各种姿态，使其形象更为逼真。

整形完毕，即将膝盖骨、腓骨、跗骨近端后方游离骨和后肢的趾骨粘连在各自所在部位。必要时某些部分（如翅）尚需用线或棉花等物使之固定一段时间，以免变形。

第四节　附韧带骨骼标本的制作

附韧带骨骼标本就是在制作骨骼标本的过程中，将必要的韧带、软骨和关节囊保留下来，使之附着于各骨，并将各骨自然地连接在一起。这样，能保持骨骼的完整性，又能充分体现各骨间的正确位置关系。附韧带骨骼标本包括各种脊椎动物的附韧带整体骨骼标本和局部附韧带骨骼标本两种，制作方法基本相同，简述如下。

一、放血与剔骨架

先将已经选择好的动物侧卧固定，放血致死，然后剥皮并摘除内脏。

在剥皮和剔骨架的操作过程中，应特别注意完整地保留必要的韧带和关节囊，更不能伤及骨与软骨。根据不同的制作要求，对动物进行解体，如系制作附韧带整体骨骼，则是先卸下前肢和后肢游离部分为头、颈胸和腰荐尾三段（若需保存项韧带，则从胸腰之间分为前后两部），分别剔骨架。最后直到骨架上的肌肉和其他软组织基本剔净为止。若主要制作局部附韧带骨骼标本或分离骨块标本，其解体方法则有所不同。总之，解体要符合制作要求，并便于操作。

二、浸泡与固定

将剔好的各部骨骼，置于水池中，用自来水浸泡 3～5 天（时间长短随气温而定），每天换水 1～2 次，让余血充分洗净，以免福尔马林固定后，制成的标本出现血纹或血斑。用水浸泡，能使残余肌肉分解，而韧带和软骨却完整地保留下来。但如果浸泡太长，则韧带和关节囊也被分解，骨骺和软骨均易脱离。如用5%～10%的碳酸氢钠溶液浸泡2～3天，效果亦佳。当浸泡到一定时间，便可取出前后肢，用解剖刀沿蹄缘切开皮肤，分离蹄壁和蹄枕部，敲掉蹄匣（因蹄部一经福尔马林固定，就很难脱除）。然后将浸泡过的各部骨骼冲洗干净，放入20%的福尔马林溶液中固定10天以上，陆续取出，流水冲洗数小时，便可进行剔刮。在固定过程中，福尔马林的深度和固定时间直接影响附韧带骨骼标本的制作效果，如果浓度低，固定的时间不够，不仅效果较差，而且脱脂问题难于解决。为了制作方便，浸泡过的各部骨骼亦可先剔刮而后用福尔马林固定。

三、剔刮与整形

经过固定、冲洗后的各部骨骼，首先应该修制韧带和关节囊，并沿这些韧带和关节囊的周围，用解剖刀切开骨膜和其他软组织。然后沿相反方向用解剖刀和镊子将骨膜及其周围的肌肉、脂肪等全部剔刮干净，并反复2～3次才能达到要求。位于颅腔和椎管内的脑、脊髓，必须连同脑脊膜清除干净，否则就会发霉、虫蛀。附项韧带的骨骼标本，可从枕寰关节和颈胸之间的椎间关节腹侧切开，取出脑、脊髓，用自来水冲洗干净。

由于剔刮费时，标本易于干燥，每当工作停顿时，需用湿布包盖骨骼或直接浸泡在水池里，使之保持湿润。待剔刮和修制基本结束后，立即用木条或木块按照各种动物各部的自然曲度，绳系定形。肩胛软骨和剑状软骨等要用薄木板或硬纸板夹压固定，以免收缩变形。

四、干燥与涂漆

最好把剔刮整形的各部骨骼浸水后放在阳光下曝晒，使之快干、漂白（风干或阴干亦可，项韧带以冻干或阴干为好），干燥后的标本还需进行1～2次修刮，才能彻底清除残余物，促使标本净白。如果再用较细的砂纸打磨骨面、骨突和韧带，则制成的附韧带骨骼标本更加光亮洁白。

完全干燥的骨骼标本，要磨后，涂刷表层醇酸清漆（其他清漆效果稍差），即使标本光亮美观，又便于清洁，同时还有防霉、防虫、防止浸油等保护作用。属于局部附韧带骨骼标本（如前肢、后肢、胸廓和骨盆）涂刷清漆以后，即可陈列备用。

五、装　架

骨骼的装架，通常从脊柱开始，先用8～10号粗铅丝，依次贯穿椎管，铅丝的后端弯成钩状，固定于荐骨腹侧孔（第一对荐骨腹侧孔较好），前端用力拉紧并固定在枕外结节后下方所钻的孔内，这条铅丝的松紧，关系到脊柱的弯曲度，只要松紧适当，就能保持脊柱正常的自然曲度。

脊柱装好后，再用螺丝或铅丝从前颈椎（最好是枢椎）和后部腰椎腹侧固定在带叉的铁柱上（细水管最好，也可用圆木柱代替），同时将两铁柱下端用螺丝牢牢地固定在台板上。

左右前肢则用长螺丝穿通肩胛骨和相应的胸椎，使之固着于胸廓前部两侧，两肩胛骨后缘分别系在相应的肋骨上。左右两后肢的游离部，在圆韧带附着的头窝处钻孔，穿通相应的髂臼窝，用较粗的铜丝铆系（在不妨碍操作的情况下，也可以直接保留髂关节的关节囊和主要韧带）。

最后按照动物的自然姿势整形，并将四肢蹄骨钻孔，用钉子或平头螺丝将四蹄固定在台板上。至此，附韧带整体骨骼标本的制作即告完成。

第五节　特殊情况的骨骼标本制作

一、经防腐固定骨骼标本的制作

防腐注射后的标本，软组织和骨髓都被固定，如不经特殊方法处理，很难清除干净，不容易得到满意的骨骼标本。方法介绍如下。

1. 热药液浸煮法

尽可能把标本的软组织清除掉，然后放入下列任何一种配方的水溶液中。

1）5％碳酸钠；

2）3％～5％氢氧化钠；

3）1.5％碳酸钠＋1％漂白粉＋1.5％氢氧化钠的混合液。

标本浸入药液后即加热至50～60℃，持续数小时后，取出用水洗刷。如未达到要求，可反复进行多次。应随时检查骨质情况，注意防止因药液太浓或浸煮时间过长造成损伤。用过的药液过滤后可重复使用。

2. 加压蒸煮法

标本放入高压蒸汽锅内，先用小火加热将锅内空气排出，然后盖紧，维持

15公斤左右的气压约2小时，可使软组织脱离骨块，部分脂肪被驱出。

3. 浓碱液浸泡法

20%氢氧化钠浸泡标本，室温下约3天，可使软组织蚀去。

4. 含活性酶洗涤剂加热浸泡法

利用含有活性酶的洗涤剂（如加酶洗衣粉）中酶的作用，促使软组织软化并与骨骼松脱制作骨骼标本，是一个快速、无害、非腐蚀性、可靠和价廉的方法，此法特别适用于颅骨。

方法和步骤如下：把标本的大块软组织切除，颅骨要去除脑和脑膜，浸入10%加酶洗涤剂的水溶液内，放入75～80℃的烤箱内加热，并保持一定时间，待软组织松脱干净后，取出骨标本冲洗晒干。加热浸泡时间的长短，视标本大小和是否经药液固定而不同。例如未经固定的猫颅，只需30分钟左右。经福尔马林固定的头颅，每天加热8小时需3～5天。浸泡和加热过程要注意经常检查，温度太高会破坏酶的活性，时间太长将使骨松解。有些洗衣粉中含过硼酸钠，这种洗衣粉对骨骼也有漂白作用。

二、腐败骨的制作

一般选取埋葬时间在3～4年的骨骼，时间过长骨质脱钙脆裂，标本质量不好。腐败骨骼由于长期腐烂，软组织已基本烂尽，但因土壤掩埋，骨骼表面往往沾有土锈。可用加入3%～5%洗衣粉和来苏液浸泡1～2天后，用软毛刷、流水冲洗干净，再置日光下曝晒1～2周。曝晒有杀菌消毒作用，亦可脱色漂白。曝晒过程应避免雨淋，以免霉变。曝晒时间不宜太长，以防龟裂。

掩埋年久的骨，均有不同程度的脱钙，易于脆碎，处理时要注意爱护。

掩埋时间短暂的标本，可能剩有软组织，应按未经防腐固定的骨骼处理。

第六节　鸟类骨骼标本制作

一、剔除肌肉

鸟类骨骼构造的主要特点是骨骼轻而坚固，骨腔内具有充满气体的腔隙，有许多骨骼愈合在一起，可减轻体重，适应飞翔生活。肢骨和带骨有较大的变化，它的前肢特化为翼，它的中轴骨骼和附肢骨骼各关节之间都有韧带相连。所以剔除肌肉时不要把它们之间的关节分离。

首先将其处死，处死方法是用手掐捏它的两胁和鼻孔，使其无法呼吸而窒息，或用注射器在翼下肱静脉中注入空气，也能使它很快死亡。

然后从其腹面中央纵行直线剖开皮肤，并向两侧把全身皮肤剥下。再由龙骨突的两侧用刀割除胸部肌肉，谨防损坏肋骨。然后逐渐把颈项、躯体和四肢等处的肌肉大体除净，再取一段细铅丝将一端敲扁并弯成匙状，由枕孔上方伸入颅腔，并将脑挖出，再由寰椎的脊髓腔插入，将脊髓捣烂，用注射器吸水冲洗干净。最后除去舌、眼和颈部周围的肌肉，再用电钻把前肢的尺骨、桡骨及后肢骨的胫骨的两端以及乌喙骨的上端各钻一个孔，用注射器吸水后将针头穿入骨髓腔以洗去骨髓。

二、腐蚀和脱脂

把基本上已除去肌肉的骨骼，放在清水中洗去血污等。继续把骨骼浸入0.8%氢氧化钠（或氢氧化钾）中2～3天，取出后放在清水中漂洗，并把残余的肌肉除净（暂不要将肋骨部位的肌肉彻底剔除，可留待漂白后再行处理），然后再用清水洗净。

脱脂参照兽类的脱脂方法。

三、漂　　白

将已脱脂的骨骼，浸入0.8%过氧化钠中2～4天，待骨骼洁白后取出，用清水洗净。此外还可浸在3%过氧化氢中进行漂白，浸渍时间2～4天，取出后将残留在肋骨上的肌肉细心地全部剔除，并用清水洗去药液。

腐蚀与漂白期间需要经常注意观察，以免漂白过度，损坏骨骼关节间的韧带（下同）。

四、整形和装架

将已漂白的骨骼初步整理姿态后，置于阳光下晒至韧带将要干燥时，即在腰椎的前端腹面用电钻钻一个孔（图3-7）。取一段约等于2倍体长的16号铜丝，将其一端由颈椎插入，并由腰椎下面所钻的孔中穿出。在颈椎的前端约2厘米长的铜丝上绕一些棉花，蘸取白胶，插入脑颅中。再将由腰椎下端伸出的铜丝作为支柱，向下弯曲成适当角度，并根据骨骼高度和膝关节的曲度把下端固定在标本台板的底面。这时，可把颈椎和躯体整理成自然姿态，并使后肢保持一定曲度，脚趾则用大头针固定于台板上。

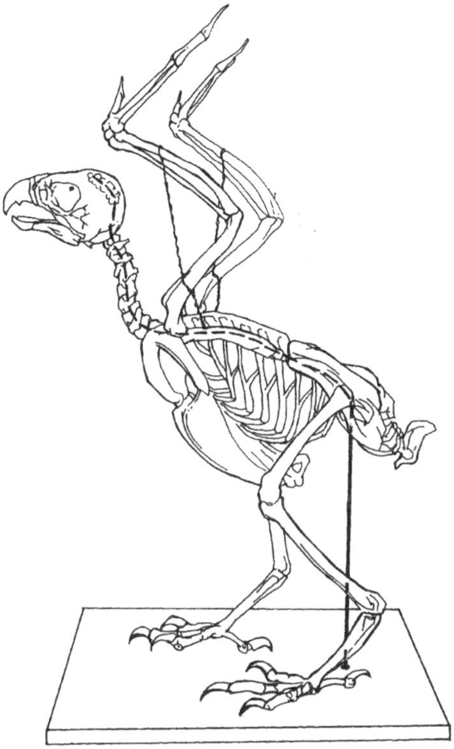

图 3-7　鸟类的骨骼标本（猎隼）

然后用细铜丝把鸟体的两前肢掌骨、尺骨和桡骨、肱骨和肩胛骨绞合并连接在胸椎上。也可先把骨骼置于框架中并整理好姿势后，用线缚住，等关节之间的韧带干燥后，再固定到标本台板上。

第七节　爬行动物的骨骼标本制作法

一、剔除肌肉

龟骨的主要特征表现在它具有由角质板愈合的背甲与腹甲。躯干部的脊柱、肋骨和胸骨也与甲板愈合，甲板外覆有角质鳞，躯体被包在背、腹甲之中。所以，必须在腹甲两侧的边缘，用骨锯将它锯开，用刀沿腹甲周围割开皮肤和肌肉，取下腹甲。头骨、脊柱与肩带之间有韧带相连，但与背甲、脊柱之间没有韧带相连，左右前肢、带骨之间彼此互不相连，因此在剔除肌肉时，须把左右肩胛骨上端从颈椎板两侧把它割下。然后用刀、剪基本上将头颈、躯体、尾、带骨及肢骨等处的皮肤和肌肉剔除，背甲、腹甲表面的角质鳞，可待腐蚀处理之后再行剔除，既容易，又省事。

二、腐蚀和脱脂

龟骨骼的腐蚀和脱脂的方法，药剂的成分及腐蚀的时间，可参照兽的方法进行。

三、漂　　白

龟骨骼的漂白方法和所使用的药剂成分以及漂白的时间，可参照兽的方法进行。

四、整形和装架

将已漂白的骨骼，整理成适当的姿态，主要是把四肢的位置整形好，使头颈伸直，置于阳光下晒干后，在背甲两侧的第二缘甲板边缘，即前肢肱骨的两则位置上，各钻两个小孔，用尼龙线穿过孔中，把前肱骨缚住。（图 3－8）肩胛骨的上端用白胶粘在颈骨板的两侧。这样前肢的带骨、肢骨与肩胛骨相连。背甲和腹

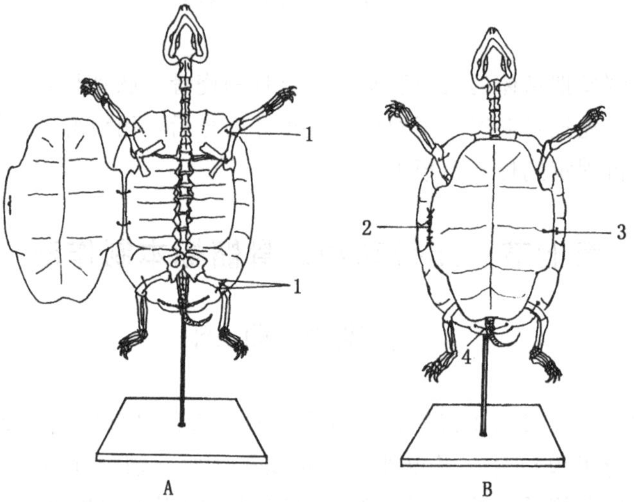

图 3－8　龟的骨骼标本

A 内部的骨骼构造　B 外部的骨骼构造

1. 四肢的固定位置　2. 连接位置　3. 搭钩　4. 支柱的固定位置

甲的一侧用一小铰链将其相连，或者用铜丝绕成弹簧状，中间穿一根铜丝，并将弹簧的两端分别穿入背腹甲的边缘。在背甲的腹面（体腔的内侧），把弹簧和铜丝的两端铆住，在另一侧安装一搭钩，使腹甲可以开启和关闭，便于观察。支柱是用两根 18 号铜丝把中间绞合后，使其一端弯曲成“丁”形，并把它固定在背甲两下侧的钻孔中（钻孔在第九或十一缘甲板边缘的位置上），下端则固定在标本台板的底面。为了加强头骨和颈椎的牢度，最好在第八颈椎处将颈卸下，由骨髓腔中穿入一根 16 号铜丝直到头骨脑颅腔内，下端的铜丝则插入背甲的髓腔中，在颈椎与胸椎之间用白胶粘住。

第八节 两栖动物骨骼标本制作

一、剔除肌肉

将蟾蜍置于密闭的标本瓶中，用乙醚麻醉致死。蟾蜍骨骼的主要特点是头骨、脊柱、腰带和后肢骨各关节间均有韧带相连，剔除肌肉时，不要将各关节分离，应借助韧带保持各关节的联系。

蟾蜍的两前肢及带骨与家兔和龟不同。它的两前肢骨、肩带与脊柱之间虽然也没有韧带相连，但是左右前肢骨与肩带骨各关节间均有韧带相连，所以剔除肌肉时，把左右上肩胛骨从第二、第三脊椎横突上割离后，左右前肢骨与肩带之间不再分开，可借助韧带保持联系。

将蟾蜍置于解剖盘中，用剪刀剖开腹面皮肤，切勿剪到胸部肌肉，以免剪坏剑胸软骨，然后将皮肤剥离。在头部后方有一对发达的耳后毒腺，分泌的毒液中含有蟾酥，所以剥皮时应避免溅及眼睛而引起疼痛。

其次，用剪将腹腔剪开，挖出内脏，由于两肩胛骨无韧带与脊椎相连，所以必须在第二、第三脊椎横突上把左右肩胛骨连同肢骨与脊椎分离，使整体骨骼分成两部分。

然后细心地把附着于全身骨骼上的肌肉，基本上剔除干净，在剔除荐椎横突与髂骨相关节的肌肉时，应特别小心，宁可暂时多留一些肌肉和韧带，避免躯干与腰带相关节的韧带分离。同样也应注意四肢指骨、趾骨的剔除。

二、腐蚀和脱脂

将骨骼冲洗干净，浸入 0.5%～0.8%氢氧化钠中，1～3 天后取出，在清水中洗去碱液，再把残留在骨骼上的肌肉剔除干净，蟾蜍的骨骼一般可以不通过汽油脱脂而直接进行漂白。

三、漂　白

将骨骼浸于0.5%～0.8%过氧化钠中2～4天，待骨骼洁白后取出，用清水漂洗干净。

四、整形和装架

蟾蜍骨骼的整形和装架，较上述几种动物简单得多。取一块泡沫塑料板，将骨骼放在上面，并把躯体和四肢的姿态整理好后用大头针固定在泡沫塑料板上，这样可防止在干燥过程中变形。下颌和胸椎骨下面用纸团垫起，使其呈生活时头部抬起的倾斜状，两上肩胛骨附着在第二、第三颈椎横突的两侧，待骨骼干燥后，用白胶粘住。前肢的腕骨与后肢的跖骨也用白胶粘在标本台板上。

第九节　鱼类骨骼标本的制作

一、剔除肌肉

鲫鱼骨骼属于硬骨鱼类，它由中轴骨骼和附肢骨骼两大部分组成。鲫鱼的头骨、脊柱、肋骨、肩带、脊鳍、臀鳍、尾鳍等各个骨骼关节之间，有纵肌间隔和韧带相连接，或者相愈合。因此在剔除肌肉时，应保持它们之间的联系，避免关节间分离。只有腰带和腹鳍附着在腹部肌肉中呈游离状态，必须把它从腹部肌肉中取下。

用作骨骼标本的鲫鱼要新鲜，个体适中。先将鲫鱼鳞片刮去，由胸鳍后端把腹腔剖开，挖除内脏。腰带是一对相愈合的、剑状的无名骨，是支持腹鳍的骨骼，应将其取下，并剔除肌肉后另行保存，避免遗失。然后，用解剖刀分别从头部背脊的两侧，向后纵行剖开，并向腹面方向剖割，逐渐地割去附着在脊柱两侧的肌肉，在剔除时要细心谨慎，特别是脊鳍、臀鳍的鳍担骨和脊柱上的髓棘以及肋骨等，这些骨骼分散。最后剔除肋骨间的肌肉，再将脑和眼球挖出，而头部和肩带上的肌肉不易除净，尽可能把它剔除就行。残留在骨骼上的肌肉可待腐蚀处理之后再行剔除。

二、腐蚀和脱脂

将骨骼浸入0.5%～0.8%氢氧化钠中1～4天后取出，用清水冲洗，并把残留的肌肉剔去。注意高温季节要降低浓度，并须经常观察，避免骨骼的关节分离。同时将骨骼晒干，然后浸入汽油中脱脂。

三、漂　　白

将骨骼浸入0.5%～0.8%过氧化钠中1～4天，待骨骼洁白后取出，立即放入清水中洗净。如骨骼上有残留肌肉，应当剔除干净。最后把纵间肌膈剔去一部分，但不能影响鳍担骨与髓棘之间的联系。

四、整形和装架

鱼类骨骼经过漂白后，韧带很容易分离，处理要特别小心，先将骨骼平放在阳光下晒片刻，待骨骼略为干燥后，再整理成适当姿态。在干燥过程中，脊鳍、尾鳍和胸鳍等鳍棘、鳍条很易卷曲变形，须用洁净的厚纸或吹塑片把它夹住，待干燥后取下。鲫鱼的腹鳍和无名骨不与脊椎骨连接，也就是说它与躯体没有韧带联系，所以要用铜丝把腹鳍连接在第六肋骨位置的脊椎上（图3-9），使无名骨和腹鳍悬吊在脊柱下面，以保持其原状。脊柱的前后需用金属丝作支柱，分别托在头后和臀鳍前方的脊柱骨上，亦可托在胸鳍和臀鳍上的。

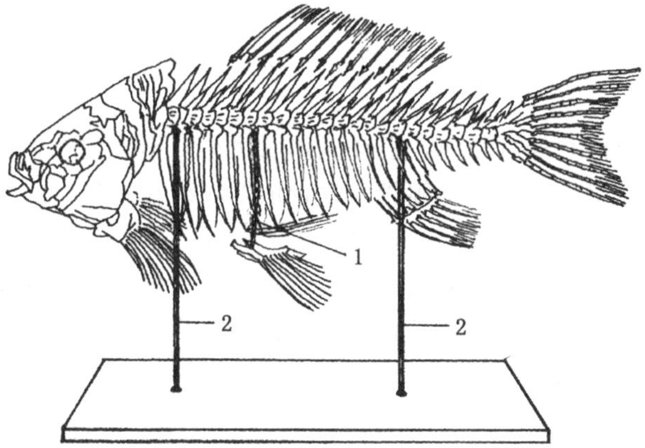

图3-9　鱼类的骨骼标本
1. 腹鳍固定位置　2. 支柱固定位置

第十节　小型鸟类骨骼标本制作

一、剥皮和剔肉

将小鸟的皮肤连同羽毛一起剥去。飞羽和尾羽着生的部位较为牢固，拔除时用力要适度，以免损坏指腕骨和尾综骨。也可将翼与尾放在热水中泡一下，羽毛会变得容易拔除，但鸟的其他部位不要在热水中浸泡。

用小剪刀小心地在腹部剪一个剖口，注意不要伤及胸侧的肋骨。从剖口处掏出鸟的脏器，并用水冲洗净腹腔内的血液和残余内脏。鲜红色的肺常贴在肋骨与脊椎之间，要用小镊子伸入内腔小心剔除。气管和食道可在颈椎旁抽除。要注意的是，连同食道一起被抽出的舌不可扔掉，为避免丢失，可将其先浸入盛有防腐液的瓶中。同样，掏出的眼球中也有骨骼成分，亦可放入瓶中待处理。

剔除肌肉是操作中最为繁琐的工作。不要为了贪图方便将鸟体放入滚水中煮熟。因为虽然肌肉受热后缩水会更容易剥除，但同时骨骼中的骨髓会凝固起来，在以后的操作中无法将骨髓清除干净。剔除肌肉要分数次来完成。可先剔去鸟胸部的大块肌肉和腿部肌肉，翼部的肌肉也可粗略地剥去一些。脊柱是最难剥干净的地方，可轻度腐蚀处理后再剥。

二、腐蚀、脱脂和漂白

将剥去大块肌肉的骨架浸入盛有0.3%过氧化氢溶液的瓶中，盖紧瓶盖，浸泡一段时间，使残留的肌肉轻度氧化变软。也有直接将骨架泡在水中任其轻度腐烂，使肌肉变质脱掉。因此过程较费时，且有不良气味，所以采用药物作用更妥。

鸟的下颌部肌肉和筋腱较多，但在煮熟后用小刀不难刮除。下颌骨与颅骨连接部分的筋腱要保留少许，使下颌骨与颅骨依然联结在一起。剔除肌肉和脑髓的颅骨要浸泡在过氧化氢溶液或水中，以防关节变硬。

将经过浸泡的骨架捞出，继续剔除残留的肌肉。颈部的筋腱和肌肉要耐心地撕剥，直到每节脊椎骨都清晰地显现出来。附着在肋骨关节的筋膜始终不要剥，便于成型。残存在翼和腿部骨骼上的肌肉和筋腱，可用刀或剪刀小心清除，注意不要弄断很细的翼部桡骨和附着在腿部胫骨上端已半退化的腓骨。骨骼之间的筋膜不要剥得过于干净，以免骨架离散。肩胛骨与肱骨间的筋亦要适当保留，使翼同整体骨架有所连接。鸟的尾综骨是很脆弱的部分，该部位的肌肉不要用小刀过分用力地刮，以免刮脱尾椎。用镊从颈椎中抽出白色脊髓，抽除不净的可用铁丝伸入脊椎腔中，在水下反复来回抽动几下将其捅出，也可在颈椎交接处的背面和侧面孔穹中逐段掏净脊髓。

骨架很难一下子剔得很干净。可反复多次地逐渐剔除肌肉。间歇时需将骨架浸入清水中，以免骨架在空气中关节变硬不利于整形。

骨骼中的骨髓可用注射器吸水冲洗干净。方法是：用注射针头在需洗去骨髓的骨骼两端分别钻一个小孔，注射器吸满水后，通过针头快速向骨骼腔内注水，水流连同骨髓将从另一端小孔流出。要分别向两端的小孔中注水数次，才能将一根骨骼的内部冲洗干净。

由于过氧化氢溶液的漂白作用，此时的骨骼已很洁白，但骨骼内部的油脂还未完全清除。如不清除彻底，油脂在标本制成后会逐渐渗出染黄骨骼。所以剔净后的骨架要作脱脂处理。最常用且有效的脱脂剂是汽油。将骨架浸没在汽油中，两天后捞出，洗净残液，继续放在浓度为0.3%的过氧化氢溶液中浸泡一昼夜。

三、安装和整形

将经过处理的骨架从溶液中取出，待稍微干燥后便可着手安装。在颅骨枕孔附近涂少许白胶，将颅骨与颈骨粘连在一起。脊椎中可事先穿入细铜丝，为防止脊椎腔中残存的过氧化氢氧化铜丝，在穿扎前要充分洗净残留溶液。用漆包线更理想。在翼部骨骼上缠绕铜丝，可从肱骨末端一直缠到指骨末端，腿部骨骼也用铜丝从股骨一直缠到趾部。然后利用铜丝的可塑性，将各部关节作适度弯曲整形。颈部亦是如此。

骨架整形结束后，用电吹风吹干表面水分并使关节韧带硬化，固定形态。跗蹠外的皮肤可在剥皮时剥去。如难以剥去，可在滚水中烫一下再操作。喙部的硬膜与趾部的表皮亦可如此处理。但趾部的筋腱不可勉强抽出，以免足趾变形，造成足趾骨散落。有时喙、跗蹠和趾爪的硬膜和皮肤并不除去，依然保留在骨骼标本上。每个制作者可根据自己的喜好来决定去留。

在骨骼充分干透后，拆去缠绕在翼和腿部的铜丝，此时骨骼应能保持固定姿态。

做好的骨骼标本，应放置在密闭型的透明罩内。如要使标本站立，只需在足心位置涂少许胶水，将骨架粘牢在基座上。舌骨和眼球骨片可放在骨架旁边。

小型鸟类的骨架标本剔透玲珑，洁白无瑕，既是一件直观的教材，同时也是赏心悦目的工艺品。

第十一节　采用生物法制作脊椎动物骨骼标本

骨骼标本在动物学和比较解剖学中具有广泛的研究价值，在分类学上骨骼标本又是重要的参考依据。例如，哺乳动物的头骨是鉴定种属名称的主要依据。骨骼标本还是普及动物学知识的一个窗口，学习制作骨骼标本可以培养人们的动手和观察能力。

一、骨骼标本的类型

骨骼标本大体上有 4 种类型。

分散骨骼标本：即把骨骼按自然形成的骨块制成标本。它主要用于比较、对照和研究。

装架骨骼标本：即将分散的骨块按原有连接关系和形态连接起来。它主要用于陈列和教学。

附韧带骨骼标本：即保留韧带、联系骨与骨之间的关节，基本上全部依靠自然连接。它主要用于陈列、观赏和教学。

透明骨骼标本：即利用化学药品和染料，使骨骼显现出来。它主要用于教学、研究和陈列。

二、制作骨骼标本的方法

制作骨骼标本的方法也可分为 4 种。

物理法：即使用机械的物理手段将附着在骨骼上的肌肉、髓质去除掉，通常是用刀具剔刮、沸水煮，以及加压等手段进行。

化学法：主要依靠化学溶剂，将骨骼清理干净，它适用于快速制成的骨骼标本及透明骨骼标本。

物理化学法：即是一种综合物理和化学法之优点的较为常用的方法。

生物法：主要依赖于自然界中的微生物和昆虫腐蚀置换骨骼上的软组织，使骨骼达到清洁。

利用生物法制作骨骼标本，操作简便，不耗药品，无需特殊设备，保证质量，对小动物（蛙类）和大动物（鲸类）都适用。但它受自然条件、气温的限制，在材料处理过程中有碍环境卫生，应注意隔离。生物法不适用制作透明骨骼标本。

生物法制作骨骼标本的原理是：利用死亡动物组织自溶及微生物和昆虫的破坏作用，使软组织腐烂，脱离骨块。异养微生物的腐生菌类，靠分解死亡动物尸体或其他有机物维持自身生活。腐生菌类包括大多数细菌、放线菌、酵母菌和霉菌。可利用的昆虫主要有三大类。

1）双翅目丽蝇科的幼虫（蛆）参加腐蚀，如亮绿蝇，伏蝇和大头蝇。

2）膜翅目、家蚁亚科和蚁亚科的蚂蚁，如家蚁，赤胸大蚁

3）鞘翅目皮蠹科和埋葬甲科的成虫和幼虫，如白腹皮蠹，四斑埋葬甲。

这些微生物和昆虫种类虽不同，但都需要和喜欢死亡动物。它们生长和繁殖

的最适温度为 20～26℃（这也是我们制作骨骼标本的最适温度）。在 35℃以上和 15℃以下，大部分微生物生长减弱，52℃以上和 13℃以下大部分微生物几乎停止生长。

由于各地区的条件、环境及所用材料的差异，在采用生物法制作骨骼标本的过程中，又可选用水浸法、虫蚀法、沙埋法等不同形式。

水浸法：主要依赖于腐生菌的作用。将剔除大块骨肉的骨骼浸没于有水的容器内，在自然条件下任其腐烂，前两天需每日更换 1～3 次水，将带有血色的水换掉，以后每隔 7 日更换一次，以减少臭味。待腐烂后取出，反复冲刷干净，放在阳光下消毒、干燥、漂白。一套完好的骨骼标本在适合的温度中需用 1 个月左右的时间即可制作成。此法适于制作中、大型脊椎动物的骨骼标本。

虫蚀法：主要依靠白腹皮蠹的成虫和幼虫。在 4、5 月间，挂肉招成虫，并将其饲养起来，以备在暖季制作骨骼标本。新鲜的材料可由成虫蛀蚀。若要防止骨骼关节脱离，需在关节部位注入福尔马林溶液。这种方法制作骨骼标本的周期与虫源的多少、材料好坏、环境温度有关。在虫源丰富、温度适宜的情况下，需 10 天左右就可将骨骼清理干净。但对于中、大型动物骨骼的脱脂工作还需另作处理。此法更适用于小型动物。

沙埋法：在适合的条件下，上述全部生物群都起作用。腐生菌对骨骼脱脂起重要作用。将去除大块肌肉的骨骼放入沙坑，同时往沙坑里放水，用沙土把骨骼埋好。沙土埋在骨骼上的厚度为 20～30 厘米。在埋入后第一周内每隔一日往沙坑灌水一次，以后每隔 5 日灌水一次。灌水的作用在于促进骨骼上的软组织自溶和腐烂，供给生物群所需要的水分，减少臭味，避免异物的颜色附着在骨骼上。在适宜的气温条件下，30 天左右即或将骨骼从沙坑中取出，用水冲刷干净，在阳光下晾晒，就可得到一个完好的骨骼标本。天气与温度对沙埋法有较大影响，天气晴好，空气相对湿度不大时，日平均气温在 17～22℃，是最适宜的。此法适用于制作大型和巨型脊椎动物的骨骼标本。大型脊椎动物整体掩埋的周期比分解的周期要加长 10 天左右。幼年的骨骼掩埋要比成年的周期缩短 8 天左右。老龄的骨骼掩埋时间要比成年的周期延长 5 天左右。巨型脊椎动物的骨骼还可以利用海边的沙滩或沙性较大的土地掩埋，并要做好标记。

制作好的各种骨骼标本，要及时做好标签和登记，注明序号、目、种名、年龄、来源、产地、制作时间和制作人等。

第四章 浸制标本

浸制标本是用防腐固定液浸泡的标本。各种器官或局部，经过分离、修整或切（锯）成各种断面均可制成浸制标本。这种标本适合显示器官或局部的形态、结构，特别是细小的结构（如黏膜的形态、血管神经的细小分支等）也能显示得很清楚。用原色固定液保存的标本还可以保持器官的原有色泽。

浸制标本必须保存在一定的容器中。小的器官或局部可保存于普通玻璃或标本瓶（缸）中，可供陈列；大的器官或局部可浸泡于尸体池中，用时取出。大动物的整体标本由于重量很大、需要大量溶液，取用不便，不宜制作浸制标本。

制作浸制标本一般可分：取材、固定、制作、修整和装置等几个步骤。

第一节 尸体的腐败与防腐

一、组织腐败和自溶的原因

人或动物死后，尸体若未经防腐固定处理，很快就会发生组织自溶、腐败、逐渐解体。

组成人体的许多物质象蛋白质、糖及脂肪等，本身是相当稳定的。人死后，由于机体自身具有生物催化活性的酶的作用而分解。这些有强大催化作用的酶，通常有两个来源：一方面在人体细胞中大量存在，另一方面由繁殖的细菌提供。

利用生物化学方法已在人体细胞的溶酶体中发现了几十种与蛋白质、糖、脂肪等有关的酶，其中最多的是水解蛋白质的酶，称为组织蛋白酶，在肝、肾、脾等组织中尤为丰富。体内组织蛋白质的分解就是受组织蛋白酶所催化的。这些酶的最适 pH 为 3～6，均偏于酸性。溶酶体有薄膜，起到隔离作用，防止各种水解酶与细胞质接触，以免破坏细胞结构，造成细胞的损害。当机体死亡以后，由于缺氧，代谢发生障碍，细菌及其毒素均可导致溶酶体膜破裂，溶酶体中所包含的各种水解酶进入细胞质中，破坏细胞，继而破坏细胞的间质成分，导致组织自溶。同时，因死后缺氧，糖无氧酵解生成大量乳酸，不能氧化成水和二氧化碳，使酸性产物大量堆积，引起 pH 下降，也为各种水解酶增强活性提供了条件。这种表现为细胞成分大量分解的组织自溶作用，即使在严格无菌的情况下，仍然能够进行。

细菌及其毒素除能损害溶酶体膜之外，它所释放的各种酶，也直接破坏细胞结构，参与组织腐败的过程。当蛋白质分解为氨基酸，并在酶的作用下进一步腐败时，还会产生各种胺、吲哚、甲基吲哚、硫化氢等具有毒性和强烈臭味的产物。

二、防腐固定的原理

（一）使蛋白质变性凝固

组织腐败和自溶要有酶参加，酶是由蛋白质构成的，细菌本身也是由蛋白质构成的。因此，凡能使蛋白质变性或凝固的物理化学因素，均能使酶失去活性，抑制或杜绝细菌的繁殖，从而防止组织自溶，达到尸体防腐固定的目的。常用的化学防腐剂如酚类、醇类、醛类、重金属盐或物理方法的加热、紫外线、干燥脱水等，均属于这种作用。在为解剖学教学与研究使用的尸体防腐保存工作中，当使用各种理化方法凝固蛋白质时，既要能破坏酶的活性达到防腐固定的效果，又要尽量保持人体结构的自然完整状态，以便解剖观察研究。因此，一些高温、高压、强酸、强碱等，对组织破坏性大，收缩率大，腐蚀严重或有一定毒性的方法，一般都不宜采用。

（二）干扰微生物的重要酶系统

有些酶之所以有活性，是因为在酶的结构中含有特殊的功能基（如－SH）。许多酶的功能基若被氧化，或与其他物质结合时，即可使酶失去活性，以致微生物不能进行正常代谢而死亡。某些氧化剂、重金属离子等，均有破坏硫氢基酶的功能基，使酶失活的作用。

（三）使细菌细胞膜受损、改变其渗透性

细菌细胞膜是一种半渗透膜，控制着菌体和周围环境之间物质的正常交换功能。细胞膜受损后，渗透性改变，使膜内物质外渗、水分内渗，引起细菌肿胀破裂或溶解，从而起到抑菌或杀菌作用。有些药物具有亲水和疏水基团，能降低表面张力，使油脂乳化，消除油污，起到清洁作用。有些药物能吸附于脂性细胞膜，改变细胞膜的通透性，使菌体内的酶、辅酶及核酸等重要成分外逸而达到杀菌作用。

我国早在两千多年前，对尸体防腐已有多种实践。从历代古墓古尸中发现的大量事实，说明早已用过许多理化防腐措施。例如，尸体丝绸缠裹，深棺椁套

合，油漆厚涂，白膏泥固封，密封深葬，干燥脱水（大量木炭、灯草、生石灰、草木灰），以及应用芳香物质（樟木、松木、麝香、檀香木）、汞剂（朱砂漆皮、消化道灌注水银）等。不少用于防腐保存的方法，来自日常生活经验的启发。例如风干去水、盐糖腌腊、油醋浸渍等，其基本原理仍然是利用理化作用，抑制细菌滋长，阻止蛋白质分解。但其中有些方法，由于会引起标本干燥僵硬，收缩变性过大，不适于解剖教学科研的需要。

按照解剖学的要求，一种理想的防腐固定剂，应具有防腐效力强，使用简便，价格低廉，刺激性小，没有毒性，无不良气味，防腐固定生效快，所保存的标本收缩率小，色泽接近活体状态等特点。由于每种药物性能和防腐方法各有优缺点，人们为了加强功效，弥补缺陷，在各种药物混合配制上做了大量探索。但是到目前为止还没有找到一种十分理想的防腐固定剂，只能按照不同的使用目的，选用已知的方法。因此，还需要解剖工作者进一步研究探索，制造比较理想的配方。

三、常用防腐固定药物的性能

（一）酒　　精

化学名称乙醇，其结构式为 CH_3CH_2OH。无色液体，沸点 78.3℃，具有挥发性，相对密度为 0.80，能与石炭酸、甘油、水任意比例混合，是一种良好的溶剂。

酒精具有较强的脱水作用，能将细胞表面和内部的水分脱除。使蛋白分子结构松解，并使蛋白质变性和凝固。这就是酒精杀菌消毒、保护组织、防止腐败的基本原理。酒精在组织中渗透性好，混合防腐液中加入酒精，可加强渗透力，缩短防腐固定时间。但过高浓度的酒精，能使细胞表面的蛋白质迅速变性凝固，形成一层保护膜，反而阻止药物进入深层发挥作用。因此，固定标本的酒精浓度，一般不应超过 75%（体积百分比）。用酒精固定标本，色泽保存较好，刺激性不强，无不良气味。酒精的缺点是脱水作用太强，标本收缩率大（可达 20%），并能溶解脂肪和类脂。因此，富有类脂质的器官，如脑标本等，不宜用酒精做固定剂。它的另一个缺点是挥发快、易散失。

（二）甘　　油

化学名称丙三醇，是无色、透明、无嗅、带甜味的黏稠液体，能与水和乙醇任意混合。对无机盐的溶解度较乙醚大，能溶解溴、碘、磺胺药物及其钠盐。并对某些药物，如鞣酸、酚、硼酸等有特殊的溶解力，其所形成的溶液较稳定，因此是很有价值的溶剂和保存液。甘油有很大的吸湿性，能防止干燥，使动植物皮膜柔软而透明。甘油能降低水的表面张力和水的冰点。相对密度1.2969（25℃），沸点 290℃。水溶液（1∶10）对石蕊试纸呈中性。甘油不溶于乙醚、氯仿、挥发油和脂肪油。

在混合防腐固定剂中，甘油是一种良好的选用药物。利用它的防腐性、吸湿性和对某些无机盐类药物的特殊溶解力，所配成的溶液比较稳定，所固定的尸体经解剖后不易干燥，比较柔韧，结缔组织稍呈透明。更重要的是甘油能吸附与其混合的药物（如甲醛、乙醇、酚等），滞留在标本内部和表面，使上述药物不易挥发和散失，达到增强上述药物的防腐固定效果，提高抗霉能力。甘油又能减轻甲醛挥发，降低刺激性气味，改善教学环境。甘油具有亲水性和脱水作用，并随着浓度的增大而加强。高浓度甘油可使组织蛋白质变性，起到防腐作用，也会使组织严重脱水，标本收缩干枯。利用甘油的脱水防腐作用，可制作半干标本；利用甘油的透明作用，可制作半透明标本。甘油的缺点是低浓度甘油渗透性能差，配制混合防腐固定剂时，同时也降低其他药物的渗透速度，所处理的标本需要较长时间才能应用。高浓度甘油，黏稠性大，注射时有很大阻力。用甘油制作的标本，黏腻滑滞，解剖操作不便。为了弥补甘油渗透性差的缺点，有人从多元醇类中找到渗透力较好的山梨聚糖醇代替甘油，它与酒精类溶液一起使用，更能加强渗透穿入性能。

（三）酚

化学名称苯酚，又名石炭酸。化学结构式为 C_6H_5OH，属于酚类。纯酚为具有特殊气味的无色晶体，熔点 43℃，沸点 183℃，20℃时水中溶解度为 8%，在 68℃以上可以完全溶解于水。酚呈弱酸性，在氢氧化钠溶液中可形成澄清的酚钠。

酚和乙醇相似，也能使蛋白质凝固，是良好的杀菌防腐剂，但对标本没有固定硬化的作用，一般不单独使用，多与其他药物配合使用。它的缺点是有不良气味，使标本颜色不佳，对肌肉（特别是心肌）和脑标本等处理均不理想。高浓度的酚有很强的腐蚀性，接触时要注意防护。浓酚可烧伤皮肤，如不慎沾上，需立即用酒精擦洗。低浓度酚仍可使神经末梢麻痹，长期直接接触，应采取适当防护措施。

加热溶化酚时，因其蒸气易燃，切勿直接近火，以免引起火灾。纯酚为无色的针状结晶，在空气中易氧化，逐渐变成粉红色、红色或暗红色。因此，酚在贮存时应尽量密封，不与空气接触，必要时需加抗氧剂。已经变色的石炭酸，会使标本染色，不宜再用。酚类物质氧化后可生成黄色的对苯醌，醌的熔点很高，达115℃，不易溶解。因此，用大量酚液作为尸池保存液，日久由于醌的生成，池底会产生黄色泥浆样的沉淀物。有人认为酚和 Fe^{3+} 结合形成复合物，污染固定液和标本，因此，配制含酚的防腐液要排除铁离子，可以用脱钙水配制。脱钙水用离子交换器制取（离子传导度：50 微秒/米）。

针对酚有不良气味，特别是所保存的标本颜色不佳的缺点，有人在酚的衍生物中，提出用五氯苯酚钠来代替它。五氯苯酚钠的杀菌防霉功能效力比酚强，不良气味很少，所保存标本的色泽比酚好，肌腱、筋膜等结缔组织发白，脂肪呈黄色，肌肉呈暗红色到棕色。五氯苯酚钠使用的浓度为 0.25%～1.00%，如果浓度再提高，所处理标本的肌肉将出现黑褐色，一般用 0.75%溶液。五氯苯酚钠通常与甲醛混合使用。

酚会腐蚀有机玻璃，经酚防腐固定液处理的尸体标本，不适合用有机玻璃封装。

（四）甲　醛

又名蚁醛，化学结构式为 HCHO，沸点 −19.5～−19.0℃，是具有强烈刺激性臭味的无色气体，易溶于水，其 35%～40%的水溶液的商品通常称为福尔马林。

甲醛极易与蛋白质中的氨基结合，使蛋白质凝固、明胶凝结、组织固定，又能保存脂肪和类脂质，渗透性很强，收缩率不大，价格低廉，对标本形态位置的维持和皮肤颜色的保持较好，是一种优良的、应用最广的防腐固定剂。甲醛的缺点是所固定的组织发硬变脆，肌肉纤维易被拉断，解剖操作不便，有强烈的刺激性，对眼结膜、呼吸道黏膜及经常接触的皮肤均有一定的损害。

固定标本常用 10%左右的福尔马林，亦即 4%甲醛。这一点应予以了解。有人常误将 10%甲醛与 10%福尔马林等同起来（甲醛水溶液饱和度为 40%，10%的甲醛相当于 25%福尔马林），往往造成浓度过高，药品浪费，组织太硬，也影响渗透力，反而效果不佳。用福尔马林灌注的尸体，约经一周时间可渗透到全身各部，但要达到比较完全的固定，适于解剖操作的程度，则需经 4～6 个月。

甲醛是还原剂，不应与氧化剂配合，否则氧化而成蚁酸，这一反应在日光影响下也可进行，故甲醛应存放于暗处或装棕色玻璃瓶内。甲醛水溶液容易发生聚合作用，如放置过久，水分蒸发，常与空气接触或低于 20℃时，可生成白色沉淀，即三聚甲醛或多聚甲醛。对于已发生沉淀的福尔马林，可经过加热，使多聚甲醛发生解聚作用，分解为原来的甲醛，可继续使用。

此外，福尔马林可与氨水混合，经浓缩而生成环六亚甲基四胺的白色晶体，一般称为“乌洛托品”。

环六亚甲基四胺（乌洛托品）在酸性情况下，可分解出甲醛，故有甲醛的各种防腐固定性能，但效力比直接用甲醛要弱得多。乌洛托品的主要优点是没有强烈的损害性刺激气味，可改善解剖教学的环境，对解剖工作者来说，可减少由于长期接触甲醛而对健康的危害。目前已有一些医学院校试用乌洛托品。

四、常用防腐固定剂配方

（一）单一的防腐固定剂

许多药品曾单独用于处理尸体。由于每种药品都有其缺点，单独应用不易克服，后来逐渐被混合液代替。只有福尔马林，因其价格较低，效果优良，毒性比较小，虽然有若干缺点，但仍为人们所常用。福尔马林的使用浓度一般为10%，较适用于固定婴尸、残肢、内脏、神经系统和一些要求迅速保持外形、位置的标本。

（二）混合防腐固定剂

混合液的配方很多，各有利弊。混合配制时，增减药物的原则是充分发挥各种药物的长处，克服其缺点，按照尸体标本的不同使用要求，灵活应用。但必须符合药物配伍的规律，避免发生不良的化学反应。消毒防腐药物作用的强弱，除了受药物的浓度和时间的影响外，溶剂型的不同也影响其作用。如同一药物，其酒精溶液的作用最强，水溶液次之，油溶液最弱，但刺激性却最小。如苯酚水溶液有强大的杀菌作用，而其甘油或油溶液则作用很弱。这里仅介绍一些常用的配方，以及在此基础上灵活增减的一些参考意见。

1. 含甲醛的混合液

在下述配方基础上，针对不同情况和需要，还可有选择地酌加下述药品，来提高渗透力，增加防腐固定液的防腐抗霉力和对标本的保色作用。药品配方如下：

氯化钠 5%～20%	明　矾 5%～15%	醋酸钠 5%～20%
醋酸钾 5%～30%	樟　脑　少量	硼　砂 5%～20%
硫酸镁 5%～20%	硝酸钾 5%～20%	水杨酸 1%～3%
硼　酸 3%～10%	硫酸钠 5%～15%	麝香草酚　少量
水合氯醛 2%～10%		

表 4-1　含甲醛的混合液常用配方

药品	常用浓度（%）	调整幅度（%）	标本效果
福尔马林	10	5～15	防腐固定作用强，标本成形好，但硬度大
石炭酸	5	0～10	杀菌抗霉力强，肌组织色泽不佳
酒精	30	0～75	渗透力好，固定彻底，色泽较好，但对脂肪及类脂有溶解作用
甘油	10	0～30	增加柔软性，耐干性
水	45	适量	

此外，砷、汞对组织都有较好的渗透性能，但有剧毒，不适用于教学，故一般不采用。

减少甲醛强烈刺激气味的配方：

福尔马林　10%
氨　水　5%
酒　精　30%
麝香草酚　少量
水　55%

配制时，先将福尔马林加水稀释，然后加入氨水。加氨水后有放热反应，温度升高，其冷却后，再加入酒精和麝香草酚。

2. 不含甲醛的混合液

一般都没有很强烈的刺激味，尸体也比较柔软，但防腐固定的作用比较弱。现介绍配方如下。

配方 1：石炭酸　10%
甘　油　20%
酒　精　20%
水　50%

配方 2：明　矾　10%
氯化钠　10%
石炭酸　5%
水　75%

五、防腐固定方法

尸体防腐固定的方法，有浸泡法和灌注法两种。

1）浸泡法是将标本浸泡于适当浓度的防腐液中，药物渗入器官内部，使之达到防腐固定的目的。由于直接渗透只能达到一定深度，因而此法只适合于小件离体器官或局部的防腐保存。

2）整尸防腐保存则常用灌注法，把防腐固定药物注入血管，使之循血管流遍全身，渗透到全部组织器官。由于人死后不久血液即出现凝固，但凝血块不与血管壁粘连，而且动脉管内含血较少，甚至无血，因此防腐注射需经动脉加注。按照加注方法的不同可分为以下 6 种。

1. 注射器直接注射法

同大号玻璃注射器（50～100 毫升）或金属注射器（100～500 毫升）直接注射。此法灌注容量小，手推压力难以持久和维持恒压，多用于处理婴尸、残肢、内脏或局部补充性注射。

2. 吊桶灌注法

制备能容纳 1～2 万毫升的吊桶，桶的下部装有出水管，桶的侧面装置能指示液量的标尺。使用时将桶悬吊于 2 米高处即可（利用不同的高度，可以调节压力大小），再用橡胶管与“Y”形管和灌注导管相连。这种装置设备和操作都较简便，压力均匀，容易控制，是常用的一种灌注方法。

3. 唧筒式灌注法

将一个密封灌注瓶与一个打气唧筒连接起来，也可将一般农药喷雾器加以改装，最好能装上压力计，压力维持在 140 mmHg 左右。如果无压力计，使用时要注意打气适当，防止过高，造成血管破裂。

4. 水压灌注法

利用自来水压力进行灌注，也是一种简便易行的方法。这种装置自行制备。使用时应注意：当第一瓶自来水快满时，要及时倒去以免流入第二瓶，冲淡防腐液。自来水的压力，昼夜有一定的变动幅度，夜晚水的压力较高，应随时调节。

5. 微型泵灌注

临床血管灌流时使用的微型泵，可调节流速、流量及压力，改装加大贮液瓶用于灌注尸体比较方便。

在灌注防腐固定液时，有时在尸体表面的某些区域，特别是在靠近灌注区出现一些水泡，说明灌注压力太大，应予以调整。

6. 调整加压渗透法

尸体清洗灌注后置于可密闭加压的铁箱中，箱内加防腐液浸泡尸体后加压，并维持两周，使固定液渗入体内。

第二节 用浸泡法制作浸制标本

一、鱼类的浸制标本

（一）选择材料

鱼类的标本材料一般是从渔业公司或水产收购站采购而来。在采集时，应注意分类需求，力求增加目、科、种的数目，一般不要追求标本的数量。同时，应选择鳍条完整、鳞片齐全和体形适中的新鲜鱼类作为浸制标本的材料。大型鱼类，因受标本瓶规格的限制，一般不采用浸制方法保存，而是采用剥制方法保存。

（二）整理姿态

将鱼类体表黏液用水冲洗干净，然后进行编号、登记和记录，并将布标签系好。随即在腹腔中注入适量10％福尔马林以固定内脏器官。然后将背鳍、胸鳍、臀鳍和尾鳍适当展开，用塑料薄片或厚纸片等将其夹住，并用回形针夹紧，或者用大头针插入各鳍的基部，使其展开，酷似生活时的形态。整理好形态后，放塑料盘或其他盛器中。

（三）防腐固定

在塑料盘中加入10％福尔马林，使标本浸没在此液中临时固定，待硬化后取出，用水冲洗干净（浸泡过的固定液可留作以后临时固定使用）。

（四）装瓶保存

选取适当大小的标本瓶，洗涤干净，量取标本瓶的内径和高度（扣除瓶盖和瓶底的厚度），取2～3毫米厚度的玻璃片，用玻璃刀按规格划好，并取一枚长针穿好白色丝线或尼龙线，分别在标本胸部和尾柄靠近玻璃的一侧穿过，再把标本系在玻璃片上。然后将标本装入标本瓶中，再加入10％福尔马林新液，并将盖盖紧。取一张标签，写上标本学名、中名、采期、采地和编号后贴在标本瓶的上方。

标本瓶、缸的规格有圆形、长方形、方形，高度也不同，在装瓶时应根据各种鱼类的不同体形进行选择。例如，呈纺锤形的鱼类，宜固定在圆形标本瓶中；鳐类等则宜固定在长方形的标本瓶中。在制作过程中，往往由于标本瓶规格不齐全而受到影响，除了选择时应注意外，制作者也应灵活掌握。例如，当鱼的全长超过标本瓶的全长时，可横切尾柄，使其一侧保留部分皮肤，保持它与皮肤的联系，然后将其折转后附在体侧。

在教学和实验中，经常需要将标本取出，以作为分类检索和实验观察时的材料。因此一般不宜将标本瓶封口，这样既可减少封藏时的麻烦，又便于使用。

在野外采集时，无法按上述方法进行制作。必须先将标本进行登记和编号，并用布标签系在尾柄基部（视各种鱼类形态而定），并做好记录，否则标本多时容易遗忘而产生混乱。处理好后进行整形固定，待运回后，再按上述方法进行。

二、两栖类浸制标本

（一）成体的固定及保存

将活动物用乙醚麻醉杀死，然后用清水洗涤。将洗好的标本放置在解剖盘上，依次向腹腔内注入适量5%～10%的福尔马林，注入后系上编号标签，并依次将标本登记，然后再放入盛有甲醛液的另一容器内固定。固定时可将背部朝上，四肢纠正成生活时的匍匐状态，并注意指、趾是否伸展得很好，若有卷曲，可用探针拨好位置。固定时间数小时至一天左右。最后将标本保存在5%的甲醛液或70%酒精液内。

（二）蝌蚪及卵的处理

在野外采到卵及蝌蚪后，除留一部分标本观察外，将其余标本直接浸入盛有10%甲醛液的瓶内。大型蝌蚪，可盖紧瓶盖后，平置约半小时，使尾部在瓶内伸展，然后再将瓶竖立放置，用镊子调整蝌蚪使头部向下，尾部向上，以免头重尾轻，压弯标本。每个瓶内，标本不宜盛放太多。瓶内一定要填写完备的布标签，或用硬铅笔在质地坚韧的纸上写明。瓶外也需要贴上纸标签。

卵和蝌蚪的处理基本相同。采集的卵或卵带和采集地的水，应一并装入瓶内，不要与蝌蚪或成蛙放在一起，以免压坏。最好将一个成体的卵全部放在一个瓶内，以便计算卵的数目。并注明采集时间、地点、海拔和环境特点等。另外，还要注明在该地池塘内或附近曾采到哪几种蝌蚪或成蛙，以便帮助确定为哪种动物所产的卵。难于判断时，可培养少数卵，待其孵化成为蝌蚪后再行鉴定。

（三）记　　录

对所处理的各种标本，结合野外观察记录、生活环境、活动及体色等，进行登记编号，整理记录（表 4－2）。

表 4－2　两栖类采集记录表

采集号	日期　　　年	月		日
采集地	气温	水温	湿度	海拔
生活习性				
学名		地方名		采集人

三、爬行动物浸制标本

将采得的爬行类标本，根据种类的不同、体形的大小和珍稀等情况，以及采集者的目的和条件，来选择不同的标本制作和保存方法。

1. 50%～80%酒精浸制法

对小型爬行类，可先用注射器向体腔内注入酒精防腐，然后浸泡。稍大的种类可沿腹部中央纵划一刀，让浸液透进，使内脏器官也浸泡在浸液里。酒精浸制法最好是将动物标本由低浓度向高浓度逐步更换，造成躯体逐步失水，最后保存在 80%的酒精中。这样浸制的标本，虽经长期保存，也能保持躯体柔软不失原形，取出后仍可作解剖和组织切片，供进一步研究之用。如在实习地点购买不到酒精，也可用普通白酒浸制，只要可点燃的度数就可保存标本不致腐烂。用酒精浸制标本费用较高，故不适用于大型动物的保存。

2. 7%～8%甲醛浸制法

首先将捕捉的动物（尤其是蛇类）用乙醚或氯仿麻醉，再用 7%～8%甲醛从后侧腹部分数处斜向注入体内，即可将动物杀死。又可使内脏不腐败。待杀死后，用水洗涤体上的污物，再盘曲整形固定在下板上，或直接装入容器内供作食性分析及性腺发育等的检查。若长期保存需先用 20%甲醛浸制，然后浸于 7%～8%甲醛中。

龟鳖类，可以从泄殖腔注入麻醉剂，待麻醉后将头和四肢拉出，向体腔内注入甲醛溶液杀死，然后固定形状，并保存于甲醛浸液中。用甲醛浸制的标本易于僵硬脆折，又有刺激性气味。但甲醛价格低廉，易于购买。

第三节 器官浸制标本

一、取材、固定和制作

（一）取 材

制作这类标本的材料可取自整体固定材料或新鲜尸体。摘除器官时要保持器官的完整。如准备制作填充血管的，取材时要把血管留得长一些。现将马属动物与反刍动物摘除内脏的方法介绍如下。

马属动物摘内脏时，将尸体左侧向上倒卧。剥皮后，先剖开腹腔，用剥皮刀或外科刀从剑状软骨至耻骨前缘沿腹正中线切开腹壁。切时注意切口不可太深，以免切破肠管。为了防止切破肠管，可用左手食指和中指插入切口，压住肠管，刀自两手指间外向运刀，缓缓向后切割。剖开腹腔后，再在最后肋骨后缘作一垂直腹正中线的切口，此时腹腔脏器大部分暴露出来，用手自髂骨翼下抓住大结肠的骨盆曲，拖向前下方，使大结肠展开。然后把小肠和小结肠拖出腹腔，露出前、后肠系膜根。在十二指肠前端用细线绳作双重结扎，切断十二指肠。再从肛门处环切皮肤。仔细分离直肠周围的软组织（注意不要伤及骨盆腔内的泌尿、生殖器官），将直肠与周围器官分离。最后切断前、后肠系膜，钝性分离盲肠底、大结肠胃状膨大部与腹腔顶壁的联系。至此肠管即可全部摘出。轻轻移出，置于适当容器中备用。移出时不可用力拉扯肠管，以免撕破肠壁。

摘出肠管后，在膈后方切断食管，分离并切断肝韧带等，钝性分离胃、胰、脾周围的软组织，将胃、肝、脾、胰一起摘出备用。

最后仔细摘出骨盆腔中的泌尿、生殖器官。雄性要特别注意不要切断输精管，可将睾丸连同阴囊一起取下。肾脏在腰椎下肾脂肪囊中，可用钝性分离切断血管，与输尿管一同取下，或保持输尿管与膀胱的联系，与生殖器官一起取下。

腹腔脏器取完后，开始摘除胸腔脏器。首先切开肋间肌，从肋、胸与肋椎关节处切除肋骨，暴露出胸腔器官。然后切断心脏周围的血管、心包韧带和气管（如制作带喉、气管的肺标本，则不能切断气管，将喉和气管分离后与肺一起摘出），钝性分离胸膜和软组织，将心、肺一起摘出备用。

反刍动物摘除内脏时，将其尸体右侧向上倒卧。剖开腹壁方法同马属动物。剖开腹壁后，即可露出肠管。结扎十二指肠起始部并切断。自肛门处分离直肠，然后切断肠系膜，钝性分离盲肠、结肠与腹腔顶壁的联系，摘出肠管。摘除胃时要结扎食管后切断。钝性分离瘤胃背囊与腹腔顶壁的联系，轻轻移出，切勿撕破胃壁。骨盆腔与胸腔脏器摘出方法同马属动物。

一般内脏器官标本取自整体固定材料较好，特别是质较柔软的器官，如肺、肝、脾等整体固定后组织变硬，其形态特征（如压迹等）均能保持。用新鲜脏器往往容易变形。但有些标本，如心脏传导系统、蹄的标本等必须用新鲜材料。

（二）固　　定

整体固定的材料，灌注防腐固定液后1～2周摘取内脏。

新鲜的器官，在取出后应大致清理周围的软组织，然后放于适当容器中，加10％福尔马林溶液浸泡。浸泡时注意保持器官原有形态，为了防止变形，在容器底部应衬以脱脂棉。

中空的器官如胃、肠应先将内容物冲洗干净，接着在管腔内注入10％福尔马林溶液，再放入固定液中浸泡。肺则可先在气管内灌入适量固定液，再泡于固定液中。

准备填充血管的器官，清理软组织时要特别小心不要割破血管。为了便于灌注，可先用生理盐水自动脉注入，由静脉流出，直到溶液澄清无血色时，即可进行填充。填充好的标本浸泡于10％福尔马林溶液中。

浸泡标本的固定液要超过标本体积的2～3倍，如标本浮出液面，则应该用吸有固定液的脱脂棉覆盖，以防标本腐败、干燥，影响质量。一般固定5～10天，待标本充分固定后，即可取出修整。

（三）制　　作

各种器官浸制标本由于显示的内容不同，制作方法也因之而异。

二、心脏标本

（一）显示心脏外形的标本

先剥去心包膜，再仔细分离心基部的大血管和冠状血管，分离时剔去血管周围的结缔组织和脂肪（冠状沟和纵沟内的脂肪可以保留）。如用填充剂灌注冠状血管则更容易分离。修制好的标本刷光后，置于适宜的标本瓶中，用5％～10％福尔马林溶液保存。

（二）显示心脏构造的标本

经过分离的心脏标本可以自主动脉至心尖把心脏切成两半，以显示内部构造。也可以在左右心房、心室表面开适当大小的窗以显示其内部结构。修制好的标本装瓶封存。

（三）显示心脏传导系统的标本

选取新鲜牛心脏。首先清理周围软组织，找到右心耳与前腔静脉间的界沟，在界沟的内侧，靠前腔静脉处的心外膜下可见黄色而较致密的窦房结。纵向切开右心房和后腔静脉，在冠状窦的前方撕开心内膜，可见色白而致密的房室结，再切开右心室，自心横肌沿室中隔向上细心剥离，可见较细的左心室束，追踪向上分离，在室中隔深部可见到较短粗的房室束。房室束另一分枝较粗，在室中隔右侧的上部，穿行至左侧，沿室中隔下行，其分支经心横肌分布于左心室壁。分离后经过修整，使心脏传导系统充分显示出来。刷光，封存。

（四）显示浦金野氏纤维的标本

新鲜牛心脏的传导系统浦金野氏纤维，不同的标本不一样，有的很明显。剖开左、右心室壁，在室中隔心内膜下可用肉眼看到，呈网状，但多数不很明显，只能看到较疏的网状。若表面涂上 Lugol 氏液（Lugol 氏液配方：碘片 1 克，碘化钾 2 克，蒸馏水 200 毫升），则较明显。

浦金野氏纤维鞘内注射，是往浦金野氏纤维鞘内注入有色液体，使浦金野氏纤维更加清晰。注射染料可用墨汁或朱砂，颜料颗粒要细，配成有色液体（不宜用水溶性颜料，防止渗出）。注射时用最细的针头（人的心脏标本用 5 号）和小玻璃注射器。注射部位一般在左心室的心横肌处（因该处大部分为浦金野氏纤维），注射时把针头轻轻地插入心横肌内，然后缓缓注射，边注射边用手轻轻抚摩注射部位，即可看到染料沿浦金野氏纤维鞘传播。如果不见有染料传播，则要轻轻调整针头角度。为使心室内大部分浦金野氏纤维显示出来，则要多在几个点上注射。右侧心横肌内含有大量普通心肌纤维，不易注入鞘内。注射有色液体的标本可作为永久标本装瓶封固保存。

如制作临时观察的标本，可用 5%的碘酊注射，传播快，颜色深，但易透出和褪色，不宜做永久标本。

（五）显示心肌纤维的标本

在心房、心室中填以加碱的生面团，置于锅内水煮 15 分钟，使面团膨胀，同时结缔组织变软，心肌纤维变硬。然后置于冷水中冷却，观察时撕去心外膜由浅入深一层一层地剥，心肌纤维层次、走向可以清楚显示出来。

三、肺　标　本

（一）显示肺外形的标本

以整体固定的材料为好，能保持肺的固有形态。稍加修整即可装瓶陈列。新鲜材料容易变形，可顺气管灌入固定液后，浸入 10%福尔马林溶液中固定 10～20 天，取出修整。根据需要可不摘除心脏，制成心肺标本或带有喉头、气管的肺标本。

（二）显示支气管树的标本

支气管树标本可用不同方法制成。一种方法是，取新鲜肺去掉不必要的组织，置于清水中任其自然腐败，浸泡时间因气温高低而不同，一般用手轻轻一搓，肺的软组织易脱落时即可。时间过长，支气管也随其腐烂；过短则肺组织不易去净。腐烂好的标本用清水冲洗，边洗边揉搓，直到只剩支气管树为止。如颜色不好可用过氧化氢漂白，保存于 10%福尔马林溶液中。另一种方法是把新鲜或经固定的肺放在石台上，用木槌轻轻锤击，将软组织捣烂，边锤边用手撕边冲洗。锤时不可用力过猛，撕时要顺支气管方向。做好的支气管树标本，经漂白后保存于 10%福尔马林溶液中。

四、肝　标　本

新鲜或固定后的肝脏，分离门区的门静脉、肝动脉和胆管（胆囊）。修整肝韧带并切开后腔静脉露出肝静脉的开口，即可制成肝外形标本。如在管道内注射不同颜色的胶液，待凝固后可切成各种断面，以显示肝内管道的相互关系。

五、肾　标　本

（一）显示肾外形的标本

先清除肾脂肪囊和肾门周围的结缔组织，然后分离输尿管、肾动脉和肾静脉。有时新鲜的肾经固定后，表面会出现凹陷，可在固定前向输尿管中灌注些填充剂，以使其外形丰满。

（二）显示肾内部结构的标本

把经过修整的肾，用锋利的解剖刀或脑刀，沿肾门纵切为两半，以显示皮质、髓质和血管区的结构。还可以用石膏填充肾盂（石膏适量加水调至稀糊状，加少量95%酒精可延缓石膏凝固，然后注射于输尿管中），用外科刀雕刻出来呈浮雕状。

小动物的肾可保留输尿管和膀胱，与尿道一起制成显示泌尿系统相互关系的标本。

六、脾　标　本

（一）显示脾形态的标本

将脾取下，清理脾门，即可制成脾外形标本。不同动物的脾装在一起可制成比较标本。

（二）显示脾小梁的标本

用新鲜脾，先清除脾门附近的软组织，分离出脾动脉和脾静脉，再沿脾边缘用剪刀剪去一圈，自剪口处轻轻撕去脾的被膜，但不要撕掉血管和小梁。然后用水边冲洗边揉搓，除尽脾髓，即制成脾小梁标本。如使脾动脉、脾静脉着上颜色则更醒目。固定过的标本脾髓不易除净，但也可制成显示脾小梁的标本。

七、胃、肠标本

动物的胃肠体积较大，不宜装瓶保存，可浸泡于尸体池中随用随取。但也可制成显示某些结构的局部陈列标本。

胃、肠标本不论新鲜或经过固定的材料，都要先清除内容物，冲洗干净。单室胃可纵切为两半，制成显示黏膜分区的标本。反刍动物可取胃各室黏膜一部分，缚于玻片上，装在扁标本缸内陈列，以显示黏膜的结构特点。

八、雌性生殖器官标本

将雌性生殖器官自骨盆腔中取出，从背侧正中剪开阴门、前庭和阴道，露出子宫颈阴道部。还可剖开一侧子宫角（切除适当大小的一块子宫），然后平放在搪瓷盘中固定，以免变形。固定后修整装瓶。

九、乳 房 标 本

将乳房连同皮肤割下，为了防止变形可带一部分腹壁。把乳房中残乳挤出，然后用注射器从乳头管注入固定液使乳池、乳窦扩张。注射后用火柴杆堵塞乳头管，防止固定液流出。待固定后，切成各种断面陈列。

为了显示不同乳室，可在固定液中加入不同颜色的颜料，分别注入各乳室。注射颜料的标本还可较明显地区别出乳房的实质和间质。

为了显示乳房血管分布，可先在乳房基部分离出乳房，分别注入带色胶液。

处理好的乳房标本，为了防止其收缩变形，可将其四角皮肤钉于木板上，再浸泡于固定液中。

十、雄性生殖器官标本

显示雄性生殖器官的标本摘出时要特别小心，不要割断各部分之间的联系，把各部分位置摆好后，再浸在固定液中。固定 7～10 天后修整、装置。

雄性生殖器官还可制成各种局部标本，如显示睾丸外形的标本、睾丸的各种切面标本、显示阴囊层次的标本、尿生殖道及附性腺的标本及阴茎的纵断面和横断面标本等。

十一、喉和舌标本

将喉与舌（包括舌骨）一起取下，分离除去喉部肌肉，仔细剥去软骨膜，保存于标本瓶中。

喉还可单独制成显示喉肌的标本、分离的喉软骨标本和喉的断面标本等。

十二、蹄 标 本

必须用新鲜材料。从蹼（指）关节上方锯下蹄部，浸泡于清水中，让其自然腐败，20天左右（视气温而不同）退下蹄匣，浸泡于10%福尔马林溶液中保存。

不去蹄匣的标本，可纵锯为左右两半，显示蹄各层构造。也可制成去掉一半蹄匣的标本。

十三、眼 标 本

新鲜眼自眼眶中取出后，在10%福尔马林溶液中充分固定。经分离修整，可制成眼及其附属结构（眼睑、眼肌、泪腺等）的标本。为了防止眼球凹陷，可注入甘油。为了显示眼球壁和折光体的构造，可将眼球用外科剪沿中轴剪成两半。剪破眼球壁时，眼房液与玻璃体自然流出，要特别注意使晶状体不要从睫状体上脱落下来，把虹膜和睫状体沿中轴剪下，把有晶状体的一半缚在玻璃板上，装瓶陈列。

如要观察折光体，必须边解剖边观察。

十四、肌肉标本

肌肉浸制主要显示骨肉的形态、内部结构及作用于各关节的骨肉位置与相互关系。可制成离体肌块、局部和整体标本。

（一）取 材

制作肌肉标本的材料可取自整体固定的或新鲜材料。但制作整体肌肉标本以小型动物为宜。

（二）固 定

整体的肌肉标本，用10%福尔马林做全身灌注，固定1～2周。新鲜的四肢标本，未剥皮的可自腑动脉或腹主动脉（如一侧后肢可自髂外动脉）灌注10%福尔马林溶液，再浸泡于防腐固定液中1～2周。

（三）制　　作

首先剥去皮肤，清除皮肌和皮下结缔组织（浅筋膜），然后逐层剥去深筋膜（尤其是四肢下部），露出每块肌肉的界限。为了显示出肌纤维的方向，切开时需仔细剥离，当剥至两端时，肌外膜与肌腱紧密相连，用刀慢慢切下。注意剥肌外膜时，尽量不要切断肌纤维，以免标本起毛，影响质量。

制作四肢肌肉标本，当剥离下端的肌腱时，要注意保留关节周围的环韧带、横韧带，以免肌腱离开关节，失去原有位置。

为了显示深层肌肉，可以切除某些浅层肌肉的肌腹，保留起止部分的末端，以便显示它们的相互关系。

制作头部标本，剥皮时要小心，防止把面部自然孔周围很薄的张肌带在皮上剥掉。自然孔周围应保留部分皮肤。

制作肌肉标本，为了突出重点，应把血管、神经全部清除。

（四）装　　置

将分离好的肌肉标本，表面涂上5%明胶溶液，涂时应顺肌纤维方向进行。刷光的肌肉标本待明胶凝固后，小的标本可装标本瓶封存陈列，大的浸于尸体池中保存。

十五、防腐灌注应注意的问题

（一）

暴露灌注部位的血管时，要根据解剖学知识，仔细鉴别动脉及其伴行静脉，避免误将静脉当做动脉。因为死后动脉腔内空虚，灌注通畅，能保证防腐效果，而血液多积存于静脉腔内，易凝成血块，阻塞管道，若将导管误插入静脉，药液往往不能满意地分布于全身。灌注时，应随时检查效果，遇到不满意的情况，如未发现其他明显的原因，也应复查导管所插的结构，以便发现问题，及时纠正。

（二）

尸体搁置过久，胸腹腔腐败已很明显，大面积变绿发胀，尸体结构变质已较严重，血管内往往有血栓，这种情况下会影响充分灌注，防腐效果常常不佳，一般不再作灌注。若由于某种原因必须做防腐保存时，可先注入 95%酒精或 4%重铬酸钾 200～400 毫升，帮助血栓溶解，然后注入常规防腐液。最后通过肛门、口腔和胸腹腔作局部补充灌注，加强防腐措施，才能保证防腐效果。

（三）

尸体防腐液的灌注量，随尸体情况而异，并且要由不同的固定液来决定，一般为体重的 20%左右。灌注时，若有药液从口、鼻、创口等处淌渗出来，应予回收，过滤后放入桶内，反复注入。有些尸体可能是肺部有空洞病灶或其他原因，在灌注过程中，从口鼻处淌的液量很多，堵塞又无效时，可适当降低吊桶高度，减压灌注，或行间歇性灌注。此外，尸体的年龄，体质状态和死因，如动脉硬化、肥胖、癌瘤浸润与转移、炎症粘连、内出血、先天异常等，也常常影响注入量，是造成防腐固定效果不佳的重要因素。

（四）

尸体灌注效果的观察。通过动脉注入的防腐药液，应均匀地渗透到组织间隙。灌注已达到要求的部分，皮下微呈水肿，胸腹饱满，口鼻涌出泡沫状药液，用手按压有坚实的弹性感。如防腐液内有石炭酸成分，当防腐液已达到的皮肤区时会呈现白色斑点，并向四周扩散，斑点将在数小时至隔夜后慢慢消失。因此，它可作为灌注已达到要求的一个标志。

（五）

灌注过程若不够顺利，仍有较大范围未能达到灌注要求时，应就近另选动脉主干继续灌注（如对侧的股动脉、肱动脉或颈总动脉等），或几处动脉干同时灌注。若全身大部分已达到灌注要求，仅某一部位或很少部位不够满意时，为避免过多破坏组织，可不必多开切口，只需用注射器对局部直接补充注射即可。仰卧灌注的尸体，背部和臀部因受压，常使防腐液难以达到，可行局部注射。

（六）

为了特殊的目的，需要把组织器官内的血液冲洗干净的标本，可于尸体防腐固定前进行血管灌流冲洗。要做这种标本，需死后不久，血液尚未凝固的尸体。用加有抗凝剂的生理盐水（柠檬酸三钠 3%～5%，草酸锂 0.15%，草酸钾

0.2%）以 150 mmHg 左右的压力，持续灌入动脉，同时多处切开静脉（包括该动脉的伴行静脉或浅静脉）放血，将血凝块冲出。灌注压力要注意调整适当，压力过高使液体大量流入组织，会引起组织水肿，压力太低则血凝块不易冲出。

（七）

尸体一经固定，形态位置便基本定型，特别是两手握拳状收缩后，很难矫正，不便于解剖操作。故灌注时就应注意按解剖位置将尸体摆好，即尸体仰卧，头放正，上肢伸直，手掌朝上，指伸直，两下肢伸直并分开约 30 度，选作注射的一侧略外旋。特别要注意的是使手指伸直，避免蜷缩。最好自制一对压手木盒，把手固定在木盒内。若无这些设备，可将尸体手指伸直后，在手掌和手指部加压使之平展。

（八）

尸体灌注完毕，应搁置 1～2 天，让动脉内的防腐液充分渗入组织间隙后，再移入尸池浸泡。如需在动脉内注入带颜色的填充剂，应在防腐灌注后 1～2 天，且尸体入池之前进行，此时动脉管腔内空虚，填充剂可充分填入。

尸体防腐固定除上述方法外，有人采用“动脉保存法”。此法是将防腐液注入动脉内的同时，切开静脉放血，即采用多个血管灌流的方法。此法因有大量血液从尸体中流出，防腐液能充分渗入组织，可使固定效果更佳，但药液耗用量大，操作过程如下。

1. 切口

尸体表面冲洗消毒后，在一侧颈动脉三角处切开皮肤，暴露颈总动脉与颈内静脉，一侧股三角处切开皮肤，暴露股动脉与股静脉。切开动脉壁，插入“T”形玻璃管，以备灌注。

2. 抗凝

由股动脉以 13.5 公斤左右的压力注入血栓溶解液 1000～1500 毫升，使血凝块溶解。

3. 灌注和排血

由股动脉加压灌注防腐固定液，切开颈内静脉排血，同时用 20 厘米长镊向头端插入静脉腔，把血凝块捣碎，使残血排出，再将股静脉切开并同样处理。在灌注与排血过程中，要经常按摩上下肢，以加快血流。股动脉灌注足量后结扎，再由颈总动脉灌注防腐固定液。最后结扎全部血管，缝合切口。

4. 固定脑组织

为了加强脑组织的固定硬化，在颅两侧顶点各开一孔，向颅内注入纯福尔马林 50～100 毫升。固定两大脑半球，可用长注射针头由内眦经眶上裂插入颅中窝注入纯福尔马林 50 毫升。

第四节 原色标本的制作

保存于福尔马林溶液中的标本，由于组织内的血红蛋白破坏而失去颜色，不能反映器官的正常色泽。用保存方法处理的材料可以保持器官自然色泽。但成本较高，不宜用来大量制作解剖标本。下面介绍几种原色保存的方法。

一、用酒精还色的方法

这种方法要用酒精还色，制成的标本颜色鲜艳，但长期保存会逐渐褪色，制作过程如下。

1. 固定

取新鲜材料（不放血的更好），不要水洗，如标本不干净，可用纱布擦净。器官门部的血管可用蘸固定液的棉花填塞，然后放入下列溶液中固定，固定时要保持器官正常形态。

固定液配方：

福尔马林	200 毫升
硝酸钾	15 克
醋酸钾	30 克
水	1000 毫升

固定液的量，应超过标本体积的 3～5 倍。固定时间根据标本的大小与结构不同而异，如胃、肠、血管等固定 1～2 天；心脏、子宫等固定 3～5 天；肝、肾等固定 8～10 天或更长。组织坚实而厚的器官可向器官内注射固定液。标本在上述固定液中时间不宜过长，标本取出后用手挤压，无血水流出即可，否则影响还色。如固定过程中溶液变混浊，应更换新液。标本在固定液中组织变硬，而且呈污红色（溶液使血红素转变为变性血红素）。

2. 水洗

固定完毕后，在流水中充分水洗，至无福尔马林气味，用棉花擦去表面水分。

3. 还色

将标本浸入85％～95％的酒精内1～2小时，甚至一日以上。标本在酒精内逐渐恢复自然色泽（使变性血红素氧化），但时间不宜过长，还色后需立即取出，否则易褪色。

4. 保存

用蒸馏水洗去酒精，将标本浸泡于保存液中，装瓶封存。

保存液配方：

甘油	200毫升
醋酸钾	100克
麝香草酚	2.5克
蒸馏水	1000毫升

二、不用酒精还色的方法

这种方法不用酒精还色，比较经济且不易褪色，但颜色不及使用上法鲜艳。标本处理方法与上法同，仅自固定液取出后水洗，不经酒精溶液，直接浸于保存液中封存。

固定液配方：

人工盐	50克
水化氯醛（饱和液）	50毫升
福尔马林	50～100毫升
水	1000毫升

保存液配方：

醋酸钾（钠）	300克
甘油	600毫升
水	1000毫升

三、用饱和糖浆保存原色标本

按上述标本处理方法处理好的标本浸泡于饱和糖浆内。

饱和糖浆的配制：在一定量的蒸馏水中加入白食糖（砂糖、棉糖均可）直到饱和。然后煮沸，滤过。

保存于饱和糖浆中的原色标本，年久不褪色。

四、色素浸润法

先配制下列各种溶液。

1）高氯铁溶液 5 毫升＋蒸馏水 20 毫升。

2）亚铁氰化钾 2 克＋蒸馏水 20 毫升。

3）硝酸铅 5 克＋蒸馏水 20 毫升。

4）重铬酸钾 5 克＋蒸馏水 20 毫升。

5）单宁酸 3 克＋蒸馏水 20 毫升（瓶盖盖紧）。

6）中性红 2 克＋蒸馏水 20 毫升。

7）明矾 5 克＋蒸馏水 20 毫升（加温溶解）。

然后把这几种溶液按需要配伍，则得各种颜色的着色剂。

1）3＋4 得铬黄色。

2）2＋1 得水蓝色。

3）4＋5 得焦茶色。

4）6＋7 得水红色。

5）1＋5 得黑色。

6）3＋4＋6＋7 呈橙黄色。

7）4＋5＋6＋7 呈赤褐色。

8）3＋4＋1＋2 呈铬绿色。

对于上述各溶液配伍所得的各种颜色如嫌太浅，则可适当加少量其他相关颜色的色料，以增深其色度。

着色前，要把材料放在预备好的保存液中浸渍一段时间，以利着色和保存。对表层附有脂肪或沾有油污的材料，必须先用乙醚脱脂，然后再进行着色。有的材料所附有的脂肪和所沾有的油污极少，也可以用脱脂棉蘸乙醚和纯酒精(1∶1)的混合液轻拭材料表面。

色素浸润沉着法，适用于多种材料组织的着色，也可用于神经组织的着色。例如，把剥取出来的神经先用清水适当浸洗，然后移在滤纸上吸除附着的余水，再移至50%、70%的酒精中各固定1～2天（兼有脱脂作用）。固定后用细软毛刷或软毛笔蘸溶液3轻轻涂着，数分钟后再涂着溶液4，神经可迅速呈现黄色。最后待涂液干燥，再薄薄地涂上胶层，胶层适当干燥后，即可放入70%的酒精5份、5%的福尔马林2份、甘油少量的混合液中保存。

五、软组织标本涂色与分类的方法

1）橡胶乳浆加球磨颜料

2）油画颜料

3）喷漆

4）木工胶

5）照片水彩

6）动物胶

7）色素浸润沉淀法

8）筋膜染色法　筋膜主要由胶原纤维构成，而胶原纤维、网状纤维、弹性纤维及肌纤维皆为强嗜酸性组织，特别是胶原纤维更为显著。因此选用嗜酸性染料，如亚尼林蓝（苯胺蓝），可将筋膜性结构例如肌间隔等染色显示。制作方法是：用经过福尔马林防腐固定的材料作成解剖标本或切面标本后，自来水冲洗1～2小时，放入染液染色约1分钟。染液的配方是：亚尼林蓝2克，冰醋酸2毫升，1%磷钨酸98毫升，加水至1000毫升。染后标本用自来水冲洗4小时即可，保存于10%酸性福尔马林液（福尔马林加少许醋酸）中。如果染色太深，可用1%氢氧化铵滴在标本上褪色，褪色无选择性，应根据颜色的深浅掌握。

9）周围神经镀银和染色

第五节　无脊椎动物浸制标本

一、准 备 工 作

1. 采集前做好一切准备工作

不同环境的动物及不同的采集对象，需要不同的工具和不同的采集处理方法。采到动物后若不经过培养、麻醉、固定、保存等一系列的处理，就不易得到完整的标本。因此要做好采集，必须在采集前把采集用的工具、药品及培养用的器皿、新鲜海水和应配的药品都事先准备妥当。

2. 采集处理标本时应重质不重量

能采集处理几个好的标本胜过千百个坏的标本。采集时不仅注意大型标本也要注意小型标本，有些小型标本在教学上也是重要的。不管什么标本的采集处理都要认真地对待，严格要求。

3. 采集的标本要分别装放

采集时会采到大小、强弱、软硬不同的各种各样的动物标本，对不同类型的标本，必须分别装在不同的瓶、管或采集桶内，不能混杂堆放，以免标本损伤。

4. 采集时应特别注意有毒动物

对于不认识的动物，切勿用手触碰或捉拿，应以竹夹子或其他工具采取，直接放入采集筒内或玻璃瓶内。

5. 保存的标本一定要有标签

标签要用不怕浸湿的纸料，标签上要注明日期、产地、编号及采集者。写标签要用较硬的铅笔，切勿使用钢笔或圆珠笔。

6. 工具

1）浮游生物网　网是由 13 号筛绢或 25 号筛绢制成，网头可用金属（如铝、钢等制成）或玻璃小瓶套结在网底，用以收集过滤到的浮游生物。25 号筛绢的网可捞取一般的浮游动物和浮游植物，13 号筛绢可捞取较大型的浮游动物。
2）铜筛　筛滤底泥，采集环虫、软体动物等底栖生物用。
3）铁锹、铁铲　挖底栖生物。
4）铁锤和铁凿　采集固着于岩石上的动物，如海葵、牡蛎等。
5）小铁片刀　用以采取在岩石上附着生活的较小型的动物。
6）塑料筒　采集时盛标本用。
7）塑料碗　捞小型水母。
8）塑料盆　捞较大型水母。
9）采集袋和毛笔　采集小型、体柔软的动物。
10）胶皮手套和木箱（根据需要而定）。
11）标签若干　（根据需要而定）。
12）棉花、纱布、橡皮膏等若干（按需要而定）。
13）手电筒。

7. 海滨环境及常见动物

海滨具有岩岸、沙岸、泥沙和泥岸等不同环境，是进行实习的优良场所。

一般在岩岸栖息的动物是比较多的，但不是所有的岩岸都有丰富的动物。在海湾内，通常在坡度不大、较平坦以及乱石较多藻类繁茂的地方，动物的种类和数量较丰富。相反，陡峭的岩岸缺乏藻类生长。大浪直接冲击的光裸岩石处，动物种类一般贫乏。如烟台的炮台下，是典型的岩岸环境，是适于海滨无脊椎动物实习的好地方。常可见到以下各类动物。

（1）岩岸上固着生活的动物

多孔动物　日本矶海绵（*Reniera japonica*）

腔肠动物　绿疣海葵（*Anthopleura midori*）
纵条矶海葵（*Haliplanella luciae*）

环节动物　内刺盘管虫（*Hydroides ezoensis*）
埃氏蛰龙介（*Terebella ehrenbergi*）
有孔右旋虫（*Spirorbis foraminosus*）

软体动物　褶牡蛎（*Pycnodonta plictula*）
密鳞牡蛎（*Ostrea denselamellosa*）

节肢动物　白脊藤壶（*Balanus albicostatus*）
东方小藤壶（*Chthamalus challengeri*）

（2）岩石上下或岩石缝隙间生活的动物

扁形动物　平角涡虫（*Planocera reticulata*）

环节动物　软背鳞虫（*Lepidonotus helotypus*）

软体动物　朝鲜鳞带石鳖（*Lepidozona coreanica*）
日本菊花螺（*Siphonaria japonica*）
荔枝螺（*Thais* spp.）

节肢动物　海蟑螂（*Ligia exotica*）
日本蟳（*Charybdis japonica*）
肉球近方蟹（*Hemigrapsus sanguineus*）
绒毛近方蟹（*Hemigrapsus penicillatus*）
平背蜞（*Gaetice depressus*）

棘皮动物　多棘海盘车（*Asterias amurensis*）

海燕（*Asterina pectinifera*）

8. 沙岸、泥沙岸环境

沙岸是指细沙的海岸，不是粗砂砾的海滩。泥沙岸是沙多而泥少或泥、沙大致兼半的海岸。一般说来，在靠近内湾，波流稳静，滩平，退潮时能露出较远陆地的地方，多栖息着丰富的动物。

烟台芝罘地峡东西岸和西沙旺即属于上述环境。西沙旺为典型的沙岸环境，芝罘地峡东岸为泥沙岸，此二区相连为广阔平坦的泥沙岸环境，芝罘地峡西岸为典型的泥沙岸环境。在大潮期，退潮时可露出数百公尺的地面。芝罘地峡东岸的沙岸下层多为黑泥沙，富有有机物质，穴居的动物种类很多。常可见到下列动物。

（1）在泥沙中潜伏生活的动物：

腔肠动物　黄海葵（*Anthoplerua xanthogrammica*）

环节动物　沙蚕（*Neries* spp.）
巢沙蚕（*Diopatra neapolitana*）

软体动物　扁玉螺（*Neverita didyma*）
毛蚶（*Scapharca subcrenata*）
泥蚶（*Tegillarca granosa*）
日本镜蛤（*Phacosoma japonica*）
文蛤（*Meretrix meretrix*）
青蛤（*Cyclina sinensis*）
菲律宾蛤仔(*Ruditapes philippinarum*)
异白樱蛤（*Macoma incongrua*）
中国不等蛤（金蛤，*Anomia sinensis*）

棘皮动物　海棒槌（海老鼠 *Paracaudina chilensis ransonnetii*）

（2）在沙面上爬行的动物

软体动物　织纹螺（*Nassarius* spp.）
核螺（*Pyrene* spp.）

节肢动物　海蟑螂（*Ligia exotica*）
近方蟹（*Hemigrapsus* spp.）
日本蟳（*Charybdis japonica*）

二、几种常见动物的采集方法

（一）矶 海 绵

属寻常海绵纲，体质柔软，群体如丛山状，颜色有黄色、橙赤色。多繁殖在海滨潮线的岩礁上，退潮时，在岩石低凹积水处易于找到。采集时用刀片或竹片从基部轻轻刮下，刮时勿伤及群体，以保持其完整，然后将标本置于盛有新鲜海水的广口瓶内，静置片刻，将固定液直接加入广口瓶内。如只作观察外形的标本，可向瓶内加福尔马林，至其浓度达到5%为止；如作为观察骨针的标本，则向瓶内加入酒精，至酒精浓度达80%为止。标本经杀死后带回，再换同样浓度的液体，即可长期保存。矶海绵的体壁易于破碎，因此在同一容器内不能放置过多，以免标本损坏。

（二）海 葵

岩岸常见的海葵在岩石缝内或岩石上固着生活，它们触手伸长时很像一朵菊花或葵花。在满潮时触手完全伸出，借以捉捕食物；退潮后触手和身体完全收缩成为球形。生活于岩石缝内的个体很不易采，一般要用铁锤和铁凿将其下端固着部分的岩石一起采下，打岩石时可距海葵固着部2～3厘米远，切勿伤及海葵，应尽可能使其少受震动。将采到的海葵置于盛海水的容器内，容器内标本不宜重叠。携带时注意保持平稳并经常更换海水。

（三）钩 手 水 母

退潮后，在岩石间海草较多的水洼处，注意观察水面，常可见钩手水母。或用大竹镊子轻轻扰动水草，再仔细观察，如有钩手水母，即可见其游向水面。采集时，可用一塑料碗捞取，放入玻璃瓶中。

（四）石 鳖

足部发达，用足紧紧附着于岩石上或石块上生活，它们在岩石上的固着力很强，因此，采集时须乘其不备，迅速从其一侧推动，便可使石鳖与岩石脱离。若采集前触及动物，其附着力加强，便不易采下。将采得的标本放入盛有海水的容器内带回实验室。

（五）蟹　类

退潮后大都隐藏在石块下或石缝内，在岩岸可见的蟹类中，不少种类爬行很快，有些爬行较慢，采集时需多翻动石块，遇到爬行快的，迅速用大镊子夹取；行动慢者，只要找到就不会跑掉，用镊子夹取后放入盛海水的容器内带回。

寄居蟹种类较多，俗名“白住房”。它们都是寄居在螺类的空壳中生活，腹部的甲壳仅留痕迹，存在于各体节的背面上。全体为柔软的肉质，躯体与螺壳的腔一样，呈螺旋状而居于螺壳中；当躯体生长时，则舍旧壳而另找新壳。很容易采到。

（六）牡蛎（又称蛎黄）

这种动物终生以贝壳固着在岩石或其他物体上，在固着后永久不能移动。采集时，选择在岩石固着不牢的个体，用凿子打下即可，否则很难采到两个贝壳都完整的标本。

（七）黄海葵

体呈黄棕色或淡黄色，埋在泥沙内生活，基盘固着在沙中的碎壳上或其他物体上，退潮后，仅口盘及触手露在泥沙表面，呈葵花状，颜色与泥沙极为相似。因此，必须仔细观察方可发现，用手触之，从其口中向上滋出一股水，接着黄海葵向下收缩，地面陷一圆洞。采集时，用铁锹挖之可得，但为了观察它在泥沙中伸展的状态和自然长度，最好左手指伸开呈半圆形从黄海葵口盘外侧伸向泥沙中，轻握黄海葵口盘的下部，再用右手中的铁铲将海葵体一侧的泥沙除去，即可见其埋栖于泥沙中的自然状态。然后将黄海葵放在盛新鲜海水的桶内带回实验室。

（八）蚯　蚓

1. 利用雨后时机采集

当夏季大雨后，蚯蚓多爬出地面，此时去农田附近寻找，很容易找到，尤其在一些石块和烂草、落叶堆下，常有大量蚯蚓积聚，往往一次就能采集到几十条。

2. 利用农田翻土时机采集

农田中的蚯蚓，大多生活在耕作层中，一旦农田翻土，常被翻出土外。此时正是采集蚯蚓的好时机。尤其是韭菜畦、油菜地和水稻田中，由于土壤十分肥沃，蚯蚓数量多，采集更容易。

3. 根据蚓粪采集

蚯蚓洞穴上方的土面，常堆集着许多蚓粪，这是地下有蚯蚓生活的标志。如果在蚓粪旁用三齿耙挖取，往往能采到蚯蚓。

不论通过什么途径采集蚯蚓，都应采集体型大、性成熟和没有伤残的个体。蚯蚓性成熟的标志是身体前端部分具有一个深色戒指形的环带（生殖带），采集性成熟的个体作种蚓，能够很快进入繁殖期。

对采集来的蚯蚓，要放到装有潮湿土壤的容器中，不能在空气中暴露时间过久，更不能在阳光下暴晒，以免蚯蚓因皮肤表面干燥而窒息死亡。

4. 蚯蚓的繁殖

在自然界，蚯蚓的繁殖多在 8～10 月份。在人工培养条件下，如果土壤温度、湿度适宜，饵料充足，可以常年繁殖。蚯蚓经过交配后，一般 7～8 天便开始排卵。每排 1～3 枚卵，便分泌黏液将几枚卵裹在一起，形成一个蚓茧。1 条蚯蚓可以产生许多个蚓茧。蚓茧多为椭圆形，一般只有半粒绿豆大，壁由黏膜硬化而成，又薄又软。蚓茧埋藏在土中，在温度适宜时，孵化成幼蚓。

蚓茧常和蚓粪混在一起，分散在培养器中各个角落，如果任其在原地孵化，不仅孵化率低，而且孵出的幼蚓与成蚓混合生长，不利于饲养管理。因此，应将蚓茧收集起来，单独进行孵化。收集蚓茧时，先在离蚓粪和旧饵料较远处，投入新饵。2～3 天以后，大部分蚯蚓都会被引到新饵处觅食。这时，可将旧饵处的土层挖开，将土中蚓茧和蚓粪收集取出。

收集到的粪、茧混合物，应堆放在陶土盆中，混以潮湿土壤，盆上盖上湿稻草，遮光保湿，静待蚓茧孵化。一般在 20℃时，经过 20 天左右，就可以孵化成幼蚓。等到幼蚓大批孵化后，再用优质饵料诱集在一起，放进新的培养容器中进行饲养。

（九）日本镜蛤

栖息在泥沙滩内，在低潮线一带低凹积水处分布较多。根据我们的观察，其穴孔特征是：在沙土表面露出两个大小不等、相距很近的穴孔。穴孔直径很小，一般不超过 0.4 厘米，两孔中心距离一般不超过 1 厘米。穴孔直径的大小和两孔中心间的距离通常随个体的大小而异。日本镜蛤栖息的深度多为 7～17 厘米，一般不超过 20 厘米。日本镜蛤伸出入水管进行呼吸和滤食。采集时，用铁锹（或用手）挖掘穴孔部分的泥沙即可采得。然后将标本放入盛海水的桶内带回。

（十）海 棒 槌

俗名海老鼠，穴居于沙中，在低潮线一带分布较多。其洞穴的外观很容易辨认，在平坦的沙滩上，可见有小沙丘（高 3～4 厘米，直径约 15 厘米），其上有一小孔。距小沙丘 20 厘米左右的地方有一小穴，小穴深度约 5 厘米。海棒槌即穴居于此下面深 20～30 厘米的地方。采集时，在小沙丘与小穴之间连一直线，在直线的侧面（一侧或两侧）用铁锹迅速挖之即可采得。注意挖时勿伤及标本。

（十一）海 月 水 母

在海水中营漂浮生活，在 7～8 月间常成群漂浮在海面，遇风浪时即沉在深水处。采集时可乘船捕捉，由于海月水母体多胶质，极易破碎，尤以伞边缘为甚，因此最好用塑料盆将动物和海水一同舀起，选直径 10 余厘米、4 个马蹄形生殖腺明显完整的个体，放在盛有新鲜海水的容器中。容器内的标本不宜过挤，以免破损。采集后如距离处理时间较长，必须经常更换新鲜海水，否则水母会闷死而解体。

三、制作标本时的注意事项

1）标本在处理前需要将其体上的泥沙、杂质洗净，方可进行麻醉、固定和保存。需要麻醉的标本，在洗涤时一定要用海水冲洗；不需要麻醉的标本，用海水和淡水皆可。

2）在麻醉标本前，必须将麻醉标本的容器用海水洗刷干净，尤其对小型标本的麻醉更应注意。

3）麻醉任何动物标本前，都必须用新鲜海水培养动物，使动物完全处于正常生活状态时，才能开始麻醉。

4）正在进行麻醉的动物标本，应置于不受震动、光线稍暗的地方。

5）在麻醉过程中，如因麻醉剂放得太多，使动物体或触手收缩时，可停止添加麻醉剂，重新换新鲜海水，使动物恢复正常状态后，再行麻醉。

6）干制的标本，必须用淡水冲洗干净，去掉动物体上含有的盐分。

7）保存具有石灰贝壳和骨骼的动物标本，最好用酒精而不用福尔马林，因福尔马林内含有蚁酸，能侵蚀石灰质的贝壳和骨骼。对于较坚硬的石灰质骨骼，也可短时间用福尔马林保存，其中可加少许硼砂来中和酸性，以减少标本受损的程度。

8）对每种标本登记的标签，要放在瓶内，不要只贴于瓶上，以免运输途中磨损。

四、制作方法

（一）原生动物

1. 夜光虫

以浮游生物网（13 号或 25 号）在海面采得的夜光虫，可在双筒镜下观察其生活时的状态。或采到后向瓶内滴入福尔马林液将其杀死（其中也包括其他的浮游生物），待瓶内的动物沉底后，将上层的水倾出，换 5%或 10%的福尔马林液或 70%酒精保存。

2. 有孔虫

在海底沉沙中采到的有孔虫壳，用酒精洗净干燥后，可不用药剂浸制，直接放在小瓶内保存，制片时不需染色，将干的有孔虫标本放在纯酒精中稍洗，再放入二甲苯中 5～10 分钟，然后用树胶装盖。

（二）多孔动物

樽海绵、矶海绵

观察外形的标本可用 5%或 7%的福尔马林杀死保存。需要鉴别种类的标本，不宜用福尔马林，因为海绵的骨针有的是石灰质的，易被蚁酸侵蚀，影响种类的鉴别。所以需要用 80%或 90%酒精杀死，保存在 70%或 80%酒精内。骨针制片：取出在酒精内保存的标本，放入 5%KOH 液中煮几分钟，海绵骨针便可散开，加蒸馏水待骨针下沉，倒去上面液体，保存在 70%酒精内，可吸出后在显微镜下观察或用树胶装盖制片。

（三）腔肠动物

1. 薮枝螅、真枝螅等

将这类动物放在盛有新鲜海水的玻璃容器内，数量不宜过多，使动物距离水面 1 厘米左右，待虫体全部伸展后，徐徐加入硫酸镁进行麻醉，用放大镜检查，至虫体及触手不再收缩完全伸展时为止，然后再向容器中倒入纯福尔马林溶液，将其杀死，至福尔马林浓度达 7%时为止。薮枝螅麻醉时间不宜过长。如果做制片材料，可用布温氏（Bouin's）液固定 12 小时，然后用 30%～70%酒精浸洗至无黄色时止，最后保存在 70%的酒精中备用。

2. 钩手水母及其他小型水母

将钩手水母放在盛海水的烧杯中，在水面撒一层薄荷脑（不宜太多），1～2 分钟后，当触其身体触手不再活动时，用小匙将水母转入 70%福尔马林中固定 20 分钟，然后转移至 5%福尔马林中保存。另一种方法是用硫酸镁作麻醉剂。在盛有钩手水母的烧杯中（海水 50～100 毫升）逐渐加入硫酸镁至浓度为 1%，麻醉 25 分钟。最好将硫酸镁配成饱和溶液，再沿着烧杯的壁缓缓加入，这样可使钩手水母的环境保持稳定，使其触手充分伸展。最后将已固定的标本转入 5%福尔马林中保存。也可固定一日后再转入保存液。以上两种方法都可得到较好的标本，其中前一种方法效果更好。

3. 海月水母

以 1%硫酸镁溶液麻醉，经 20 分钟左右，触碰其不再动时，移入 7%福尔马林液杀死固定并保存。此法简单，标本良好，且节约时间。

4. 海葵

将海葵放在盛有新鲜海水的大烧杯（1000 毫升）内，每个烧杯内放一个海葵。使海葵口盘向上，距水表面 5～10 厘米。静置，待海葵触手全部伸展开，如同在自然环境中一样，此时进行麻醉。麻醉用的药有许多种，用药量也有不同。根据我们的实验认为 $MnCl_2$ 的麻醉效果最好，用药量和麻醉时间应按海葵种类和大小不同而异。一般用 0.05%～0.2%的 $MnCl_2$，逐渐加入培养海葵的烧杯内。通常麻醉 40 分钟至 1 小时。等海葵全部麻醉后，再用吸管将甲醛直接加到海葵的口道部分，至甲醛浓度达 7%，固定 3～4 小时，最后转入保存液中。

5. 海仙人掌

以大头针弯曲成一小钩，钩住动物的柄端，将其倒挂在标本瓶内。注意瓶要比动物长 3 倍左右，用薄荷脑麻醉 24 小时。然后用 5%或 7%的福尔马林将其杀死并保存。

（四）扁形动物

将采到的平角涡虫或其他扁虫放在盛有新鲜海水的大培养皿中，等动物伸展后用薄荷脑麻醉 3 小时。去除薄荷脑及海水，加入 7%福尔马林溶液将动物杀死，5～10 分钟后，用毛笔将动物挑在另一培养皿中的一张湿的滤纸上，一个个放开展平，其上再加一张滤纸，把动物夹在中间，纸上放几片载玻片，再加上 7%福尔马林液，经 12 小时后，去掉纸即得到扁平的标本，然后将其移入 5%福尔马林溶液中保存。

（五）纽形动物

将纽虫放在盛有海水的搪瓷盘中，用薄荷脑或 50%酒精麻醉，经几小时麻醉好后，保存于 7%福尔马林或 70%酒精中。此法虽可用，但因纽虫抗药力强，麻醉时间也长，有时纽虫也稍卷曲。有人在纽虫呈半麻醉状态后，放入 7%福尔马林溶液中轻轻左右摆动，约经 10 分钟，使虫体完全舒展为止。这样处理后标本不卷曲。

（六）线形动物

自由生活的线虫一般在海藻间或海底泥内观察其他动物时常可遇到。寄生种类也较多，在鱼的消化道内或其他器官中也随时可见。寄生虫可用 0.7%生理盐水冲洗，在杀死固定前，先将虫体置于自来水内使虫体麻醉、松弛（或以氯仿、乙醚麻醉）然后放于 70%热酒精内杀死，即用 70%酒精在水浴中加热至 70℃左右，将线虫放入其中，虫体立即伸直，等酒精冷却时再移至 80%酒精内保存（或以清水麻醉亦可）。在酒精内保存的线虫，不用制片即可直接用以下方法观察。

1. 甘油法

酒精和甘油配成三种不同的浓度。

1）80%酒精 9 份加甘油 1 份。

2）80%酒精 4 份加甘油 1 份。

3）80%酒精 2 份加甘油 1 份。

取酒精内保存的线虫放入上述三种浓度的酒精甘油内各浸 5 分钟，最后放入纯甘油中，这时便可在显微镜下观察。

2. 石炭酸法

取在酒精内保存的线虫，放入石炭酸内，3 分钟后即完全透明，观察后，仍可放回80％酒精内保存。

（七）环节动物（蚯蚓标本制作）

对培养的蚯蚓，如需要制作标本，留待将来观察内部结构，可以作成浸制标本。标本制作要经过停食、麻醉、固定和保存 4 个步骤。

1）停食 将蚯蚓自培养箱中取出，用水冲洗干净，放在垫有湿草纸的玻璃缸中，停食两天，使它的肠中泥土排尽。然后喂给碎的湿草纸 5～7 天，填充肠管，以利于将来观察肠管的形态。

2）麻醉 将上述蚯蚓转入搪瓷盘中，同时放入一定量的清水，再慢慢滴入95％酒精，直到使盘中的清水变成 10％的酒精溶液为止（事先应量搪瓷盘中的水量，按比例加入一定量的酒精）。两个小时后，蚯蚓背孔分泌出大量黏液，说明已经麻醉死亡。

3）固定 按以下配方，配制固定液：

40％福尔马林	10 毫升
95％酒精	28 毫升
冰醋酸	2 毫升
水	60 毫升

取已经麻醉的蚯蚓，平放于解剖盘中，从它身体后端侧面，用注射器向体内注射上述固定液，直到使蚯蚓的身体呈饱满状态为止。

4）保存 将注射后的蚯蚓，平放在纱布上，每 20～30 条裹成一卷，使其竖立在标本瓶中，然后加入上述固定液，便可长期保存。要注意每条蚯蚓的身体一定要平直，不能发生扭曲现象，否则将来解剖时就会背腹难辨，给解剖工作带来困难。

（八）软体动物

1. 石鳖

石鳖受刺激时极易卷曲。将石鳖放在盛海水的玻璃瓶或玻璃皿中，等其身体全部伸展恢复正常后，用酒精或硫酸镁麻醉 3 小时。取出海水，加入 10％福尔马林溶液杀死，半小时后整形，将石鳖取出，放于另一玻璃皿中，使其体伸直，背部压几张载玻片，再将原 10％福尔马林液倒入固定，8 小时后移入 7％福尔马林溶液中保存。

2. 腹足类和瓣鳃类

处理方法大体相同，但根据对标本的不同要求，处理方法也有所不同。

整体标本：将螺类或贝类标本，先用清水洗净，然后用10%福尔马林溶液或酒精杀死固定，10小时后移入5%福尔马林或70%酒精内保存。贝壳较厚且无光泽的种类，可用5%或7%福尔马林溶液保存。因为福尔马林液会使贝壳失去光泽，所以有光泽者必须用酒精固定保存。

在后鳃类中有许多种类没有壳，对没壳的种类需要经过培养麻醉后，才可保存于福尔马林或酒精中。如海牛、石磺海牛等，先将其培养在新鲜海水内，待触角和次生鳃完全伸出，身体伸直，呈生活状态时，在水面放入氯化锰、薄荷脑或硫酸镁麻醉。在麻醉过程中，应不时地观察，因为动物一死，表面颜色很易脱落，且体易腐烂。所以当动物不大收缩时，即进行固定，一般用10%福尔马林或80%酒精固定无壳的种类。固定好后，用5%福尔马林保存。有壳的种类可用70%酒精保存。

解剖标本：大型螺尖，准备做解剖标本者，一般可用温水闷死，再用10%福尔马林固定注射。大型的双壳贝类可用温水闷死也可用薄荷脑或硫酸镁麻醉2～3小时，待两瓣壳张开后，在两壳间夹一木块，再用10%福尔马林杀死。待动物死后向其内脏注入固定液（90%酒精50份、冰醋酸5份、福尔马林5份、蒸馏水40份），然后保存在85%酒精或7%福尔马林内。

介壳标本：以螺类或双壳贝类的介壳做成标本，一般螺类，可先用热水将动物杀死，除去肉体部分，再用肥皂水将介壳洗净晒干保存。注意在前鳃类中，许多种类具有一个角质或石灰质的厣。厣在前鳃类的分类中是鉴别种类的特征之一。因此在制成介壳标本时，必须将厣与贝壳同时保存（可将空壳用棉花塞满，将厣粘在壳口处）。对双壳贝类处理，可将它放在空气中，使其壳自行张开，在两壳张开后，将动物肉体取出洗掉。趁壳未干时（如已干，需浸在水内使之湿润）将两壳合在一起，用线缠好，阴干后再把线去掉，保存。

生态标本：将螺类和贝类分别装入玻璃瓶中，加满海水不留空隙，再盖紧瓶盖，经12～24小时（室温高时时间短，室温低时时间长）后，则腹足类头部与足部伸出壳口，瓣鳃类则双壳张开，足部伸出。触之不动时，立即用10%福尔马林固定（如为大型标本，需向其体内注入上述固定液）20小时后将动物移入7%福尔马林液中保存。

头足类：如乌贼、章鱼等。将其放于盛新鲜海水的容器内，静置后加入硫酸镁麻醉，待动物不活动时，用10%福尔马林杀死，如个体较大或准备做解剖标本者，需向其体内注入固定液，固定8小时，移入7%福尔马林中保存。

（九）节肢动物

1. 藤壶

将其放于盛新鲜海水的玻璃器皿内培养，可见其蔓足不停地上下活动，此时在水面上加薄荷脑和硫酸镁麻醉，则蔓足活动越来越慢，经4～5小时待其足运动停止时，加福尔马林液，使瓶内浓度达7%福尔马林。杀死固定3小时，保存于70%酒精中。

2. 虾、蟹等各种节肢动物

处理方法基本相同，一般都可直接用70%～80%酒精麻醉、杀死并保存，半小时后取出整形。如为大型虾、蟹为了防止肢体脱落或体型不正，也可用纱布包裹，外加标签，放于酒精-甘油混合液（80%酒精90毫升，甘油10毫升）中。

（十）腕足动物（海豆芽）

将其用清洁海水洗净，放于搪瓷盘内，加少量海水，用硫酸镁麻醉3～5小时，也可直接用7%福尔马林杀死。20分钟后取出，展直柄部，用纱布包裹，在5%福尔马林液中固定保存。

（十一）棘皮动物

1. 海参

将海参放入盛新鲜海水的容器内，容器置于阴凉处，切勿受阳光直射。待海参触手、管足伸出后，进行麻醉。用薄荷脑与硫酸镁同时处理，麻醉4～5小时，至触及触手、管足不再收缩时为止。以大竹镊子夹住围口触手基部，左手执海参身体，迅速放入50%醋酸溶液中约半分钟，取出后用清水洗去醋酸，立即放入10%福尔马林液中，30分钟后取出，用注射针管从肛门向内注入90%酒精（加数滴甘油）以防内脏腐烂，再用棉球塞住肛门，以防液体外流。注射防腐液时以保持海参体型正常为度。然后，将海参横放于容器内（管足向下，疣突向上），整理围口触手形态后，加入80%酒精固定。12小时后保存于80%酒精内，如果标本不用作分类鉴定，也可用福尔马林保存。

2. 海胆、海星、海燕等

分别在盛有海水的容器内，用硫酸镁麻醉，再由动物的围口膜处向体内注入

25%～30%福尔马林溶液。如海胆不易注入时，可在围口膜的对边另扎入一注射针头，这样在注入福尔马林溶液时，海胆的体液可由此针头流出，海星、海燕也可由其步带沟注入到水管系内。直到每个管足都充满液体竖起为度，然后放入7%福尔马林中保存。一般处理海蛇尾及小型的棘皮动物，不必向体内注入福尔马林，麻醉后直接杀死保存。

如制成干制标本，可将海胆、海星、海参等放在解剖盘内加入海水，待其恢复自然状态，再吸出海水，然后用热水或福尔马林杀死动物，1小时后取出，用清水洗净，晒干即成。但应注意在阳光下直晒时需经常翻动，使之速干，以防腐烂，干制标本一般可保持动物的自然色彩。

第六节　透明标本的制作

透明标本是解剖教学和科研工作中常用的标本形式之一。透明标本是应用化学的或物理的方法作用于组织，使组织的折光率与透明剂相近而获得透明。因此，折光率不同的组织应当使用不同的透明剂。透明法多用于难以剖解的胚胎或幼小的动物，或显示某些离体器官管道。

一、材料的选择和处理

（一）取　　材

制作透明标本的材料要力求新鲜。经防腐固定的标本，因血管壁失去弹性，口径缩小，又未经排血，故难以注射和脱色，不易获得成功。取材多是4个月以上的胚胎，成人或小儿的手、足、离体器官（如心、肾、胃肠、胎盘）及小动物（如蛙、蜥蜴）等。

一般幼小动物，用麻醉或放血法杀死后可立即注射。

截断肢体和器官的血管断端要留得长些，以利注射。

（二）排　　血

排血是进行注射、脱水和透明的基础。不同的材料可用不同的排血方法：胎儿的肢体可放在温水中，用挤压法排血；实质性器官可用温生理盐水自动脉端注入，直到由静脉端流出不带血色的冲洗液，器官表面呈苍白色为止；空腔性器官先将脏腔洗净，再由动脉端注液冲洗。在冲洗过程中，需不断用手从标本的远侧端或周围部向血管开口处轻轻挤压，以促使残留的血液排尽。

（三）灌注填充剂

欲显示器官的血管分布和腔、窦的形态，均需注入填充剂。透明标本灌注用的填充剂，要依所用透明剂的性质而选择。例如用苯、二甲苯、冬青油为透明剂时，不宜使用能被有机溶剂溶解的填充剂（如塑料、橡胶），以及脂溶性颜料。用甘油、氢氧化钾等亲水性和水溶性透明剂时，不要用水溶性颜料。

注射时，应用钝针头或玻璃管插入血管断端，按照先稀后稠、先快后慢、边注边按摩的原则进行。注入量不宜太多，当感到有一定阻力时即可停注。如 15 厘米长的胚胎上肢动脉可注入 4～5 毫升，成人肾动脉可注入 15～20 毫升。数小时后，再补注一次，以使血管更好地充盈。注射后的标本，在空气中静置半日，待填充剂凝固后移入固定液。

（四）固　　定

固定的目的是为了尽可能保持器官与活体相似的形态，防止组织自溶。因此，标本要及时彻底固定。标本在固定前，要摆正位置。实质性器官下面要垫棉花；空腔性器官还应把固定液注入腔内，以保持器官的自然充盈状态。一般以 10％福尔马林或 95％酒精作为固定液。固定液用量要超过标本体积的 5～10 倍。固定时间依标本的大小和厚薄程度酌定，一般需 5～10 天。

（五）脱　　钙

标本如脱钙，可用 5％～10％的盐酸或硝酸浸泡。在脱钙前，可在标本上刺若干小孔，以利酸液渗入加速脱钙过程。然后，可用针刺骨来判定脱钙程度，如针能刺入骨质，表明已脱钙。脱钙后可用 3％氢氧化钾液浸泡 1～2 天，以中和酸性物质，并使组织松软，利于以后各步骤的进行。

组织经脱钙和氢氧化钾浸泡后，会软化膨胀，操作过程应十分轻柔。置换液体时可用移液管吸出旧液及沉淀物，注入新液时要用玻棒引流缓缓倒入，切不可把新液直接倾倒在标本上，以免标本受损甚至离散，也可避免因液体倾倒太快产生气泡。

（六）漂　　白

为了彻底去掉组织中的色素沉着和污物，避免透明后出现斑点，需对标本进行漂白。常用 10%～15%过氧化氢。漂白时间一般为 5～10 天。在漂白过程中，若将标本置于温箱中或受日光照射，均可缩短漂白时间，提高漂白效果。用过氧化氢漂白，还可使手掌和足跖的皮肤角化层软化，然后用刀刮去，可加速脱水和增强透明度。

此外，草酸酒精液（草酸 20～25 克，95%酒精 100 毫升）也可用作漂白液。

漂白后，用流水冲洗，以去除残留的碱性物质。

（七）脱　水

脱水是透明的基础。只有彻底脱水的标本，才能使透明剂渗入组织内，从而使标本透明。脱水剂必须是与水在任何比例下均能混合的液体。常用酒精和甘油。透明骨骼和空腔性器官宜用甘油脱水，透明肢体的血管宜用酒精脱水。酒精的脱水能力较强，又能硬化组织，但由于其穿透速度快，对组织可引起明显的收缩作用。因此，用酒精脱水时，应由低浓度开始逐渐转移到高浓度（50%→60%→70%→80%→95%→无水酒精）。每级酒精脱水时间，可依标本大小而定，一般 7～10 天。为确保组织的彻底脱水，可在 95%和无水酒精中各进行两次。制作透明标本脱水，只要用普通工业酒精。为节约起见，无水酒精可用 95%工业酒精按 2∶1 的比例，加入无水硫酸铜脱水自制。普通粗硫酸铜用金属锅加热烤干，可制成白色粉末状的无水硫酸铜。标本浸入酒精的脱水过程，应封紧瓶口，防止酒精挥发。

为加速脱水进程，可在标本上针刺若干小孔，也可向标本内注入脱水剂。温度与脱水时间有关，把标本置于 30～40℃温箱中或放在日光下曝晒，可加快脱水，也可把固定和灌注好填充剂的标本，放在－10℃环境中冷冻 24～36 小时，此时组织内的水分由于冻结产生空隙，当浸入脱水剂时，可迅速渗入组织内部把水分置换出来。但未经固定的新鲜标本，冷冻后不会产生空隙。冷冻标本透明时出现的气泡，可用注射器抽取。

（八）透　明

根据标本的不同材料和显露目的，选用适宜的透明方法。骨骼和空腔性器官宜用甘油透明法，肢体血管用苯、二甲苯和冬青油方法较好，肠壁和皮肤的血管网可用干燥透明法。

用作透明剂的药品应力求纯净，如含有杂质，会污染标本，影响透明效果。在透明后如标本仍模糊不清，可能是透明剂与组织的折光率不相符合。透明标本中的白色云雾状，通常是脱水不彻底的缘故。

（九）保　　存

透明标本的保存液，一般就是它的透明剂，也就是最后更换的透明液。标本保存在透明液会逐渐增强透明度，但由于久贮，组织结构和填充剂可能脱落外逸，致使保存液慢慢发黄，应及时更换新液。为了便于观察，透明标本宜放在光线充足、前后透亮的位置，但因大多数标本都经过色素灌注或染色，故应有遮光设备，平时要避光保存，特别要避免日光直射，以免褪色。

二、透明方法

制作透明标本的方法很多，要根据被透明组织的折光率选用合适的透明剂。

表 4-3　根据生物体各种组织测定的折光率（指数）

透明剂	透明剂的折光率（指数）（nD）
冬青油	1.534
苯	1.496
二甲苯	1.540
苯甲酸苯甲酯	1.568
甘油	1.443
异黄樟脑	1.578

（一）冬青油透明法

冬青油的折光率和人体组织脱水后的折光率相近，因此，用冬青油浸透可使组织透明。但是，苯、二甲苯和冬青油都是厌水性物质，组织必须彻底脱水，透明剂才能渗入组织的分子间隙中，达到透明的目的。

冬青油透明是沿用已久的方法，此法所制标本的透明度较好，但药品耗用量大，脱水时间较长。针对这些问题，不少人作过改进。制作方法的基本步骤是：经排血、清洗、灌注、固定、脱钙、漂白后的材料，逐级酒精彻底脱水，放入苯或二甲苯内半透明，再移入冬青油透明和保存。

（二）甘油透明法

甘油具有亲水性，当渗入组织的分子间隙后，与其中水分子结合产生透明状态。甘油的渗透力较低，透明深度难以超过 1 厘米，因此适用于透明厚度不大的标本。如将标本先用弱碱溶液浸泡，使组织软化膨胀，可提高甘油的渗透力，增强透明效果。用甘油作透明剂，组织不必脱水，标本经排血、清洗、灌注、固定、脱钙和漂白后，即可放入甘油内透明和保存。较厚标本可在放入甘油前用 2%～5%氢氧化钾浸泡 1～2 日。

（三）氢氧化钾透明法

标本的软组织经弱碱液浸泡后，可软化膨胀并转变为半透明的胶样结构。因此用低浓度的氢氧化钾可作为软组织的透明剂。制作方法是将洗涤去血、固定、灌注、脱钙、漂白后的标本，用 5%～10%KOH 浸泡，直到透明。

标本在弱碱液中的透明过程比较缓慢，不能为了加快透明速度而提高碱液的浓度，以免腐蚀组织。标本在碱液中浸泡时，残存于组织内的积血被溶解，会使溶液污染，应及时更换新液。

（四）干燥透明法

某些壁薄的器官，可预先在血管内注入色素填充剂，经风干或烘干，将所含水分蒸发，油脂成分存留，从而使器官表面产生透明状态。

此法无需经药注处理，经济简便，重量轻，可显示皮肤、中空性或囊泡性器官的血管分布。

三、几种透明标本的制作

（一）胚胎骨骼透明标本

1. 甘油透明法（也称 Schultze 法）

1）取新鲜胚胎或小动物，除去内脏。

2）重铬酸钾溶液浸泡 1～3 天。如标本体积较大，可用 Muller 液（重铬酸钾 2.2 克、硫酸钠 1 克、蒸馏水 100 毫升）硬化数天。

3）各级酒精脱水（每级 1～2 天）。

4）置于 2%～3%氢氧化钾溶液中 2 周～2 个月，期间可更换新液 1～2 次。

5）各级甘油透明（25%→50%→75%→纯甘油，每级 1～3 天）。

6）保存于防腐甘油中（纯甘油 100 毫升加甲醛 5 毫升）。

2. 苯与冬青油透明法，(也称 Данилова 透明法)

1）取新鲜胚胎或小动物，除去内脏。
2）过氧化氢漂白 1～2 天。
3）福尔马林溶液中固定 2～3 天。
4）先用 95%酒精脱水 3～5 天，再以无水酒精脱水 7 天。
5）置于苯（甲苯或二甲苯）中透明。
6）保存于冬青油中。

3. 冬青油透明法（也称 Грекулов 法）

1）取新鲜胚胎或小动物，除去内脏。
2）置于 4%福尔马林中固定，或放入由热水 100 毫升、福尔马林 5 毫升、氯化钠 1 克配制的混合液中 6～24 小时，再移到由 70%酒精 96 毫升、福尔马林 3 毫升、氯化钠 1 克配制的混合液中固定 3～5 天。
3）过氧化氢漂白 5～48 小时。
4）流水冲洗 24 小时。
5）各级酒精脱水后（每级 24 小时），再转入丙酮中浸泡 2 天。
6）置于冬青油中透明、保存。

（二）血管透明标本

1. 脏器血管透明标本

1）取新鲜脏器（心、肾等），用温生理盐水冲去积血，并由动脉注入填充剂。
2）固定于 10%福尔马林中 5～10 天。
3）流水冲洗 12～24 小时。
4）以 5%过氧化氢漂白 6～24 小时。
5）流水冲洗 12～24 小时。
6）各级酒精脱水（每级 3～5 天）。
7）置入苯中 1～2 天，呈半透明状态时，移入冬青油中保存。

2. 四肢血管透明标本

1）取新鲜幼体的四肢和成体的手足。用温生理盐水冲洗积血后，由动脉注入填充剂。
2）固定于 10%福尔马林中 7～10 天。
3）流水冲洗 12～24 小时。

4）用 5%～10%盐酸脱钙。

5）放入 8%～10%过氧化氢漂白 1～2 天。

6）流水冲洗 12～24 小时。

7）依次用各级酒精脱水（每级 5～7 天）。

8）置入苯中初步透明后，移入冬青油或冬青油及异黄樟脑(5∶1)混合液中保存。

3. 脑血管透明标本

1）取新鲜尸体，从颈内动脉和椎动脉先注入少量 10%福尔马林，再灌注填充剂。待凝固后，将脑摘出放入 10%福尔马林中固定 10～15 天。

2）流水冲洗后，置于 3%～5%过氧化氢中漂白 3～5 天。

3）依次用各级酒精脱水（每级 5～7 天）。

4）移入苯或二甲苯中初步透明，再转入冬青油中透明，最后置于 1 份冬青油和 2 份苯甲酸苯甲酯混合液中保存。欲观察脑内部的血管分布时，在脑标本经 80%酒精脱水后，切成 1～1.5 厘米厚的连续切片，再经脱水和透明。

4. 小肠及肠系膜血管透明标本

1）新鲜或经福尔马林固定过的尸体，从十二指肠空肠曲处至回肠末端处剪下小肠、肠系膜和肠系上动脉。

2）从肠系膜上动脉注入填充剂。

3）扇形剪下约 20 厘米长的肠段，并冲去肠腔中的内容物。

4）过氧化氢漂白 2 天。

5）先用 2%氢氧化钾溶液浸泡 1 天，继而在 2%氢氧化钾中加 0.5→1→2 倍的甘油混合液中各透明 2 天。

6）将肠段两端作荷包缝合，用 2%琼脂或热明胶灌注肠内呈自然充盈状态，保存于纯甘油中。

5. 骨血管透明标本

1）取新鲜尸体的四肢，经动脉注入填充剂。

2）放入 5%～10%福尔马林中固定 3～5 天，再将软组织清除。

3）流水冲洗后，用 5%～10%盐酸脱钙。

4）过氧化氢中漂白 1～2 天。

5）流水冲洗 2 天。

6）各级酒精脱水（每级 3～5 天）。

7）先放入苯或二甲苯中初步透明，最后置于冬青油中保存。

第七节 标本保存液的介绍

一、保 存 液

保存液的作用是使已经防腐固定的组织，保持于灭菌状态而得以长期保存。保存液的选择应根据标本的组织结构、气候条件、容器和使用情况而定。例如脑和脊髓等含类脂质丰富的标本，不宜用脂溶性保存液；气温高、湿度大的南方地区，标本易于腐败生霉，要用防腐抗霉能力强的保存液；寒冷干燥的北方地区，对保存液防腐抗霉能力的要求可低一些；教学经常用手触摸的集装标本，要选用防腐抗霉性能可靠、挥发性低、安全无毒、刺激性小、价格低廉的保存液；精致的瓶装标本，需长期密封保存，应使用清澈洁净、不损害标本颜色的保存液；保持原色的标本需用特殊配制的原色保存液。

二、保存液的种类

（一）福尔马林液

这是最常用的一种保存液，浓度一般标本用5%，脑和脊髓用10%。为了克服福尔马林使组织变硬发脆的缺点，并增加保存液的亲水性，使浸泡后的标本暴露于空气中不致迅速干枯，可在福尔马林液中加2%甘油。为了降低福尔马林的强烈刺激性，常用两种方法加以改进：一是加入氨水，使之成为乌洛托品以配制无味保存液；二是降低福尔马林浓度至1%，加入2.5%硼砂，配制福尔马林-硼砂保存液。经使用证明，保存效果较好。配制精致瓶装标本的福尔马林液的水必须洁净，需用蒸馏水（一次蒸馏即可）或离子交换水，福尔马林的浓度宜用10%。

此外，为了克服上述单纯福尔马林液的缺点，还可配制其他的福尔马林混合液，常用的配方有：

1)	福尔马林	10毫升
	甘油	5～10毫升
	离子交换水或蒸馏水	85～80毫升
2)	福尔马林	10毫升
	石炭酸	3克
	水	87毫升

3）	福尔马林	3 毫升
	甘油	10 毫升
	食盐	5 克
	酒精	40 毫升
	水	42 毫升
4）	福尔马林	10 毫升
	甘油	7 毫升
	酒精	20 毫升
	石炭酸	1.5 克
	水	61.5 毫升

以上配方各有优缺点。第一种配方液体清澈，用于瓶装标本，效果较好；第二种抗霉力较好，但石炭酸可使标本变色，刺激性仍强；第三种刺激性小，亲水性较好，标本不易干枯，但因有食盐，标本表面常起白色盐霜；第四种刺激性仍大，效果一般。

采用稀酒精抽取法，可以把经含福尔马林防腐液固定标本组织中的福尔马林抽去。方法是以 20%～25%稀酒精用作抽取液，按标本与抽取液 1∶2 的量，浸泡已解剖的标本 2～3 个月。酒精把标本中的水分连同福尔马林一同抽取，使标本组织中的福尔马林含量大大降低。经测定，标本表面的甲醛浓度由 1～7 ppm 下降至 0.5～0.7 ppm，刺激臭味显著减小。标本经酒精抽取后，器官形态和组织的保存情况都能很好保持，标本的质地坚实，但结缔组织保存稍差。此外，标本表面长霉问题，也尚未得到妥善解决。

（二）石　炭　酸

通常使用的浓度为 1%～2%，抗霉力较强，但有腐蚀性和毒性。教学中经常用手直接触摸的标本应慎重使用。石炭酸氧化后变为粉红色，影响透明度，且污染标本，故瓶装精致标本不宜采用。

（三）食盐溶液

使用浓度为 20%，价格低廉，配制方便，刺激性小，防腐及抗霉力稍弱，寒区及冬季可用。但因高渗，长期浸泡会使标本脱水变硬。为了克服食盐溶液浓度太高，对标本不利的缺点，可改用食盐苯甲酸混合液，配方是：食盐 100 克，苯甲酸 2 克，水 1000 毫升。试验证明，此混合液的效果良好。

（四）甘　　油

甘油性能稳定，不易分解，且与有机玻璃不起化学反应，故适宜作有机玻璃盒封装陈列标本的保存液。纯净甘油经骨炭或白陶土脱色后，清澈透明，具有脱水和亲水性。注色标本泡入后，甘油可渗入组织中使标本表层产生透明状态，使注色管道更为清晰，立体感强。如将剥制好的标本先用弱碱浸泡，使组织软化膨胀，可提高甘油结合力，产生更好的透明效果。甘油黏稠度大，标本表面的毛茸和碎渣不易悬浮，用甘油作保存液的标本不必涂刷动物胶，长期浸泡也不会混浊。新做标本在甘油内浸泡 2～3 个月后，常使标本内部色素逸出，需予更换新液。

（五）苯甲酸（安息香酸）溶液

苯甲酸无色，几乎无臭，具有抗菌能力，特别是在抑制霉菌的生长方面，效果尤为显著。常用的浓度为 0.1%，南方地区夏季炎热，浓度可酌加。最近有人试验，应用 pH 在 3.0～3.5 的 0.29%的苯甲酸液的防腐效果甚好，且对皮肤无腐蚀作用，配制方法是在 0.29%苯甲酸液中添加工业用盐酸来调整并维持其 pH 在 3.0～3.5 即可。苯甲酸的溶解度很低，1 份苯甲酸需 350 份水才能完全溶解。为了配制高浓度的水溶液，可改用具有同等抗菌抗霉能力的苯甲酸钠，苯甲酸钠在水中的溶解度高（约 1∶2）。苯甲酸或苯甲酸钠的抗菌能力几乎完全是由于它的未电离的苯甲酸分子的作用。其电离程度与溶液的 pH 关系很大，即酸性时电离少，防腐效力较好，碱性时电离多，防腐效力大为减弱。当溶液的 pH 超过 5.0 以后，苯甲酸的防腐效能显著下降。因此，单纯使用苯甲酸溶液往往效果不好，可配用苯甲酸酒精溶液，配方如下：苯甲酸 1 克，工业用酒精 200 毫升，硝酸钾 15 克，甘油 10 毫升，香精 10 滴，水加至 1000 毫克。配制时先以苯甲酸溶于酒精，再用热水将硝酸钾溶解，以后再把其他药品混合加水即可。炎热地区，酒精挥发快，用量要稍高。溶液长期使用之后，酒精浓度会降低，需酌情补加。如果标本原来固定不佳，可加用 2%～3%福尔马林于上述保存液中，以增强其固定作用。在北方地区，标本用此溶液长期保存，情况良好，防霉菌的能力特别强。一些经常生长霉菌的标本缸和标本池，加入此保存液后，霉菌即被消灭。在南方地区湿热季节（6 月～11 月），使用此保存液浸泡标本时，配方比例要作适当调整，增加苯甲酸用量。处方如下：95%工业用酒精 127 毫升，苯甲酸 3 克，硝酸钾 13 克，甘油 10 毫升，加水至 1000 毫升。标本缸要加盖，而且要盖紧，否则标本也会霉烂变质。总之，这种保存液材料易得，配制简便，无刺激性，适合于浸泡集装标本。

三、原色标本保存液

标本的保存有赖于组织中血色素颜色的保存。使用以福尔马林为主要成分的防腐固定液灌注的标本，由于福尔马林的固定作用，使血红蛋白中的蛋白质凝固，血红素脱离，成为高铁血红素，使标本呈暗灰色。如将福尔马林固定的组织用酒精浸泡，使脂溶性、呈暗褐色的高铁血红素溶解，恢复标本的原来色泽，而后移入含有防腐作用的盐类水溶液中保存，即可防止血色素析出，达到保存的目的。

最常用的保存法是 Kaiserling 法，制作方法如下：

先配制好三种溶液：

1)	福尔马林	200 毫升
	醋酸钾	30 克
	硝酸钾	15 克
	水	1000 毫升
2)	80%～96%酒精	
3)	甘油	200～300 毫升
	醋酸钾	200 克
	水	1000 毫升
	石炭酸	2 克
	麝香草酚加至饱和量	

而后把新鲜标本的表面洗净（不要冲洗太甚），保持好固有形态，放入第一液中固定，固定液应淹没整个标本，浸泡时间视标本大小而定，一般为 5～10 天。标本要固定坚实，轻轻按压时无淡红色血水流出为好。大件标本要用第一液作血管灌注。标本经彻底固定后，取出用流水冲洗 12～24 小时，冲去贮留的福尔马林，再把表面水分吸干，放入第二液内，放置时应勤加观察，直到标本的自然色泽恢复为止。一般为 6～24 小时，时间不宜过长，以免血被酒精溶解。色泽恢复后，再次用流水冲洗（不超过 2 小时），最后移入第三液保存。

在 Kaiserling 方法的基础上，不少作者作了修订，提出许多改良方法，主要是加用其他盐类，如硫酸钠、人工加尔斯盐（Karlsbad salt）等，增强保存液的渗透性能，并中和福尔马林。

Jores 利用水合氯醛，把血红素还原为血色原，不经过酒精处理，也可制作标本，方法是：先把标本放入下列液体彻底固定数日至一周；加尔斯盐 50 克，福尔马林 50 毫升，水合氯醛 50 克，水 1000 毫升。取出后水洗 6～24 小时，再放入下列液体内保存：醋酸钾 200 克，甘油 400 毫升，水 2000 毫升。如果在低温条件下进行，效果较好。

加尔斯盐的配方：

硫酸钠	110 克
重碳酸钠	100 克
氯化钠	90 克
硝酸钾	190 克
硫酸钾	10 克

两种比较简便的保存方法经过试用，效果较好，配方及处理如下。

1）新鲜材料水洗后，放入下列混合液内固定 24 小时：福尔马林 16 毫升，硼砂 1 克，冰醋酸 1 毫升，白糖 50 克，甘油 20 毫升，水 1000 毫升。取出标本放入用同样配方配制的新液内保存。用此液保存的标本无苍白感，颜色比较自然，但抗霉力较差，瓶盖应封严。

2）新鲜胃肠道材料，洗净内容物后，放入下述液体固定，并保存于同样配方的新液中。溶液的配方是：10％～20％含水硫酸钠溶液加 10％福尔马林。用此液处理的标本，解剖后肠肌显淡红色，纤维清晰，解剖操作时应戴手套。

第八节　严封标本瓶的方法

一、常用的封合剂

聚醋酸乙烯乳液，25％明胶，加拿大树胶，松香黄蜡合剂（按 1∶1 加热熔解配制），桃胶合剂（50％桃胶水溶液加适量石膏或水泥调制），水玻璃高陵土合剂（高陵土 40 份，氧化锌 9.5 份，共研细末，加水玻璃 50 份调和即可）及油漆等。

根据作者多年使用的体会，最适用的是油漆类。封瓶干固后一般较坚固、有韧性，而且较严密，如需开启，只需用解剖刀沿瓶盖缝撬开即可。油漆有下列几种：铅油、脂胶磁漆、醇酸磁漆、调和漆，化工商店均有出售，都可用于封瓶。颜色一般用白色。为了使标本按系统排列，便于管理，可用不同颜色的油漆封盖，如动力系统标本用白色、内脏各系统用浅蓝色，脉管系统用红色，神经系统用黄色。

二、封瓶盖的方法

先将瓶口的封合处擦净，待其完全干燥后，用铁丝或细木棒蘸油漆沿标本瓶的磨口处涂匀，然后将标本瓶盖严，放置 1～2 天使油漆干固后再移动标本瓶。

此法不适用于内磨口的标本瓶，内磨口标本瓶只能用凡士林油涂于磨口处，然后盖严即可。

1. 平板玻璃黏合标本瓶

大体标本可用5～6毫米厚的玻璃平板，按所需大小裁切好，磨平切口，用高标号水泥油灰或环氧树脂作为黏合剂，缝口外面用薄的角铁架加固。

2. 有机玻璃标本盒

平板有机玻璃是甲基丙烯酸甲酯本体聚合的典型产品，具有一系列优异的理化特性，非常适合于制作盛装标本的容器。在光学性能方面透光率超过92%，比普通玻璃高10%以上。在常温下具有较高的机械强度，比重不到玻璃的一半，而抗碎能力却超过几倍，有耐酸、碱腐蚀的性能。一般常用的标本保存液，如浓度不高的福尔马林、甘油、盐类水溶液，均可用有机玻璃标本盒盛装，而冬青油和浓度较高的酒精、石炭酸等能被有机玻璃吸收，使体积膨胀软化，或表面粗糙发毛，有时呈乳白色，故不宜用有机玻璃标本盒盛装。有机玻璃的延伸率为2.5%～6%。在熔化度以下，其机械强度受温度影响较小。有机玻璃的最大吸水率为2%，故有良好的抗潮性能，可长期在潮湿条件下使用。与其他塑料相比，有机玻璃的耐老化能力也较强，在标本柜内放置十年左右的有机玻璃标本盒，一般不会出现发黄和裂纹。

3. 塑料喷盖（适用于干制标本）

透明塑料经挥发性溶剂溶解后，喷盖于标本表面，凝结为一层密闭的薄膜。或用透明塑料单体，加入引发剂后，喷盖于标本表面，使之聚合为一层严密的覆盖膜，可以封装保存标本。现以国产丁基橡胶和聚甲基丙烯酸丁酯喷盖法为例，介绍具体方法如下。

1）用纱布、脱脂棉、吸水纸或风力，把标本表面的水分除去。

2）把标本浸于5%～10%的丁基橡胶的汽油溶液内2～3分钟（通常用80号汽油，也可用二甲苯或氯仿作溶剂），或用喷雾方法把溶液喷盖于标本表面。此步骤应进行数次，需等前一层晾干后再进行下一次，直到在标本表面形成厚约0.2厘米的薄膜为止。

3）把具有橡胶薄膜的标本浸入10%～20%的聚甲基丙烯酸丁酯的二甲苯溶液内，或用此溶液喷盖标本，也需反复多次，直到形成一定厚度（约0.5毫米）的薄膜即可。

由于丁基橡胶能完全黏附于湿标本上，可保持标本湿度，又隔绝了标本的水分，使标本不直接与聚甲基丙烯酸丁酯接触，因而不致产生雾化，保持了覆盖层的透明度，同时表面强度也比较好。

采用聚苯乙烯二甲苯溶液涂布封存湿标本，不必用丁基橡胶层隔水。方法是把吸干水分的标本，用 50％聚苯乙烯二甲苯液浸泡或涂布，重复 4～5 次，每次只需 5 秒钟左右，使标本表面形成厚 1～1.5 毫米的覆盖层。聚苯乙烯的黏附性、密封性和透明性都比较好，它的二甲苯溶液遇湿也不雾化，方法简便易行。

第九节　解剖标本的设计

一、要有切合实际并敢于创新的设想

科学研究首先要根据已知的情报资料，提出具有真知灼见的课题设想，制订严密的、切合实际的研究方案，并设计实验和观察的内容方法，用以探索未知，验证所提出的假说。前人的观点和方法，能帮助我们看到研究的现状、发展的主流和未来的趋势，需要继承和借鉴，但决不能照抄照搬。科学研究贵在创新，不要被旧的观点方法所束缚，要勇于创新，走自己的路。更新仪器设备，采用新的方法，改进操作技术，改变观察目标，都有可能帮助我们看到前人未曾见到的现象。一件设计得当的标本，才能导出所要观察的主要内容。例如，采用血管造影方法研究手指动脉，设计了在不同的解剖层次进行拍片观察的方法。第一组整体标本；第二组去除皮肤和伸指肌腱；第三组移除腱鞘和腱鞘外的屈肌肌腱；第四组移除屈肌腱鞘，只留骨骼。把四组标本的观察结果进行归纳分析，排除了阴影重叠给观察研究带来的困难，看到了不同层次的血管影像，取得了指动脉分支分布的比较细致全面的结果。设计科研标本，必须从研究主题的实际出发，大胆设想，并通过试作，定下方案，而后专心致志的开始观察，实事求是的提出结论。可以说，设计好解剖学观测性研究的标本，也就把科研选题具体化了。

二、注意保持标本的本来面目

科研开始于观察，科学观察的主要特点，是观察的客观性、系统性和精确性。不能附加任何事物本身所没有的东西，也不可遗漏或忽略任何微小的或自认为“不重要”的部分。解剖学的观察与测量，是直接从观察形态结构中得到的。科研标本必须严格保持它的本身固有形态，不要轻易切除或扰乱。这样才能反映客观的存在，才能发现相似事物中的微小差异，或不同事物间的微小共同点，才有可能为测量提供比较接近自然状态的真实数据，才有可能观察到各个结构间的相互关系。例如脑底动脉的解剖研究：观察测量各个血管的起源、数目、管径、分支、分布和对称性等，对帮助临床诊断治疗脑血管疾患有重要意义；观察测量

血管的行程、位置及其与周围结构的关系，同样具有临床重要性。这些血管细小、密集、质脆，深居脑底，与脑膜紧密相邻。设计这部分研究标本，必须注意保护好脑底部，取脑时不可拉扯，并尽量保持脑膜的完整性，对血管的清理解剖，应在观察测量的过程中进行。

三、要留有余地

研究工作进程中，当人们对研究对象还认识不清，而又不断和它接触时，有可能发现一些出乎意料的新东西。有时根据某些基本原理，有目的地进行探索，也可能发现新的苗头，有些偶然的、新的发现，往往可以成为另一研究的新起点。因此，设计科研标本，要为“偶然”的出现留有余地。暴露面可以适当宽一些、深一些，周围关系要尽可能完整的保持下来。使观察研究有条件向周围和深入的范围延伸。例如皮区的血液供应来源及分布范围，许多作者根据血管发生和形态位置做了研究，但观察的注意力集中在皮下层。当把观察范围向深面引申，导致了肢体皮肤肌间隔源和肌间隙血管源的发现，为临床应用提供了一些新的可供选择的带蒂游离移植的供皮区。偶然的发现，常常是在专心观察与积极思考中出现的。研究工作最忌粗心大意，所谓“粗心”就是视而不见，碰上了偶然现象或异常结构也看不到。科学工作者不仅要善于发现，而且要有判断这种发现价值的能力，也就是要有高度的科学敏感性。这个问题，在标本设计上同样是值得十分重视的。

第五章　干制标本

动物干制标本是通过人工干燥或自然干燥所得到的动物标本。这类标本的制作，广泛应用于无脊椎动物，凡具有外骨骼的一些动物，诸如虾、蟹之类，或具有几丁质壳的昆虫类以及具有硬质介壳的螺贝类，昆虫、甲壳动物、软体动物、棘皮动物、珊瑚与海绵等无脊椎动物，大都适用干制标本。在脊椎动物中也有一定范围的应用。如：脊椎动物体内的气囊、食道、肠和气管等器官，或局部或小型整体，鸟卵、鸟巢等经处理，也可制成干制标本。

动物干制标本是通过去除动物体中的水分，防止动物体腐烂而达到长期保存目的的标本。动物干制标本的优点是处理方便，不需要其他溶液或容器保存，还能展示动物的形态并保存色泽；缺点是有的动物标本干因脱水容易收缩变形，并容易虫蛀霉变，因此在制作、保存过程中需格外注意。

制作干制标本的方法有：自然风干、机械风干、微波、速干脱水、包埋封闭、塑化干制、冷冻干制等，可根据条件和需求确定具体方法。

第一节　动物整体干制标本

这是通过人工干燥处理或自然干燥所得到的一种整体标本。制作这种标本的材料条件，一是形体完整无缺者；二是干燥后不变形或很少变形者。因此凡具有外骨骼的一些动物，诸如虾、蟹之类，或具有几丁质壳的昆虫类，以及具有硬质介壳的螺、贝类等，大都可以用干制法处理来制成整体干制标本。

一、螺、贝类的干制标本

这是取其外壳（螺、贝壳）来保存的一种标本。螺、贝类的种类甚多，壳形结构和壳色等是种类鉴别的重要依据，因此制作螺、贝壳标本无论在教学上还是科研上都具有重要的意义。

螺、贝类栖息于各种自然环境，海、陆、淡水中都有，但以海中为最多。

材料取到后，螺类可直接投入70%～90%的酒精中杀死、浸泡，待软体硬化后，用尖头镊子或小钩将其从壳中拖出弃掉。然后把壳内外用流水冲洗干净，如果壳面有些脏物冲洗不掉，此时再用2%～3%的盐酸刷洗壳面，可使壳面进一步清洁。盐酸的浓度一定要控制在规定的范围内，超过这个浓度，壳面有被腐蚀的可能。用盐酸水刷洗后，必须用流水冲洗 10～20 分钟，以除去所附着的盐酸。从螺壳中拖出软体，也可采取先用热水浇烫的办法，待软体受热硬化后拖出。

螺壳干燥后，要往壳中充塞棉花，然后把厣黏在棉花上堵住壳口，保持完整的自然状态。

贝类一般具有两片壳，无论哪一种，取到后都可用热水浇烫，使两壳张开；有时用热水浇烫尚不能彻底张开，此时应用解剖刀从已张开的壳缝将闭壳肌割断，使两壳完全张开，再将软体刮出弃掉，接着用与上述处理螺类的同样方法把贝壳洗涤和刷洗干净。

螺、贝类的壳还可拾现成的，特别是海产螺类，退潮后在海滩上常可拾到；有的大湖岸边，也可遇到一些螺壳。拾取现成的螺壳，应选择形体完整、壳面未被腐蚀、壳色亦保存完好的。

每种螺、贝壳要保存在方形的小纸盒里，然后每 10～20 个小盒排在一起装在一个大木匣中，组成一套标本。此外也可以用玻璃标本盒，里面用厚纸隔成若干个格，每格就是一个小盒，可装标本一种。种名的标签可贴在格壁上。所有螺、贝壳在装盒之前，应用棉花蘸少量甘油擦拭壳面，这样可使壳面更显露原来的颜色，更加美丽。

二、虾、蟹类的干制标本

（一）虾的干制标本

虾的干制标本可取大型的种类来做，如对虾、龙虾等。这里仅以对虾为例，来介绍干制方法的全部过程。

材料必须用新鲜的，而且是完整的，一条触角或一只步足也不能缺少。制作前，先把材料放在 10%的福尔马林中固定 7～10 日，然后把头胸部与腹部分开，分别除去两部分中的肌肉和内脏。由于腹节间外骨骼联结不够坚固，所以在去肉时应格外注意，切勿使之分离。步足和游泳足可不必单独拿下，各足无需从关节处分开，其中的肌肉也不用去掉，只要将其头胸部和腹部的肌肉、内脏除去后，用清水缓流冲洗头胸腔和腹腔即可，然后用镊子夹棉花蘸亚砒酸饱和液从头胸部和腹部的一端开口伸入，往壳（外骨骼）的内侧涂抹。涂抹后塞入棉花，随即将头胸部与腹部连接起来。连接方法是先制备好一段粗细适合的圆柱形软木，软木外面尽涂白胶液（市售现成的白胶液），然后将圆柱形软木段的一端插入头胸部，另一端插入腹部，各插至一定深度，恰好使头胸部与腹部相接，恢复原有状态。也就是说，头胸部和腹部的空壳，通过一段与之相同形状的软木把两部分连接起来，使两部分套附于同一软木段上后恢复其原来的形态。

头胸部与腹部连接后，要放在空气流通处干燥；也可先放在温箱中（35～40℃）脱水 1～2 日，然后再放在空气流通处慢慢干燥。

干燥后，要用一段粗细适当的铁丝，一端从头胸部与腹部交界处的腹面插入软木中；另端插固于木底板上（底板和铁丝均要涂上油漆），然后用毛笔蘸甘油轻拭表面，最后盖上玻璃罩。

虾、蟹的外骨骼，由于虾壳素的作用，经过处理和放置，表面易变成橙红色，所以有条件的话，干燥后最好用油画色适当涂绘，使之酷似自然颜色。

（二）蟹的干制标本

大型的海蟹与河蟹都可以用干制法保存。蟹和对虾不同，蟹肢内有较多的肌肉，因此制作时最好使之与头胸部分离，个别大的蟹每一肢节都应分离，以便把肌肉除掉。螯足内肌肉很丰富，应与其他足一样要把肌肉除掉。头胸部里的肌肉和内脏，应把头胸甲揭下方可除尽；腹部扁小，可不必去肉。

肌肉除尽后，所有去肉部位的外骨骼内面都要涂抹亚砒酸饱和液；而未经去肉的肢（较小的蟹）和扁小的腹部也应注入一定量的亚砒酸。接着要进行干燥，即先将材料放在温箱中（35～40℃）脱水 1～2 日，然后放在通风处风干。

风干后，要进行连接复原。方法是先把肢（包括螯足）分别用粗细适合的铁丝穿连起来，然后用水调和石膏，灌注在头胸腔（腹面甲壳和背面甲壳都要灌满）。灌好后迅速地把背面甲壳覆在腹面上，使上、下两部分的石膏液密切接触，合为一体，恢复原状。接着迅速地把已穿连好肢（包括螯足）的铁丝之一端（事先已磨出尖），按原位置通过基节插入头胸腔的石膏中；同时也要在下端正中插一铁条，作为支柱，待石膏干燥凝硬时（需要数日），各肢便牢固地被连接在头胸部上了。继之，整理姿势，主要是把各肢的位置整理好，使之表现出生活时的状态，最后把支柱的下端插固于木底板上。

制作这种标本，各肢连接于头胸部上也可不用石膏，而是用五条铁丝分别把一对螯足和四对步足（有的其中包括一对游泳足）左右两两相对地穿连起来；然后再用一根细铁条插入头胸腔中，再在头胸腔中把穿连各肢的铁丝用另外的细铁丝紧缚于作为支柱的铁条上，最后把腹面甲壳和背面甲壳的边缘都涂抹白胶液，将两壳贴合在一起。作为支柱的铁条的另一端要插固于木台板上。铁条和台板均要涂上油漆。

上述用铁丝穿连各肢干头胸部，必须趁湿进行，因头胸部和各肢外骨骼干燥后再穿连铁丝容易弄坏。

此外对一些比较小的材料还有一种处理方法，即把材料洗涤干净，然后往头胸腔和所有肢内注射亚砒酸饱和液，注射后安插作为支柱的铁条，再放在干燥箱中干燥，继之放在空气中干燥。另外，也可在往头胸腔和各肢中注 20％的福尔马林后，移在同浓度的福尔马林中固定 10～15 日，然后插铁条于体内，固立于台板上，干燥保存。

不论用哪一种方法处理，干燥或固定后的蟹体表面都往往变成橙红色，这点和虾是一样的。所以有条件的话，可调和油画色料进行适当的涂绘，务求酷似原来生活时的自然颜色。

三、棘皮动物的干制标本

棘皮动物种类不少，常见的有海星、海燕、蛇尾、海胆等，都可以用干制法处理保存。

海星的大小不尽相同，常见的种类有砂海星、陶氏太阳海星和罗氏海盘车等，其中成熟的海盘车形体较大。在分类上，海燕也属于海星类。这些种类先可用 10％～15％的福尔马林杀死并固定，固定需要 5～10 日，时间延长亦无妨碍；固定时一定要保持福尔马林有足够的浓度，最好中间更换一次新的固定液。如欲使管足很好地伸出，固定前要进行麻醉，然后再杀死、固定。

用福尔马林固定后，可将材料放在干燥箱中（50℃）干燥，或在干燥箱中干燥一段时间后，移在通风良好处风干，或放在阳光下晒干。在福尔马林中固定好了以后，还可继续用酒精浸泡脱水，开始用 70％的酒精处理 3～5 日，然后放在 90％的酒精浸泡 5～7 日，最后用纯酒精处理 10～15 日，再放在通风良好处风干 3～5 日。

为了保持原有的自然姿态，防止在固定中因挤压等而变形，应缚于玻璃片上后再放在固定液中，如果单纯通过烘箱或放在空气中干燥，还可将之放在木板上，用大头针插入腕内，扦固于木板上，这样也可防止腕的弯曲和过于靠近或疏远。对于一些大型材料，在固定液中固定，也同样可以先扦固于木板上。

海燕的处理与其他海星不同，因它背面的美丽颜色遇酒精容易消褪变浅，所以固定液不可用酒精，脱水干燥也不可用酒精。有时用福尔马林处理也脱色，但没有酒精脱得那样重。另外海燕的处理还有一种方法，即不用固定液固定，而是在麻醉后，先往体内注射一定量的亚砒酸饱和液或 3％～5％的汞溶液，然后直接烘干或晒干、风干。

蛇尾类也是一种很美丽的棘皮动物。它的橙黄色的体色遇酒精并不消褪，用酒精或福尔马林处理都可以。蛇尾的各种处理方法，与上述海星类基本相同。

其次是海胆。常见的种类有紫海胆和马粪海胆，后者比前者小，但都可先用 70％的酒精杀死，并浸泡 3～5 日，然后转入 90％的酒精中浸泡 7～10 日，最后紫海胆还要用纯酒精浸泡10～15日，马粪海胆要用纯酒精浸泡 7～10 日，再放在空气中风干数日。为了使棘直立、整齐，活海胆最好麻醉（用硫酸镁麻醉）后杀死、固定。为了使材料得到充分固定和脱水，处理时不妨用粗针穿刺两个小孔，以便使固定液和脱水剂能迅速进入内部。

海胆也可以像上述海星那样。不经固定液和脱水剂处理，在向体内注射亚砒酸等防腐剂后，而直接烘干或晒干、风干。

这里应强调一下，上述所有种类，凡不经固定液和脱水剂处理而直接进行烘干或晒干和风干的，都应先往体内注入一定量的亚砒酸或汞溶液，以彻底防腐。

上述材料干燥处理完毕，最后还要装盒保存。保存可固定于盒底为厚纸板的玻璃盒内；也可以用一粗细适宜铁条（涂油漆），一端插入材料中，另一端插固于立式玻璃匣的木底板上。

为了使体表颜色清晰，酷似生活时的状态，装盒前应用毛笔蘸清漆轻轻涂擦棘表面。

四、龟的干制标本

制作这种标本，应选用比较小型的活材料为适宜；如用死的材料，则必须是新鲜的。现在介绍几种方法如下。

（一）

先将龟麻醉致死，然后使其腹面朝上，从前、后肢基部软组织部位注 15% 的福尔马林于体腔中，注入量务求多些。随之挖出眼球，将少量油泥或黄泥塞入眼窝，拨开眼睑，装入义眼，使之恢复原来的睁眼状态。义眼镶装完毕，要整理四肢和头、颈部的姿势，因这些部分死后常缩回，尤其头、颈部有时可缩至背甲下面。向体腔内注入福尔马林后，颈部和四肢虽有所伸展，但仍显不够，影响观察。所以固定前需要把头、颈、四肢和尾各部分适当地拖出，并缚于整姿用的“米”字形的木架上。如果不能自制木架，用长方形的木板也行。缚线一定要从肢、颈、尾的内部穿过，不要从上面绑缚，以免固定和干燥后留下勒痕。另外，也可用适当粗细的缝针一类的钢针或小钉将这些部分扦固于木架或木板上（图 5－1）。

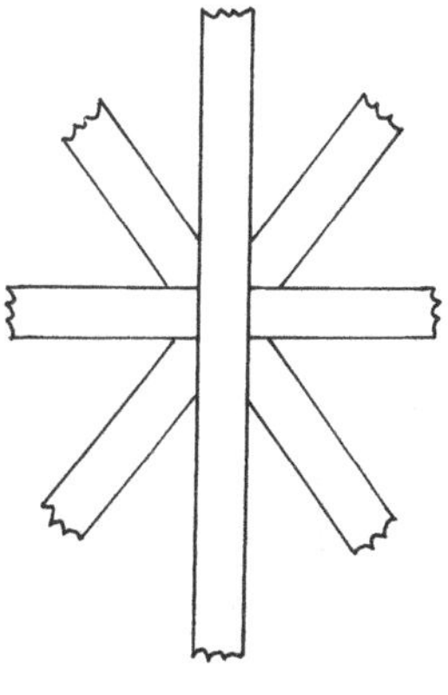

图 5－1　干制龟标本的固定板

整姿好了以后，要把龟连木架或木板放入

15%的福尔马林中固定。固定时间依材料大小而定，一般背甲长 12 厘米左右的龟，至少需要半个月，小型的龟，如旱龟，至少也得一星期。固定时间延长并无妨碍。为了充分固定，保证固定质量，时间长些有把握。在固定过程中，应更换 1～2 次新固定液。

固定后，要把材料放在酒精中脱水。脱水一般需要三级浓度的酒精连续处理，即 70%的酒精处理 5～10 日，90%～95%的酒精处理 10～15 日，纯酒精处理 5～20 日。为了节省价格较贵的酒精，以及避免因高浓度的酒精处理而可能出现的某种程度的收缩，所以在用 70%酒精处理后，亦可转入自然脱水干燥，即放在空气流通和有阳光的地方干燥，至彻底脱水为止。

（二）

完全不使用酒精，即用福尔马林固定后，移在干燥箱中（40～45℃）放置一段时间，先将水分脱出一部分，然后再在空气流通和有阳光的地方使之自然干燥。由于这种干燥处理往往需要很长的时间，为了进一步防腐，应往体腔中和颈部、四肢内注入一定量的亚砒酸饱和液。另外，也可在固定时先往体腔内注入福尔马林来代替亚砒酸饱和液，不过防腐效果有时不如亚砒酸。

（三）

对于一些更小型的材料，如旱龟，可先往体腔内注射一定量的亚砒酸饱和液，然后放在福尔马林中固定 5～7 日，最后直接放在空气流通和阳光照射处自然干燥。

（四）

将龟麻醉致死，从左侧或右侧把一侧的腹甲揭开，掏出全部内脏，然后用流水冲洗体腔，再用亚砒酸液遍涂体内各部，随之将被揭开的这部分腹甲与背甲对好、缝合。颈部和四肢也同时要注入一定量的亚砒酸饱和液。最后放在福尔马林中固定，固定后按上述第 2 或第 3 种方法进行干燥。

用上述后三种方法处理时，其中镶装义眼和整姿等均与第 2 种方法相同，不论用哪种方法处理，干燥后都要把标本从所扦固或绑缚的木架或木板上拿下，然后给干燥的躯体普遍轻擦清漆，使体表颜色更好地恢复原样，最后装在标本盒中保存。

保存所用的标本盒一般多为木板底玻璃盒，即把标本固定在木底板上，上覆玻璃罩。有条件的话，还可用有机玻璃封装起来，即先把标本用优质尼龙线或细金属丝从底部（穿过腹甲）固定在有机玻璃的底板上（底板先钻孔），然后上面覆盖大小适当的龟形或扁方形的有机玻璃罩。有机玻璃罩可用三氯甲烷通过溶解粘接在有机玻璃的底板上。

五、小型鸟类的干制标本

对于一些小的动物，如小型鸟类，可将纯福尔马林或亚砒酸钠的福尔马林（5％～8％）饱和液注射入体腔、颅腔、眼窝、肌肉以及通过口腔、食管顺行灌注于嗉囊、砂囊和肠道，必要时尚可辅以从肛门逆行灌注一部分药液，然后放在空气中使之自然干燥，干燥后放在玻璃箱中保存。

普通的小型鸟类很适合用这种方法处理，因为鸟体覆有丰富的羽毛，干燥后躯体即使有点收缩，外观上也不会受多大的影响。在装箱保存以前，要详细检查一遍，某些部位的羽毛需要整理的，应及时整理。眼窝处如果塌陷，可注射少量水润湿，拨开眼睑，取出眼球，适当填垫黏泥（用稀胶和黏土），插装义眼，使眼睑位置复原，保持睁眼时的状态。

六、鸟巢和鸟卵的干制标本

（一）鸟 巢

鸟巢采集可能是动物采集中最艰难的一项工作了。符合科学研究标准的、理想鸟巢的获取更是机会难得。因为我们必须去采集那些已产满卵的巢，当发现巢内产卵较少或不能断定是否为满窝卵时，应该耐心地等待，每天去检查产卵情况。而这对于警觉性高的鸟类来说，常能导致它弃巢而去，从而前功尽弃。而满窝卵的巢，若是在发现时已处于孵化后期，蛋内的胚胎难以取出，也不能制成合格的标本。加上鸟巢的隐蔽极为出色，孵卵亲鸟的隐蔽防卫本能十分突出，所以能够发现鸟巢的机会也是微乎其微，用“踏破铁鞋无觅处”来形容，并不算夸张。根据实践经验，发现和采集鸟巢的最基本方法是观察和追踪有繁殖迹象的成鸟。鸟类占区鸣叫、炫耀以及保护巢区的种种行为，都是寻找鸟巢的线索。常常在固定地点终日鸣叫不息的鸟类附近可以找到它的巢。当走近黄鹂、鸥类等鸟类的巢区时，雄鸟常大声惊叫和绕着圈飞鸣，直到人离开它的巢区为止。因此就可以反复试验，根据亲鸟反应最激烈的区域来判断它的巢址。方位确定之后，可以隐蔽在稍远的地点，用望远镜目不转睛地监视成鸟的行踪。“两军相持，耐者得胜”，亲鸟虽然一直也在警惕地注视着我们，但它的恋巢本性无时无刻不在折磨着它，相持时间愈长，当它发现所监视的目标并没有什么危险的征兆时，警惕性慢慢消退而归巢性愈益强烈，最终往自己的巢步步逼近而坐入其中。这个时候千万不能性急，一定要通过望远镜在巢址处选择好一个突出的标志。然后看准标志勇猛前进。特别是对于地面鸟巢来说，稍一错开眼神，就很可能失去了目标。雌鸟也会有反应：当临近它的巢时，常常一声不叫地偷偷溜走，但是也不远飞，总是在附近默默地停息或跳跃。发现这种异常的情况时，采用上面的办法也能发现它的巢。

草原或沼泽带的地域辽阔，亲鸟的保护色和护巢本能均比较出众，一般不到万分危急的情况下绝不轻易离巢，所以寻找鸟巢更困难一些。除了用搜索追踪成鸟寻巢之外，也可以选取 30～50 米的长绳，每隔 5 米系一个铃铛，由两个人各持一端，拉绳拖地前进，同时注视着长绳附近所惊飞出鸟类的处所。发现情况之后，将绳置于地面并作为找巢的标记。用这种办法，可以将预定的一块地域逐行搜索，并能绘出各种鸟巢的分布图来。在沼泽地区，要特别留意那些水草集聚之处，甚至可以把它作为寻巢的重点。

发现鸟巢之后，最重要的是先判明巢主，不要轻易拿走它的巢。对于熟悉的鸟类，不必采集成鸟。不熟悉的鸟类则一定要设法查明亲鸟。捕获亲鸟除了枪击外，也可以用马尾制成套索，沿鸟巢的边缘布放，然后退出它的巢区，过一定时间之后再来检查。马尾套索能够很容易地套住孵卵亲鸟的脚。在没有采集成鸟的工具情况下，应仔细观察巢主的大小、形状、身体各部的颜色及鸣声等，最好绘成草图，以便和原已收藏的有关地区标本进行核对。

在对鸟巢的亲鸟进行采集之前，还必须判断一下这窝卵是否已产足？最简便的办法是取出 1～2 枚卵，放入盛水的杯中观察，如果卵飘浮或悬浮于水中，则表明是已孵过的卵，此巢就是满窝卵，这时便可以对成鸟和巢进行采集。如果鸟卵迅速沉底，则表明尚未孵化，有可能不是满窝卵，必须准确地记住巢址位置，第二天再来检查。根据鸟类大多数是每天清晨产出一卵的习性，如果次日增加 1 枚，表示尚在产卵，应在不惊动亲鸟的情况下继续逐日检查，直到卵数不再增加为止。采用这种方法时应尽量减少对亲鸟的惊扰，不要随便移动鸟卵或折断巢旁的树枝。因为警惕性高的鸟会因干扰而停止产卵，甚至弃巢而去。

树洞筑巢的鸟类，它的巢相对地比较容易发现，但难于对洞内的情况进行观察和采集。通常可以自制带有角度的、能够伸入洞内的具柄小镜，利用镜面的反射来观察巢内的卵数。到了可以采集的时候，静待亲鸟入洞之后，先将纸烟喷入，然后用预先准备好的一个布袋迅速遮住洞口，迫使亲鸟飞出入袋。再用装有长铅丝柄的硬纸匙弯成合适的角度，伸入洞底掏取鸟卵。

对于所采集的鸟巢，应该仔细观察巢址周围的环境特征，如海拔、坡向、坡度、主要植被、水的深度等，逐一作简要记录，并记下采集的时间和地点，巢的位置、高度、巢口方向以及测量巢的种种量度；记载巢材的主要成分、卵数以及其他有关的生态资料。有条件的可以摄影或绘草图。小型鸟巢将巢与卵一齐采回，大型鸟巢除卵之外选取少量典型巢材。每一鸟卵都应细心裹以薄层棉花，连巢一起置入硬盒中，再填满棉花，以免野外工作及乘车时的震动而破碎。野外工作携带铝制大饭盒十分方便，必要时可作为珍藏鸟巢标本的工具。

在采集鸟巢时，特别是洞穴鸟巢，要细心检查巢内外有无寄生虫。将采到的寄生虫放入盛有70％酒精的小瓶中，另用铅笔在纸条上写明采集时间、地点及巢主名称，放入瓶内。鸟巢的寄生虫是很有意义的研究材料。

（二）鸟　　卵

鸟卵为什么必须及时处理？首先是卵的重量能随时间发生变化，及时测量的数据比较准确。更重要的是，未经取出的内容物的卵，非常脆弱，稍有震动就会破碎。而取出内容物的鸟卵，因为重量很轻，不仅耐震，就是在不太高的地方掉下来也摔不坏；此外，积时太久，卵的内容物浓缩变性，很不容易处理干净。

鸟卵在制作标本之前，应逐个称重和测量长径和宽径。然后选择合适的钻孔器，在卵壳侧方正中徐徐钻孔。钻孔器可用粗细不等的铁钉为材料，将钉头磨成多棱的钻头。根据实践经验，棱多比少好、棱的角度钝比锐好，棱少而角锐的钻头虽然比较锋利，但在钻孔时很容易将孔周围的卵壳弄成裂纹，最后导致破碎；薄壳的小型鸟卵尤其是这样。处理时每个卵只钻一个孔。有人采取在蛋的两端各钻一洞，然后用注射器抽取内容物，这是不适宜的，它不仅有损鸟卵标本的完整性，在操作时更易将卵弄破。

未孵过或新孵不久的卵，其蛋壳上所钻的孔不必太大，内容物很易取出。对已出现早期胚胎的蛋，应钻较大的孔，以能伸入小钩等工具将胚胎肢解、取出为度。处于孵化后期、雏体已很大的卵，一般不宜再制作标本；如果它是属于稀缺种类，则力争留下能用的材料；在钻孔之后，用镊子小心地扩大孔径，直到超过小雏的头部，然后用镊子取出小雏。孔径若小于头径，多半要造成蛋壳破裂。

适宜制成标本的鸟卵，当钻孔后，先用细镊子剥去孔洞处所露出的蛋壳内膜，以使所钻的孔畅通。然后左手拿卵，使孔朝下，右手持以弯玻璃管制成的吹卵器，对准孔的内侧面用嘴吹气，迫使卵的内容物流出。再不时以吹卵器从杯内吸取清水，反复吹入卵内并摇晃清洗3～4次，直到干净。清洗工作非常重要，这是制作精良标本的关键。一个清洁的蛋壳几乎清澈如玉、色泽鲜艳，像矿物标本那样历久不变质；而清洗不彻底、蛋壳内残留着蛋黄和蛋清，不仅使该处卵壳变色，而且由于残留物的干缩，造成蛋壳局部龟裂，难于永久保存，也失去研究的价值。此外，一般不要用水刷洗蛋壳，特别是那些卵壳表面不具光泽的蛋，以免将色彩拭去。

及时处理后的鸟卵标本，要放在器皿内使之全部干燥，然后再裹以棉花收藏。水渍未干，千万不要包藏起来，因为卵壳内所残余的水中，多少含有一些蛋白质，若与包裹它的棉花粘连并干涸之后，很不容易剥离，有时常因此而造成小孔周围的蛋壳破碎。

将从野外带回的、已经处理好的鸟巢和鸟卵标本，去掉外包的棉花，依次使所钻的孔朝下，放入大小适宜的硬纸盒内，盒外贴上标签，注明编号、种名、采集日期和地点，放入标本柜中保存或陈列。在野外所记录和测量的种种有关材料的卡片，也相应在编上编号，另行入档保存。

作陈列用的标本盒，常在顶盖镶以玻璃，以利于观察。但要注意避免阳光照射，长期日照会使蛋壳褪色，因此标本室需要装上窗帘。

第二节　胃、肠的风干标本制作

风干标本适用于胃、肠等具有管腔的内脏器官的制作。充气风干后，基本不变形。

1. 取材

可用防腐固定器官或新鲜的器官。在尸体上摘取器官时必须仔细操作，勿使器官有任何破损，并保持器官的完整形态。

2. 水洗

水洗是洗掉器官的内容物。用胶水管插入器官断端内，以缓慢流水速度洗器官。在水洗过程中用手轻轻揉动器官，使其内容物与水混合，并逐步导出内容物，直到洗净为止。

在水洗器官时，水流速度不宜过快，水流量不宜过大，揉动器官用力不宜过猛，否则极易破损器官。水洗时器官内容物有时堵塞出口，应仔细地夹出堵塞物。水洗较细的管腔，不便导出内容物时，可插入短的导内容物的胶水管，使内容物由该管导出。

例如，水洗马盲肠和大结肠，可先洗盲肠。在回肠断端处插进胶水管，通过回盲口引入盲肠内，以缓慢水流速度稀释内容物。注意注水不宜过多，适量而止。拔掉水管，使稀释的内容物由回盲口导出。这样反复数次，将内容物洗净为止。如回盲口弱小不便导出内容，可插入短的导内容物的胶水管，也可由该管向器官注水。水洗大结肠时，胶水管由小结肠断端处插入大结肠内，一部分一部分洗出内容物，直到洗净。

3. 防腐固定

新鲜器官水洗后，可在3%～5%福尔马林中固定2～3天或置于2%石炭酸内浸泡1～2小时，防止在风干中自然腐败。

4. 吹气

防腐固定好的器官，尽量把器官内部的液体倒出，同时用干布擦净器官表面的液体。

在吹气之前，准备好结扎用的线绳、玻璃管和胶管，把胶管接在玻璃管上。

吹气时先用线绳结扎管腔的一个断端，从管腔的另一个断端插进吹气用的玻璃管，并结扎该处，由胶管处向器官内吹气。直到充满气体为止。拔出玻璃管时，结扎好断端，勿使气体跑出。

牛、羊的结肠在吹气之前小心地将旋袢一侧的浆膜和小肠的肠系膜剥掉，暴露出肠的走向。

5. 风干

把已吹气的标本，用线绳悬吊于室内阴凉和通风之处（如若个别单位改变位置或形态时，设法纠正），使之逐渐风干。已风干的标本，如要观察内部结构时，可在标本上小心切个小窗。最后把结扎处切除，进行整理和装潢，在胃、肠腔内可放置数粒麝香草酚。

6. 保存

在已风干的标本上，贴部位名称的标签，置于玻璃罩内。为了防止风干标本生虫，可在玻璃罩内放些樟脑块。

第三节　食管、胃和肠的油浸干燥标本

一、取材和固定

取新鲜的食管、胃或肠管，用流水冲洗，彻底清除其内容物。然后将食管、胃或肠管的一端用粗线扎紧，向腔内注入3%～4%福尔马林液，使标本呈中等充盈状态，另一端用活扣结扎牢固后，标本浸于同样浓度的福尔马林液中。时间长短根据标本大小而定，一般不能少于1周，最长可放置2～3周。然后打开标本一端的活结，除去腔内福尔马林液，再灌入75%酒精，并将标本放在同样浓度酒精中浸泡。从80%、95%到无水酒精，每天更换一次。

二、松节油浸渍

标本经无水酒精处理后，倒出腔内的酒精，灌入松节油，并把标本置于盛有松节油的瓶中，浸泡 2～3 天。注意不要使标本完全透明，以免标本变脆。

三、干　　燥

从松节油中取出标本，并倒净腔内的松节油，用注射器或橡皮球向腔内注满空气后，将标本的两端扎紧，悬挂在通风处晾干。2～3 天后，松节油挥发，标本则呈白羊皮或白纸板状，即制成干燥标本。剪去皱缩的标本两端，并沿食管或肠的长轴纵行切开；胃则沿胃大弯、胃小弯切开，显示其黏膜结构。也可在肠壁上开窗，显露黏膜形态。如回盲瓣等，在放大镜下，可明显地看到肠皱襞、绒毛、淋巴结节和孤结等黏膜结构。

舌油浸干燥标本的制作是从舌下面剖出舌外肌，并修整软组织，注意保持舌黏膜完整。然后按上述方法进行固定、脱水、松节由浸渍和干燥。在放大镜下可看到各种舌乳头。

第四节　半干制标本

半干制标本是将用甘油处理的材料经过分离而制成的标本。它的优点是具有弹性，制作不受自然条件的限制，我国南北方任何季节均可制作；其缺点是仅适合制作小动物和离体器官标本，制作成本高，必须放在密闭容器（玻璃瓶或玻璃罩）中保存。

半干制标本适合制作肌肉、血管神经标本。现将制作过程简述于下。

1. 选择动物

选取小动物，如羔羊、仔猪和离体器官等。

2. 固定液配制

水	450 毫升
甘油	500 毫升
石炭酸	300 克
福尔马林	200 毫升

3. 放血与固定

动物颈动脉放血致死，将固定液注入颈动脉内，固定 1 个月左右。在固定期间，表面盖上浸有固定液的棉花或布，最外盖上油布，防止干燥。

4. 制作与保存

按计划分离显示出肌肉系统的形态结构以及血管神经的分布情况，在分离过程中随时用浸有固定液的湿布盖好标本，防止标本干燥。

标本分离好后，悬吊在阴冷通风的地方，吹干表面，并使多余的固定液流出。

制成的标本，保存在密闭的玻璃瓶或玻璃罩内。

第五节　冻 干 标 本

一、显示内脏器官位置的标本

主要显示胸腔、腹腔和骨盆腔器官的位置关系，根据需要可以剖开一侧胸壁、腹壁（左侧或右侧）显示脏器位置，另一侧显示肌肉和血管神经，也可以打开两侧胸壁、腹壁，显示内脏位置。为了显示胸腔和骨盆腔器官，应去掉一侧的前肢或后肢，现将各部分制作要点分述于后。

（一）头　　部

为了显示口腔、鼻腔和咽，应去掉左侧下颌骨枝，剖开左侧鼻腔，并切除部分鼻中隔软骨。去下颌骨时，首先切除咬肌和颊肌，然后用小骨锯在臼齿前方锯断下颌骨体，从下颌间隙处沿下颌骨内侧切断肌肉与黏膜，最后切开下颌关节，切断颞肌，下颌骨即可取下。取下下颌骨后清除翼肌，即可露出咽壁，锯断舌骨枝，切开咽侧壁便可以显示出消化道、呼吸道与咽的关系。适当地把耳咽管口和食道撑显著。

（二）颈　　部

为了显示出食管与气管的位置与相互关系，除分离颈部肌肉和浅层血管神经外，应切除左侧胸头肌、臂头肌和颈静脉（为了防止头部偏向一侧，肌肉可待干燥后再行切除）。

（三）胸　　部

主要显示胸腔内器官的位置关系，必须去掉左侧前肢。去前肢时，依次切断肩带肌和神经，移去前肢（用油布包好留待制作局部标本用）。然后仔细切除肋间肌，刮净肋骨上的肌肉与骨膜，暴露出胸腔器官（可根据需要切除部分肋骨）。

（四）腹　　部

是制作内脏位置标本的关键步骤。动物胃肠内有大量内容物，必须取出，然后用填充物加以填充、复位。其具体操作步骤如下。

1. 切开腹壁

首先切开一侧腹壁（马先切左侧，牛先切右侧），在腹下壁距腹白线15～20厘米处做平行白线的切口，前面沿肋弓，上面沿腰椎横突，后面沿骨盆前口，切除腹壁。

2. 记录内脏位置

切除腹壁后，先勿移动，立即用草图记录内脏位置，如有条件可拍照，作内脏复位时参考。

3. 取出消化道内容物

取内容物时，首先轻轻移出内脏，注意肠系膜、韧带等与腹壁的联系均不能破坏。如从左侧取马消化道内容，应先把小肠和小结肠拉出（勿伤及肠系膜），翻向背侧。然后从骨盆弯曲处拉出大结肠，此时可根据情况在隐蔽处纵带上切数个切口，盲肠左侧纵带上也做切口，用手或勺子取出内容物，用水冲洗干净，小肠和小结肠的内容物，亦应适当取出。

4. 填充物

取出内容物的肠管，要加以填充，一般用刨花或木丝较好，填充时，刨花内拌入6%六六六粉，或驱虫药剂以防虫蛀，填充量适当。为了复位时便于整形，可在小肠和小结肠内插入适当粗细的铁丝。填充好肠管后把切口用缝合线缝好。

5. 复位

经过填充肠管后，把表面的木屑清除干净，即可按照草图或照片复位。复位时内脏要尽量保持原来的位置与相互关系。为了防止过大的间隙，可根据情况做适当大小的刨花团（刨花用纱布包成团）放在隐蔽处，外用内脏盖好，这样变使脏器充满腹腔，接近正常。

如双侧显示内脏位置，复位后切开对侧腹壁，然后进行冻前处理。为了保持腹腔形态，防止内脏下垂，冻前应用纱布兜住内脏，最后放入冷室。

6. 骨盆腔

从髋关节处去掉后肢，把骨盆上的肌肉刮净，切除荐坐韧带，露出骨盆腔器官。

二、离体内脏器官标本的制作

为了显示内脏器官的形态构造，可将心、肺、胃、肠、肝、胰、肾等器官制成单个的离体内脏标本。也可以把整个系统，如消化系统制成离体标本，以显示各部分之间的相互关系。

离体内脏材料，尤其是肺、肝等容易变形的器官，最好取自整体固定的尸体。新鲜材料在用10%福尔马林溶液固定时，容器要适当，注意保持器官的正常形态。

肺、肝、肾等实质器官，根据要求分离好，或切成断面，即可放入冷室冰冻，但要放置适当，防止变形。心脏标本如果显示瓣膜构造，可切开心房及主动脉，肺动脉、露出瓣膜，在冻前用棉花把瓣膜和容易塌陷的部分衬好，以免干后变形。

离体胃肠标本，同样要取出内容物、冲洗、填充和缝合。在取内容物时应事先考虑制好的标本如何放置，以便在隐蔽处切开胃肠壁，这样可避免缝合处露在外面，影响标本质量。

制作显示血管神经的消化系统标本，材料最好取自整体固定的尸体。摘出内脏时从胃（包括肝、胰）到直肠连同腹主动脉一起取下（注意不要损坏静脉）。摘出的内脏按前述步骤：取出内容物、冲洗、填充、缝合，然后放在一块大木板上摆好位置。摆位置要适当，使要显示的部分能显示出来。摆好位置后，分离血管神经，大的静脉要用棉花填充，最后连木板一起移入冷室冻干。在冻干过程中，为了使贴木板的一面通风，可用木条适当衬起（注意不要弄破肠系膜），标本干后进行整修，由于肠系膜干后质脆，最好放在玻璃罩内保存。

第六节　标本的包埋保存法

包埋保存法是把已防腐固定的标本，包埋于可凝结的透明基质中，使标本与外界隔绝，达到长期保存的目的。此法免除了湿保存法中使用标本瓶和保存液的累赘，把标本和保存剂结合为一个整体，使用较方便。包埋保存法适用于保存切面和体积不大的局部或器官标本。体积大的标本，由于包埋基质材料和技术条件的限制，目前尚有一定困难。

根据包埋基质的不同，有下述几种包埋方法。

一、冷却凝结包埋法

应用遇热熔融，冷却凝结的材料，如明胶、琼脂等作为基质。配方及操作方法如下。

1. 甘油明胶包埋

用纯净透明的明胶100克，冷水洗净后，溶于100毫升蒸馏水中，水浴加热使之彻底溶化，再加甘油1000毫升、麝香草酚1克，混合加热后备用。做好与标本大小相近的玻璃或有机玻璃标本盒。包埋时，先用加热至50～60℃的甘油明胶倒一部分至标本盒内，再将标本浸满甘油明胶后轻轻放入，保持好标本位置，再把胶倒满标本盒。倒胶时应避免产生气泡。如有气泡可用加热的粗针头烫破，静置使其冷却凝结硬化，最后将标本盒密封保存。

2. 琼脂包埋

琼脂5克，洗净切碎后水浴加热溶于蒸馏水500毫升，5%醋酸钠90毫升，混合后用纱布过滤两次，再加纯净甘油120毫升，石炭酸1克，加热共溶，充分混合。包埋方法与甘油明胶法相同。

冷却凝结方法取材方便，操作简单，但包埋的标本硬度不大，而且气候炎热时包埋的基质有时会溶解外流，气候干寒又可能使基质凝缩或出现裂隙。封闭不严时，标本会干枯皱缩。

二、丙烯酰胺聚合包埋法

丙烯酰胺聚合后形成凝胶，无色透明，具有一定的防霉性能，适于包埋小的薄切面标本，如脊髓、脑干及大脑切面标本。

1. 配方

1）丙烯酰胺	30克
甲叉双丙烯酰胺	1克
蒸馏水	100毫升
2）四甲基乙二胺（Temed）	0.005毫升
3）蒸馏水	11.2毫升
4）10％过硫酸氨溶液	0.05毫升

2. 步骤

先将标本用明胶液粘贴于有机玻璃标本盒内，封好盒盖（标本盒要粘接牢固，不漏气，一旦漏气，凝胶有可能干涸而失败）。再将盛有上述液体的烧杯，置于真空干燥瓶内真空除氧后，用注射器和粗针头将液体由标本盒的注液孔徐徐注入盒内，注满为止，并排除气泡，封闭，静置1～2小时即可聚合。

三、透明塑料聚合包埋法

用透明率高的塑料单体，加入引发剂和促进剂，使其产生聚合反应，聚合前将标本浸入单体，聚合后标本便埋入聚合体内。

（一）甲基丙烯酸甲酯（有机玻璃单体，商品名为牙托水）聚合包埋法

用甲基丙烯酸甲酯聚合包埋标本，可用引发剂和光引发两种激发方式产生聚合反应。

1. 引发剂引发包埋法

1）制模　根据标本大小和形状，用普通玻璃板，以防水纸条和丁酯胶粘合成模盒，也可用适当厚度的有机玻璃板做成模盒。

2）标本处理　由于聚合反应过程中产生聚合热，选用的标本不宜过厚，一般以不超过10毫米为宜，以免因散热困难而出现气泡或爆聚。干标本应洗净、贴标签，彻底干燥。湿标本则洗净后用吸水纸或毛巾把标本表面水分吸干，贴标签，以毛巾包好备用。

3）聚合和包埋　把已加促进剂的预聚液，倒少量入模盒内，标本放入预聚液内

浸泡片刻，再轻轻放入模盒，摆好位置，排除气泡静置数分钟，再向模盒内加满预聚液，维持在35～40℃的温度，3～4小时可完成聚合。此过程应密切注意包埋的温度变化。如果温度升高时，要立即移入冷水浴降温，防止因聚合热散发不出去而产生爆聚。聚合过程中，可用玻璃纸或平板玻璃盖住模盒，使模盒内形成缺氧窨，促使聚合过程加快进行。但聚合速度不能过快，以免由于聚合热不能及时放散而易产生气泡或爆聚；也不能过慢，过慢也会使标本内部水分渗出，发生雾状混浊。

4）脱模。

5）磨平和抛光　聚合完成之后，用冷水浸泡以降温脱模。取出聚合包埋的标本块，裁切打磨平整，表面抛光。

2. 光引发（光敏）聚合包埋法

用光子的能量激发单体可以聚合包埋。为了使操作易于掌握，包埋时可用光敏剂安息香吸收紫外线，以促进聚合。

1）配方	甲基丙烯酸甲酯	100毫升
	偶氮二异丁腈	0.04～0.06克
	邻苯二甲酸二丁酯	2～4毫升
	安息香	0.04～0.06克

2）操作步骤　将上述成分混合，水溶加温预聚、制模，标本处理和包埋方法，均与引发剂包埋方法相同。包埋后放在自然光或紫外线灯下照射，使之聚合。聚合的速度可用安息香的剂量和照射强度加以调节，必要时安息香的剂量可以加大到0.1～0.2克。聚合时，向光的一面先聚合，故设置紫外线灯时，可使光源由下向上照射。如果表面先聚合硬化，底部后聚合，会因收缩牵引，使包埋标本内出现空洞和气泡等缺陷。

（二）甲基丙烯酸丁酯聚合包埋法

用甲基丙烯酸甲酯包埋标本时，脱水处理可使标本皱缩变形，脱水不足容易引起雾化混浊。而采用甲基丙烯酸丁酯聚合包埋法可克服上述缺点。

1. 制模

因其表面强度较低，制作模盒时，应根据标本的形态和大小，用5毫米厚的有机玻璃制作模盒。

2. 标本处理

与用甲基丙烯酸甲酯聚合包埋的方法相同。但脱水不如甲基丙烯酸甲酯严格。

3. 预聚

市售的甲基丙烯酸丁酯，均加有阻聚剂对苯二酚，用前必须除去阻聚剂，方法是采用减压蒸馏法除去阻聚剂。经减压 10 mmHg，蒸馏顶部温度 63℃，回收甲基丙烯酸丁酯 97%以上，然后放入冰箱内保存备用。

预聚液配方：	甲基丙烯酸丁酯	100 毫升
	过氧化苯甲酰	0.2 克
	安息香	0.03 克

市售的过氧化苯甲酰含有水分，用前 2～3 天，取出薄薄地铺在玻璃板面上，让水分在常温下挥发，但不能加热烘干。操作时先将定量的过氧化苯甲酰和安息香加入盛有少量甲基丙烯酸丁酯的三角烧瓶中，水浴加温 30～40℃，溶解至不见粉末为准，再加入全量的单体。经过滤后用三角烧瓶装好，浸沸水中加温，使引发剂加速反应。加温过程中要经常摇动，摇动时只需作一次比较大的摆动，不需来回多次摆动，以观察每摇动一次的气泡。随着温度增高，每摇动一次的气泡越来越多，这表示聚合正加快进行，这时单体发生部分聚合，出现了一定的黏性。当达到所需要的黏度后，马上浸入冷水中，不断摇动，使之降温。

应该注意，甲基丙烯酸丁酯在水中加温预聚时，盛装甲基丙烯酸丁酯的容器不能密封，三角瓶口可用玻璃纸盖上，因引发剂过氧化苯甲酰加热到 100℃左右时能迅速分解，在密封器内可引起爆炸。

4. 包埋

将预聚液放入模盒内，排尽气泡，过 10 分钟后再将处理好的标本慢慢浸入预聚液内，再次排尽气泡，静置 30 分钟，待标本固定在适当的位置时再将模盒上口密封，放在自然光下（不需太强的太阳光）直到完全聚合，经抛光处理即成成品。

为了克服包埋湿标本时因其内部水分渗出而发生雾状混浊的缺点，可先在湿标本表面密封一层橡胶薄膜，再用聚合包埋方法包埋标本。制作方法是：标本修洁后，吸干表面多余水分，贴好标签，在标本的适当部位穿一根悬吊标本的尼龙线，然后将标本完全浸入 5%～10%的丁基橡胶汽油溶液内 2～3 分钟，直到标本表面形成厚约 0.2 毫米的密封橡胶薄膜为止。再把覆盖有橡胶薄膜的标本放入模盒用聚合法包埋。湿标本经橡胶薄膜覆盖后，标本内部水分不致渗出，但丁基橡胶形成的薄膜在有机玻璃单体中仍能溶解，故聚合过程以稍快为好。

第七节 包埋昆虫标本的方法

采用聚甲基丙烯酸甲酯（俗名有机玻璃）把昆虫标本包埋起来，作成一种类似人造琥珀的昆虫标本。用这种材料制作的标本，有不怕虫蛀，不生霉和避免损坏的优点，由于透明度强，便于观察，作为展览、教学材料尤为适宜。

聚甲基丙烯酸甲酯，通常是由氢氰酸、丙酮、甲醇等原料经过配制聚合而成的，其最大优点是质量轻、透明度强。制作时的准备工作及程序如下。

一、材料及工具

1. 原材料

制作有机玻璃包埋昆虫标本的原材料，是从化工原料商店买来的生、熟单体。

生单体：是未经过预聚合的甲基丙烯酸甲酯，为无色透明液体，在制作昆虫包埋标本时起溶剂作用。

熟单体：是经过聚合的甲基丙烯酸甲酯，为无色透明的黏稠状液体，只有在5℃低温下才能保存原来性状，在高温下即逐渐聚合硬化。因此，生、熟单体应盛于大形玻璃塞广口瓶中，放在冰箱中保存。为应用时方便和避免处置不当浪费材料，可用两个50毫升小广口瓶，倒取部分单体以便随时使用。

2. 准备包埋的昆虫标本

最好选择肢体完整，色泽鲜艳，外表皮比较坚硬些的如鞘翅目、直翅目、半翅目、膜翅目等以及鳞翅目成虫。较大的昆虫内部器官及各种昆虫的幼期也可用来包埋，只是由于含水量多，需要的过程比较复杂。无论包埋哪种昆虫标本，都要事先作好整姿及清洁工作，以便提高清晰美观程度。

3. 工具

镊子：不锈钢材料制作的小型钟表镊子，用来提取和放置昆虫标本。

解剖针（或昆虫针）：用来拨正虫体和清理包埋过程中虫体周围的气泡。

玻璃板及载玻片：玻璃板作为模具底盘，大小可根据情况选择；载玻片作为模框，大小要依虫体而定。无论玻璃板或载玻片，其厚度都要在2毫米以上，太薄容易破碎。所选玻璃板要四边平整、表面光滑。

抽气泵：在昆虫标本放入熟单体中时，用来抽取身体四周的气泡。抽气泵的压力大小，要视容器的承压力而定，最好先做试验，以免将容器抽破，浪费材料。

抛光机：用来抛光脱模整修后的包有昆虫标本的料块，使其亮度增加，达到美观整齐。

二、制　　模

制模取决于包埋昆虫标本的有机玻璃外部形状，是方形、长方形或菱形。如制作成圆形，也可选用质量较好不同大小的平底玻璃皿，作为模具。决定好模具形状后，先将所需玻璃模具擦洗干净，而且要经过反复检查，表面已有伤痕或起毛的便不能用，以避免脱模时发生困难或制作出来的标本埋块表面不平整。

制模时先在玻板下垫一张方格透明蜡纸，以便用载玻片按标本大小和所要求的模型作成模壁。然后用镊子蘸少许熟单体滴在载玻片接缝片的上方，使其沿接缝外方自行流下将缝黏合，这样的黏合处理方法要经过两次进行。随后即放置在40℃温箱中约半小时，使熟单体聚合硬化。模具作好后，即可注入4～5毫米厚的熟单体（不能过厚，以免接缝处的黏着部溶解）。再放入40℃温箱中12小时使其聚合硬化，作为固定层。以后再用同样方法注入两次，使模底聚合硬化后的单体厚度不少于3毫米，避免将来脱模后底面过薄而破裂，造成空气进入使虫体与聚合硬化后的单体分离，产生变色、失真现象和气泡。为了标记所包埋的昆虫名称（中名或学名），在第二次注入熟单体前，将在生单体中浸泡过的、用绘图墨水清晰书写的标签放入，使其溶于熟单体中。摆放的姿势或位置可根据需要而定，这样制模及固定过程即完成。

三、包　　埋

先将经过整姿干燥后的昆虫标本，浸在生单体中约1小时，使虫体完全浸透。这时便在预先制好的模具中注入熟单体，但一次注入量绝对不能超过虫体厚度的一半，以免放入标本后虫体漂浮移动位置。然后把浸在生单体中的虫体取出，使虫体背面向下，放在模具中的熟单体上。立即用镊子或解剖针将虫体平整地摆在模子中的适当位置，待熟单体稍有聚合、虫体不会再移位时，平稳地移到有玻璃盖的盒中，防止空气中的灰尘溶入模内熟单体中，以便日后观察。在包埋全过程中尽量使熟单体在自然条件下聚合，这样虽然固聚时间较长，但不易产生气泡。约经过2日后，可用解剖针试探，在熟单体已聚合成半固体尚未完全硬化前，可再加入5毫米厚的熟单体。以后每隔1～2日依次按上述方法检查，再加入熟单体。但后几次注入时，最好从模具的一端注入，使其自然流入另一端而铺平，以免不规则地注入，互相挤压产生不易排出的气体。

如果包埋体壁较软的种类或幼虫，或为了加快聚合速度和一次加满熟单体，需要加温处理时，就要准备一套抽气泵，一旦发现虫体周围产生气泡，应立即连同放有标本的模具放入密封的器皿中，将气体抽出。等到熟单体完全聚合硬化后，即可进入下道工序。

自包埋开始至完全包埋好的整个过程中，要随时注意观察虫体是否端正、周围有无气泡。如发现虫体偏离原来位置，应立即拨正。如周围发生气泡，要及时用解剖针插入气泡中，同时用镊子蘸少许生单体，滴在针上使其顺针而下，将气泡浮出，再用少许熟单体把针插的小孔填补起来。如气泡产生在表面，可用针蘸生单体刺穿气泡，单体注入气泡即消失。熟单体自冰箱中取出注入模具中的过程，由于温差变化，常出现水蒸气凝聚在表面形成雾状。这时应停止注入熟单体，将模具连同注入部分放置起来。待水气自然蒸发干净，恢复到原来的透明状态时，先在表面滴少许生单体，使原熟单体溶化后，再注入熟单体继续进行下去，直到虫体完全被埋没且稍有余，聚固后表面平整为止。

四、脱模和整修

当标本四周的熟单体完全硬化后（从第一次注入完全硬化大致需半月），即可进行脱模。如果制模前挑选的玻璃质地平滑，并擦得干净，脱模就比较容易，稍为用力即可拆下。脱模时先拆去下面的底托玻璃，再依次拆去四周的玻片。脱模后的标本聚合体的边缘往往不够整齐，特别是最后聚合部分，容易出现皱褶或不平整，可用剪刀、钢锉、磨石等工具修整。但经过修整后的部分即失去透明度。可用布轮抛光机进行抛光，即恢复原来的透亮光洁度，被包埋的昆虫标本清晰可见。

全部制作过程应在无风、无尘的室内进行。灰尘落入单体中容易造成污染、变色、混浊不清，失去透明度。风会使单体中的溶液加快挥发，表面产生皱褶。温度变化大会产生雾状。

第六章　昆虫标本

昆虫属于节肢动物门、昆虫纲。昆虫纲共有100余万种，占整个动物界的四分之三，是动物界中种类最多的类群。

第一节　采集用具

一、采　集　袋

用于装载各种小型采集用具和昆虫标本。昆虫采集袋一般有两种，一种是肩背式，一种是腰围式（图6－1）。前者能携带多种采集用具，后者只能携带指管，但适于爬山上树。

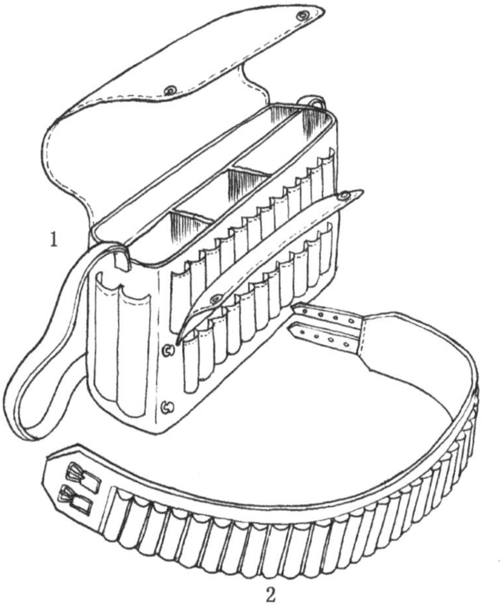

图6－1　昆虫采集袋

1. 肩背式采集袋　2. 腰围式采集袋

二、捕　虫　网

捕虫网是采集昆虫最常用的工具，分为捕网、扫网和水网3种类型。

1. 捕网

又名抄网，专门用来采集蝶、蛾、蜂、蜻蜓等空中飞翔的昆虫。网由网柄、网框、网袋三部分组合而成。捕网可以自己制作。网柄用 0.7～1 米长、直径 1.5～2 厘米的木棍或竹竿制成。网框直径约 30 厘米，由粗铅丝弯成，两端折成直角，固定在网柄上。网袋最好用珠罗纱或尼龙纱制作，以便能减少空气阻力、加快挥网速度。网袋的长度应该是网框直径的两倍，其底部要作成圆形，直径应不小于 7 厘米，以便取出采到的昆虫。制作网袋时，可将布料剪成 4 块，再进行缝合。

2. 扫网

用于在草地、灌丛中扫捕隐藏在枝叶间的昆虫。网的结构与捕网相似，但网柄较短，网袋质地为结实的白布或亚麻布，网底开口。用时将网底扎住，也可在网底开口处缝上松紧带，套上一个透明的塑料瓶，这样可以及时看清扫入网中的昆虫种类和数目。

3. 水网

专门用来采集水生昆虫。网的结构也由网柄、网框和网袋三部分组成，但形式和质地却多种多样，主要根据水域的深浅、河溪的宽窄、水草的疏密，以及所要采集的昆虫种类来选择形式和质地。其网袋常用铜纱、尼龙纱、马尾毛、棕榈纤维或亚麻布制成。

三、吸　虫　管

用于吸取隐居在树皮、墙缝、石块中的小型昆虫（图6－2)。采集时，将吸管口对准或罩住要采集的昆虫，按动吸气球将昆虫吸入管内。吸管中还可以放入沾有乙醚等麻醉药剂的小棉球，将能飞善跳的种类熏杀后，再移入其他容器或纸袋中保存。

四、烤　虫　器

用于收集隐藏在枯枝落叶和烂草等腐烂物中的昆虫（图6－3)。使用时，将野外采来的腐烂物放入有隔筛的铁皮圆筒中，用电灯或其他热源增高温度，利用热量将腐烂物中的昆虫驱赶到圆筒的下方的漏斗中，再从漏斗落入毒瓶或酒精瓶内，达到采集的目的。烤虫器的形式很多，可根据其原理自行设计制作，但使用时要严防火灾。

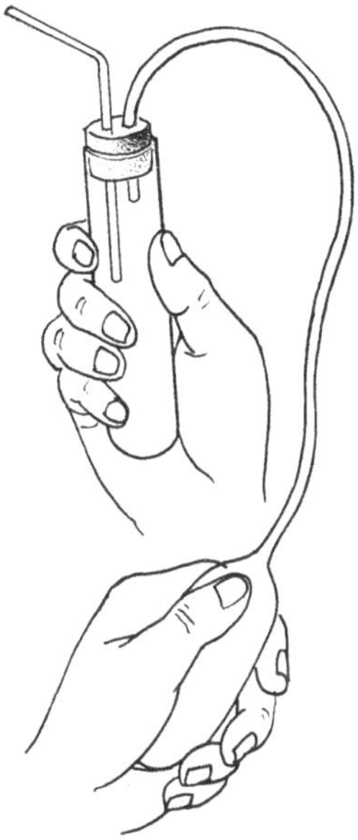

图 6-2 吸虫管

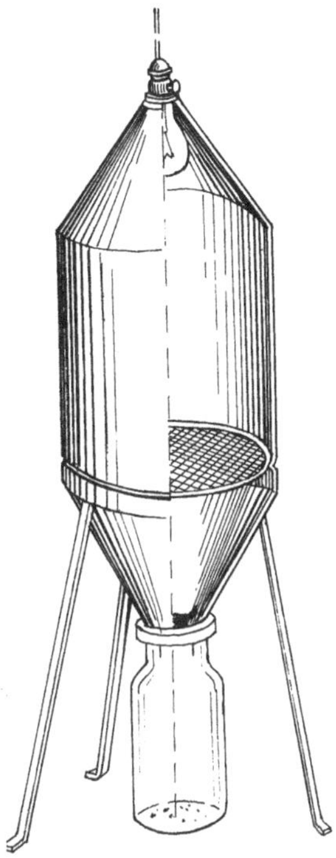

图 6-3 烤虫器

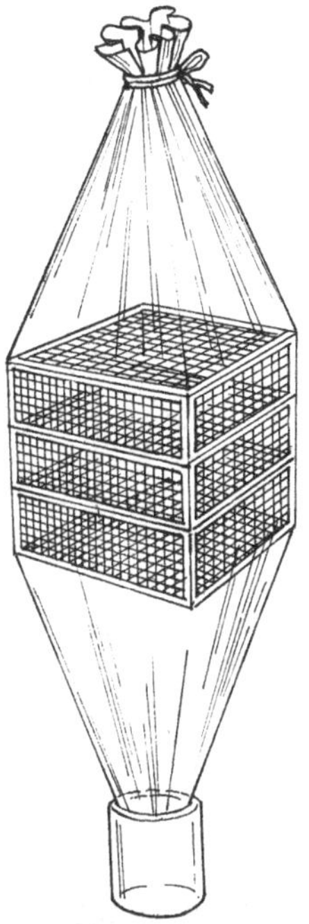

图 6-4 采虫筛

五、采 虫 筛

用于收集隐藏在土壤中的昆虫，筛的形式和质地多种多样，可以自己动手制作。制作时，用铁丝编制成不同大小眼孔的圆框，几个圆框按一定距离套叠在一起，大眼孔框在上方，小眼孔框在下方，将套框装在一个上下开口的布口袋中，下口扎上一个收集昆虫的毒瓶，便制成了采虫筛（图 6-4）。使用时，将野外采来藏有昆虫的土壤，从袋口装入上层铁丝框中，提起口袋用力抖动，昆虫便被筛出，并按体型大小，分别留在不同层次的铁筛上或落入下面的毒瓶中。

六、卧式趋光采虫器

用于收集枯草烂叶中的昆虫。采虫器用粗铁线作支架，四周用黑布作罩，形成一个长口袋，袋的前端连一方盒，盒正面安装玻璃，盒的下方连一收集瓶，收集瓶上口与方盒相通（图6-5)。用时，将野外收集的含虫的枯草烂叶，从袋后端装入袋中，利用昆虫的趋光性，使其向透光的方盒集中，最后落入下面的收集器内。这种采虫器适于收集无翅昆虫。

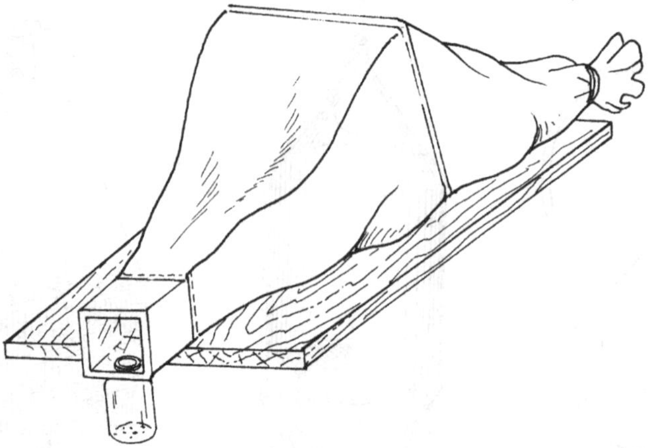

图 6 - 5　卧式趋光采集器

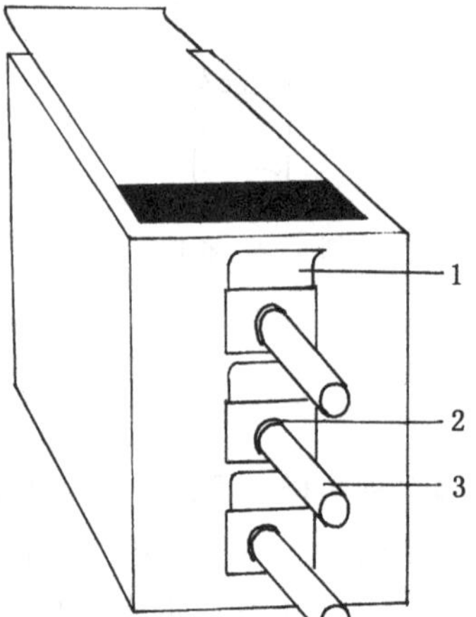

图 6 - 6　趋光分虫器

1. 铁扣板　2. 橡皮圈　3. 玻璃管

七、趋光分虫器

和扫网配套使用，用于收集和分类扫网采集的各种昆虫。这种分虫器是用薄木板或铁皮做成的长方形盒，盒盖是一个能够抽动的门，盒的窄面一端开 3 个高低不同的圆洞，每个圆洞外装有一个能提起和关闭的铁扣板，铁板上套有一个与洞口相同的橡胶圈，在橡胶圈内放进一个口径适合的玻璃管（图6 - 6）。用时，将扫网采集来的含虫碎枝杂叶放入盒中，关闭盒盖。盒内的昆虫在趋光性驱使下以不同的飞翔能力或爬行速度，趋向不同高低的指形管中。这种分虫器适合于体型小但弹跳和飞翔力较强的昆虫。

八、诱　虫　灯

用于采集夜间飞行活动的昆虫，如各种蛾子和甲虫。诱虫灯分为固定式、悬挂式和支柱式三种。支柱式诱虫灯的结构比较简单，它只需 3 根 3 米长的木棍或竹竿、6 根长度约 4 米的绳子、一块 2.5 平方米的白色幕布、一定长度的电线、一只普通灯泡或黑光灯泡。将上述物品按（图 6 - 7）所示进行组装，便可在夜间诱捕昆虫。被诱来的昆虫往往绕灯飞舞片刻，便停息在幕布上，此时用指管或毒瓶扣捕，可得到完整的标本。

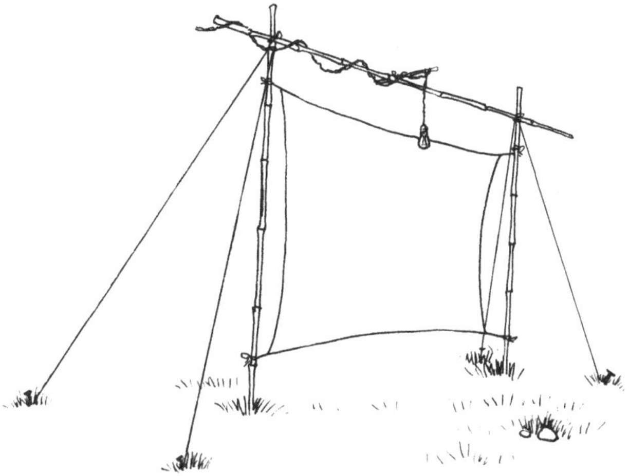

图 6-7 支柱式诱虫灯

在距离电源较远的地方，也可使用气灯、煤油灯或电石灯作诱捕昆虫的光源，但要特别注意避免发生火灾。

九、毒 瓶

采集昆虫时，对用来作标本的昆虫，采到后要迅速杀死，以防其挣扎逃跑或损伤肢体及鳞片脱落。这就需要用毒瓶及时将昆虫杀死。正规的毒瓶是在瓶内底部放置氰化钾，氰化钾上面依次再放置石膏、药棉和滤纸。这样的毒瓶，杀虫效果最好。但氰化钾是剧毒物质，稍有不慎，人就会中毒甚至死亡。因而最好用其他物质代替氰化钾，理想的代替物是桃仁。制作时，先将桃仁加水浸湿以后捣碎，然后放入毒瓶，上面再铺一张吸水纸便可使用。一个 500 毫升的毒瓶，至少应放置 30 克桃仁。如果没有桃，可改用新鲜的山桃叶和山桃嫩茎上的树皮，将二者加水捣碎，放入毒瓶使用。也可改用捣碎的枇杷仁、青核桃皮或月桂树叶作为毒杀物质。此外也可用乙醚等麻醉药品放入毒瓶毒杀昆虫，其作法是在毒瓶中放置若干棉球，向棉球上滴加乙醚，再用硬纸将棉球压住，在硬纸上放置待毒杀昆虫。由于乙醚挥发很快，要随时添加才能保持药效。

毒瓶中一次放入的昆虫不宜过多。为了防止瓶内昆虫互相碰撞，可在瓶内放些凌乱的纸条。对于鳞翅目昆虫，为了防止翅上的鳞片脱落，可以先将这类昆虫放入三角纸包里，再将纸包放入毒瓶内毒杀。

十、三角纸包

用于采集途中临时存放鳞翅目和蜻蜓目的昆虫。其制作方法是用 1 张长宽 3∶2 的长方形纸片，按照（图 6-8）所示的顺序进行折叠。纸片面积随虫大小而定。

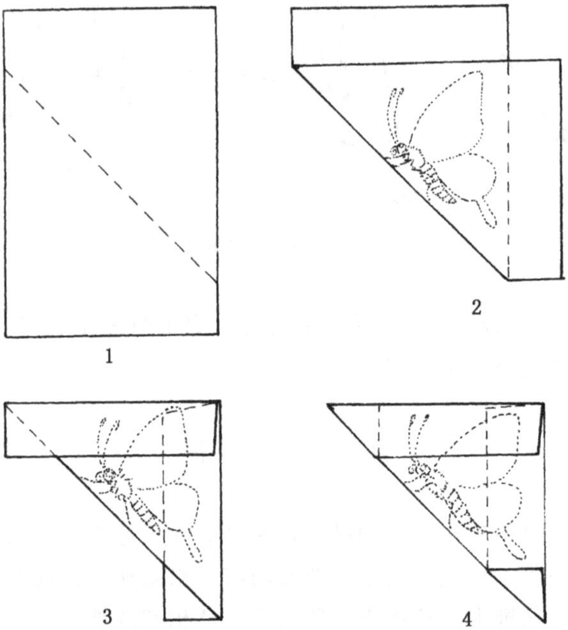

图 6-8　三角纸包的折叠方法

十一、其他采集用具

采集铲、采集耙、毒虫夹、镊子、刀、剪、毛笔、放大镜、指形管和广口瓶等。

第二节　采集昆虫的季节和时间

由于昆虫种类繁多，生活习性很不一致，一年发生多少代、一代有多长时间、何时开始出现、何时停止活动等，各类昆虫很不一样。即使是同一种昆虫，在不同地区或不同环境中也有所不同，所以采集昆虫的时间就很难一致，应该因虫而定和因地制宜。

要想采集到大量的昆虫或理想的种类，首先要学习和掌握些必要的昆虫知识，才好有针对性地选择不同的地区、不同的季节和不同的采集时间，以达到预期的采集效果。

一般来说，一年四季都可采集。每年晚春至秋末，是昆虫活动的适宜季节，是一年中采集昆虫的最好时期。但在华南各省区，由于植物能继续生长，昆虫有着丰富的食物，因此不少种类的昆虫没有明显的冬眠阶段，所以一年四季都可采集。但有一些不适应炎热的种类，夏季进入夏眠，反而不如冬季容易采到。在北方，每到冬季昆虫很少，可是认真采集起来往往能得到许多宝贵材料。如果要有目的地采集某些种昆虫，尤其是一年只发生一代的种类，就要根据它们的发生期进行采集。所以采集的季节要看自己的目的和需要来决定。

在一年中，就一般昆虫的活动情况来说，我国北方地区，每年四月就可以采到一些昆虫，6～8 月为盛期，最易于采集，10 月以后则渐少，所以一年中约有一半时间适宜一般采集。我国华南亚热带地区终年可以采集。由于昆虫总是直接或间接与植物发生关系，所以可以说，一年中植物生长的季节，也就是采集昆虫的时间。

一天中采集的最好时间一般为上午 10 时到下午 3 时，这段时间是昆虫最活跃的时间，遇到的昆虫最多，宜用网捕捉。不过要注意有许多昆虫到黄昏才开始活动，它们当中有的种类成群飞翔，适于网捕。另外，夜间活动的昆虫种类比黄昏活动的还要多，用灯光诱集，能捕到很多种类。

采集的时间也要根据不同的昆虫种类而定。一般白天活动的昆虫，多自上午 10 时至下午 3 时活动最盛。有些喜夜间活动的昆虫，就必须在太阳下山后或太阳初升前才能采到，因有些昆虫只有在它活动的时间才容易发现。在温暖晴朗的天气采集收获大，在阴冷有风的天气，昆虫大多都蛰伏不动，便不易采到它们。

第三节 采集昆虫的地点和环境

选择采集昆虫的地点，也要依昆虫的种类而定，由于不同种类的昆虫地理分布不同，便受到地区的限制，所以说预先了解各大类昆虫的分布范围，有利于采集。对一般种类的昆虫来说，有小山、湖泊及植物种类复杂的地区，昆虫的种类也较多。室内、牲畜棚、仓库、厨房、水中、空中、森林、高山、草原等都是采集昆虫的好地方。石块、土壤、木材堆、腐烂物质、动物尸体下，亦为多种昆虫生存的场所，不可忽视。蛾类的蛹常蛰伏土中，可挖土采集。有些蛀食性昆虫，自植物秸秆上便可看到蛀孔及痕迹，可用枝剪或采集刀剥杆或劈木采集。采集时要特别注意农田、果园、菜园及其他有经济作物的场所。极高的山、大的沙漠和急流中的昆虫较少，但往往可采到特殊种类，采集时要特别注意，不可忽视。

如为调查昆虫种类及分布采集标本，那不但要采集数量较多的个体，而且要考虑到不同地区及各种环境的代表性。作为区系调查采集昆虫标本，应考虑到采集地区的自然条件、气候、植物种类及分布情况、地理状况等。必要时还应依据上述要求将要采集的范围分区、设点。山区和平原的昆虫种类截然不同，草原与森林的种类也各异，即使是同一山麓带的南坡和北坡、坡地和沟谷，其昆虫种类也不尽相同，常能反映山坡的区系性质及昆虫垂直分布的变化。高山上昆虫种类虽少，但别具一格，在山顶常可采到稀有种类。山区的弯曲闭塞地形，昆虫种类处于长期稳定状态，能采到代表这一地区的原始种类。

到大面积森林去采集昆虫，要注意到纵深与外围的种类区别。外围阳光充足，灌木草丛生长茂盛，植被复杂，昆虫种类最多；森林内部阴湿，植被比较简单，昆虫种类较少，但有些喜阴暗潮湿的种类也可采到。林间的空地是多种昆虫类群的集中点，采集时千万不可忽视。

昆虫的分布很广，可以说到处都可采到昆虫。不过由于种类不同，除知道采集昆虫的地点外，所需的环境也不相同，在这个环境里可以采到某类昆虫，在另外一种环境下则可采到另外一种昆虫。更多地了解各种昆虫的栖居环境，可帮助我们有目的地进行采集。

一、地面和土中的昆虫

除去寄生在动物身上的虱目、食毛目，以及幼期完全水生的毛翅目、蜉蝣目、蜻蜓目等昆虫外，几乎所有昆虫都可在地面和土中采到，不过只限于不同种类的不同虫态。有些种类也可在同一物体下同时采到几个虫态。地面的环境是极其广泛复杂的，在地面采集时尤其要注意砖头、石块下面比较潮湿的地方最宜于采集。在土中可挖到多种鳞翅目昆虫的蛹、虎甲和芫菁的幼虫、蝉的若虫、多种直翅目昆虫的卵，以及蝼蛄的各个虫态。在植物基部或根上可以挖到土居的蚜虫和介壳虫。在蚁巢中可挖到多种共栖昆虫。

二、植物上的昆虫

昆虫与植物关系密切，由于大多数昆虫以植物为食，因此多种植物丛生的环境，是采集昆虫的好地方。随便指出一种植物就有不少种类昆虫为害。有人做过统计，世界上玉米有 200 种昆虫为害，苹果树上有 400 种害虫，松树上有 170 种害虫，榆树上有 650 种害虫，柳树上有 450 种害虫，栎树有 1 400 种害虫。因此，凡有植物生长的地方，就应注意枝干有无枯萎现象，有无枯心白穗，有无卷叶、缀叶现象，枝叶上有无畸形、变色、生斑，叶片有无缺刻破洞，枝叶上有无虫瘿，果实、种子有无蛀食痕迹，地上有无昆虫的粪便，枝叶上有无刺吸式口器昆虫排泄的蜜露等，凭着这些现象即可采到多种昆虫。

三、水中的昆虫

水中也是采集昆虫的好环境，无论是静水、流水，甚至一些小水坑、积水的树洞都值得注意采集。鞘翅目中的龙虱、水龟虫、豉豆甲等，半翅目中的划蝽、仰蝽、固头蝽等也只有在水中才能采到。蜻蜓目、毛翅目、广翅目、蜉蝣目昆虫的幼期都为水生。

四、动物身体上的昆虫

有许多昆虫寄生在动物和人体上生活，吸食血液，如虱目，或嚼食其皮毛，如食毛目。另外双翅目、鞘翅目及半翅目中的少数种类，也寄生在动物体上生活，其中马胃蝇、羊鼻蝇、牛皮蝇可寄生在动物体内。在鼠类及蝙蝠的身上及其巢中，可采到一些稀有种类，如一种革翅目的蝠螋，专门生活在蝙蝠巢中，深蓝原丽蝇则专在雀巢中为害幼鸟。因此鸟兽的巢穴中是采集的好环境。动物的粪便、尸体下面可采到粪金龟、埋葬虫、隐翅虫等甲虫。

五、昆虫身上的昆虫

昆虫本身也有许多种寄生性或捕食性种类。还可以将一些种昆虫作为采集另一些种类昆虫的指示目标，例如有蚜虫的地方就有蚂蚁、寄生蝇、瓢虫、蚜狮、食蚜蝇、寄生蜂等昆虫。许多种昆虫的身体上可采到绒螨等食虫螨类。蜂类、叶蝉身上可采到捻翅目昆虫。蝉身上可采到寄蛾科幼虫。不少鳞翅目幼虫身上可采到小茧蜂、姬蜂及寄生蝇的卵、幼虫和蛹。蚂蚁巢中有上千种昆虫共生。为了采到那些可在其他种昆虫体内寄生的昆虫，应把大量昆虫的卵、幼虫、蛹采集回来饲养，特别是体色及生活不正常的卵和虽未老熟但不活泼的幼虫采回来饲养，会获得一些不易采到的寄生性种类。

六、垃圾及各种腐烂物质中的昆虫

有不少双翅目的蝇类，专喜在垃圾和各种腐烂物质中产卵和繁殖后代；有些蓟马和鞘翅目的埋葬虫、阎魔虫、伪步甲和隐翅虫等，生活在枯枝落叶及腐烂物质中；在朽木中可采到金龟子、叩头虫、伪步甲的幼虫和蛹；朽树皮下有大量的扁甲、苔甲、谷盗等昆虫生活；有些瓢虫、金花虫等也喜欢在树洞中的朽木屑中过冬。这些环境也应随时注意。

七、灯　光　下

各目昆虫除去原尾目（Protura）、双尾目（Diplura）、虱目、食毛目、蚤目等不具趋光性以外，几乎其他各目都具有趋光性。因此夜晚采集时最好的环境是在灯光下捕捉。

八、室　　内

室内也有许多昆虫栖息，粮仓、冬季温室，都是采集昆虫的好地方。

第四节　采集昆虫的一般方法

一、网　　捕

是采集昆虫最常用的方法，进行网捕的工具是捕网。捕网的使用方法有两种，一种是当昆虫入网后，使网袋底部向上甩，将网底连同昆虫倒翻上面来；另一种是当昆虫入网后，转动网柄，使网口向下翻，将昆虫封闭在网底部。

捕到昆虫后，应及时取出装进毒瓶。取虫时，先用手握住网袋中部，将虫束在网底，再将毒瓶伸入网内扣取。对蜇人的蜂类和刺人的猎蝽等昆虫，由网中取出时，不要用手碰到它，可将有虫的网底部装入毒瓶中，先熏杀后再取出。对蝶蛾类昆虫，应隔网用手轻捏其胸部，使其丧失飞翔能力，以免因虫体挣扎，而使翅和附肢遭到损坏。

二、扫　　捕

上述网捕是看到要捉的昆虫后才用捕网采集，而扫捕时则不一定要看到要捕捉的对象。扫捕的工具是扫网。用扫网扫捕昆虫是采集途中的主要采集方法，可以在大片草地和灌丛中边走边扫，扫的时候要左右摆动。用扫网捕到的昆虫不但种类多，个体多，一网可得数十、数百个小型昆虫，而且时常扫捕到非常珍贵的稀有品种。

扫捕时由于反复在植物上网扫，所以扫到的不仅有昆虫，而且还会有植物的叶、花、果实，这就需要进行挑选，挑选时最好用趋光分虫器进行。当扫捕一段时间后，打开网底，将扫集物倒入随身携带的容器内，如果网底装有塑料瓶，则在瓶内装满扫集物时取下更换。返回住地后，将上述容器或塑料瓶中的扫集物倒入趋光分虫器中将虫分开，达到挑选目的。如果没有趋光分虫器，可将扫网中的扫集物直接倒入毒瓶，等虫被熏杀后，再倒在白纸上或白瓷盘中进行挑选。

三、振　落

对于高大树木上的昆虫，可用振落的方法进行捕捉。其方法是先在树下铺上白布，然后敲打树枝树叶，利用昆虫假死的习性，将其振落到白布上进行收集。用这种方法可以采集到鞘翅目、脉翅目（Neuroptera）和半翅目的许多种类。有些没有假死习性的昆虫，在振动时，由于飞行暴露了目标，可以用网捕捉。所以采集时利用振落法可以捕到许多昆虫。

四、搜　索

很多昆虫躲藏在各种隐蔽的地方，需要用搜索法进行采集。树皮下面、朽木当中是很好的采集处，用刀剥开树皮或挖开朽木，能采到很多种类的甲虫。砖头、石块下面也是采集昆虫的宝库，可以到处翻动砖石土块，一定有丰富的收获。采集无翅亚纲的双尾目、弹尾目（Collembola）及原尾目等，更要依靠这种方法。另外，遇到蜂巢、鸟兽巢穴，不要放过，因为会有许多昆虫栖息其中。蚁巢和白蚁巢中有不少共生的昆虫，如注意搜索，会有很大收获。在秋末、早春以及冬季里，用搜索法采集越冬昆虫更为有效，因树皮、砖石、土块下面、枯枝落叶和树洞都是昆虫的越冬场所。

在搜索中遇到小型昆虫，可用吸虫管吸取，或用毛笔轻轻扫入瓶中。对于枯枝落叶中的昆虫，可以连同枯枝落叶一起带回，用烤虫器或采虫筛等工具分离。

五、诱　集

利用昆虫对光线、食物等因子的趋性，用诱集法进行采集，是极省力而又有效的方法。常用的诱集法有以下几种。

（一）灯光诱集

用支柱式诱虫灯诱集昆虫，应在没有月光又无风的夜晚，选择一个植物茂盛最好还有水流的地方，将诱虫灯的构件安装好，就会诱来各种昆虫，其中最多的是大小不一的蛾类，四面飞来停在幕布上。只要准备几个毒瓶，就可大量收集了。这种灯光诱集，在闷热的夏夜收获最大，阴天或雨后也可以，甚至正在下着小雨，只要将灯和幕布遮好，照常可以进行诱集。

（二）糖蜜诱集

蝶蛾类喜欢吸食花蜜，许多甲虫和蝇类也常到花上或集聚在树干流出的含糖液体上。利用昆虫这种对糖蜜的趋性，可以在树干上涂抹一些糖浆进行诱集。一般用 50%红糖、40%食用醋、10%白酒，在微火上熬成浓的糖浆，用时涂抹在树林边缘的树干，白天常有少量蛱蝶等蝶类飞来取食，夜间则可诱到许多蛾类和甲虫。用手电筒照明检查，凡停飞的用毒瓶装，飞动的用网捕，大型蛾类可直接用注射器注射石炭酸毒杀。使用糖蜜诱集时，要注意蚁类和多足纲动物也喜食糖蜜，常将所涂抹的糖浆霸占，使别的昆虫不敢前来取食。可在涂有糖浆的树干下面圈上一圈粘纸，使这些动物无法接近糖浆。

（三）腐肉诱集

利用某些昆虫对腐肉一类物质的趋性进行诱集，也是一种有效的采集方法，尤其适于采集各种甲虫。诱集时，将一个玻璃瓶埋在土中，瓶口与地面相平，瓶内放置腐肉或鱼头一类腥臭物，如果瓶口较大还应在瓶口上方用树枝或石块进行遮盖，以防鼠、鸟衔食。过些时候检查，则会有许多甲虫落入瓶中。腐肉诱集的甲虫主要为埋葬虫（Silphidae）、隐翅虫（Staphylinidae）、阎魔虫（Histeridae）以及一些金龟子（Scarabaeidae）等。

（四）异性诱集

有一些昆虫的雌性个体能释放一种性信息素，将距离很远的同种雄性个体吸引到身边进行交配。如舞毒蛾（*Liparis dispar*）、天蚕蛾（Saturniidae）和盲蝽（Miridae）等。根据昆虫的这一习性，可将采到的或饲养出的雌蛾囚于小纱笼内，挂在室外，则能诱来许多同种的雄蛾。但雌蛾一定要用没有交配过的，因为雌蛾一旦交配，便停止释放性信息素了。

第五节　采集昆虫时的注意事项

采集昆虫时，除有必要的工具、掌握一套完整的采集方法和熟悉大部分昆虫的生活习性和生活环境外，还有一些应该随时注意的事项。首先采集时不要只采成虫，如果遇到昆虫的卵、幼虫、蛹，必须全部采集。凡是雌的、雄的或个体颜色不相同的都要尽量多采，备作研究昆虫区系分布时比较。一般采集时常把个体较小、形状丑陋、不易采到的单个标本，或在野外粗放观察似乎是同一种类的，或目前并不严重为害的昆虫忽略掉，这是在采集昆虫时应该特别注意的，这些昆虫不但在分类上很有价值，并且有时其中一些种类的昆虫可能转变为严重为害甚至成灾的类群。

扩大采集调查昆虫的深度十分重要，这就要求采集调查人员，既要从数量上着眼，又要在质量上下功夫，普遍采集与重点深入相结合。采到昆虫后，最好能当时就进行细心观察，并对其生活习性、寄主、环境、场所进行记载和分析，这样不但能积累丰富的采集经验，并且能增加鉴别昆虫种类的能力。

昆虫身体上的附肢、腿、翅和触角等极易损坏，应格外加以保护，若要损坏了这些鉴别种类时所必需的特征，便失去了所采标本的价值。凡是不同日期、不同环境、不同海拔、不同寄主上采到的昆虫，要求分开存放，分别编号记录。

外出采集，应随身携带记录本，凡是能观察到的事项，都要按照要求记录下来。例如采集地点、时间、日期、采集人的姓名、被害植物的名称、被害部位、被害状和变形、受害程度、生态环境、发生数量等。对浸泡后会脱色的昆虫标本，在田间要记录体色。因为只有完整的和具有详细记录的标本，才是有价值和有用的标本，而且记载得越详细，标本的用途也越广，价值也越大。这些生物学特征都是种的重要特征，在鉴定种类时是很有用的特征。当在室内用显微镜下的细微特征鉴定出所属种类后，有了这些特征，往往可以回溯到田间生物学特征上去，便于在田间识别种类。例如，分布地点及海拔、活动时期和一日内的时间是因种而异的，不同种类的昆虫有不同的植物寄主、不同的为害部位和为害状。甚至在同种植物的叶片正面和反面、叶柄、嫩叶上的不同形状的虫瘿中，会有不同的蚜虫种类；树枝与树干以及根上的蚜虫也各不相同。同时受昆虫为害卷叶的被害状也应详细记载：向叶正面卷的、向叶反面卷的、纵卷的、横卷的和皱缩的等，因这些不同的被害状也因种而异。

一、全面采集

初学昆虫采集的人，往往只采体型大的，不采体型小的；专采色彩鲜艳的，不采色彩暗淡的；只采特殊的，不采普通的；有了雄的不要雌的；有了成虫不管幼虫；只看到飞的而不去找隐蔽的等。然而昆虫中绝大部分都是一些体型微小、行动隐蔽和色彩暗淡的种类，不少重要害虫和珍贵种类往往是这类昆虫，至于同种的雌虫、雄虫、成虫、幼虫，都是研究的重要材料，不应随便取舍，所以必须要全面采集。

二、标 本 完 整

如果一份昆虫标本破烂不堪，翅破须断，对研究来说非常不便，其学术价值就会大为降低，甚至成为一个完全无用的材料。所以无论采集什么昆虫，不管使用什么工具和方法，都要尽量使采到的昆虫保持完整，这就必须注意采集、毒杀、包装、保存、运送以及制作等每一个环节，都要用正确的方法进行操作。

虽然标本应尽量争取完整，但也不是说有一点残缺就不要了，尤其是稀少的种类或只有1～2个标本的，即使再破也要保留，在没有确定它的价值以前，决不要随便舍弃。

三、正 确 记 录

所有标本均应有采集记录。记录内容包括采集号数、采集日期、采集人姓名、栖息环境、寄主名称、采集点的海拔、生活习性等。其中采集日期、采集地点和采集人三项最为重要，应详细记录。

昆虫采集记录无统一记录表格。为了野外记录方便，可按上述记录内容，自行设计采集记录表，印制成册，以利于记录和保存。

四、保护昆虫资源

采集昆虫标本时，所采的种类和个体数量，应以需要为依据，不要滥杀乱采。尤其是稀有种类和本地区特有种类，更应加以保护，因为稀有种和特有种都是分布地区很窄、个体数量极少的种类，如果一网打尽，则以后不易再采到，甚至可能因此而绝种。

第六节　稀有昆虫的采集方法

通常把世界上已经知道的昆虫分为33个目，其中有19个目体型较大，与人们的生活关系比较密切，大部分是人们比较熟悉的种类，因此采集起来比较容易些。另外14个目，有的体型较小，有的生活环境比较特殊，不为人们所常见到，为提高采集效果和提供方便，按目介绍它们的生活环境和采集方法以供参考。

一、原 尾 目

统称原尾虫。生活在潮湿阴暗场所。在山谷中的草丛，树阴下的砖、石下，接近地面的老树皮缝隙中，地下的落叶层内，苔藓内，含有腐殖质的土中等环境才能采到。采集时首先找到上述原尾目昆虫喜欢的生活环境，目光先要集中在物体的某一点上，然后逐步扩大范围，耐心寻找，如见有乳白色、身体细长而半透明、高举前肢、缓慢爬行的小虫，则应用放大镜仔细检查。如专为采集此目昆虫，应带一个直径 3 厘米以上的手持放大镜，以便扩大视野范围，更为方便。由于此目昆虫体小而柔软，不能用手或镊子直接去取，最好使用小毛笔或尖细的草叶沾上酒精、甘油或唾液粘取，放入甘油酒精中保存。

二、弹 尾 目

统称跳虫。食性杂，性喜潮湿。凡是较阴暗的砖石下，腐殖质土中，落叶下，树皮下，堆肥下，朽木下，苔藓及菌类上，食物残渣、动物尸体上，都是采集弹尾目昆虫的好环境。有些种弹尾目昆虫为害甘薯、蔬菜、禾谷类的嫩芽、园艺作物的球根。水面和水边也是一些种类跳虫的栖居场所，树洞中、虫瘿里、灯光下甚至雪地上都可采到跳虫。

由于跳虫善于弹跳，可使用吸虫管或沾有酒精甘油液的毛笔采集，或用指形管罩住后，稍留下一细缝，用口轻轻一吹，跳虫即自行弹到指形管中去了。采集水面上的跳虫时，可先在水面上滴上些乙醚，使水在乙醚蒸发过程中形成旋窝状，跳虫便会被麻醉而集中在一起，漂浮在水面，用小毛笔沾取，在 75％酒精溶液中保存。或先用醋酸酒精保存液浸泡数小时后，再移到甘油液中保存，这种方法有利于保存跳虫的鲜艳色彩。

三、双 尾 目

是一类喜在阴暗潮湿环境中过隐居生活的昆虫。在砖石、树皮、朽木、落叶下面或水边潮湿的泥土中可采到。生活习性上极害怕见光，因此采集时要携带挖土工具，将土撒在光滑的地面上，如有此种昆虫，即见其迅速爬动躲藏。双尾目昆虫体型小，乳白色柔软，不能用手或镊子去采，最好用毛笔或软物沾上酒精液体粘取，放在酒精甘油保存液中。如需要活虫进行饲养，一定要连同泥土带回，同一容器中放置个体不能过多，严防互相用尾铗殴斗，伤其附肢。

四、缨　尾　目

通常称为衣鱼、石蛃。衣鱼主要生活在衣柜、书桌、厨房及室内墙壁的缝隙中。石蛃则生活在山间岩石、海岸岩礁，某些种生活在地下土缝中、草丛内以及树皮缝等环境中。衣鱼趋食性强，可在它们的生活环境内放上内装食物诱饵的空罐、玻璃瓶等诱捕。石蛃有用尾须支撑跳起和向光习性，采集时可用玻管扣捕，或用刮网接在栖居部位附近，或震动岩石、树干促使其跳入网中。采到的标本存放在75%酒精中。为防止体色、鳞片及触角、足等脱落，也可用胶液粘在玻片上或粘在白纸片上，放在指形管中干燥保存。

以上几个目的昆虫，在采集时可结合使用烤虫筒、水洗采集箱、趋光分虫器等采集工具，以提高采集效果。

五、竹节虫目

为吃植物的昆虫。有明显的假死习性或拟态，生活在竹林、阔叶林等环境中。白天一般静止不动，夜晚取食。身体一般为绿色或黄色，并能随季节及寄主的生长阶段而变化。

由于假死和拟态习性，采集时很不容易看到，找到它们的适宜生活环境后，先用观察及搜索采集法或用震击法，促使其运动，改变停栖姿态时便比较容易看到，然后用采集伞接在栖息部位下面，猛震枝条，即落入伞中。有的种类前胸生长着御敌的腺孔，受惊时可喷出白色汗液。此目昆虫为渐变态类，若虫与成虫相似，采集时要注意个体的性器官是否成熟，以免只采到若虫或成虫。采到的标本用毒瓶毒杀后，用吸水纸作的卷筒或棉层包干燥保存。因其足细长极易损坏，要特别注意保护。

六、等　翅　目

统称为白蚁。以木材及菌类为食物。生活在地下隧道中或在房屋及木材中作巢。白蚁喜高温、高湿环境，在我国大部分种类分布在长江以南。采集时可先用观察法找到它们的巢穴后，用铁铲挖掘。采集时要仔细剥离土层或木材，最好能采到全巢，这样不但可采到全巢中的蚁后、雄蚁、兵蚁、工蚁、卵及蛹等各种类型的标本，还可看到白蚁的特殊社会生活现象及巢穴的特殊结构，更能采到许多种与白蚁共生的昆虫，这些标本往往是很难得到的。采到的标本应保存在酒精甘油液体中，体型过大的蚁后，应于10日后换液一二次。同巢各型应统一编号，共生种类除作统一编号外应作特殊标记。

七、纺　足　目

也叫足丝蚁。是一类过着半社会生活的昆虫。喜高温潮湿环境，大部分为热带亚热带种类。在树皮下、石块下及苔藓地衣下，用足上的丝腺孔纺丝作隧道状巢穴，群体生活在丝巢中。在巢内时行动极迅速，离开丝巢时行动则缓慢。成熟雄虫有翅会飞。采集时首先要找到适宜其生活的环境，如桉树、橘子树的老皮下，用采集刮刀剥开树皮，如见有丝状网，并有形似蚂蚁但前足膨大、身体黄褐色的小虫爬动，便可用镊子剥离丝网，连同虫体一起保存在75%酒精中。用灯光诱捕到的成虫，也可展翅干燥保存。

八、襀　翅　目

稚虫期生活在溪流中的石块下，成虫常栖息在流水附近的树干及岩石上，或堤坡的缝隙等环境中，白天大多数静止不动，夜间飞翔活动。成虫有趋光性，采集成虫或稚虫的方法不同，使用工具也不一样。稚虫可翻动水中石块，用镊子镊取，或用小水网在溪流中逆水捕捞。采集成虫要用捕网在流水附近的树木、石壁上挥动，但速度不要太快，因成虫飞翔时的行动缓慢。夜间用灯诱捕效果最好。

九、革　翅　目

也叫耳夹子虫。生活在石块或树皮下，乃至腐烂物质等环境中，有些种类也在作物的叶心中生活，在鸟兽巢及洞穴中也能采到，湖泊、溪流的岩边石块下也有一些种类生活。性喜潮湿高温，大部分夜间活动。性成熟后在土中作巢繁殖。采集时在上述环境中翻动砖石块及垃圾寻找。早晨可用采集伞结合震击方法采到栖于树丛杂草上的种类，或将鸟兽巢中的垫草粪便带回，放在烤虫筒中收集。成虫有向光习性，可用灯光诱集。采到的若虫或卵浸入75%酒精中保存，成虫用毒瓶毒杀后制成针插整姿干燥标本即可。

十、啮　虫　目

生活在室外的种类，喜欢树皮、朽木、作物包叶、叶鞘等比较混浊的环境。生活在室内的种类，以仓库里的粮食、皮毛、衣物、书籍及纸张等为食物。因此在各种仓库的角落、接近地面的容器中比较容易采到。有群居习性，并趋向光亮。采集时最好用毛笔蘸酒精沾取，或在地上铺上白纸，将有虫物体抖动，集中起来倒入瓶中。分散个体用吸虫管采集效果也很好。采到的标本保存在75%酒精中，经分类后封在玻片上保存最好。

十一、广　翅　目

幼虫生活在杂草多的流水中，以山谷阴湿的环境中比较多，成虫喜栖息于水边的岩石上、树干上及成熟的野果、树木分泌的汁液处。成虫傍晚在水面上飞翔，有向光习性。除用捕网采集外，可用糖蜜和灯光诱捕成虫。在水边的石块下、苔藓及腐殖质中可采到卵、幼虫、蛹等虫态。各幼虫应保存在75%酒精中。成虫保存在棉层包中，然后经还软、针插、整姿展翅作成干燥标本保存。

十二、蛇　蛉　目

成虫生活在森林中的松、柏、栎、柳等树干上，或沼泽地带的草丛中，捕小虫为食。喜高温潮湿环境，有趋光性。幼虫生活在枯朽树皮下，以软小昆虫为食。采集成虫可用捕网在上述环境中的草丛、树冠上挥动，惊动它飞翔而捕到。晚上灯诱效果也佳。用剥皮刀剥开树皮采集隐居其中的幼虫、蛹等，浸于75%酒精中。成虫可保存在棉层中，以后针插干燥保存。

十三、捻　翅　目

主要种类营寄生性生活。雄性成虫喜在渠岸边的草丛及作物嫩梢等环境中活动，有较强向光性。雌性成虫无翅，随宿主活动生活。采集时主要从浮尘子、飞虱和多种蜂类身上寻找，一般寄生在腹部节间膜处。或将这些寄主采来，放在饲养缸中饲养一段时间，便可得到许多成虫。用扫网在田间、草丛及灌木间捕打，放入小袋内携回，利用趋光分离器收集。保存在75%酒精中，最好连同寄主同时浸泡，可将卵及幼虫和蛹同时保存下来。

十四、长　翅　目

生活于山地森林边缘地带环境中。成虫常静止在树叶或草丛上，一般不善飞翔，傍晚较活泼，捕食小动物尸体。采集时适于网捕。特别在黄昏时于灌木、草丛上挥动捕网可得。幼虫在地下挖掘垂直洞穴生活在里面，靠发达的腹足及背瘤上下活动，取食时头露在洞外，待小虫经过即捕食，或取食地面粪便。可把成虫制作为针插干燥标本保存。幼虫浸泡在75%酒精中。

第七节　昆虫标本制作与保存

一、标本制作与保存的工具

1. 还软器

用于使虫体还软。可选用化学实验用的干燥器和大广口瓶作为还软器使用。还软器应盖严密闭，以便使还软过程迅速进行。

2. 昆虫针

用来固定昆虫，以便于标本制作和手持研究。昆虫针是一种不锈钢特制的针，根据针的粗细长短不同，分成 00、0、1、2、3、4、5 七种号。其中 0～5 号针的长度为 38～45 毫米，0 号针的直径为 0.3 毫米，每增加 1 号，直径增加 0.1 毫米。00 号昆虫针是将 0 号针自尖端向上 1/3 处剪断而成。

3. 三级台

用来矫正昆虫针上的昆虫和标签的位置。三级台用木材或有机透明玻璃制作，长 65 毫米，宽 24 毫米，高度分为三级，第一级高 8 毫米，第二级高 16 毫米，第三级高 24 毫米。在每一级的中央有一个和 5 号昆虫针粗细相等、上下贯通的孔穴。三级台结构简单，完全可以自制。

4. 展翅板

用来伸展和固定昆虫的翅。展翅板用轻而软的木材制成，长 30 厘米，下面有一个呈“工”字形、中间及两端均有槽的木架。木架上的两边各有一块厚 0.3～0.5 厘米、宽 7 厘米的木板，每块木板都是内低外高、有一定倾斜度。在两块木板间形成一条沟，沟的下方与木架中间的槽相通。一块木板固定在木架上，另一块木板可以在木架两端沿左右方向移动，以便能根据虫体的胸腹部大小调整沟槽的宽度。

5. 幼虫干燥器

用于制作幼虫干燥标本。由吹胀器和烘干设备组成。吹胀器可到医药公司购买，烘干设备是由酒精灯、煤油灯罩及固定架组成。

6. 标本盒

用来保存针插干燥标本。标本盒用木材或硬纸板制成。为了便于存放，标本盒大小有一定规定，其规格为长 38.1 厘米、宽 44.4 厘米、高 7.5 厘米，盒盖上装有玻璃，便于隔盖观察盒内标本。为防止虫害或菌类侵入，盒盖和盒体之间要有凹凸槽口相接，使其尽量密合。盒底铺有软木板，便于插下昆虫针。这种标本盒的容量大，适宜存放，可作为展览、观摩和教学标本用。

7. 标本柜

是保存干燥标本的专用柜。其规格应为双层双门，高 205 厘米、宽 115 厘米、深 50 厘米。柜内中央有一纵向的隔板，上下层横向再各为四格，在各格中存放标本盒。柜的最下层装有一块活板，里面放入吸潮防虫药品。

8. 指形管和标本架

用于保存浸制标本。指形管的规格应该一致，一般高 7 厘米，直径 2.2 厘米，上面盖以橡皮塞。与指形管相配套的是标本架，指形管装入保存液和昆虫标本后，应摆放在标本架上保存。

9. 浸制标本柜

是保存浸制标本的专用柜。其结构与上述标本柜相同，只是每层的隔板要厚，以便能承受保存液重量。在隔板正面沿前后方向钉上固定标本架的木条，标本架下也应挖有与木条相吻合的凹槽，插放标本架时将凹槽对准隔板上的木条，便抽拉自如。

二、干燥标本制作的方法步骤

使标本干燥以后，用昆虫针固定在标本盒里长期保存，这种昆虫标本称为干燥标本。干燥标本的制作多用于体型较大、翅和外骨骼比较发达的成虫。蛹和幼虫经过人工干燥以后，也能作成干燥标本。

（一）成虫干燥标本制作

1. 还软

从野外采集的昆虫，在制成干燥标本以前，常已存放了一段时间，其虫体已干硬发脆，在制成标本前必须经过还软，才不致折断破碎。

如果用干燥器还软，先在干燥器内底部铺上潮湿的细沙，再将装有昆虫的三角包放在干燥器内瓷盘上，为了防止标本发霉，应在沙面上滴上几滴石炭酸或甲醛溶液，最后将盖盖严。如果使用广口瓶，可在瓶内潮湿细沙上放一张滤纸，再在滤纸上放置装有昆虫的三角包，如果需要还软的昆虫不多，也可将三角纸包放在潮湿的净土层中，外面罩个玻璃罩进行还软。不管使用什么容器，夏季三五日，冬季一周就可使昆虫还软如初。

2. 针插

还软的昆虫，要用昆虫针穿插起来。针插时，先要根据虫体的大小，选择适宜型号的昆虫针，即虫体小使用小型号针，虫体大使用大型号针。0、00 号昆虫针专供穿插微小昆虫时使用。使用时，先在普通昆虫针（0～5 号）上插好三角纸片或软木条，再用 00 号将微小昆虫穿插在三角纸片或软木条上，这种针插方法称为二重针。

在虫体上针插有一定位置，这是由各种昆虫身体的特殊结构所决定，在国内外都有统一规定，绝不能随意更动，以免破坏被插昆虫的分类特征，使标本丧失完整性。鳞翅目、蜻蜓目、双翅目昆虫，要将针自中胸背板中央稍偏右些插入，留出完整的背中线来；鞘翅目昆虫要将针插在右侧翅鞘的左上角，使昆虫针正好穿过腹面的中后足之间，这样就不会破坏鞘翅目昆虫分类特征的基节窝；半翅目昆虫要将针插在小盾片的中央偏右方，这样就可以完整地保留腹面的口器槽；螳螂目和直翅目昆虫，要将针插在中胸基部上方偏右侧的位置上；膜翅目昆虫则要插在中胸的正中央部位等。

昆虫针插入虫体以后，应放在三级台上进行位置高低的矫正。矫正时，将针连虫体倒过来，将有针帽的一端插入三级台的第一级小孔中，使虫体背面露出的高度等于三级台的第一级高度。虫体下方记录采集地点、时间的第一个标签的高度与三级台第二级的高度相当，记录寄主及采集人的第二个标签的高度等于三级台的第一级的高度。二重针上的三角纸及软木条，插在三级台的第二级高度，虫体背部至针帽的距离，相当于三级台的第一级高度。体型较大的昆虫，可使下面两个标签的距离靠近些。

对于无翅昆虫和鞘翅目、半翅目等目的昆虫标本，在针插后，只需把触角和足整理好，标本制作就完成了。但对大多数有翅昆虫来说，为了便于观察和研究，针插后还必须进行展翅。

3. 展翅

展翅时，将用针插好的虫体，插在展翅板中间槽内的展板上，用拨针（鳞翅目小型种类用小毛笔）按要求将翅展到规定位置。对于鳞翅目、直翅目等前翅后缘较直的种类，以伸展到翅后缘左右成一直线、后翅前缘压在前翅后缘下方、前缘脉左右平直为准。对于前翅后缘呈弧形的脉翅目等目的昆虫，则以后翅前缘左右成一直线为准，展翅时，先将前翅拉高些，按要求将后翅固定后，再将前翅松开，使其下垂到所需高度。对于双翅目和膜翅目昆虫，要将前翅顶角拨到与头顶左右成一直线。当上述各类昆虫的翅伸展程度已按要求展开时，要立刻用光滑的纸条覆在翅上，并用昆虫针固定。然后再将触角和足加以整理，使其尽量接近自然状态。

上述放有展翅昆虫的展翅板，应放在通风、无尘、无虫害、无鼠害的地方，待干燥后，先取下纸条，轻提昆虫针，从展翅板上取下标本，加上标签后即可长久保存。

（二）幼虫和蛹的干燥标本制作

制作鳞翅目幼虫干燥标本时，先将选择好的幼虫毒杀，放在吸水纸上，用镊子或钩针将幼虫肛门拉破，再用一根圆棍压住虫体，从头至尾均匀用力慢慢向前滚动，将内脏从肛门排出，然后用镊子夹住幼虫肛板，将吸胀器上玻璃管的尖端插入肛门内。与此同时，点燃酒精灯，烘烤灯罩，将虫体送入灯罩内，一边烘烤，一边不断用吸胀器送气，使虫体保持膨胀状态，并随时调整虫体姿式，待完全干燥后，将虫体从插头上取下，再从肛门插入适当粗细的高粱杆，用胶水贴住，外露部分插在虫针上，加上标签即可。

鳞翅目蛹的体壁比较坚硬，因此干燥标本的制作方法比较简单，可用小剪刀将腹部中央的节间膜剪开一条缝，用镊子将腹内软组织取出，用脱脂棉吸干汁液重新将剪口粘合，插上虫针，在幼虫干燥器烘干后，加签即可。

三、浸制标本制作方法步骤

将采集到的昆虫直接放入保存液中杀死、固定和长期保存，这样制成的标本称为浸制标本。凡是昆虫的卵、幼虫、蛹，以及身体柔软、体型细小的成虫，都可以制作浸制标本。

1. 保存液

常用的保存液有5%福尔马林液，85%酒精液，福尔马林、酒精、冰醋酸混合液（比例为5∶15∶1）。前两种保存液适于固定比较大的幼虫，第三种保存液对昆虫体内柔软组织的固定效果较好，适合固定微小昆虫。

2. 浸制和保存方法

浸制标本的制作方法简单。对于卵和细小昆虫，可以直接放入指形管中，加入保存液保存。对于体型较大的幼虫和蛹，要先在开水中煮沸5～10分钟，直到虫体硬直，再放入指形管中加保存液保存。标本经过这样处理，不易变色和收缩。幼虫体内水分较多，应在浸制过程中更换几次保存液，以防虫体腐烂。

四、保存昆虫标本的注意事项

1. 待制标本的昆虫保存

对于采来的昆虫，由于时间或制作工具的限制，未能做成标本时，可保存在三角纸袋或棉层中，并应编号、登记入盒加药妥善保管，绝不可随意放置。

2. 干燥标本的保存

要及时放入标本盒并加药保存。霉雨季节尽量不开启盒盖，雨季过后应进行检查，随时添加防潮、防虫和防霉药剂。一旦发现虫害，要及时用药剂熏杀。

如有条件，应制作标本柜，收藏全部标本盒。如不能制作标本柜，也应将标本盒存放在其他类型的柜橱中，以便于集中保存管理。

3. 浸制标本的保存

发现保存液蒸发减少，应及时补充并密封瓶口，如果保存液混浊变色，应及时更换。

第八节　破损成虫标本的修补

昆虫成虫标本最易损坏折断的部位是触角及足，折断后要立即捡起粘好。捡拾时千万不能用手直接去拿，以防再折成几段就不好处理了。先用小镊子夹起，或用小毛笔托住，用拨针尖端沾点胶水，轻涂在断裂的一端，使其按原来部位和形状对接。体型稍大的昆虫，为防止未干固以前垂下，可用虫针插上小纸片托扶在下面。用来粘标本的胶水，是用溶于水中的虫胶或阿拉伯胶制成的，如在胶液中加入少许白砂糖，可增加黏着力。如果有的标本翅膜破裂，千万不要放置不管，任其继续扩大裂痕，可用韧性较强的纸片，剪成适当大小，涂上胶液贴敷在翅的腹面，并用虫针交叉支撑，待其干固后即可取下。如果是头部、腹部断掉或整个翅膀从基部折断，也要用同样方法粘好。

有的标本不慎被虫蛀食（一般都是腹部含脂肪多的部位），首先检查蛀虫是否尚在里面，先将蛀虫除去，然后用镊子夹一小棉球，沾上少许克鲁苏油填入蛀洞内，再用胶液将蛀口封闭。进行粘接肢体工作时，最好在放大镜或双目解剖镜下进行，并可充分利用整姿台作为托架。

如在同一标本盒中，有一只以上同种标本断掉同一部位，那就要非常慎重，最好在双目解剖镜下检查，充分证明哪一个断肢属于哪个标本后，才能进行粘着或修补，如实在找不出证据的，宁可忍痛割爱，绝不能迁就，严防张冠李戴，给将来的鉴定增加麻烦。经过粘补的标本，最好在标签背面注明粘补部位，以免将外露胶液或衔接不当部分误作为特征。

第九节　蝶蛾类成虫标本剪贴制作法

蝶蛾类成虫标本，一般是用针插法保存。但制作时还要经过还软、展翅、风干等过程，所以需要有一定的设备、技术和较长时间，尤其是较小的蛾类不易展翅。即使是展好翅的标本还需要装盒入柜，不然极易遭到虫蛀变形，或霉烂损坏，而且展翅标本占用面积较大。

蝶蛾标本的形态特征，一般依据翅上由鳞片排列成的斑纹及色彩。如果作为教学、展览使用极易损坏，且携带不便。如果只将双翅取下，用透明玻璃胶纸制成剪贴标本，便为教学实习、普及昆虫知识创造了有利条件。

一、材料准备

选择体型标准、鳞片完整、色泽鲜艳的标本，备作剪翅粘贴之用。在文具店购买 2～4 厘米宽的透明胶带卷纸，用来粘贴虫翅。将白色卡片纸根据需要裁成不同大小尺寸和形状，作为衬垫或夹片。购买幻灯片夹、照相册或集邮册，用来存放粘贴好的标本。剪刀、镊子、毛笔，写标签用的小钢笔等。

二、贴制方法

将准备好的标本或刚毒死的蝶、蛾成虫，用小镊子夹住翅基（不要用手触及翅面，以防鳞片脱落），轻轻用力掀断。先取下前翅，再取下后翅。剪取透明胶纸一段（长度视标本及标签总长而定），使胶面向上，拉平后将两端预先贴着在垫板上作为“载胶带”（拉贴过程中切勿用手或其他物品触及胶面，防止污浊影响透明度）。上述准备工作作好后，即将拆下的蝶、蛾翅的背面对着载胶带的胶面，按原来的生态姿势摆好后，先用毛笔轻压，使其与下面胶纸黏着。黏着后翅时先将前缘粘好，后缘的皱褶部分可用昆虫针托着翅的下面，用小毛笔从前至后轻轻推展，边推边按贴好。在前后翅中间或其他适当的位置贴好字面向下的标签，标签上注明种名和雄雌性别的符号。有些种类的触角、足等是其明显特征，也可贴在翅的上面或其他明显位置，或另外保存。所要贴的部位固定好后，再剪一段略短的胶纸作为“盖胶带”，上下左右对正后先按实一端，再用毛笔轻压并向另一端推按，使其顺序贴牢，以防中间出现气泡。

如制作特别深色、浅色或作为展览标本，以利渲染气氛，还可将盖胶带换成不同色彩的即时贴，制成有不同颜色托垫的粘贴标本。如夜蛾中地老虎的深色翅，可用浅色垫纸；杨毒蛾、柳毒蛾的白色翅用黑色垫纸，会增加清晰、明朗的程度。一般来说，使用杏黄、天蓝、豆绿色的垫纸较好。

如买不到透明玻璃胶纸，也可用白色卡片纸作为垫托，预先在上面量出标本的长和宽，用铅笔轻轻标出，再在适当位置用绘图墨水写好采集地点、日期、寄主、名称及正反面等项目，然后在此范围内均匀地涂上胶水，接着用镊子将昆虫的前后翅，安放在一定位置上，用毛笔压实，最后盖上一张适当大小的玻璃纸即成。

三、存 放 保 管

初步制作好的剪贴标本，要注意防潮，特别是用带色即时粘贴制作的标本，湿度过大会出现皱缩或边缘开裂，以及胶纸失去黏性和颜色变污。作好的标本，最好先用厚些的书本压 1～2 天，待其干燥或黏着部分完全贴伏即可取出。作为展览用的可装入镜框，或镶嵌或裱贴在展览橱窗中。如作为幻灯片用，只要把用两层透明胶纸粘合在一起的标本，镶插在幻灯片夹中，用折光反射幻灯机即可投射到银幕上。如作为教学实习、交流经验、推广防治或利用方法等，可将贴翅标本粘贴成册或插入照相册、集邮册中编号保存。也可作为分类研究工作的参考。

虫翅剪贴标本的优点已如上述，但缺点也很大，因为虫翅只是虫体的一部分，所以只包含昆虫的部分特征。头、胸、腹各部分尚包含有大量分类特征，尤其是触角、足、外生殖器等重要分类特征，倘若全部弃去，只用翅来鉴定种类，那是不准确的，有时会弄错，有时难以鉴定种类。所以如果你手中标本不多，最好不要采用此法制作过多的标本。稀有贵重标本忌用此法制作。

第十节　昆虫翅的类型

1. 膜质翅

观察蜜蜂的膜质翅，薄而透明，翅脉清楚，适于飞翔。

2. 鳞翅

观察蝶类的翅，膜质翅上具有种种美丽的颜色，是由种种颜色、呈粉末状的鳞片形成的。

3. 复翅

观察蝗虫的前翅，比膜质翅稍厚（革质化），半透明，起保护作用。

4. 鞘翅

观察金龟子的前翅，角质化，坚硬而厚，翅脉不明显。

5. 半鞘翅

观察蝽象的前翅，翅的基部为角质，端部为膜质。

6. 平衡棒

观察家蝇或大蚊的后翅，其后翅特化为棍棒状。

7. 毛翅

观察石蛾的翅，翅膜质基上生有密毛。

第十一节　昆虫足的类型

1. 步行足

观察蝗虫的前足、中足，此类足最常见，其外形细长，适于步行。

2. 跳跃足

观察蝗虫后足，其股节特别发达，适于跳跃，胫节细长末端有距。

3. 开掘足

观察蝼蛄的前足，外形短而粗壮，股节上有一大距，胫节膨大，外缘具几个强大的齿，跗节三节，有两爪，适于挖土。

4. 捕捉足

观察螳螂的前足，其基节特别长，股节腹面有一槽，槽之边缘有两列刺，胫节腹面也有两列刺，胫节折叠时正好嵌合在股节槽内，可挟持猎物。

5. 游泳足

观察龙虱的后足，外形宽而扁，胫节及跗节有长的缘毛，跗节上有爪，适于在水中划动游泳。

6. 抱握足

观察雄性龙虱前足，跗节特别膨大，特化成吸盘状结构。

7. 携粉足

观察蜜蜂后足，各节不具长毛，其胫节端部宽扁，外面光滑而略凹陷，边缘生有长毛，形成“花粉篮”；第一跗节特别膨大，内面有数行横列的硬毛，为“花粉刷”；此外，胫节末端与第一跗节相接片特化成一缺口，为“压粉器”。

8. 攀援足

观察体虱的整体装片，其胸足胫节顶端具有一大刺，跗节末端的爪可折向该刺，合抱形成钳状，适于攀援在寄主的毛发上。

第七章　植物标本

植物种类繁多，有 40 万种以上，它们与人类关系非常密切，人类的衣食住行、健康长寿离不开植物，工农业生产、国防、科学研究也离不开植物。当代人类重大的社会问题，包括能源、粮食、人口和环境都和植物息息相关。我国幅员辽阔，地理、气候条件复杂，植物资源极其丰富，到目前为，止仍然有许多野生植物未被发掘利用。因此，进一步合理利用我国植物资源，保护环境，发展生产，改善人类的物质生活和健康水平，是我们的神圣职责。

研究植物，必须学习植物学，了解植物的形态特征、植物的种类及亲缘关系，并了解它们的生活习性、地理分布、经济价值、以及植物群落等方面问题。

植物标本就是将新鲜植物的全株或一部分用物理或化学方法处理后保存起来的实物样品，按制作方法可分为蜡叶标本、浸渍标本、风干标本、砂干标本以及叶脉标本等。

植物标本在生物学教学中具有重要作用，它能帮助教师讲授教材中的重点和难点。植物学中有些内容只凭口头叙述是很难讲清楚的，如蕨类植物的孢子，裸子植物的雄球花和雌球花，双子叶植物和单子叶植物花的构造等。在讲授时，若以蕨类植物的凤尾草或蕨菜，裸子植物的松、柏，双子叶植物的桃花，单子叶植物的水稻、小麦花为演示材料进行实物解剖观察，就可以收到事半功倍的效果。又如高中生物学中讲授遗传变异时，向学生展示水稻“三系”的标本和玉米自交后出现“白化”苗的标本，就比较容易讲清细胞质遗传在育种上的应用和基因突变引起生物变异的道理。

植物标本可以帮助学生更好地理解、掌握课堂教学内容。植物学许多名词和各类群之间的区别比较繁琐枯燥，要是结合标本讲授，就能比较生动形象。如讲授叶的形态时，展示水稻、桃、樟树、甘薯、银杏、莲的叶片标本，可使学生很快掌握各种叶形的概念。又如向学生展示白菜、苹果、棉花、大豆、向日葵、番茄、黄瓜、柑橘、水稻、百合等植物花的标本，或让学生亲自解剖，就能帮助学生更好地掌握各植物类群花的主要特征。

通过教师和科技辅导员带领学生到野外调查，采集标本，使学生看到繁花似锦的植物界，实地了解到植物与人类的密切关系，可以培养他们热爱大自然、热爱生物学、研究生物学的兴趣。

植物标本还是标本工作者必不可少的研究材料，对于植物形态学、植物分类学、中草药工作者来说尤为重要。植物形态学工作者依赖于对植物各器官浸渍标本的解剖观察，研究各器官的特征和演化；植物分类工作者依赖于对蜡叶标本的观察分析，鉴定学名，研究其进化系统及经济价值；中草药工作者更是依赖蜡叶标本及药材的风干标本进行品种鉴别，澄清混乱品种，保证准确收购、安全用药，以及根据亲缘关系寻找新药源，造福人类。

第一节　采集前的准备工作

野外植物采集，最忌草率从事。草率从事不仅影响活动质量，而且很容易发生安全问题。因此，在活动开始以前，必须做好各种准备工作。采集前的准备工作主要有选择和确定采集地点、准备图书资料、进行安全教育、学习植物采集方面的知识以及准备采集的用品、用具等内容。

一、选择和确定采集地点

1. 选择和确定采集地点的原则

采集地点的好坏，直接关系到采集活动的质量。选择和确定采集地点时，应遵循以下各项原则。

1）应有比较丰富的植物种类，起码要具备常见的植物种类，否则就难以保证采集质量。

2）要有发育良好的植被类型，如良好的森林、灌丛、草地和水生植物群落等。只有在发育良好的植被类型中，才会生长各种典型代表植物，从而才能使学生容易理解植物与外界环境统一的原则，以及植物分布的规律性。

3）交通要方便，采集地点要比较安全。

2. 做好采集地点的预查工作

采集地点一旦确定，就要进行预查工作。预查应在临近采集活动开始前进行，其内容主要有以下几点。

1）调查可供采集的植物种类及其分布区域。

2）选择最佳采集路线和中途休息点。

3）了解在采集中可能出现的各种不安全因素，并准备好一旦发生安全问题时的解决措施。

4）从学校到采集地点的交通情况。

二、准备图书资料

采集开始前应准备好以下图书资料，供采集时使用。

1）本地区的植物志。

2）采集地点的植物检索表（根据预查所得植物名录，由教师进行编写）。

3）采集地点的地形图和地质、地貌、气候、土壤等资料。

三、学习植物采集方面知识

植物采集是一项知识性和技术性很强的科技活动，应事先向学生讲解有关的知识，使学生有所了解和准备。应讲解的知识主要有以下几点。

1）种子植物形态学术语。

2）植物检索表的组成及其使用方法。

3）植物采集的方法和步骤。

4）采集地点的植被类型、植物主要组成、地质、地貌、气候、土壤等知识。

四、进行安全教育

野外采集中存在着许多不安全的因素，诸如蛇咬、摔伤、迷路、溺水等。为了防止出现这些事故，出发前应对学生进行安全教育，并宣布一些必要的纪律，如采集过程中不准单独行动，不准捉蛇，不准下水游泳，必须穿着长袖上衣、长裤、高帮鞋和遮阳帽等。

五、准备采集用品和用具

为了能采集到完整的植物标本，使标本得到及时处理，并且回校后能立即制成蜡叶标本，必须准备一套用品用具，这套用品用具包括采集器具、记载用品、防护和生活用具、标本制作器具等四类。

1. 采集器具

采集袋：用人造革、帆布或尼龙绸制成，用于盛取标本和小型采集用品用具，其体积可为 44 厘米×39 厘米×15 厘米。

小标本夹和吸水纸：小标本夹由上下两片木质夹板组成，中间放置吸水纸，用于在采集途中临时装压标本。吸水纸最好用黄草纸，小标本夹长 43 厘米，宽

29 厘米，板条厚 1 厘米。

掘铲：用于挖掘一般草本植物。

小镐：用来挖掘深根的或具有变态茎、变态根的草本植物。

树枝剪：分为枝剪和高枝剪两种，用来剪取木本植物的枝条(图 7 - 1)。

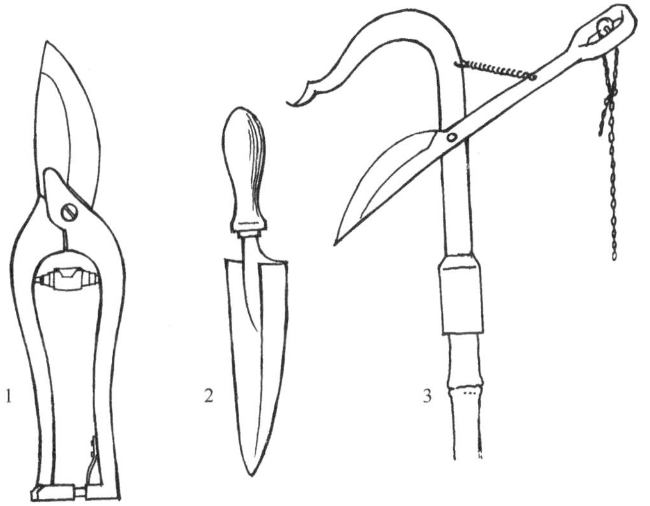

图 7 - 1 采集工具

1. 枝剪 2. 掘根器 3. 高枝剪

树皮刀：可以折叠，用于割取树皮。

望远镜：用来瞭望远处的地形和植物种类。

高度计（即海拔仪)：用于了解采集地点的海拔。

指北针：用来指示方向。

纸袋：用牛皮纸制成，长约 10 厘米，宽约 7 厘米，用于盛取种子以及标本上脱落下来的花、果和叶。

小塑料袋：长约 15 厘米，宽约 10 厘米，用来装鳞茎、块根等。

广口瓶：内装福尔马林-酒精-冰醋酸固定液（FAA 液)，用于浸泡花和大型肉果。FAA 液的配制比例：福尔马林 5 毫升，冰醋酸 5 毫升，70%～80%酒精 90 毫升。

2. 记载用品

采集记录册和铅笔：用来记录植物标本。采集记录册中每一页记录一号植物(不同地点采集的同一种植物要按不同号记载)。采集记录册的格式见表 7 - 1，为了使记录工作迅速准确，可事先印刷，装订成册，供野外采集时用。

表 7-1　种子植物采集记录册

号数	日期
采集人	
产地	
海拔	
生活型	环境
高度	茎的习性
树皮	胸高直径
叶	
花	
果	
科名	
学名	
中名	
其他	

标本号牌：用白色硬纸做成，长宽各 3 厘米左右，系以白线，挂在各个标本上。

钢卷尺：用来测量植物的高度、胸高、直径等。

手持放大镜：用来观察植物的细小形态。

3. 防护及生活用具

护腿：用厚帆布制成，用于防蛇咬伤（图 7-2）。

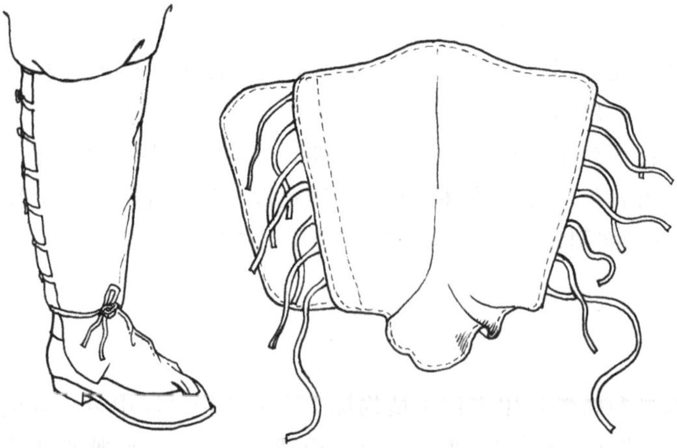

图 7-2　护腿

蛇药：用来治疗毒蛇咬伤。

简易药箱：内装治疗外伤、中暑、感冒等医药用品。

长袖上衣、长裤、高帮鞋和遮阳帽：这样的穿着是为了尽可能避免扎伤和咬伤。

水壶及必要食品。

4. 标本制作器具

大标本夹、吸水纸和绳子：大标本夹由上下两块木板组成，内装吸水纸，并用绳子固定，大标本夹坚固，用于压制标本，长度为47厘米，宽33厘米，板条厚1厘米。用来捆绳的板条长41厘米，厚2.5厘米（图7-3）。

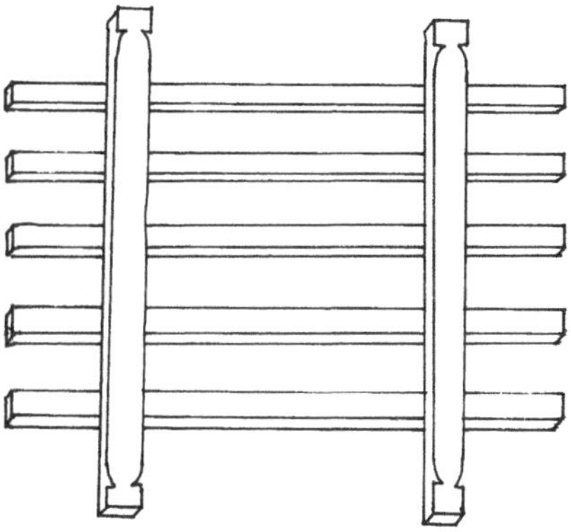

图7-3　标本夹

镊子：用于压制标本时的对标本进行整形。

直刀（刻纸刀）：用于标本上台纸时切开台纸。

台纸：为8开的白版纸或道林纸，用来承载标本。

盖纸：为8开的片页纸、薄牛皮纸、拷贝纸等纸张，不一定要透明，用来盖在台纸上的标本上，保护标本。

宽的白纸条、白线、针、胶水：用来固定台纸上的标本。

野外记录复写单：其内容和大小跟野外记录册完全一样，但不装订成册，用来安放在台纸的左上角。

标本签：用于安放在标本的右下角。其格式见表7-2

表7-2　植物标本签

植物标本签	
采集号数	登记号数
科名	
学名	
中名	
采集人	鉴定人
产地	日期

消毒箱：为木制，用于标本杀虫，密闭性能要好，体积不限，一般要能容纳几十份蜡叶标本，箱内距底部以上约 5 厘米处，按水平方向放置带木框的铁纱，将消毒箱分成上下两部分，上面的空间放置待消毒的标本，下面的空间放置四氯化碳。

四氯化碳和玻璃皿：用于标本消毒。

标本制作在返校后进行，所以标本制作的器具无须带到采集点。

第二节　怎样采集标本

一、采集什么样的标本

大自然植物种类繁多，究竟要采什么样的标本，要根据使用目的而定。植物标本根据使用目的可分为以下几种。

（一）整体标本

通常用来识别植物，鉴定学名，鉴别中草药。对某一地区进行植被调查也是使用这种标本。例如调查某个学校、山头的植物资源。高等植物的根、茎、叶等营养器官，是识别植物依据之一，但是常因生长环境不同而有所差异，而花、果具有较稳定的遗传性，最能反映植物的固有特性，是识别和鉴别植物的重要依据。采集标本时必须尽量采到根、茎、叶、花和果实俱全的标本。草本植物还应该挖起地下部分。从根系上可以鉴别出是一年生还是多年生的。而且地下部分除根茎外，往往还有变态根和变态茎，如荸荠、百合、菊芋、甘蓝、黄精、贝母、七叶一枝花等等。木本植物应采集有代表性的枝条，最好附有一小片树皮。孢子囊群的形态与排列、根状茎及其鳞片和毛被等，是蕨类植物重要的分类依据，采集时要加以注意。整体标本常制成蜡叶标本和原色浸渍标本。

（二）解剖标本

制作目的在于观察、研究植物某一器官的内部组织结构，如解剖洋葱的鳞茎，以观察基盘、幼芽、鳞叶、须根等结构；横剖黄瓜，以观察瓜类的侧膜胎座和种子着生位置；纵剖桃花，以观察花的各部位及形态。采集这类标本只要选择健康的有代表性的某一器官即可，不必采集整个枝条。解剖标本通常制成防腐性的浸渍标本。

（三）系统发育标本

制作目的在于观察研究植物的生活史，即某一植物从种子萌发到生长发育、开花、结果各阶段的生长情况，常用于生物学教学和引种栽培及科研方面。这类植物标本必须采集植物体不同的生长发育阶段。如制作菜豆和玉米种子萌发过程的标本，就要采集它们胚的萌动、长出主根和幼芽、长出真叶等各阶段的标本。这类标本可制成蜡叶标本，也可制成浸渍标本。这样就可以明显地比较出单子叶与双子叶标本种子萌发过程的异同点。

（四）比较标本

比较标本主要是比较不同植物的某一器官的异同。例如，比较双子叶植物和单子叶植物种子形态就要采集油菜、大豆、黄瓜、番茄等成熟的果实，除去果皮，将种子晾干，采集小麦、水稻、玉米的果实晾干进行比较。比较各种形态的根可以采集直根系的棉花，须根系的水稻和小麦，球根的“心里美”萝卜、圆锥根的胡萝卜，圆柱根的萝卜，块根的甘薯、玉米，不定根的甘蔗，以及寄生根的菟丝子、桑寄生等。比较各种形态的茎可以采集直立茎的桃、榕树，缠绕茎的牵牛花、金银花，匍匐茎的草莓、蒯大碗，攀缘茎的葡萄、葫芦、爬山虎，枝刺的山楂、皂角，肉质茎的仙人掌、昙花，球茎的荸荠、甘蓝，鳞茎的洋葱、大蒜等。比较各种形态的花冠可采集离瓣花的桃花，十字花冠的油菜、荠菜，蝶形花冠的大豆、紫檀、蚕豆，管状花的红花，舌状花的菊芋，以及单子叶的小麦花等。比较各种花序可以采集总状花序的白菜，穗状花序的车前，伞形花序的天竺葵，头状花序的蒲公英、向日葵等。比较各种形态的果实可采集核果的李、杏，浆果的柿、葡萄，梨果的苹果、鸭梨，荚果的豌豆、刺槐、紫云英，角果的萝卜、大青，瘦果的向日葵，颖果的水稻、小麦，翅果的榆、槭等。比较标本可以制成蜡叶标本，也可制成风干标本，而果实以原色浸渍标本效果更好。

二、采集标本时应注意的问题

采集标本除以上介绍的以外，还应注意以下几个问题。

1）应根据制作目的选择具有典型特征、生长茁壮、姿态良好的植株或枝条作为标本。有的植物有异形叶，如白菜有基生叶和茎生叶之分，海金沙有营养叶和繁殖叶之分，菱有漂浮叶与沉水叶之分。甚至同一枝条上就有不同形态的叶，如枫荷桂就有三种叶形。有的植物是雌雄同株，如南瓜、蓖麻；有的是雌雄异株，如大麻、杨，应分别采集雌花和雄花。

2）采集时应根据台纸大小或标本瓶大小，选择大小适中的标本。有的植物体很小，如地衣、葫芦藓、满江红等应多采几株；有的植株很大，可以取其典型的一部分，如百合、芦苇等，不需采全株，可分别剪取顶部、中部和根部的典型部位。

制作浸渍标本，一般以标本占瓶内体积的五分之三为宜，标本太小显得空旷无物，标本太大又显得臃肿，这都有损美观。

3）带有花果的标本，无论是干制还是浸渍，其效果往往与花开的程度有关。若花开得太盛，各部位容易脱落，离瓣花尤为突出，所以要选择刚开的花或将开的花蕾。这时花的各部位特征已明显地反映出来，也不容易脱落。如盛开的木棉花不易压制，而选择即将开放的花蕾进行压制，就能收到较好的效果。制作浸渍果实标本时，浆果类未成熟的果实其果型、色泽还不典型，而太熟的果实内部果汁浓度大于浸渍液浓度，果皮内外渗透压不平衡，也容易造成果皮爆裂，或果肉溶烂等情况，西瓜和番茄等都有这种情况。干果类的大豆、白菜、穿心莲等果实太熟，压制时果实容易爆裂，种子散出，不易获得完整形态，采集时也应引起注意。各类种子标本应待种子完全成熟时采集。

4）采集标本的份数根据各处需要和具体情况而定。制作蜡叶标本应多采几份，除自己保存外，必要时寄给有关单位请他们鉴定学名，还可以与国内外有关单位交换。通常一种植物至少采 2～3 份。制作浸渍标本也要多采几份，以比较不同的浸渍方法的效果。采集份数除了根据需要以外，还应注意爱护植物资源。

同一种植物同时采的几份标本称为副份标本，副份标本的采集号应是相同的。

5）采集标本还要注意到各种植物的花果期，以便及时采到需要的标本。有的植物是先花后叶，如榆、柳、木棉等，这些标本在长叶以前就要注意观察，以便及时采到花。待长叶后再在原植物上采叶的标本，编不同的号。

6）制作各种标本都有一定整形问题，目的是使标本既美观，又真实地反映原来的形态，这个问题在原色浸渍标本制作中更为突出。因此要求采集时注意观察植物的生态、花果着生的位置等。

7）野外采集的植物标本，主要用来制作蜡叶标本，因此，标本的大小取决于台纸的大小。学生制作蜡叶标本用的台纸，通常是 8 开的白版纸或道林纸，其大小为 38 厘米×25 厘米，所以标本的大小以不超过 35 厘米×25 厘米为适度。采集木本植物时，可按照这一尺寸剪取枝条，草本植物虽然要采集全株，但一般不会超过 35 厘米×25 厘米，如果超过 35 厘米×25 厘米的范围，对高大草本植株，则可分别剪取其上、中、下三段作为标本。

每种植物标本在可能条件下要采 3～5 份，以供应用及与有关单位进行交换。在采集标本的同时，应采集一些花和果实，放入广口瓶中浸泡，留待返校后进行解剖观察。

8）特殊标本的采集　在大型标本的采集方面，因有些植物的叶片极大，例如芋头、蒲葵、假槟榔等，不可能采集整片叶子。这类标本可以采集部分叶片。若是单叶可沿中脉的一边剪下，或剪一个裂片；若是复叶可采总轴一边的小叶，但无论怎样采都必须留下叶片的顶端和基部，或顶端的小叶。花、果和叶片可分开处理，但要编同一号。至于较大的花序，向日葵的头状花序、棕榈科的花序都只能采取其中一部分。

大型标本的野外记录显得更为重要，必须详细记录株高、胸径，整片叶子的长、宽，裂片或小叶的数目、长短，全花序的大小等。

寄生植物采集时应注意采到寄主植物。

孢子囊群的形态、根状茎及其鳞片和毛被常是蕨类植物的分类特征，因此在采集蕨、木贼、海金沙、卷柏时，要注意采集带有孢子囊群的叶片和营养叶，还要挖一小段根状茎，并且小心保护鳞片叶，防止脱落。

葫芦藓、地钱等苔藓植物的孢子体成熟后常常会脱落，所以应在孢子体尚未成熟时进行采集，而且要及时放在纸袋或广口瓶中暂存，以免丢失孢子体上的蒴帽。

地衣是一个独特的植物类群，生长在多种基质上，叶状和枝状地衣如松萝等大量生长在山林中，而壳状地衣常生长在岩石、树皮及建筑物上，采集时尽量连基质一起采下。若不能采到基质也应作好记录。

菌类植物中的蘑菇是由子实体（菌盖、菌柄）及地下菌丝体组成，子实体是重要的分类特征，它们有的生长在地上，也有生长在树枝或腐烂的树皮上。采集长在地上的蘑菇，要仔细地挖起地下的菇根；采集树上的蘑菇，应用刀连同基质一起割下。用手拿标本时要注意不可在菌盖和菌柄的表皮留下指印，以免损失子实体表面固有的分类特征。标本采集后立即挂上标签，用柔软纸轻轻包好，放在纸盒里。

水绵、海松、多管藻等藻类植物多生长在水里，它们一出水面其中片往往收缩一团失去原形。采集这类标本时可先用水网捞出，倒在水盆中，等植叶展开后，再用吸水纸置于标本下面，轻轻将标本托出水面，然后用干燥纸压平。为避免标本带有盐渍，采集的海藻必须先在淡水中浸 10 多分钟后，再放入清水中按上述方法处理。

三、各类标本采集时应注意的事项

（一）木本植物

木本植物包括乔木、灌木以及木质藤本植物。采集木本植物应注意以下两个问题。

木本植物树皮中的韧皮纤维大多很发达，采集时应该用枝剪或高枝剪剪取，不要用手去折，否则会撕掉部分树皮，不但影响标本的美观，而且还可能影响标本质量。

有些木本植物，开花在发叶之前，例如杨、柳、榛榆、金缕梅、木棉等。对这样的植物种类，应分春夏两次采集，而且第二次采集时，应该在春天采过花枝的那株乔灌木上采集枝叶，这就必须在树上挂一个跟花枝标本号码相同的号牌，必要时，还可在记录册上确切记明该树所在的位置，以免搞错。

（二）草本植物

采集草本植物，应该多注意它的地下部分，不少草本植物例如百合科植物，具有鳞茎、根状茎，这些变态的形状特点往往是分类的依据，采集时，一定要把地下部分挖出来，否则就不是完整的标本。

（三）水生植物

水生植物，如金鱼藻、狐尾藻、眼子菜和浮萍等，植株纤细，把它们由水中取出后，枝叶会互相粘在一起，以致很难进行压制，对待这样的标本，在压入标本夹以前，要先将它们放入盛有清水的水盆内，使标本的各部分展开，然后用一张干净的16开或32开的道林纸，放入水中标本的下方，缓缓向上将标本托出水外，使标本展开在道林纸上，最后，将标本连同道林纸一起压入标本夹中（将来压制时，也可以使标本与道林纸一起更换吸水纸）。

（四）寄生植物

种子植物中有些种类寄生在其他植物体上，叫寄生植物，如列当、菟丝子、锁阳、槲寄生、檀香、百蕊草等，这些植物跟它们的寄主有密切关系，应连同寄主一起采集和压制标本。特别是那些用寄生根寄生在寄主根上的种类（如列当）

在采集时，应小心地将二者的根一起挖了并尽量保持二者的联系，以利于鉴定工作的进行。

（五）大形植物

有些植物如棕榈、芭蕉等，叶和花序都非常大，采集这样的植物标本，可用以下方法进行。

如果标本的叶片大小超过了台纸，但仅超过一倍长度时，可以不剪掉那部分，只须将全叶反复折叠，并在折叠处垫好吸水纸放入标本夹内进行压制。

如果是比上述叶更大的单叶，则可将 1 片叶剪成 2～3 段，分别压制，分别制成蜡叶标本，但在每段上要栓一个注有 A、B、C 字样的同一号码的号牌。

如果叶的宽度太大，则可沿中脉剪去叶的一半，但不可剪去叶尖。如果是羽状裂片或羽状复叶，在将叶轴一侧的裂片或小叶剪去时，要留下裂片和小叶的基部，以便表明它们着生的位置。还有，顶端裂片或小叶不能剪掉。

如果是两回以上的巨大羽裂或复叶，则可内取其中 1 个裂片或小叶进行压制，但同时要压制顶端裂片和小叶。

对于巨大的花序，可取其中一小段作为标本。

大形植物的标本，由于只选取了叶和花序的一部分，野外记录就显得更为重要，必须详细记录，如叶片形状、长宽度、裂片或小叶数目、叶柄长度、花序着生位置、花序大小等，均应加以记载。

四、标本的清理

标本采集后，在制作前还必须经过清理，目的是除去杂质，使要展示的特征更为突出。清理一是除去枯枝烂叶，除去凋萎的花果，若叶子太密集，还应适当修剪，但要留下一点叶柄，以示叶片着生情况。二是用清水洗去泥沙杂质。另外，对蕨类植物根状茎上的鳞片和毛茸，甘蔗表皮上的蜡质，荸荠、慈姑等球茎上的鳞叶等，应注意保护。

标本清理后，应尽快进行制作，否则时间太久，有的标本的花、叶容易变形，影响效果。

第三节　蜡叶标本的制作

蜡叶标本又称压制标本，就是将新鲜的植物材料用吸水纸压制，使之干燥后装订在白色硬纸上（这种纸称为台纸）制成的标本。蜡叶标本制作简单，容易保存，是植物分类工作者常用的标本，也是学生最容易制作的一种标本。

一、标本的压制

压制标本是将标本逐个地平铺在几层吸水纸上，上下再用标本夹压紧，使之尽快干燥、压平。压制方法是先在标本夹的一片夹板上放几层吸水纸，然后放上标本，标本上再放几层纸，使标本与吸水纸相互间隔，层层罗叠，最后再将另一片标本夹板压上，用绳子捆紧。罗叠高度以可将标本捆紧，又不倾倒为宜，一般叠至 1 尺左右。每层所夹的纸一般为 3～5 张，粗大多汁的标本上下应多夹几张纸。薄而软的花、果可先用软的纸包好再夹，以免损伤。初压的标本要尽量捆紧，以使标本压平，并与吸水纸接触紧密，又较容易干。3～4 天后标本开始干燥，并逐渐变脆，这时捆扎不可太紧，以免损伤标本。压制时应注意以下几种情况。

1）尽量使枝、叶、花、果平展，并且使部分叶片背面向上，以便观察叶背特征。花的标本最好有一部分侧压，以展示花柄、花萼、花瓣等各部位形状；还要解剖几朵花，依次将雄蕊、雌蕊、花盘、胎座等各部位压在吸水纸内干燥，更便于观察该植物的特征，利于识别。

2）多汁的根、块茎、鳞茎等标本，不易压干，要先用开水烫死细胞，然后纵剖或横剖，滴干水后再压。这样既可使标本快干，又能观察内部构造。仙人掌类及大型果实如柚、佛手、香橼等，可以纵切挖去内部肉质组织后再压，或切取部分纵剖面和横剖面为代表进行压制。

3）菟丝子、桑寄生、生姜、芋头、兰花，以及松、杉、柏等植物，往往压制了 1～2 个月后，细胞还不死，致使叶、花脱落。这些标本就需要在开水里烫片刻，杀死细胞后再压。有的标本新鲜时比较脆，压制时容易破碎，如木棉花的花瓣，采集后放置半天，或用蒸汽熏蒸片刻，使组织软化再压，效果较好。

4）标本放置要注意首尾相错，以保持整迭标本平衡，受力均匀，不致倾倒。有的标本的花、果较粗大，压制时常使纸凸起，叶子因受不到压力而皱折，这种情况可用几张纸折成纸垫，垫在凸起的四周，或将较大部分切下另行风干，但要注意挂同一号的采集标签。标本较长，可以折成“V”或“N”形。

换纸是否及时，是关系到标本质量的关键步骤。标本压好后，往往由于不注意换纸，致使标本发霉变黑，或为一堆废物。因此必须每天换纸。初压的标本水分多，通常每天要换 2～3 次，第三天后每天可换 1 次，以后可以几天换 1 次，直至干燥为止。遇上多雨天气，标本容易发霉，换纸更为重要。最初几次要注意整形，将皱折的叶、花摊开，展示出主要特征。换下的湿纸要及时晒干或烘干。用烘干的热纸换，效果较好。换纸时要轻拿轻放，先除去标本上的湿纸，换上几张干纸，然后一只手压在标本上面的干纸上，另一只手托住标本下面的湿纸，迅速翻转，使干纸的一面翻到底下，湿纸翻到上面，再除去湿纸，换上干纸，这样可以减少标本移动，避免损伤。

植物标本的质地不同，其干燥速度也不同。有的标本如车前草、龙葵、牵牛、蒲公英等2～3天就干了，有的标本半个月、1个月才干。所以在换纸时应随时将已干的标本取出，以减少工作量。

有些植物的花、果、种子压制时常会脱落，换纸时必须逐个捡起，放在小纸袋内，并写上采集号码夹在一起。

为了使标本快速干燥并保持原色，可以用熨斗熨干，或将标本夹在铁丝的夹里置炉火周围烘，但不可置火上烤；少量标本也可用脱脂棉代替吸水纸。随着科学技术的不断发展，标本干燥的方法也不断改进，可以将标本夹在铁丝夹里置45～60℃的恒温干燥箱里烘干或用红外线照射，促进快速干燥。据报道，1980年参加中美联合考察鄂西植物的美国朋友带来一套比较先进的烘干标本的设备，一般标本烘烤24～36小时就可以干燥，标本色泽新鲜，质量好。方法是将有金属罩的煤油炉，燃后放入烘箱框内，温度控制在60℃左右。将采来的标本逐份平放在对折的白纸内（报纸亦可），上下各放一张同等大小的吸水纸，吸水纸上再各放一张同等大小的瓦楞纸。瓦楞纸是一种中间有孔道的特殊纸张。放置时孔道横向，将标本逐层罗叠，最后用标本夹捆紧，将标本逐捆放在烘箱框上。放置时注意瓦楞纸孔道顺上下方向放置，烘烤时标本中的水分通过瓦楞纸孔道排出，就不需换纸，省工快速。

此外，用硅胶作干燥剂，也能使植物标本快速干燥，效果良好。

二、标本的装订

装订是将标本固定在一张白色的台纸上，装订标本也称上台纸。装订目的一方面是为长期保存标本不受损伤，另一方面也是为了便于观察研究。

台纸要求质地坚硬，用白版纸或道林纸较好。使用时按需要裁成一定大小。植物分类用的台纸，通常是30厘米×42厘米。系统发育的标本放置的材料较多，台纸可大些。植物病虫害标本台纸可适当小些。作为教学用的台纸可根据具体情况决定。台纸也可以用薄浆糊刷几层废纸，最上面裱上一层白纸压平，干后裁成一定大小。装订标本通常分三个步骤，即消毒、装订和贴记录签。

1. 消毒

标本压干后，常常有害虫或虫卵，必须经过化学药剂消毒，杀死虫卵、真菌的孢子等，以免标本蛀虫。通常用的消毒剂有1%升汞酒精溶液。消毒时，把配好的消毒液放在大型平底的搪瓷盘里，将压干的标本放入浸渍片刻，即用竹夹钳出，放在吸水纸上夹入标本夹，使之干燥。此外，也可以用二氧化硫或其他药剂薰蒸消毒。消毒时要注意安全。这些都是剧毒药品，工作时要戴口罩和手套，工作地点注意通风，工作完毕后要用肥皂洗手等。如用紫外光灯消毒较为安全有效。

2. 装订

装订标本先将标本在台纸上选好适当位置。一般是直放或稍微偏斜，留出台纸上的左上角和右下角，以便贴采集记录和标签。放置时要注意形态美观，又要尽可能反映植物真实形态。如白杨、柳树的柔荑花序是下垂的，金花茶的花是反折于叶背等特征，这些都要尽可能反映出来。标本在台纸上的位置确定以后，还要适当修去过于密集的叶、花和枝条等，然后进行装订。

装订标本一般用间接粘贴法。具体的做法是：在台纸正面选好几个固定点，用扁形锥子紧贴枝条、叶柄、花序、叶片中脉等两边锥数对缝，将纸两端插入缝中，穿到台纸反面，将纸条收紧后用桃胶水在台纸背面贴牢，再将花、果的解剖标本、树皮等附件固定在台纸上，易脱落的花、果应装在纸袋里，贴在台纸的适当位置，以便必要时取出观察研究。因此纸袋既要贴得牢固，不使花、果丢失，又要便于取出。大的根茎、果实等纸条不易固定，可用白车线代替，细弱的标本可用桃胶水直接将标本贴在台纸上。没有桃胶水也可用一般办公用的胶水，或加防腐剂的浆糊代替。

细小的植物如苔藓、地衣、水绵、木耳等，用以上方法不易装订，可用透明玻璃纸覆盖在标本上，玻璃纸四周用胶水粘贴在台纸上。

整体标本每张台纸只能放一种植物标本。比较标本一张台纸按需要放置同一类标本。

3. 贴标签

标本装订后，在右下角贴上标签，说明词要简明扼要。类别就是写标本名称，如叶序标本、花序标本或系统发育标本等。名称是指植物名称。若是叶序标本，台纸上可能有几种不同植物名称。植物分类学用的标本，通常在左上角贴采集记录，右下角贴定名签。定名签要标明采集号、科、拉丁学名、鉴定人和鉴定日期。贴标签时将四个角或上下两边粘牢即可，以便必要时可取下更换。

三、标本的保存

制成的蜡叶标本必须妥善保存，否则易被虫蛀或发霉等，造成损失。

蜡叶标本应存放在标本柜里。标本柜要求结构密封、防潮，大小式样可根据需要和具体情况而定。一般分上下两层，便于搬动。每层高100厘米，宽70厘米，深45厘米。柜前为对开的门，中间用板隔成两边，每边再用活动的木板横隔成五格。标本就分类放在木板上。没有标本柜也可用密封的木箱代替。标本柜必须放在通风干燥的室内。

标本入柜前还必须做两件事。

1）登记、编号 将每份标本按需要分类登记在登记本上。植物分类用的标本按科属顺序分类；研究植物形态用的标本按植物器官分类；教学用的标本根据教学内容和进度分类。可分为植物器官、植物类群、植物群落、植物栽培等几大类。登记的同时还要编好标本号。标本号是每份上台纸的标本编一个号，即使是同一采集号的标本，上了几份台纸就要编几个标本号。登记、编号主要是为了便于随时掌握存有多少标本，有哪些标本，使标本保存更有条理，使用方便。

2）标本柜、标本室消毒 存放标本前，标本柜、标本室应事先扫干净晾干，并用杀虫剂消毒，通常用敌百虫或福尔马林喷杀或熏杀。然后将标本按登记分类顺序放入柜里保存。标本入柜后还必须经常抽查是否有发霉、虫害、损伤等，如有发现应及时处理。

标本损伤原因很多，通常由于标本入柜时没有干透，或入柜后遇上雨季而返潮，这些情况在南方尤为应引起注意。入柜前要使标本干透，并在标本柜里放樟脑丸、干燥剂。若标本发霉，可用毛笔轻轻扫去菌丝体，再蘸点石炭酸或福尔马林涂在标本上，用氯仿或四氯化碳也可以，但此药较毒，要注意安全。也可用红外灯烘干，紫外灯消毒。平时取放标本时要随手关好柜门。

此外，在取放标本时，因标本之间互相摩擦也会使标本某部分脱落、破碎。这就要求在操作时轻拿轻放。需要取一叠标本中的某一份标本时，必须整叠取出，放在桌上再逐份翻阅，切忌从中硬抽。为减少标本之间的磨损，可用牛皮纸或硬纸将标本逐份或分类夹好。

第四节 浸渍标本的制作

浸渍标本是将新鲜的植物材料，采用化学浸渍液制成的标本。这种标本能保持植物固有的形状和色泽，适用于观察植物的形态和内部构造。浸渍标本分为防腐性浸渍标本和原色浸渍标本两种。

一、器械和药品

（一）器　　械

1. 标本瓶

是浸渍植物标本所用的容器。一般都采用玻璃瓶。要求玻璃清晰、无气泡、折光度小。通常有圆柱形和长方形两种。圆柱形的标本瓶又有磨口盖和平板玻璃盖两种。其规格是以口径×高度来计算的。一般是 3 厘米×6 厘米，大至 30 厘米×60 厘米。圆柱形标本瓶浸渍植物的果实和地下部分效果较好。

长方形的标本瓶一般称为标本缸，盖子是平板玻璃，四周磨毛，平盖在玻璃缸上。它的规格是以长×宽×高来计算。一般为 12 厘米×9 厘米×8 厘米，大至 22 厘米×28 厘米×30 厘米。这种标本缸浸渍花枝、果枝的标本效果较好。但是缸盖不及标本瓶密封。其他广口瓶、指形玻管、广告颜料瓶等也可代用。

现在除玻璃质地外，也有用透明的有机玻璃制成，陈列标本效果更好。

2. 大烧杯

用来煮绿色标本用，要求耐热耐酸，若没有大烧杯，也可用砂锅代替。

3. 量筒和量杯

主要用来量取药液用。规格应有 10 毫升至 1000 毫升等多种。

4. 天平

备 100 克和 1000 克台天平各一台，供称量药品用。

5. 乳钵

研磨硫酸铜等结晶体用。

6. 药匙

取化学药品用。

7. 电炉

加热浸渍标本和石蜡用，通常 1000 瓦左右。

8. 搪瓷盘

制作过程盛放标本用。大小不拘，视标本大小而定。

9. 竹钳

夹取浸渍标本用。用塑料钳也可以，但切不可用金属制品。

10. 玻璃片

用来固定标本。根据标本大小要求，用玻璃刀进行割取。

11. 玻璃刀

割玻璃用。

12. 白线

固定标本用。

13. 石蜡锅

封口时加热粘贴剂用。

14. 标签和记录本

标本制好后，在标签上写明植物名称及制作日期，贴在标本瓶的适当位置。记录本除记录采集的有关项目外，还应记录浸渍方法、步骤、日期、效果等。

此外，还有瓶刷、肥皂粉等。

（二）药　　品

浸渍植物标本所用的药品要求：能防腐杀菌，有助于保持植物原来色泽，无色透明，清晰度好。常用的化学药品有以下几种。

1. 福尔马林

即40%的甲醛溶液，是一种无色有刺激性气味的液体。它能使植物细胞内的蛋白质凝固变性，而达到杀菌目的，是效率很高的消毒剂，也是生物标本常用的防腐剂，而且价格便宜，容易购买。福尔马林在浸渍标本中，可以抑制酶活性，在短时间内使细胞停止生命活动。它又可使标本硬化，但它渗透力不及酒精强，对于表皮较厚的标本，药液不易渗入，也可以与酒精混合使用。

福尔马林原液放置时间久了，容易发生聚合作用，而形成白色沉淀，稍微加热，沉淀即可消失，或者过滤后使用。

2. 酒精

即乙醇。纯的酒精是无色透明的液体，容易挥发，具有较强脱水作用。70%～75%酒精是常用的效能很强的消毒剂和防腐剂。它对植物标本渗透力较福尔马林强，能迅速渗入植物体内，达到防腐作用。可单独保存一般标本用。

酒精有强烈的渗透作用和脱水作用，也容易使标本表面收缩而失去原形。使用时可将标本先浸在稀浓度（如 50%）酒精内，逐步过渡到浓度高的酒精中，或与福尔马林混合使用。如用 50%酒精 50 毫升与 4%福尔马林 50 毫升混合。

3. 亚硫酸

是无色透明的中强酸，具有刺激性气味，容易被氧化而生成硫酸。它具有较好的防腐作用，而且清晰度好，是一种较好的保存液。在浸渍植物标本中，它不仅起防腐作用，还有助于保持黄色和红色标本。

亚硫酸容易分解，放出二氧化硫，而二氧化硫能与有机色素结合成无色的化合物，故具有漂白作用，因此在使用时，浓度要掌握适当。亚硫酸在浸渍标本中还会使标本软化。

4. 硫酸铜、醋酸铜、氯化铜

都是含有铜离子的酸性物质，通常为带蓝绿色或深绿色的结晶体，能溶于水或有机溶剂。主要是用来保持绿色标本。

5. 冰醋酸

为无色透明的酯酸，具有强烈刺激性气味。在浸渍标本中，主要与醋酸铜混合使用，保持绿色标本。

冰醋酸稀释成 36%，即成稀醋酸，是防腐效能较好的防腐剂，可与福尔马林混合使用。

6. 硼酸

白色粉末，在水中溶解较慢，具有防腐作用。在浸渍植物标本中有助于保持红色和紫色标本。

7. 明矾

即氢氧化铝，为无色晶体，在浸渍标本中是保持紫色植物标本常用的药品。

8. 甘油

即丙三醇，为无色透明油状液体，能溶于水，具有防腐作用。在保存液中加适量甘油可以增加浸渍标本的光泽，使标本更为美观。也有资料记载，在保存液中加甘油能防止果实爆裂。

9. 氯化锌

白色粉末，易吸水潮解，在保存液中加氯化锌，有助于保持标本的红色和白色部分。

10. 粗盐

是浸渍紫色标本常用药品。它还可用来调节当液的渗透压，防止果实爆裂。在使用时应掌握好浓度，一般以15％～17％为宜，浓度太大会使果皮皱缩，浓度太小又会使果皮涨裂。

11. 石蜡和蜂蜡

熔点均低，凝固点高，用来密封瓶口。

配制浸渍液的水，以蒸馏水为佳。若无蒸馏水也可以用冷开水，但必须沉淀过滤后使用。

二、防腐性浸渍标本的制作

防腐性浸渍标本，是植物体经化学药品浸泡后，仍保持原来形状的一种标本。这种标本组织松软而不腐烂，便于解剖，是植物学教学中常用的实验材料，也是植物工作者重要的研究资料。

蜡叶标本虽然具有简单易制，便于保存的优点，但是植物花、果等各器官却被压扁粘在一起，不易解剖。而对植物各器官的解剖，观察其内部构造，是识别和研究植物的重要手段。防腐性浸渍标本就可在这方面弥补蜡叶标本的不足。纵剖桃花、棉花的花、百合花等就能观察到花萼、花瓣、雄蕊、雌蕊等各部位的形状及其着生的位置，以及各个类群花的特征。横剖黄瓜、番茄、石竹的果就能观察到几种不同胎座的形状，以及胚珠着生的位置。

防腐性浸渍标本制作简便，常用的方法有以下几种。

1）用5％～10％福尔马林溶液直接浸渍。

2）用60％～70％酒精直接浸渍。

有的标本在上述浸渍液中，如果会出现膨胀或收缩现象，也可改用下列浸渍液。

F、A、A 浸渍液：

70%酒精 90 毫升	醋酸 5 毫升	福尔马林 5 毫升

还可用：

冰醋酸 5 毫升	1%酪酸 100 毫升	福尔马林 5 毫升

或用：

福尔马林 50 毫升	95%酒精 300 毫升	蒸馏水 2000 毫升
	甘油少量	

若没有以上药品，也可以用度数高的烧酒代替。

防腐性浸渍标本所用的标本瓶要求不高，一般广口瓶、指管、链霉素小瓶都可使用，但瓶盖必须密封，以防浸渍液挥发。标本制好后要贴上标签，采集号、名称、浸渍日期。若同时还制有蜡叶标本，其采集号应与蜡叶标本相同，以便查对。植物的花往往容易凋萎，最好随采随浸。

三、原色浸渍标本的制作

原色浸渍标本不但要求保持植物的形态，还要求保持原来的颜色。它的色泽鲜艳，形态逼真，有较强的感染力，适用于教学和展览，也用于科研。植物为什么会呈现各种各样颜色？哪些物质在起作用？它们的性质又是怎样？这是比较复杂的问题，因而给原色浸渍标本制作带来了困难。由于不同颜色标本处理的方法是不同的，甚至同一种颜色标本，因植物种类不同，制作方法及其效果也常常有所差异，所以在制作时必须加以比较和选择。

（一）绿色标本浸渍方法

高等植物呈现绿色部位主要是叶子、幼茎、花萼、花梗、幼果等，它们的细胞质中都含有叶绿素 a 和叶绿素 b，以及胡萝卜素等色素。其中大量的是叶绿素 a，它显示蓝绿色。而叶绿素 b 显示黄绿色。这两种叶绿素与胡萝卜素等其他色素的比例不同，植物体就显现出不同程度的绿色。

绿色浸渍标本制作，通常先用固定液固定颜色，然后用清水漂洗，置保存液中保存。

1. 固定绿色标本的常用方法

1）将醋酸铜结晶 6 克加入 100 毫升冰醋酸溶液中，直到饱和为止，制成原液，使用时加水 1～4 倍，稀释成浸渍液。处理标本时，将标本浸入浸渍液中，置大烧杯内加热，并用竹钳翻动，使标本均匀地接触药液。大约加热到70～80℃，标本的绿色逐渐褪成黄褐色，再继续微火加热，至标本颜色又逐渐转绿接近原色时，立即取出，用清水漂洗，置保存液中保存。

加热的温度和时间与标本质地有关，如洋槐、芥菜、荠菜、七叶一枝花、三七、芋头、黄精、曼陀罗、葱、蒜等植株柔软，叶子质地较薄的标本，一般加热到 70～80℃，10 分钟即可；竹、姜、水稻、稗、香蒲、银杏、夹竹桃、凤尾草、金银花、烟草、鸦胆子、八角、砂仁等叶子质地较厚，或叶子表面有蜡质和毛被的标本，需加热 70～80℃，20～40 分钟；而龙舌兰、菠萝、柚子、柑橘等的叶子，质地特别坚硬的标本，加热的时间需更长，甚至要一个多小时才能恢复原色。

加热时间还与浸渍液浓度有关，新配的浸渍液中铜离子浓度大，离子间交换速度较快，加热时间就短。已用过的浸渍液中铜离子浓度小，交换速度较慢，加热时间则长些，甚至有时颜色不能恢复，这时可适量加入醋酸铜结晶和适量冰醋酸，搅均匀后继续加热。

这种方法除不能加热的浆果类、肉质的仙人掌类标本不能采用外，一般标本均可以采用，对于质地较硬、有蜡质层的标本，此法效果较好。

用这种方法处理的标本，保色时间久，处理得好，可达十多年。固定的颜色鲜艳而且快速，是保存绿色标本较好的方法。但是这种浸渍液腐蚀性较强，加热所需要的器皿应注意选择。同时还有刺激性气味，应注意室内通风。

2）称取一定量的硫酸铜结晶，用乳钵研磨后，加蒸馏水溶解即成。使用时将标本浸入，每天观察颜色变化（变化情况同上法）。一般 3～10 天即可，待颜色恢复后，取出用清水漂洗，置保存液中保存。

硫酸铜的浓度大小，视标本质地和大小而定。通常采用 5％、10％、饱和三种浓度的溶液。质地薄而软的标本，如苔藓植物、车前、紫云英、苜蓿、夜来香、七叶树、荞麦、紫花地丁、青天葵等，可用 5％或 10％的硫酸铜溶液。对于质地厚的枝条或大型标本，如西瓜、冬瓜、番木瓜、刀豆、苏铁叶、苹果、梨、菠萝、鳄梨等用饱和硫酸铜为好，它可以加速标本颜色恢复，避免因标本在浸渍液内时间过长，而引起浸渍液变质现象。

浸渍时间与浸渍浓度有关。另外，在同一浓度浸渍液中，浸渍的时间与植物标本有关。

表 7-3　不同标本与浸渍时间的比较

浓度＼天数	3～7 天	8～14 天	15～24 天	一个月以上
10%硫酸铜溶液	刺槐	构树	桃子	芒果
	荠菜	茭白	黄瓜	苏铁（叶）
	桑	葫芦	棉铃	菠萝
	丝瓜	李（枝条）	山栀	西瓜
	莴苣	八角（枝）	青辣椒	冬瓜
	刀豆	相思子	青番茄	甜菜
	菠菜	甘草	李（果）	甘蓝
	豇豆	苦瓜	芜菁	花椰菜
	罗汉果	金粟兰	砂仁（叶）	番荔枝（果）
		广西芙登木	莪术（叶）	
			草果（叶）	
			萝芙木	

硫酸铜浸渍液处理标本，色泽鲜艳，保色时间久，而且操作方便，大多数标本都适用。

硫酸铜浸渍液在处理果实时，还能增加浆果类果皮的硬度，有助于克服果皮爆裂现象。用不同方法处理番茄果实，其结果如下表。

表 7-4　不同方法处理番茄果实的效果比较

处理方法＼效果＼项目	保色效果	果皮爆裂情况
1%亚硫酸直接保存	红色稍褪	爆裂
0.2%硼酸 0.5%福尔马林 0.2%亚硫酸直接保存	保持原色	爆裂
0.8%硼酸 0.5%福尔马林 0.2%亚硫酸白糖、甘油适量	保持原色	爆裂
5%硫酸铜溶液固定后，1%亚硫酸保存	红色稍褪	不爆裂
5%硫酸铜溶液固定后，0.2%硼酸 0.5%福尔马林 0.2%亚硫酸保存	保持原色	不爆裂

在硫酸铜浸渍液中，加适量的亚硫酸、福尔马林、酒精等防腐剂，它们能增加浸渍液的防腐作用，提高浸渍效果。

在浸渍质地厚的或大型标本时，由于铜离子浓度降低，中途可适量补充些硫酸铜结晶，以提高效果。

3）氯化铜 100 克、冰醋酸 25 毫升、50%酒精 100 毫升、甘油 25 毫升、福尔马林 50 毫升

处理时将标本浸入浸渍液内，每天观察变色情况，待绿色恢复后，取出用清水漂洗，置保存液中保存。

此法用于豆类的幼苗、水稻的幼苗、苋菜、紫云英、芥菜、马齿苋、芫荽等较好，一般浸 7 天左右。此法手续简便，处理的标本色泽鲜艳，但稍带透明。保色时间不久，宜暂时保存。

4）褪色法处理时先将标本置 3%亚硫酸溶液中浸 1～12 小时，待绿色褪掉后，经清水漂洗，再放入前面介绍的绿色浸渍液中染色；至标本恢复绿色后，重新用清水漂洗干净，即可置保存液中保存。用此法处理香蕉、牛角蕉、芒果、番桃、番木瓜等，能获得较好效果。

2. 保存液

绿色标本经过上述几种方法处理，固定颜色，用清水漂洗后，应立即浸入保存液中保存。目的是：

1）使标本在保存液中保持原色；

2）利用液体的浮力使标本浸在保存液中显得较为丰满，具有立体感；

3）防腐，其水溶液清晰透明，能保持标本原色。

保存液有许多种，常用的有：①亚硫酸 0.15～0.30 毫升，水 100 毫升；②福尔马林 4～5 毫升，水 100 毫升；③亚硫酸 1～2 毫升，甘油 0.5 毫升，水 94.5 毫升；④亚硫酸 10 毫升，甘油 20 毫升，福尔马林 32 毫升，硼酸 20 克，水 800 毫升。

使用时应根据具体情况加以选择。保存液太稀，达不到防腐作用；保存液浓度太大，又容易使标本褪色，甚至溶烂，因此浓度要适中。

3. 绿色标本浸渍过程中的几种情况

绿色标本在浸渍过程中，通常会出现下列几种情况。

标本在保存液中很快褪色：这是由于保存液浓度太大；或由于浸渍时间不够，标本刚刚恢复颜色，其绿色还很淡。这些原因都很容易使标本褪色。出现这种情况时，可以将标本再浸入浸渍液中继续恢复绿色。

标本在浸渍过程中变成黑褐色甚至黑色：其原因有两种。一是植物中含有丰

富的单宁，这种植物不适宜制成原色浸渍标本；二是浸渍时间太久。这种情况可用3%亚硫酸浸渍2～3小时，使之褪色，然后用蒸馏水漂洗干净，再浸入保存液中。用此法处理西瓜、乌桕等可获得清单效果。褪色时应注意观察，待颜色褪到绿色时，立即取出用清水漂洗，然后浸入保存液。

标本在浸渍液中浸渍时间要掌握恰当，一般以绿色恢复到比新鲜标本稍微深点为宜。

有时标本在浸渍液中，长时间停留在黄褐色或浅绿色不变。这主要是由于渍液中铜离子浓度较低，对此可以适当增加浸渍液的浓度。

（二）黄色和浅绿色标本浸渍方法

植物体呈现黄色部位，主要是花及成熟的果实。它们大多数由于植物体内含有类胡萝卜素和核黄素。类胡萝卜素由胡萝卜素和叶黄素组成。前者使植物体呈橙红色，后者使植物体显黄色。它们不溶于水，性质稳定，所以黄色标本较容易保色。常用的浸渍方法有以下几种。

1）用0.15%～0.5%亚硫酸直接保存。如柚、柑橘、枇杷、杏、梨、柿、团花、马齿苋、苏铁小孢子叶等，用此法效果较好。

2）用0.3%苯甲酸、0.5%酒精、0.1%硼酸、0.5%硫脲、10%甘油、0.1%亚硫酸直接保存。成熟的番木瓜等采用此法效果较好，但药品较贵，特别是硫脲不易买到。

3）用5%硫酸铜溶液固定1～2天，用清水漂洗后用0.2%～0.5%亚硫酸，加适量甘油保存。适用于带有绿色部分的花枝和果枝，如金银花、番石榴、枇杷、金花茶、鸭梨、罗汉果花枝、马齿苋以及生姜根状茎等。

4）用5%硫酸铜固定2～5天后，经清水漂洗，再用亚硫酸2毫升、酒精1～2毫升、甘油少量，加水100毫升直接保存。此法适用于梨、香瓜、雪梨、浅黄色苹果、金橘、黄色番茄、马铃薯、南瓜、生姜、紫金牛等。

5）用1.5%的福尔马林溶液固定5～7天后，再用亚硫酸30毫升、福尔马林2毫升，加水1000毫升直接保存。此法适用于莲藕、芒果、马铃薯、慈姑等。

6）用饱和硫酸铜溶液固定2～3天后，经清水漂洗，再用亚硫酸30毫升、福尔马林10毫升、甘油4毫升，加水1000毫升直接保存。此法适用于牛心果、番荔枝、番桃的果实、黄皮甘薯、马铃薯、大白菜、花椰菜等。

7）采用甘油50毫升、98%酒精5毫升、亚硫酸10毫升、尼泊金2克、硫脲6克，加水1000毫升的混合溶液直接保存，对黄皮香蕉、牛角蕉等都较适宜。

8）先用30%福尔马林或0.1%升汞固定1～2分钟，再用1%～3%的亚硫酸保存。此法较适用于可可、椰子、菠萝、番荔枝、香蕉、油樟、柿子、枇杷等。

（三）红色标本浸渍方法

植物体呈现红色的部位，主要是花、成熟的果实，以及有些植物的叶子，如秋海棠、紫苏等的叶子。

某些植物的叶呈现红色，有两种情况。一种是叶子里含有花青素，这类叶子若当浸在水中，其红色很快褪色，如彩叶洋紫苏，红背桂花等。另一种是叶子里除了含有叶绿素外，还有叶黄素、类胡萝卜素。在正常情况下叶绿素含量大，其绿色盖过其他颜色，当叶绿素减少时，就不同程度地显出类胡萝卜素的橙色或红色，以及叶黄素的黄色，秋天的枫叶、大叶半边莲等红色都比较明显，但这些叶的红色在水中一般不会褪色。

从上述可知，不同植物虽然都显红色，但它们的色素成分却有所不同。有的是由于花青素作用，而花青素又是变化多端的奇妙物质；有的则是由于类胡萝卜素作用。因此，在保存红色标本时就带来一定困难，其方法也较为复杂。

在红色标本浸渍中通常出现两种情况：①保持原色；②变色。有的物质标本经浸渍液处理后，有的褪成黄色，有的褪成无色。因此在具体制作时应加以比较。下面介绍几种红色标本浸渍方法。

1）用福尔马林 5 毫升、亚硫酸 2 毫升、硼酸 2 克，加水 1000 毫升直接保存。此法适用于番茄、桃花、红颠茄果、九里香果、萱草花、牛子花、使君子花、大半边莲花等。

2）用氯化锌 10 克、亚硫酸 1 毫升、硼酸 1 克、甘油 20 毫升，加水 1000 毫升直接保存。适用于假槟榔果序、苏铁果等。

3）用福尔马林 10 毫升、硼酸 8 克，加水 1000 毫升直接保存。此法适用于木棉花、荔枝果实、苏铁果实、茑萝花、毛叶青藤花、朱砂根花等。

4）取氯化锡 10 克、福尔马林 0.5 毫升、红墨水少量，加水 100 毫升混合，先将植物标本置于些液中媒染 1～3 小时，取出用吸水纸吸干，然后再用福尔马林 20 毫升、亚硫酸 2 毫升，加水 1000 毫升直接保存。此法适用于鸡冠花序、一串红花序、千日红花序等。

5）1%～2%的亚硫酸，可用于保存番茄、红皮甘蔗、团花花序等。

6）先用 10%硫酸铜固定绿色，然后再用亚硫酸 2 毫升、福尔马林 4 毫升、硼酸 2 克、加水 1000 毫升，配成浸渍液保存。此法适用于桃、棉、草莓、番茄果、红辣椒、红颠茄、八角花、木鳖果等。

7）先用 5%硫酸铜固定绿色，然后再用 0.2%～0.5%的亚硫酸保存。此法适用于一串红花枝、西瓜（剖开）、红辣椒、苦瓜等。

8）先用清水浸 1～2 天，按上法处理后，再用福尔马林 6 毫升、硼酸 1 克、甘油 4～5 毫升，加水 1000 毫升配成浸渍液保存。此法可用于红皮甘蔗等。

9）先用饱和硫酸铜固定 2～5 天后，再用 0.3%亚硫酸保存。此法适用于红皮萝卜等。

10）先用硝酸亚钴 15 克、氯化锡 10 克、福尔马林 25 毫升，加水 2000 毫升固定 10～15 天后，于清水中漂洗干净，然后再用福尔马林 10 毫升、95%酒精 10 毫升、亚硫酸 30 毫升，加水 1000 毫升，配成浸渍液保存。此法适用于草莓、马铃薯、辣椒等。

（四）白色标本浸渍方法

植物体呈现白色的部位主要是花朵，如梨花、李花、玉兰花、茉莉花、白睡莲、山枝花等。还有些近于白色的叶或茎的部分，如茭白、慈姑以及蘑菇等。

白色浸渍标本较容易保存，常用的方法有以下几种。

1）于 5%～10%硫酸铜固定绿色部分后，用 2%～5%亚硫酸漂白半天到一天，再用 0.1%～0.5%亚硫酸保存。标本从硫酸铜浸渍液中取出时，花色往往呈黑褐色，但经亚硫酸漂白作用后，白色会逐渐复原。此法适用于带有绿色部分的花枝，如梨、李、九里香，以及茭白、花椰菜、莴笋等。

2）置于 1%～3%亚硫酸中直接保存。此法适用于白萝卜、京白菜、慈姑、蘑菇等。

3）于硫酸铜饱和溶液固定绿色后，用 0.3%亚硫酸保存。此法适用于木鳖花、文殊兰花、白花丹花枝等。

（五）蓝色、紫色标本浸渍方法

植物体呈现蓝色的部位主要是花朵；呈现紫色部位的有花朵，也有果实，如葡萄、茄子等。它们主要是由花青素以及其他细胞色素的作用。在浸渍液中很容易褪色，一般保色较困难。下面分别介绍蓝色紫色标本浸渍法。

1. 蓝色标本浸渍法

目前这方面资料较少，但一般采用下述方法处理牵牛花、马鞭草等，都可以收到较好的效果。

先用氯化亚锡 10 克，福尔马林 5 毫升，蓝墨水少量，加水 100 毫升媒染 2～4 小时，取出用吸水纸吸干，经饱和硫酸铜固定绿色后，再用福尔马林 20 毫升、亚硫酸 2 毫升，加水 1000 毫升，配成浸渍液保存。

2. 紫色标本浸渍法

1）用福尔马林20～30毫升、亚硫酸5～10毫升，加水1000毫升，或用福尔马林10～20毫升、酒精少量、亚硫酸5毫升、硼酸2克，加水1000毫升，配成浸渍液直接保存。此法可用于荸荠、芋头等。

2）先用福尔马林20～30毫升、硼酸少量、亚硫酸10毫升，加水1000毫升固定7～10天，然后保存于10%的福尔马林液中。此法可用于板栗、橡、黑榄等。

3）对于老熟的圆茄子等，可用明矾3克、食盐160克、硼酸2克、福尔马林1毫升，加水100毫升直接保存。

4）对于紫皮甘蔗等，可先用清水漂洗2～3天，每天换水2次，然后选用以下浸渍液保存。①福尔马林25毫升、氯化锌10克、甘油5毫升，加水1000毫升；②福尔马林25毫升、亚硫酸6～8毫升、甘油5毫升，加水1000毫升。

5）对于紫色葡萄等，可用升汞1克、甘油4毫升，加水1000毫升直接保存。

6）对于紫色葡萄、沙梨等，可用饱和盐水30毫升、福尔马林20毫升、甘油4毫升，加水175毫升直接保存。

四、浸渍标本的整形

浸渍标本在固定颜色过程中，往往需要将植物体不同颜色的各部位割断分别处理，待颜色固定后，再按原来形状将各部位连接起来，置于保存液中保存，这个工序称为整形。

整形的目的，是为了使制好的浸渍标本形态逼真，美观，更具有真实感，更能突出需显示的特征，增加标本的感染作用。整形的步骤和方法如下。

1）选择大小适中的标本缸或标本瓶。浸渍整体标本以方形标本缸为好，浸渍果实标本以圆形标本瓶为好。选择好的标本缸用肥皂水刷洗清洁，经清水反复冲洗，直到玻璃壁无挂水现象为止。在洗净的标本缸内装入约八成左右的清水。

2）根据标本大小、以及标本缸高度，用玻璃刀割取长度和宽度适中的玻璃片备用。

3）将割断的两部分标本，用白线扎在一起。有些标本不容易扎牢，可以用细竹签分别插入断处，将两部分连接起来，用白线扎牢后，再固定在玻璃条上。

4）将固定在玻璃条上的标本，轻轻放入盛有清水的标本缸中，边观察边修整，直到符合实际情况，又美观清晰为止。

5）观察标本缸中的清水是否浸没标本，若不够可适量增加，然后将标本轻轻地从清水中取出，放在搪瓷容器中；同时将清水倒出，量取实际用量。

6）按清水的实际用量，配制等量的保存液置于标本缸内，再将标本轻轻放入。

先将标本放在清水中整形，然后置于保存液中保存。其优点有：①保存液的药品对于皮肤多数有腐蚀作用，如先在清水中整形，便可避免皮肤与保存液的接触，减少对手的伤害；②在整形过程中，标本上的枝、叶等杂物容易掉下来，使保存液混浊。而先在清水中整形，则可以使保存液保持清晰透明。

在整形过程中，还应注意的几个问题。

1）整形首先要按自然生长状态将各部位连接起来，如辣椒果是下垂的，而朝天椒果是直立的，益智、草豆蔻的花果是顶生的，砂仁的草果的花时都是基生的；金花茶的花是反折于叶背等。其他也要注意造型美观。有些叶子太多可作适当修剪。

2）有些标本特别是果实，一般都是皮厚、中空、浮力大，在浸渍中往往浮于液面。小果型的如辣椒等，可在标本上缚几块厚玻璃，使之下沉；中果型的如番茄等，不易捆扎，可将几块玻璃片扎在一起，压在果实上面，使之下沉；大果型的如番木瓜、冬瓜、柚子等，则用针筒将保存液注入果实里面，再在上面压玻璃片，过几天就会慢慢沉下去。而有些果实，如人心果等则沉到瓶底，影响观察，这就要用细玻璃棒弯成支架，放在瓶底，将标本固定在支架上，使之保持在适中位置。

3）有些纤弱的标本，如藻类、苔藓类等，通常有许多村株粘在一起，浸制时应仔细分离成薄层或个体，用蛋白质、油漆、鱼胶等粘贴剂粘贴在玻璃片上。粘贴时先分别将玻璃片和标本擦干净，然后分别涂上粘贴剂，将标本贴在玻璃片上，待干后再放入保存液中保存。用5%福尔马林浸渍制成的藻类标本，颤藻呈蓝色，绿藻呈绿色，橘黄藻呈橘黄色，红藻呈紫红色。

五、浸渍标本的保存

浸渍标本制好后，必须注意保存，否则将会前功尽弃。对标本的保存应注意以下几个问题。

（一）封　　口

标本经过整形后，置保存液中保存，应将瓶口密封，目的是防止保存液挥发，以及标本发霉变质。一般封口方法有以下三种。

1. 透明胶带纸法

方形标本缸的盖子是一块玻璃板盖在缸口，由于缸口不平，因而往往不是十分严密，即使用石蜡等也不容易密封，而用透明胶带纸封口，则效果较好，既干净、透明，且又美观。使用时标本缸及盖必须擦干净。

2. 石蜡法

将石蜡切碎，放在容器内隔水加热，使之熔化成液体状态，趁热用毛笔涂在瓶口与瓶盖连接处。石蜡凝固点高，在室温下很快凝固，因此必须边加热边使用。隔水加热不仅安全，而且有助于保温。

3. 松脂、蜂蜡、石蜡混合法

一份石蜡、四份蜂蜡、一份松脂混合隔水加热熔化后，用毛笔醮取封口。

浸渍标本制好后还会因阳光照射而退色，因此标本封口后，应尽快放在阴凉避光处保存。最好是存放在橱柜里，需展示时，将柜门打开，平时关上柜门，能避光，又干净。大的瓶子，可用黑纸罩住。

（二）更换保存液

制好的原色浸渍标本，由于植物体内可能还有一些色素交替地陆续析出，以及标本上还有些杂质分离出来，使保存液变色、变浊。因此在标本制好后的两周左右，瓶口可暂时不密封，如出现上述情况，应及时更换保存液。以后最好每年更换一次。更换时，用细胶管虹吸出保存液，再沿瓶壁徐徐注入新鲜保存液。

由于作为保存液的药品多属腐蚀性的，植物标本在保存液中浸渍后，质地变得脆弱，特别是花和叶子，很容易脱落。浸渍标本制好后，应尽量避免振动。保存液如变质尚不严重，可不必更换，以免损伤标本。

（三）保存液发霉的处理

在湿热环境里，浸渍标本有时还会发霉。如是一般的标本出现发霉，则弃之重新制作，但有些珍贵标本，丢掉甚为可惜。笔者经多次观察试验，发现保存液虽然发霉，但对标本颜色影响不大，只要用石炭酸处理，就可继续保存。处理方法是：将发霉标本轻轻取出，置于1%石炭酸溶液中浸洗2～4天，可用毛笔轻轻洗下菌丝体。与此同时，将标本瓶用肥皂洗净，再用福尔马林浸泡消毒，最后按原配方重新配制保存液保存。

第五节　植物分类标本

一、藻类植物

单细胞藻类和一些淡水绿藻，一般可以按制片法制作成显微玻片标本。部分淡水绿藻（如轮藻等）及许多海藻可用于制法或浸制法处理、保存。

轮藻生活于一些浅水湖沼或池塘中，采集一般用水网捞取，然后放在盛有该池水的桶中携回处理。如果采集来的材料太少，还可放在培养缸中培养一段时间，待繁殖较多时，再取出制作标本。

海藻种类很多，一般多固着于海中岩石上，退潮后可直接用手采取，必要时应辅以水网。常见的海藻，如绿藻类的石莼，生活潮间带，固着于岩石上；扁浒苔，见于潮间带下部，固附于岩石和石块上；礁膜，附着于潮间带泥沙滩的砾石和贝壳上；刚毛藻，生长在潮间带上部的岩石上；羽藻，分布于整个潮间带；海松，生长在潮间带下部的岩石上。褐藻类中常见的种类也不少。例如，水云生活于潮间带，附着于岩石上和其他藻体上；幅藻，生长于潮间带下部附近的岩石上或岩洼内；萱藻，生长于潮间带的岩石上或岩洼中；漆叶藻，附着于潮间带下部的岩石上；蔓藻，生长于潮间带下部的岩石上；黑顶藻，着生于马尾藻等其他的藻体上；昆布（海带），生活于潮间带中、下部的岩石上（人工养殖的，系固着于绳索上生长）；裙带菜，附着于潮间带下部的岩石上；鼠尾藻，生长于潮间带的岩石上；羊栖菜，主要附着于低潮线附近海水波动片的岩石上，红藻类中比较容易采到的有甘紫菜和圆紫菜，前者生长于潮间带中部的岩石上，多分布于内湾水域，而后者常见于潮间带下部或离岸较远的海底；海萝，生长于潮间带上部的岩石上；蜈蚣藻，生长于潮间带的岩石上；珊瑚藻，生长在潮间带上部的岩石上；江蓠，生长在潮间带中部的砾石或石块上；仙菜，生长于潮间带下部和中部的岩石上；多管藻，生长于潮间带下部的岩石上；松节藻，附着于潮间带中部和上部的岩石上。

上述海藻的采集，大都需要在退潮后进行，少数种类，如石莼等，不退潮也可捞取到，但往往不够完整。所有的海藻材料，采到后应用清洁的海水洗净，然后携回进行压制或浸制保存。

在压制以前，先把材料进行一番整理，对分支过多的材料要适当剪掉一部分，不然以后台纸摆不下；另外，个别变质变色的部分也应及时去掉。整理后，把材料放在盛有清水的搪瓷盘或类似的容器中（面盆等），并用镊子适当地拨动材料，使材料在水中充分舒展，勿使过多地重叠，然后把台纸（一般为 35 厘米×25 厘米）从容器边缘伸入水底，再用镊子拨动藻体，使之恰位于台纸中间，随着把台纸轻轻地往上托起，藻体便贴附于台纸上，如果一次未成，要及时把藻体放回水中，然后重做。藻体平展于台纸上后，还要仔细地检查一下，对个别不符合要求的地方，应用镊子及时拨正。

大形的和藻体较坚实的种类，如海带，可直接摆在台纸上，如果材料长于台纸，则可将材料折成“V”字形或“N”字形；也可把它切成两段或三段，然后摆贴于台纸上。所有藻类的压制，与陆地普通植物一样，都可按下述方法进行。

材料摆在和贴附于台纸上以后，用一层纱布（最好用光亮的天然或人造的纤维丝绸）覆盖上面，纱布上放几层吸水纸，吸水纸上再放另份载有材料的台纸，如此一层层地叠起来，最后放在夹压一般植物标本的木框标本夹中加压。木框标本夹，有的是通过旋扭所附带的鞍形螺旋来加压的。有的是直接用绳索捆绑加压。有些海藻，藻体厚而脆，所以开始加压不宜过剧，以免压坏，以后可随材料的脱水情况再适当加压。

在压制过程中，为了使材料加速干燥，每天都要更换几次干的吸水纸和纱布，以后可随材料的干燥情况适当地进行更换。

材料压制好了以后，应移在无直射阳光和无尘的地方放置，使材料彻底干燥；然后贴上标签，进行编号，注明科、属、种和采集日期，保存于置有防虫剂的标本橱内。

干制法保存藻类的最大优点，在于基本上能保持原来的颜色，但缺点是不论藻体形态如何，一律被压成扁状，有失原态。用浸制法保存藻类，情况又是一样，除一些褐藻和部分红藻外，一般浸藏后常常褪色，尤其绿藻，无论是淡水产还是海产的，脱色更是明显，但是浸制法保存可使形态保持原样，而很少变化。

浸制法保存藻类，保存液一般用5%～10%的福尔马林，具体浓度可根据材料的大小和多少等情况来决定。浸制时，先将材料整理好，并用清水洗净，然后放在盛有福尔马林的标本瓶中固定2～3日，最后更换新的同浓度的福尔马林保存。除个别的小型材料外，一般均无需缚于玻璃片上。有的材料，如海带、裙带菜等褐藻，在用福尔马林浸渍前，最好先用热水浸烫一下，然后再往下处理。用热水浸烫时，开始显暗绿色，继续浸烫便复现原色，然后用冷水浸洗15～20分钟，最后放在10%的福尔马林中固定、保存。像海带这样的材料，还可从市售干制品中挑选完整的进行浸制保存。方法是把干制品放在冷水或温水中泡涨，然后充分洗涤。去掉所附着的脏物，移在10%的福尔马林中保存。

对于淡水绿藻和绿色海藻及部分红藻，最好用原色保存法处理。

二、菌类植物

菌类植物包括细菌、放线菌、真菌等，种类很多。细菌、放线菌以及许多真菌，均适于制作显微玻片标本，用显微镜观察。有些大形的真菌，如香菇、木耳、银耳、猴头等担子菌类的成熟的子实体都可以用干制法或浸制法保存。

蘑菇多生长于阴湿的环境，在一些森林树下和草丛中常可发现。采集时要用小铲或掘根器挖掘，然后把蕈柄下端放入水中浸洗，去掉附着的泥土，如有可能，尽量保留一定量的菌丝。由于新鲜的蘑菇脆弱多汁，不宜直接压制，所以在取到新鲜材料后，应先放在热水中烫一下，或用90%的酒精浸泡数小时，把细胞杀死，特别是褶蕈，这样做可防止蕈褶迅速老熟，变腐变黑。

随后把材料放在阳光下晾晒脱水，至出现萎蔫时，便可夹在白色纸中，并隔以吸水纸，即一层夹材料的白色纸，一层吸水纸，多层叠在一起，放在标本夹中加压。在压制过程中要经常更换吸水纸，以加速干燥。压后放在空气中继续干燥，然后移在台纸上，用透明胶纸条或白线从蕈柄处粘固。最后在台纸上贴附标签，注明科、属、种的名称。

此外也可采用晾晒风干到底的办法，然后装在透明塑料袋里，再装在牛皮纸袋中保存，这样能比压制法更多地保持原有形态。这种方法与商品蘑菇的干制处理基本是一样的，所以有时也可从市售的商品蘑菇中挑选合格的加以利用。

木耳多生长于腐朽潮湿的柞木上，在许多林区可以采到。银耳现在人工培养的很多，所以很容易取得材料。木耳和银耳的压制方法与上述蘑菇相同，即材料取到后先晒一定的时间，至刚一出现萎蔫时，便可夹在旧报纸中隔放吸水纸加压。在压制中要经常更换吸水纸和夹纸，至干燥时再上台纸和贴标签。蘑菇、木耳、银耳等的压制，也可以先直接放在小张厚纸上，经压制和干燥后再将小块厚纸贴于大张台纸上。

木耳、银耳同样可从商品木耳和银耳中挑选合格的加以利用。方法是把它放在温水或冷水中充分泡涨，然后适当日晒，至一定萎蔫时再进行压制。

蘑菇、木耳、银耳还可用浸制法处理，一般可用5%的福尔马林和70%的酒精各等量的混合液浸渍保存。方法是先把新鲜的材料或干制品水浸胀大的材料用清水轻轻洗涤，蘑菇直接入在混合液中，2～3日后更换新的混合液保存；而木耳和银耳最好先粘附或缚附于玻璃片上，每张玻璃片上要多放几个，然后放入上述混合液中保存。中间无需更换新液。

此外，还可选择有害的大型真菌来制作标本，这在教学上是很有意义的。

有害的大型真菌可选择高粱丝黑穗病菌等来制作。这种黑穗病菌俗称“乌米”，寄生于高粱秆的顶梢，其孢子和菌丝均可作装片观察；而呈蘑菇柄样的大块菌丝体，幼嫩时侵据于顶梢旗叶的叶苞内，以后随着生长，伸出叶苞，孢子逐渐成熟，从上部飞散。所以采集这种标本，可连同末节一块剪下，先放在热水中浸烫10～15分钟，杀死菌丝和孢子，然后晾晒风干，最后直接固附于厚的台纸上保存，也可用95%的酒精浸泡来代替热水浸烫。如果不用热水或酒精处理，在晾晒风干中菌丝将继续生长，有时孢子也将迅速成熟飞散，结果使材料越来越不完整。

幼嫩的“乌米”，即尚未破口飞出孢子的时候，还可直接放在70%的酒精或5%的福尔马林或两者的混合液中保存。

自然界有不少大型的真菌，大都可以用干制法或浸制法来保存。方法如下。

1. 浸制标本

凡是白色、灰色、淡黄色、淡褐色的标本，可选用下列浸制液配方中的一种。

配方1：甲醛10毫升、硫酸锌2.5克、水1000毫升。

配方2：50%酒精300毫升、水2000毫升。

凡是颜色深的标本，为保持颜色，可用下列配方保存。

A液：2%～10%硫酸铜水溶液。

B液：无水亚硫酸钠21克，浓硫酸1克，于10毫升水中，再加水至1000毫升。

2. 干制标本

对木质、木栓质、革质、半肉质和其他含水分少不易腐烂的标本，可作干制标本。其作法先将标本放在通风处风干或放在日光下晒干。如果阳光充足，肉质标本也可晒干作成干制标本。标本干后，放入标本盒，并加樟脑粉和干燥剂，盒外贴上标本签，即可长期保存。

3. 蜡叶标本

肉质标本还可以制作蜡叶标本。其方法是取一张薄的白版纸，在纸上涂一层15%的动物胶或蛋清，使其干燥。同时，将肉质标本纵切成均等的两半，将其中一半的菌伞和菌柄内的菌肉挖空，只剩下一层薄壳，另一半沿纵轴切下一层薄片，这薄片应完整地表示出子实体的各部分。然后将上述薄壳和薄片土两个标本贴在涂有动物胶的纸上（薄壳的空腔朝向动物胶），再在上面放一层纱布，放入标本夹中压制，这样压干的标本不会卷缩。压干后，再贴在台纸上，按照蜡叶标本装帧的方法作成蜡叶标本。

4. 制作孢子印

能作孢子印的真菌，大多属于担子菌。当担子菌的子实体成熟时，菌伞张开，大量的孢子就从菌褶上散落下来。此时，用特别准备的纸接取，被粘在纸上的孢子就叫做孢子印。各种担子菌的形态、颜色、菌褶大小、菌褶和菌管形态不同，彼此的孢子印也就不一样。这样，孢子印就成为鉴定真菌标本时不可缺少的一个根据。

用来制作孢子印的标本，应该是菌伞已经张开，但不过熟，而且菌伞必须完整。把标本选好后，取一张稍厚的纸，涂上15%的动物胶或蛋清，干燥后待用。纸的颜色视孢子的颜色而定。如果是黑色孢子，则用白纸；反之，则用黑纸；如果不知道孢子颜色，则把一半白纸一半黑纸拼接使用。在准备纸的同时，用铁丝做一个比菌盖稍大的圆圈，铁丝的一端弯向圆圈中央，使其末端向上弯曲成短柱状。

上述准备工作完成后，用刀片将标本的菌柄齐菌盖处切掉，用铁丝短柱插在菌盖中央的菌柄切断处。然后将这套装置放在涂有动物胶的纸上，为了防止风吹孢子或落上灰尘，应罩上玻璃罩或纸套，静置4～24小时，成熟的孢子就会落到纸上，形成了一张与菌褶或菌孔排列方式完全相同的孢子印（图7-4）。

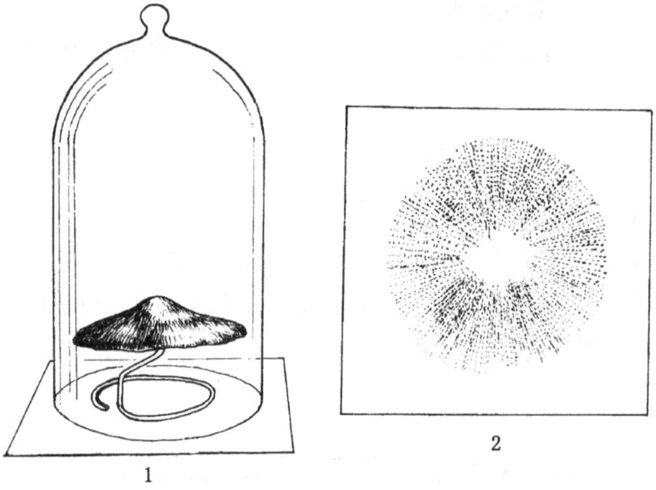

图7-4　孢子印

1. 取孢子印的装置　2. 孢子印

三、苔藓植物

苔藓植物的种类很多，根据其营养体的形态结构，又分为苔类和藓类。最常见的苔类植物为地钱，植物体是扁状的叶状体，其上生有雄托和雌托。葫芦藓是最常见的藓类植物，高3～4厘米，体有雄枝和雌枝。苔藓植物分布广泛，在温暖潮湿的地方很容易见到，尤其葫芦藓，夏季在墙根、树下等处常可多量发现。采集时应用小铲从其所生长的土中挖出，挖时尽量勿伤假根，然后将假根上的泥土洗掉，放在吸水纸上于空气流通处风干。风干后装在透明塑料袋里，再把塑料袋装在牛皮纸袋中，最后放在标本柜中保存。另外，还应挑选一部分夹在云母片中，以备随时用放大镜观察。

葫芦藓也可以用压制法制作成蜡叶标本来保存，即选择一些雌枝、雄枝、蒴柄、孢蒴、假根等都具备且很完整的株体进行适当地压制，最后上台纸作为永久标本保存。葫芦藓、地钱等同样可以用浸制法来保存，一般是在小号标本瓶中用5%的福尔马林（加少许甘油）保存。

地钱、葫芦藓、金发藓等苔藓植物，因植物体很小，所以用原色保存法处理，会得到更好的标本。又这些植物如葫芦藓等的繁殖器官—精子器、颈卵器以及世代交替过程中其他环节的实体，如原丝体等，均可按制片法制成显微玻片标本用显微镜来观察。

四、蕨类植物

蕨类植物分蕨、石松、木贼等。常见的有卷柏、问荆、满江红、槐叶萍、贯众及其他蕨菜等。对这些植物的采集，应力求完整。例如问荆，夏季的营养枝和春季的孢子囊枝，都要采集，而且地上部分和地下部分要全。满江红和槐叶萍在池塘、湖沼中生长繁殖，采集时可用长柄水网捞取。卷柏，孢子体植物，为多年生长绿草本，山岩上很多，采集应掌握时期，匍匐茎、不定根以及孢子囊穗要齐全。其他蕨的采集，根、根状茎、叶等，任何部分都不可缺少。蕨主要生长于山野和森林边缘的阴湿地方，每年春季从地下根茎生长出极长的叶柄，带着新叶露出地面，开始上部成卷曲状，以后新叶逐渐长大伸展，形成大型羽状复叶，而靠长的叶柄直立于地面。因此采集可分期进行，即幼叶和成叶都要采集，根和根状茎要全，以便对各期形态都能观察。

蕨类植物标本的制作，和种子植物一样，可用压制法制作成蜡叶标本，也可用5%的福尔马林进行浸制或原色保存浸制处理。

五、种子植物

种子植物种类繁多，植物标本一般以种子植物占大多数。

大型的种子植物，如乔木和灌木，可采取一部分枝叶来制作标本。采集时要很好地掌握时期，尽可能采到带花的枝。但有些木本植物先开花，花谢后才长叶，这时可分别采集压制，最后放在同一张台纸上，作为一份标本保存。

一些草本植物，由于形体较小，应采集整株进行压制。而农作物标本，形体小的采用整株压制；形体大的，如高粱、玉米等，干燥后直接作单株保存，但其幼苗仍可压制保存。水稻和麦类，既可采用单株压制，又可成束地直接干燥保存。

高大的乔木枝叶的采集，应使用高枝剪，一般的灌木使用普通剪枝剪。

草本植物应根据株体大小，分别用锹、铲或掘根器等从根部挖下，然后洗掉根部泥土，放在吸水纸上吸除附着的水分，进行压制。

任何植物在压制前都应进行一番整理。双子叶植物，要根据台纸大小，把过长或过多的枝叶适当剪掉一部分。压制时还要把少数叶片背面朝上，以便对叶片作两面观察。体长的单子叶植物，为避免台纸容纳不下，可把它折成“V”字形或“N”字形，但穗部应朝上放置；茎杆下部枯干的老叶，可以去掉；过长的根可适当折曲，然后再进行压制。

有些植物的叶是肉质的，如马齿苋或天南星科的植物等，叶厚多汁、脆弱，直接压制，很容易破碎，也不容易干燥。如果轻压，顶梢可能继续生长。所以压制前应用热水浇烫一次，把细胞烫死，使其失去生活能力，这样既容易脱水干燥，又不致于把叶片压坏。

带刺的茎，如玫瑰、刺槐等，应先放在木板上，然后用厚铁片覆在茎上，用力下压，把茎上下的刺压倒，茎两侧的刺不予触及，再夹在纸中垫吸水纸压制。比较难处理的是仙人掌科的植物，这些植物形态特殊，有棒状、球状、厚叶状等，而且大都有刺。所以压制整体材料是不可能的，只能切取一部分来压制。球状的可切一个条棱，好是带花的条棱；棒状的可纵割一半，最好也用热水烫一下再压制，这样容易脱水干燥。与此同时，应作一横切片压制，以供了解整体形状时参考。

植物的果实一般应与枝叶同时压制，但大型的果实，特别是浆果，是无法压制的，只能用浸制法单独保存，与枝叶部分作统一编号，配套使用。

一些异常肥大的根或地下茎，一般也无法压制，也只能切取一部分进行压制，所以最好用浸制法保存，与地上部分统一编号使用。有些肥大的地下茎和根，可先用高浓度的酒精固定、脱水，然后晒干装袋保存。

上述蕨类植物和种子植物的压制方法是：将采集来的材料按前述要求进行整理，然后把材料夹在旧报纸或其他纸的中间，摆好，尽量勿使枝叶重叠。在每份夹纸之间，隔置数张吸水纸，并且使这些吸水纸与夹纸对齐，直到材料压扁干燥，再移于备好的台纸上，即所谓“上台纸”。然后用白线或细折纸条或透明胶条在粗的茎上分几处缚压或粘压于台纸上。用白线缚压将材料固附于台纸上，方法是用针引线，从粗的茎或粗的叶柄基部两侧穿过，作套，勒紧，再将线两端于台纸背面打结，然后用小块纸片粘贴线结上，压平。如果用细白纸条固定，方法是把细纸条压在茎或粗大的叶柄上，将细纸条两端涂抹浆糊，分别粘在台纸上。用透明胶条最方便，直接粘压即可。最后在台纸右下角贴附名签，注明科名、属名、种名、采集时间、采集人以及材料编号等。材料号码应与采集号码相同，所以采集时，每份材料都应及时编号，并用线签及时拴在材料上，而且一经编号，就不要再随意更动，以免弄错。所有在野外采集的材料，拴签后要及时放在采集箱内，以防材料萎蔫变形，不好处理。

第六节 其他几种标本的制作

一、根系类型标本

植物的根系有两种，即直根系和须根系。直根系是大多数双子叶植物的根系，如大豆、棉花、白菜等。这种根系的特点由胚根形成的主根委发达，粗且长，很容易与侧根、不定根区别开来。须根系的主根不发达，在植物的生长初期就停止了发育，而是在茎的基部生出许多不定根，如谷子、小麦、玉米、高粱、水稻等的根系。

制作这种标本时，应先计划好，一般每种根系可各选一两种放在一起作为比较，标本用干制法保存，也可每种根系多选几种分别制成干燥标本保存。

直根系标本可用大豆或棉花的根。制作时先把选好的两种作物从茎的下端距根 3～5 厘米处将茎剪断，然后用锹挖掘。由于主根比较长，侧根伸展面也比较宽，所以下锹时必须考虑到整个根系的伸展范围，以防距主根太近，切伤侧根。最好选择质地松软、含水量适宜的土壤上的植株，因为在这样的土壤条件下可以减少伤根，容易取到完整的根系。挖出后，连带泥干将根放在水中充分浸泡，使附着的泥土脱离根部下沉水底，然后把根轻轻担出，再用清水反复轻洗，至完全洗净为止。大豆的根具有根瘤，各操作环节均应注意，以防根瘤脱落。继之，把根移在吸水纸上，放在空气中把附着的水晾干，并对侧根加以理顺，再在所留下的一段茎上绑缚粗线或细绳，把根悬吊起来进行自然干燥，干燥后，从所留下的一段茎上或主根上部把根系固附于标本盒后面的木板上（其他五面均可用玻璃）即成。

上述根系材料也可用浸制法处理。方法是将根洗净后，先放在 5％的福尔马林中固定 3～5 日，然后移入盛有 5％～7％福尔马林的高大标本瓶中保存。由于主根很长，有时所备的标本瓶盛装不下，这时可将上部原来留下的那段茎剪掉，同时还可把主根末端适当弯曲或去掉一部分。

二、芽、茎的类型标本

（一）芽的类型标本

从不同的角度，把芽分为许多类型，例如，从着生部位来看，着生在顶端的为顶芽，着生于叶腋处的为腋芽，在根、老茎和叶上可产生不定芽；从构造上来看，可分为鳞芽、裸芽；从发育后所形成的器官来看，分为花芽、叶芽和混合芽。

芽的材料大都可以在春季萌发前采集，这时芽已生长膨大，有利于观察。花芽和叶芽、顶芽可选用丁香的芽，混合芽可选用苹果、海棠、梨等植物的芽；腋芽在木本植物每一叶腋处都有。

上述各种芽，一般都适于浸制法保存，即将带芽的枝进行适当的修剪，修剪的结果应该是既便于装瓶，又能保有足够的芽数，以便于观察。修剪后，将材料浸入在5%的福尔马林中固定2～3日，然后用同浓度的福尔马林（加少许甘油）保存。

采集的时候，有的芽已变成绿色，所以也可直接用95%以上的甘油（加少量麝香草酚）保存或用其他绿色保存法处理，都可收到较好的效果。

（二）茎的类型和分枝标本

1. 茎的类型标本

根据茎在空间的生长方向和形态特征，分为直立茎、缠绕茎、攀援茎和匍匐茎。大多数植物的茎为直立茎，它是直立空间向上生长的；缠绕茎是自身不能直立于空间，而是缠绕在其他物体或植物上向上生长，如菜豆、牵牛、紫藤等。攀援茎是指其茎本身必须依靠其他物体的支持，并且用各种适应器官攀援其他物体向上生长，如黄瓜、丝瓜、豌豆、葡萄是靠卷须来攀援其他物体；地锦是借卷须上的吸盘去附着于直立物体上（墙壁等）向上生长；葎草（俗名刺刺藤）是借茎上的钩刺攀援其他物体向上生长。匍匐茎是平伏于地面上，如草莓和甘薯的茎都属此类。

制作茎的类型标本，应取各种茎一二种，最后作成一套标本。制作方法基本有3种：一是剪取一部分茎（不包括支持物体）用前述压制方法制成蜡叶标本保存；另一种是整株或一部分株体经风干处理后干燥保存，此时有的可连带支持物，如菜豆、黄瓜等可连同常用的高粱秆或竹竿一起保存；再一种是普通浸制保存和原色浸制保存。普通浸制保存，先是用5%的福尔马林固定3～5日，然后移在加有少量甘油的5%～7%的福尔马林中保存。

上述无论用哪一种方法保存，材料都必须带有一定数量的叶，特别是攀援器官也必须完整无损。

2. 茎的分枝标本

茎的分枝有四种类型：二叉分枝，多见于苔藓植物和蕨类植物；单轴分枝，如冷杉、云杉、落叶松等；合轴分枝，如苹果、梨、桃、李、杏、柳、葡萄、番茄、马铃薯及其他许多落叶乔木和灌木；假二叉分枝，如石竹、丁香等，假二叉分枝本质上也是合轴分枝的一种类型。

茎的分枝标本，应选择每一类型 1～2 种，作为一套标本保存。制作时应根据所选植物枝型的大小和特点采用不同的方法，但基本可用三种方法处理。一种是用压制的方法，最后制作成蜡叶标本保存；另一种是用 5%～7%的福尔马林固定 3～5 日，然后移至新的同浓度的加有少量甘油的福尔马林中保存；再一种是用干燥法处理、保存。茎的分枝标本，材料不一定要求带有叶片，但有的种类，如苔藓植物和蕨类植物（卷柏等），应连同叶一起处理、保存。一起保存时，也可用原色保存法处理。

分枝标本的材料，还应根据材料的情况，或选整株（如苔藓植物和蕨类植物），或剪取部分枝条，但不论哪种材料，选择时都应重视典型，并且选定后也要进行一番整理，枯干变形的要去掉，整理后大小要适宜，以便于压制或装瓶保存。

禾本科植物，如水稻和小麦的分蘖，也是一种分枝类型，它的分枝是从茎的基部节上生出的腋芽形成的。材料可用整株，应在生长后期，即许多分蘖形成后采集。制作方法同上述标本一样，都可以用压制法、干燥法或浸制法。

三、年轮标本

年轮是温带木本植物茎横切面上的同心环，每个环就是一个年轮。年轮的形成与形成层的活动有关，春季气候温和，水和养料丰富，形成层活动旺盛，形成的木质部细胞大，细胞壁薄，导管也粗而多，致使材质疏松，一般称为早材或春材。到了秋季气温逐渐降低，养料水分条件不如春季，形成层活动减弱，所产生的木质部细胞变小，壁厚，导管细且少，致使形成的材质紧密，一般称为晚材或秋材。翌年形成层又照样地进行活动，又产生早材和晚材。因当年产生的早材和晚材之间是逐渐转变的，所以两者间的界限不够明显；但第一年的晚材与第二年的早材之间却有着明显的界线，这样每次所形成的木质部便很明显地成为一个环层，这就是年轮。

制作年轮的标本，首先要选好材料，一般要求有下列几点。

1）树龄越大越好，甚至上百年的更好；

2）树干圆形、整齐、直立；

3）树皮整齐无损，干燥后不脱落的；

4）木质部干燥后不开裂的。

这些条件应事先进行调查，然后再决定选择哪一树种。

制作时，将树干（干材湿材均可）锯成 1/3～2/3 米高的木墩，然后用刨子把断面刨平，立着或断面朝上地放在专用的支架上干燥保存。

四、果实类型标本

（一）单　果

1. 肉果

肉果的主要特征是具有肉质化的果皮。分下列几种。

浆果：葡萄、番茄、柿子、橘子等。而柑橘也称柑果；各种瓜类，如西瓜、南瓜、冬瓜、黄瓜等葫芦科的种类，又特称瓠果。

核果：桃、李、梅、杏、樱桃等。

2. 干果

其特征是成熟后果皮干燥。又根据成熟后果皮裂开或不裂开，分下列两类。

裂果：成熟后果皮裂开的均属此类，但根据裂开的方式和果实的组成又进一步分为下列几种。① 荚果果实为荚，可裂开，系豆科植物的果实。但也有例外，如花生、含羞草的荚果成熟后并不裂开。② 蓇葖果果实常见的有牡丹、芍药、玉兰、梧桐、八角茴香（大料）等，成熟后只沿腹缝或背缝裂开。③ 蒴果果实有牵牛花、百合、棉花、亚麻、烟草和罂粟、马齿苋等。裂开方式有 4 种，即瓣裂、齿裂、孔裂和盖裂。④ 角果果实分长角果和短角果。前者如油菜、白菜，后者如荠菜。

闭果：成熟后果皮不裂开。这类果实又分下列几种。① 瘦果只有 1 粒种子，果皮与种子分离，如荞麦、向日葵的果实。② 颖果的果皮与种皮愈合，不易分离，也是含 1 粒种子，是禾本科植物的果实，如玉米、水稻、小麦等的果实。③ 翅果的果实为果皮的一部分往外发育成翅状的果实，如榆、槭等的果实。④ 坚果的果皮是一层硬质的壳，内有 1 粒种子，如板栗和橡子（栎实）。⑤ 双悬果由心皮发育而成，果实成熟后心皮相互分离，是伞形科植物果实的特征，如茴香、胡萝卜等，都属于此类果实。

（二）聚　合　果

草莓、莲等都属于这类果实，这是每个花上的单雌蕊，各形成 1 个单果，多数单果聚在 1 个花托上，即成为聚合果。

（三）聚花果

如凤梨、桑椹等，由整个花序所形成的果实。

上述各种果实，最好能按类属制作成套标本保存。

标本的制作方法依果实的性质而异，凡肉质多汁的果实，应一律用普通浸制法或颜色保存浸制法处理保存，而其他干性果实，经干燥处理后直接保存。

用普通浸制法保存，是先用水把果实洗净，像葡萄这样的果实应剪取一束来处理，然后放在5%～10%的福尔马林中固定，固定时间根据材料大小和多少而定，一般需要5～10日，时间延长亦无妨碍。固定后移在盛有7%～10%的福尔马林中（加少量甘油）保存。此外，用原色保存浸制法处理，有的常可得到更好的效果。

干果，有的在采集当时就已经是干燥的，可直接保存；有的在采集当时是半干的，或含有较多的水分，这需要进一步进行干燥处理，一般是放置听其自然干燥，或放干燥箱中缓缓烘干（35～40℃）。干燥后，可根据果实的大小、形状及每种一次应取的数量，装入适当大小的普通标本瓶或广口瓶或种子瓶中干燥保存。

五、风干标本的制作

风干标本是将新鲜的植物材料置于空气流通的地方，让它风吹日晒，自然干燥而成的标本。有些制成蜡叶标本时不易压干的，如向日葵花盘、石蒜鳞茎、鳄梨等，一般都制成风干标本。

风干标本常用于生物学教学和农业科学研究。例如识别水稻‘珍珠矮’和‘矮仔粘’的形态特征等，就要两者的全株、稻穗、谷种等制成风干标本，以比较株高、有效分蘖、穗长、种子大小、千粒重等。风干标本也可用于比较不同栽培措施对棉花、油菜等作物的影响。这就要将各种栽培措施的棉花、油菜的全株风干，以比较株高、分株、结铃、结荚等。

种子标本都是风干而成，具体做法是：采集成熟的果实，除去果皮（锦葵科、豆科、十字花科等干果类），或洗去果肉（蔷薇科、茄科、葫芦科、芸香科、百合科等肉果类），再将获得的种子置阳光下晒干，待充分干透后，分别装入种子瓶内保存，并贴上标签，分类排列于玻璃柜里。制作时要注意保持不同植物种子的固有特征，如槭树、榆树、紫檀、黄檀等种子的翅，蒲公英、棉花、大丽菊、万寿菊等种子的种毛等。风干标本也要求干燥越快越好，遇上连日阴雨，则应用45℃烘箱烘干，或挂在炉旁烘干，以防腐烂发黑。

标本风干后一般都会干瘪收缩，失去原来形状，颜色也有所改变，因此风干前后应作好详细记录。制成的风干标本要及时保存在瓶里，贴上标签，分类别有次序地陈列在橱柜里。大的植株可用塑料薄膜套住，密封保存。雨季因空气潮湿，要经常检查，以免霉烂。

六、砂干标本的制作

砂干标本主要是利用细砂使标本干燥而成的标本。它是使标本中的水分通过细砂间隙蒸发。砂干标本可以制成立体的，也可以制成压制标本。

立体砂干标本制作又称“木乃伊标本”，是将采集来的新鲜标本，固定在小板上，后将它移到加套里。加套是上下敞开的盛放砂粒的容器，其形状不拘，无底的玻璃瓶、空铁罐、纸盒等都可以。标本移入后，再把晒干或烘干的微热的细砂从容器口慢慢泻入。直到把标本全部埋没为止。然后将标本移至日光下曝晒，或置于 45℃烘箱内使之快速干燥。待标本完全干后（一般标本在 45℃烘箱约要烘 6 小时左右），从容器下口放出砂粒，再用毛笔轻轻拂去标本上的砂粒，就可将它装入标本瓶里，密封瓶口，贴上标签，予以保存了。这类标本常常因为整形困难而不易获得较理想的效果。主要是在泻入细砂时往往容易把枝叶压弯，而影响美观，因此要边泻细砂，边用玻璃棒细心扶正枝叶。采用硅胶细颗粒代替细砂，置于 37～45℃恒温箱烘干，制作黄色的金花茶、红色的月季花、石榴、蓝色的半枝莲、白色的茉莉花及紫万年青等标本效果较好。

七、叶脉标本的制作

叶脉标本可以用来观察叶片的输导组织，制作后又常用颜料染色作为书签，因此又称叶脉书签标本。它是在除去叶肉漂洗后再经漂白、染色、压干而成。除去叶肉的方法有以下 4 种。

1. 腐烂法

将新鲜叶片浸入水中，利用细菌作用使其腐烂，一般需半个月左右。浸的时间与气温、叶片质地均有密切关系。气温高，叶片薄，时间一周左右；气温低，叶片厚，时间则长些。叶肉腐烂后在水中轻轻刷去，就可漂白。浸渍时还要注意换水。

2. 腐蚀法

将叶片浸在腐蚀液中，加热 5 分钟左右，使叶腐烂。腐蚀剂的配制：取碳酸钠 5 克、氢氧化钠 7 克，加水 200 毫升混合即成。待叶肉腐烂后即放入清水中洗刷干净，就可进行漂白、染色。

3. 漂白方法

用漂白粉 8 克溶于 40 毫升水中配成甲液，用碳酸钾 5～8 克，溶于 30 毫升热水中配成乙液，然后再将两液混合搅匀，待冷却后，加水 100 毫升，滤去杂质，制成漂白液备用。漂白时将叶脉标本浸入漂白液片刻，再取出用清水漂洗干净。

4. 染色方法

将普通染布用的染料用温水调和加热，然后将已漂白的叶脉标本放入煮 3～4 分钟取出，再用清水漂洗后压干，就可获得鲜艳的叶脉标本。

制作叶脉标本，应选择较坚硬的革质叶，网脉比较明显的叶片，如桉树叶、樟树叶等效果较好。而肉质叶或叶脉纤弱的叶片，如秋海棠叶、白菜叶等效果则较差。

植物标本制作是较复杂的生物技术，随着科学技术的发展，制作方法将不断改进，例如由于有机玻璃生产的发展，近年出现人工琥珀标本。我们相信今后一定会出现操作更简便、效果更理想的标本制作方法。

第七节　配制浸渍液的方法

配制浸渍液的配制常用的溶液浓度为百分比浓度。这里介绍两种配制方法。

一、由结晶化合物配制成百分比浓度

$$\text{公式}\quad P=\frac{A}{C}\times 100\%$$

$$\left(\text{百分比浓度}=\frac{\text{溶质}}{\text{溶液}}\times 100\%\right)$$

例一：现有 10 克的食盐溶于 90 克水中，求溶液的百分浓度。

解：此溶液的质量＝10 克＋90 克＝100 克，即 100 克溶液中含有溶质的质量 10 克，故溶液的百分浓度为：

则

$$P=\frac{10}{100}\times 100\%=10\%$$

答：溶液的浓度为 10％。

由于有些结晶化合物含有结晶水，所以计算时必须注意将结晶水计算在内。

例二：配制 10％硫酸铜溶液 500 克，需多少结晶硫酸铜和多少毫升水。

解：根据上述公式，已知 $P=10\%$，$C=500$ 克

则

$$10\%=\frac{A}{500}\times 100\%$$

$$A=500\times 10\%=50 \text{ 克}$$

上述求出 50 克硫酸铜为无水硫酸铜，但是一般市售硫酸铜含有 5 个结晶水分子，所以应由无水硫酸铜换算为结晶水的硫酸铜。换算的方法可以根据它们的分子量进行计算：

设需含结晶水硫酸铜（$CuSO_4\cdot 5H_2O$）为 x 克

$CuSO_4\cdot 5H_2O$	$CuSO_4$	
250	160	（分子量）
x	50	（质量）

$$250:160=x:50$$

$$x=78.1 \text{（克）}$$

需水量为 500－78.1 ＝ 421.9 克　（一般即量取 421.9 毫升）。

答：配制 10％硫酸铜溶液需结晶硫酸铜 78.1 克，需水 421.9 毫升。

二、将较浓的溶液释成较稀的溶液

通常用对角线（十字交叉）法来计算较为简便。

例①：有市售 95％浓度的酒精，需配制为 50％的酒精浓度，怎样配法？

解：用对角线法来计算

原液浓度　　需配制的浓度　稀释时的质量比

P 原　　　　　P 稀 － O

　　　　P 稀

O　　　　　　P 原 － P 稀（加入溶剂质量）

已知 P 原是 95％浓度酒精，P 稀是 50％浓度酒精，O 是稀释用的水的浓度。

95％　　　　50（95％ 酒精份数）

　　　50％

O　　　　　45（加水份数）

答：从上述可以看出，取 95%酒精 50 份（质量）与水 45 份（质量）互相混合即成 50%浓度酒精。即欲得 50%的酒精 95 毫升（50+45），需 95%的酒精 50 毫升，水 45 毫升。

例②：需配制 500 毫升浓度为 0.2%亚硫酸溶液，需 6%的亚硫酸溶液和水各多少毫升？

解：根据十字交叉法

6%　　　　0.2(6% 亚硫酸的份数)

　　0.2%

O　　　　5.8(加入水份数)

从上述可以看出，要配制 0.2%的亚硫酸 6 毫升需 6%的亚硫酸 0.2 毫升。故 500 毫升 0.2%的亚硫酸需 6%的亚硫酸为：

$$6:0.2=500:x$$

$$x=16.7(\text{毫升})$$

$$\text{需水为}\ 500-16.7=483.3(\text{毫升})$$

答：配制 500 毫升 0.2%的亚硫酸溶液，需 6%的亚硫酸溶液 16.7 毫升，水 483.3 毫升。

酒精浓度的简便配法 使用酒精比重计来测定酒精的浓度，是比较精确的。如果没有，可用已知的酒精浓度减去所要配制的酒精浓度，然后再按求得的差数加入蒸馏水即成。例如：酒精浓度为 96%，要想把它配制成 80%浓度的酒精时，可按下式换算：

$$96-80=16$$

即取 96%的酒精 80 毫升，加入 16 毫升的蒸馏水，就配制成 96 毫升的 80%的酒精。

第八章　模型技术与铸型标本

仿真模型技术的应用，随着我国现代化建设的进程，将以加速度的趋势深入到广阔的领域之中去。在现代动植物标本制作、陈列、科普宣传及科学研究中，较为广泛地使用翻制模型技术，以解决和克服采用旧的传统工艺和手段所不能解决的困难和问题。在动物标本方面，从器官发展到整体结构，从内部结构发展到外部形态，都可应用现代材料和模型技术来达到仿真效果。例如：河马、犀牛和大象的剥制标本的难度很大，同时在保存标本的过程中也有很多问题，采用模型技术就能制作难度很大的标本，解决保存标本过程中的问题。又如，目前许多仿真植物早已被大众所接受，进入百姓家庭的陈列之中。现代制模与翻模技术是我们从事野生动植物标本制作人员应该了解的一个知识领域。

第一节　制模与翻模技术

一、制作石膏母模前的准备

古脊椎动物化石在不同自然环境下因不同矿物质的渗透，加之年代久远，其坚硬程度也有所不同，为了复制方便，通常要进行硬化处理，即在有裂隙的地方或易断易脆的部位用稀胶加固，以免做模时损坏。

制模时，根据其形状需要计划分块。分块一般是在标本的高棱、高点的地方划分线。分块不当，就会损坏标本。为了使制作的母模易与标本分开，二者之间常涂分离剂，如凡士林油或黄油。不过在使用时要调以液体石蜡（夏天酌减）。标本上涂分离剂时，要注意涂得薄而均匀，以防止复制时纹理不清。

在调制做母模的石膏液时，应事先了解所用石膏的性质。因各地所产石膏的性能不尽相同，所以最好先用少量做试验，了解其凝固时间和软硬程度，这样操作时才不致于手忙脚乱，因为所有工作都在石膏液变稠之前完成。

二、制 作 母 模

调制的比例是石膏和水各半（约计重量），把熟石膏粉徐徐加入盛水的容器内，调匀成石膏浆，并用手轻轻振荡容器，使气泡和杂质浮于表面，用小勺去掉浮在上面的泡沫。灌石膏液时要由一个部位缓缓倒入，不要太快，否则压住空气，会出现小气泡，翻制出的母模易有“砂眼”。当灌进的石膏浆完成后，可用勺背在浮面上轻轻挤压，使石膏液注入标本的细小缝隙里去。母模上如有少数砂眼，可用湿毛笔蘸石膏粉修补。

母模有三角、长方、圆、多边、梯形等各种不同规则的形状，而且每件标本的母模都由几块以至几十块模片组成。每块模片的接触面都要平整、光滑，便于拼码、捆紧。母模做好后，拆开取出化石标本，再把模拼好，捆绑结实，垫好放平，尤其是长形的模，不平整容易变形。制作比较复杂的模，既要考虑拆模的问题，还要编号，便于拆模时按先后次序。有些大型的模，可加百分之二十左右的水泥，以增加石膏的强度，防止变形。另外，模型的细小部位，如某些动物的牙齿尖端部位，灌进石膏液时会因压住空气而灌不满。如在这种部位，模与模相挨面上，可由内向外用小刀划出一条线，灌石膏液时就可排除空气，避免灌不满的现象。

一般的母模，都需要有一个灌铸孔，为复制模型灌注石膏液用。选孔最好是在化石标本凸起或在化石不太重要的位置上。如人类头骨，灌铸孔多在枕骨大孔上。

不同形状的标本制模方法有异，现分述如下：

1. 凹陷模

有些化石标本存在凹陷部分，如眼窝，应在凹陷部位分块分片，一般要做2～3块小模，小模薄厚要掌握适当。为操作方便，常标注箭头，写出号码，指出揭模时所移动的方向和顺序。此类模在制作时可在该块模的石膏液凝结前加上一个粗细适当的铅丝环，以备将来取模时用提勾打取模。

2. 圆形模

如鸟类或爬行动物的蛋，外形要做出棱角来，否则模子不好捆绑。

3. 托模

制作托模是常用的一种方法，比如一窝恐龙蛋化石附在一块岩石上，只有一个表面，总的形体起伏很大，用一块模显然是不行的，只有分成小块做，小块模做完了还要在小块模上加一块大的托模，托住这些零碎的小块模。有时也可把最后一块扩大为托模。

4. 制作造牙粉模型的模子

这种模子，一般多用于小型标本。做出的底模边要宽一些。做模前先找标本的一个大的平面做底面，然后用石膏制作底面模，做完后反过来，在底模和标本上再依次做其余部分的小块模。每个小块模的上面另加一个小油泥柱子，当做最后一块盖模时，油泥柱子的上端要露在盖模的外面，这样，拆模时取下油泥柱，在盖模上就形成为小孔，复制好模型最后揭膜时，用手托住底模，然后用细的木棍顺盖模上的小孔往下顶，小模连同底模与盖模就容易脱开了。

在底模和小块模上做最后的盖模时，因小块模很小很轻，有时会被盖模的石膏液吸起来，为防止这种情况，可在灌盖模的石膏液之前，在小块模下面涂一薄层凡士林油使其贴牢在底模和标本上，小块模就不会出现被吸起来的情况了。此种模完全做好拆开后，在底模的标本印迹的周围，还要挖一圈小槽，作为以后制作造牙粉模型时挤出废料的贮存处。这种模在做好拆开之前，还要把模的外表修锉平整，便于以后制作模型拼模合缝准确。

三、复制模型

复制模型也有多种材料和多种方法。用石膏灌铸空心模型是做头骨经常用的一种方法。灌铸空心模型，首先要把放干的母模用肥皂水反复烫洗，两至三次，最后一次用毛巾把肥皂沫拭去，手摸有光滑感。必要时需涂上一层薄薄的凡士林油，使其不再吸收水分，然后把一块块的分模拼好捆牢，把调好的多半碗石膏液顺灌铸孔倒进模内，再用湿布把灌铸孔堵住，然后托起母模上下来回转动。等第一次石膏液在模内不流动时挖开灌铸孔，再注进半碗石膏液继续转动，这样两次即可成型。石膏液不要太稠，稠了凝结太快，涮不均匀，有薄有厚；但也不要太稀，稀了制出的模型不结实。有时模型紧粘在母模上揭不开，可放入热水中浸烫一下，就容易脱模了。人类以及其他动物的肋骨细长易断，应在中心部位加铁条或粗铁丝，这样就比较牢固，不易折断了。

四、着　色

模型复制出来以后，如果粘有油污，需用棉花轻轻擦去，便于着色。刚制成的模型，应先修理石膏，烤干后上色。模型太湿不易吸收水分，并使颜色变浅；但太干时吸收水分过强，易使颜色加深。以半干时上色最合适。对照标本，先用水彩颜色涂上一层底色，烤干后再涂上一层无色漆，然后就可以按原化石标本的黄、褐、赭、黑、白、灰各色用油画色进行着色。比较粗糙的标本用水彩（丙锡颜料）着色效果也不错。着色后烤干，再涂上一层薄漆，以保护上好的颜色，这样不加油画色也可以了。着色对光线的要求较严，白天光线充足，着色较好；阴天或灯光下着色效果不够理想。

除了石膏外，近年来还使用其他一些原料制模，如缩合型硅橡胶和乳橡胶等。

缩合型硅橡胶有3～4个型号，可酌情采用。用硅橡胶制模比石膏方便耐用，小的结构、纹理都能显示出来。如果说一个石膏母模能翻两个模型，那么一个硅橡胶模可翻4～6个模型甚至更多。它最突出的优点是不会相互粘连，容易脱模；标本上的弯曲部位用石膏需要做好几块模，而硅橡胶有弹性，一块模就完全可以了。

把硅橡胶盛在容器里，加上1.5%的固化剂调匀，也可用2%～10%的正硅酸己酯（增塑性）和1%～5%二月硅酸二丁基锡（聚合剂）这两种配剂，与硅橡胶掺和调匀后倒进围好油泥墙的标本上，约1小时就凝结，然后在硅橡胶外加一块石膏托模。先做一半模，再做另一半模，为防止硅橡胶模接触面粘连，需抹凡士林油或肥皂水进行隔离。

乳橡胶韧性强，富有弹性，好揭模，使用简单，以做大件标本比较合适，较硅橡胶经济。

用油画笔把盛在容器里的乳橡胶一遍遍地刷在标本上，约6、7遍即可。为缩短制模时间，每刷一遍后，最好用吹风机吹干。常用丙酮、漆或凡士林油作为分离剂，避免接缝处相粘结。在做好的乳橡胶外模上需做一块石膏托模。

五、复制模型的材料

1. 造牙粉和自凝补牙树脂

造牙粉　　造牙粉制成的模型比石膏结实，真实感强，好上色，尤其做小块石器或单颗牙齿为最好。使用方法：首先，使用的模子不要太干，以半干为好。如是干模，应先浸一下水。制作时先在模内涂上一层用水调好的分离剂（水与分离剂为1∶1），然后用小玻璃杯把造牙粉和牙托水调成湿沙子状，按照标本的颜色加进少许油画色，调好后用玻璃片盖好，根据气温放3～5分钟，揭开盖调视一下，等出现丝状物后就放到冷水里，以防硬结太快。接着，取出后用手揉成大小适当的团块，塞进模内，用手指往里按一按，使其贴紧模子。在合模之前两个半块模型之间造牙粉的接触面可放一两滴牙托水，使之粘合在一起。把两块模合起来按、压、捆好，放入小锅里煮一个小时，取出冷却后揭开即可。

自凝补牙树脂　　它的性能和造牙粉基本相同，其优点是翻模型的时间快，不用加热，方法简单。把自凝补牙树脂和自凝补牙树脂液以3∶1（重量计）比例调和后放入模中，10分钟后凝结，模型效果与造牙粉基本相同。

2. 618 环氧树脂和低分子量聚酰胺树脂

618 环氧树脂和低分子量聚酰胺树脂制作的模型也比石膏模型结实，材料往模内充填时也很方便，牙齿和一些细小的结构都可用工具把填充物填实。

618 环氧树脂和聚酰胺树脂以 1∶1 配好，有时为了使树脂凝固快些，可加进 10％～15％的二已三胺固化剂，再加进石膏粉、石英粉或大理石粉搅成稠粥状，抹入硅橡胶或乳橡胶模内较好，过近两个小时凝结，再把两块模型从模内取出合为一体，缝合处用少量树脂粘合抹平。用这种材料可制作空心模型。最近我们发现用 618 环氧树脂直接加 10％～15％的二已三胺固化剂，掺进石膏粉使用，操作更为简便。

3. 硬聚胺脂泡沫塑料

硬聚胺脂泡沫塑料制成的模型具有体轻，携带方便，着色简单，好修理等特点，因发泡生成的模型比较粗糙，适合做较大的标本模型。

使用方法是把硬聚胺脂发泡材料以 A 组分（浅）和 B 组分（深）按 1∶1 比例放入塑料袋或盒内调匀，灌进已经夹好的两半模内，待发泡剂在模内起作用拥到灌口时，及时将口压紧，仅 1 分钟左右就可凝结。

做这种发泡模型，应注意以下四点：

1）因发泡起反应时力量比较大，外边的石膏托模要厚一些；托模用石膏和水泥混合制成更好，里边放上铅丝网、纤维布等加固物，外边夹板要牢固。
2）模型上细长的尖状部位要留气孔线。
3）在石膏托模灌口处涂些凡士林油，以免发泡剂流出口外时与石膏粘结。
4）发泡剂有毒，有腐蚀性，应予注意。

4. 不饱和聚酯树脂

不饱和聚酯树脂制作的模型真实感强，与真化石重量相同，坚硬，着色简单，常用来做不完整骨架缺失部分的模型。

使用方法是把不饱和聚酯树脂液加热到 30℃左右（加热时味道难闻，最好带上口罩），配上 5％的过氧化还乙铜（白色，作促进剂）和 3.5％的奈酸钴（紫色，作引发剂），并放进各种颜色的大理石粉作充填物。其他步骤与 618 环氧树脂相同。

当制做小块实心模型时，也可不放大理石粉，在调匀的液体内只加进点和标本颜色相同的油画色即可。模型完成后，因为坚硬，所以要用角向磨光机修理面上的棱；较小、较窄的地方用小钢锉锉或用微型磨钻修理。

六、沙盘的制作

沙盘为表现地面物或设施的缩影。我们所做的沙盘多为生物化石和遗址的外貌模型。制作遗址模型必须有一张比较准确的地形图。

制作过程和用料是先确定好比例，在一张与所做沙盘大小相等的纸上打好方格，按地形图填上等高线，拓在聚苯乙烯泡沫塑料板上（此料目前比较适合），再把拓好等高线的塑料板一条条锯下。按照每一条等高线的要求用乳胶从下至上一层层粘连，直做到最高点。等高线与等高线之间的缺角部分，用锉下来的聚苯塑料板的细末，加稀浆糊和少量的石膏粉调和好加以添补，最后的地形模型就算完成。至于地面情况的细部可再行加工。地面物（如草地、树木、房屋等）可另行制作安装。草地用锯末或尿醛胶粉末制作，树木用海蒿加工很有真实感，房屋或其他建筑物，要根据图纸上的大小来制作，用石膏板或其他物品来雕刻。树木或草地所用的深浅不同的绿色，如用锯末，可用广告色染成使用。岩石、房屋等的颜色用广告色和油画色配合使用效果也很好。沙盘一般多制成方形或长方形，都会有不同的厚度，如有必要可在四边的剖面上按照地层刻以不同的花纹，着以不同的颜色，以表明地质情况。最后在沙盘适当位置加上模型名称和比例尺，沙盘就基本制成了。

第二节　果实蜡模型制作法

像苹果、梨、桃、杏、李、黄瓜、西瓜等一些肉果，也可根据实物制作其蜡模型（蜡果）。这种蜡果能完全反映出真果的形态，并可根据真果的颜色进行着色，所以在应用上并不亚于真果标本，兹将具体制作方法介绍如下。

一、选择模本

模本是制作这种模型的依据，是用它来制作模子，然后再用模子倒制模型。制作上述果实的模本，就是选用能代表一个品种典型形态特征的真果。模本表面不可有任何损伤，凡带虫眼、腐斑和挤痕的都不能用来制作模子和倒制模型，黄瓜、茄子之类，其呈现萎蔫状态者也不能使用。

二、制作模子

选择好真果（这里以苹果、梨等为例）后，要仔细分析其果形，找出最大径

(图 8-1)，然后取厚纸一张，中间剪出一个与真果最大径相等的圆，作为围盘（图 8-2)，制作模子时，把它卡在真果模本的最大径上（图 8-2)。围盘卡在真果模本最大径上以后，真果就被分成两部分，上部分为长有果柄的部分，下部分为留有花迹的部分（苹果等都是这样)。模子就是按这两部分分别来制作的。用上部分制作上扇模子，用下部分制作下扇模子。但有些果实，如黄瓜、丝瓜之类，其果形为长柱形，所以应沿纵轴分成左右两部分，即左半制作一块模子，右半制作一块模子。

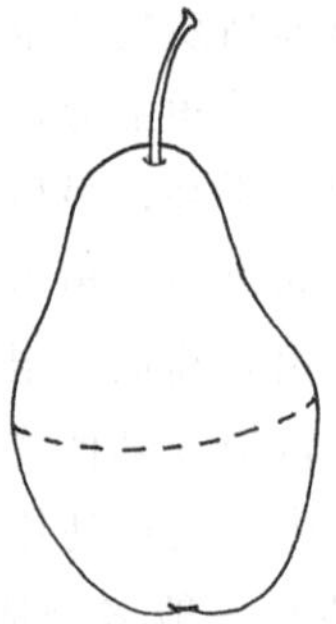

图 8-1　找出最大径

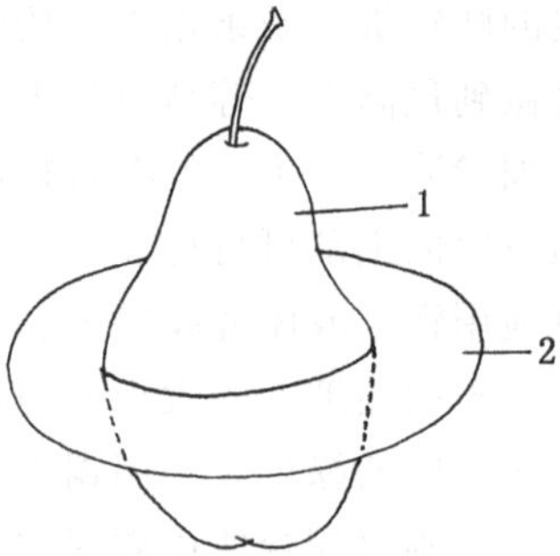

图 8-2　围盘卡在模本上
1. 模本　2. 围盘

下面以球形果实为例，介绍一般果实模子的制作方法。

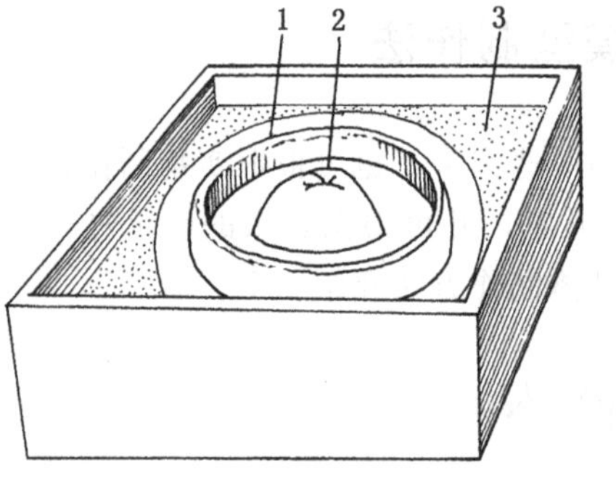

图 8-3　在围盘面上用泥做围墙
1. 围墙　2. 模本　3. 围盘

先准备好一个盛有八分满洁净细砂的砂箱，然后把围盘上面的那部分模本插入砂中（事先要把果柄摘下保存起来，以备以后使用)，使围盘平整地铺于砂面上。随之在露出这部分模本的周围，在围盘的表面上，立起高出模本 4～5 厘米的黄泥或油泥的围墙。围墙与模本的距离为 1～2 厘米，未来模子的厚度，将由此距离来决定（图 8-3)。也可以用厚纸来做围墙，紧紧围在围盘周围，下端插入砂内，但事先必须考虑好模本外围盘的宽度，最宽不超过 2 厘米，否则模壁太厚，重量太大，不仅操作不便，而且浪费石膏。围盘、围墙围好以后，往模本上轻涂分离剂（豆油等)，若泥制围墙表面见干，也应适当涂分离剂，油泥围墙和厚纸围墙无需涂分离剂。

分离剂涂毕，随即浇注石膏液，浇注厚度以高出模本 1～2 厘米为宜。待石膏凝固发热，要连同模本一起翻转过来，放在砂面上，拆去围墙和围盘，把长有果柄那部分模本裸露出来，在先倒制出来的这块下扇模子的周围重立厚纸围墙，并用绳索从外面捆缚，使之紧紧贴附于模子的外壁上。

继之，在下扇模子的模壁上口（对口）和模本上涂分离剂，同时在模本中间的凹窝中，即原来长有果柄的地方立一比原果柄略粗的铁丝，然后浇注石膏液，制作上扇模子。当石膏液刚一凝固，就迅速用少量浓稠度大的石膏液围绕铁丝基部堆出一个乳头状的突起。突起部分的石膏刚一凝固，就把铁丝抽出，在模子上留下一个通孔——气道（图 8－4），最后把两扇模子分开（图8－5），拿出模本。

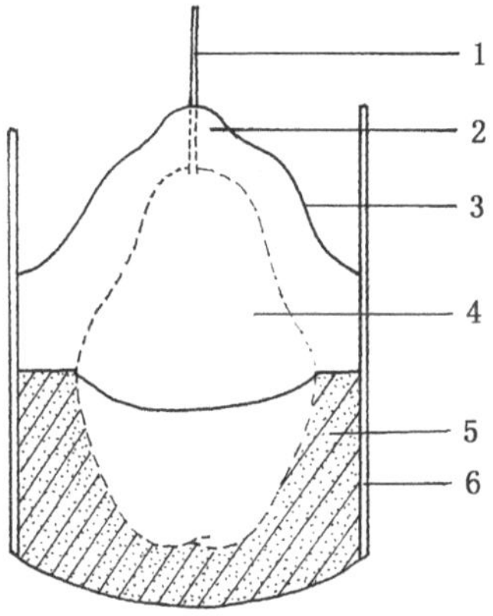

图 8－4　气道的留法

1. 留气道用的铁丝　2. 乳头突起　3. 浇注上扇模子的石膏　4. 模本　5. 已做好的下扇模子　6. 围墙

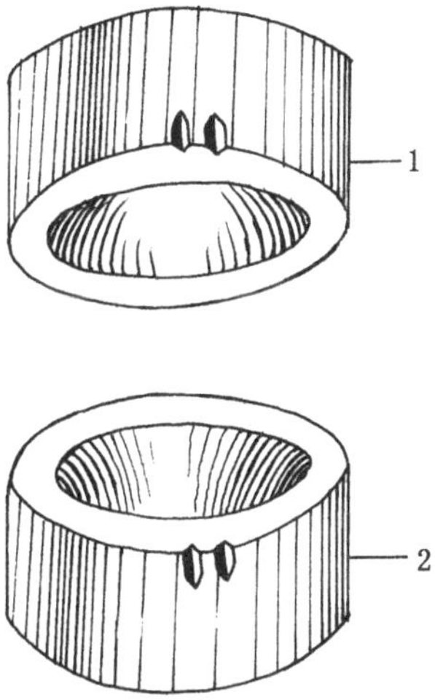

图 8－5　已完成的两扇模子

1. 上扇　2. 下扇

在两扇模子分开以前，要先在模子外面，于接缝处贯通上下做 2～3 个刻沟（图 8－6），以便倒模型时，能够按照刻沟把两扇模子迅速地对合起来。否则对合不准或延长时间，都会影响模型质量。因为装入模凹中的蜡液需要迅速地通过摇晃模子把它均匀地摊开，挂附于模子的内壁上，形成一层蜡层；如果对合的时间太长，蜡液近于凝固，倒出来的模型就会厚薄不均，失去坚固性。若两扇模子对不齐，倒出来的模型就会上下错牙，轻的还可修整，重的，即错牙太大，就变成废品了。

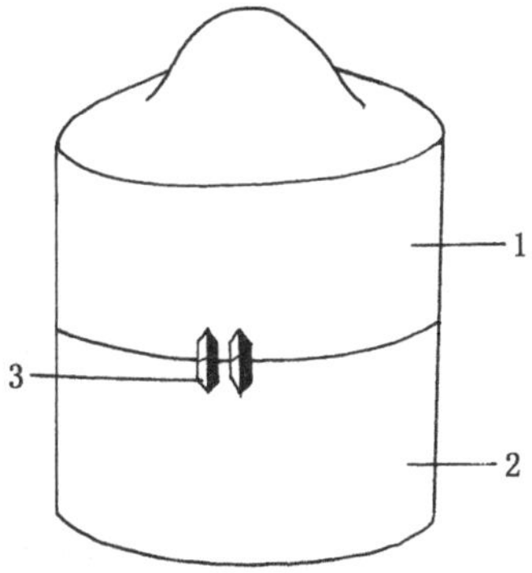

图 8－6　贯通两扇模子的刻沟

1. 上扇　2. 下扇　3. 刻沟

这种模子的另一种制作方法是先准备一个上、下和四周围都非常平整的圆柱形泥墩，于泥墩中间挖一半圆形的凹穴，然后把模本（果柄端朝下）按入其中，并适当转动，使凹穴边缘恰好对在模本的最大径线上。接着，用厚纸作围墙，紧紧围在泥墩周围，涂分离剂后，浇注石膏液，制成下扇模子。继之，去掉泥墩，把下扇模子连同模本翻转过来，在下扇模子周围立起双层厚纸的围墙，把模本和模子的对口面上涂抹分离剂，在果柄凹坑中直立铁丝（直径约 3 毫米），浇注石膏液，制作上扇模子。石膏刚见凝固，立即于铁丝基部围绕铁丝堆起乳头状突起，然后抽出铁丝，留出气道，最后把两扇模子分开，取出模本即成。这种方法与上述方法不同之点，在于用泥墩来代替砂箱，同时也省略了围盘，而泥墩的圆面积与模子的圆面积是相同的。泥墩的面积事先要考虑好，因为在模本大小不变的条件下，模子的厚度将决定于泥墩面积的大小，面积越大，模子越厚，面积越小，模子越薄。

三、倒制模型

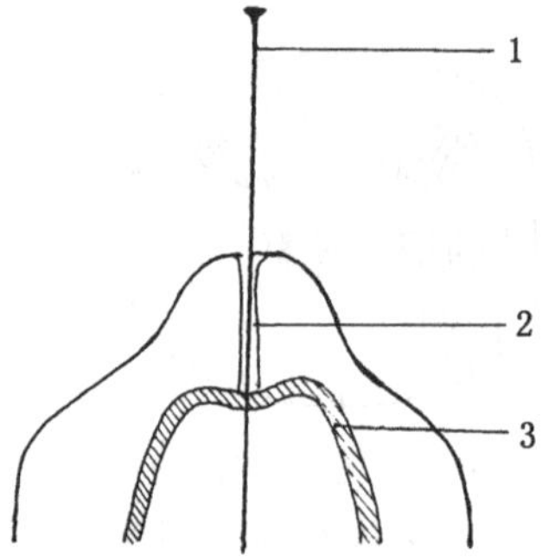

图 8－7　刺透蜡层准备吹气
1. 刺针　2. 气道　3. 蜡层

先将干燥过的模子放在水中浸泡，至不再产生气泡时为止。然后取出模凹朝上地放在桌上或其他平台上，用棉花吸除模凹中的余水，将配好色的蜡液倒在下扇模凹里。至八分满（倒制模型的石蜡，要求用熔点 52℃以上的，最好加入 10％的川白蜡，川白蜡的熔点为 60℃，这样可增加模型的坚固性，并可防止在夏季高温下模型软化变形。（蜡液的配色，可参见着色部分）按模子刻沟迅速把上扇模子盖合，双手紧握，右手食指堵住气道口，上下左右地摇晃模子，至听不到蜡液的响动时，立即用长钢针从气道口沿气道插入模腔中，刺透模壁所挂附的蜡层（图 8－7）。随之，用口含住乳头状突起，用力往里面吹几口气，然后放在冷水中冷却，约十几分钟，即可将上扇模子取下，这时蜡果可自动地从下扇模凹中浮出来。

蜡果浮出后，应继续在水中冷却一段时间，至完全凝硬方可取出作进一步处理。

这里还要指出，即当热的蜡液倒入模凹中后，由于模子是用水浸过的，所以便有很多蒸汽产生，而这时两扇模子闭合的很紧，水蒸气不得泄出；同时蜡层尚处于温软状态，有助于水蒸气在模壁和蜡层之间集中地向模腔中心排挤，结果排挤压力就把局部蜡层挤向模腔，而形成一个陷窝。可是，这时用针把阻挡气道的蜡层刺出孔来，使气道与模腔相通，然后猛力往模腔中吹气，吹气的压力必然从模腔内往外挤压，这种往外挤的压力超过水蒸气往内挤的压力时，柔软的蜡层便可原封不动地被贴附于模子的内壁上，就不会出现陷窝了。如果操作速度较慢，蜡层已出现陷窝，此时蜡层正处于温软状态，照样可以被吹气压力顶回去，而恢复原来的状态。所以留气道进行吹气，其目的就在于防止出现陷窝。否则，倒制出来的蜡果将不可避免地出现陷窝。

在摇晃模子时要用手指堵住气道，用意在于防止蜡液侵入气道，气道堵塞，将无法进行吹气，结果就会出现陷窝。

四、着　色

蜡模型的着色方法有数种，但多数是用外着色法，即用松节油调和油画色，参照实物的颜色，用毛笔或油画笔往模型外部涂绘。涂绘时，旁边应放一块蜡片，把调好的油画色先在蜡片上试涂一下，看看色调是否与实物颜色相符，否则应重新调和。

另一种是混色法。即在熔蜡过程中，把所需要的色料放在蜡液中，使之与蜡液完全融合。但只能显示单一的颜色，所以像黄瓜、柿子、橘子等单一颜色的果实模型，都可以用混色法。

混融在蜡液中的色料，在蜡液凝固后其颜色总会发生一些变化，因此在调色过程中应逐渐一点一点地加入色料，并且不时地取出少量蜡液，凝固后与实物颜色比较，至合适为止。

还有一种是混色与外部涂色相结合的方法。例如，一些成熟的苹果果实的颜色。上由绿色和红色两种颜色组成的，所以着色时就需要先往蜡液中加入适量的绿色染料，使之具有单一的绿色底色，然后再用红色色料作有深有浅地外部涂绘，最后可以达到与真果的颜色完全相同的效果。

在进行涂色之前，要把蜡果接口处可能有的“飞边”用刀削去，然后用细砂纸轻擦，再用棉花蘸二甲苯擦拭几下，使接口处完全平滑，不留一点痕迹。最后把收存的果柄（梨、苹果等）插在气道口处（原来果柄的位置），基部放几粒碎蜡，用烤热的刀尖烫融，把果柄固定，然后再进行着色。

有些果实虽为单一颜色，其蜡果可用混色法着色，但也往往需要几种色配合才能显现真果的颜色。例如，有的茄子为浅绿色，就需要用翠绿色的色料加入适量的白色和黄色的色料；黄瓜的深绿色，应用翠绿色料加少许黑色色料；同样有的苹果的淡绿色的底色也是用翠绿色的色料加适量黄色和白色料配成的。往苹果蜡果的淡绿色底色上涂绘红色，笔道应上下拉，不要横着画，而且有淡有浓，务求酷似真果。下面介绍几种特殊处理法：

梨斑：梨的蜡果可用混色法使之具有单一的底色，但梨斑无法用笔涂绘，最好的办法是用针（大头针等）先在蜡果表面刺些小孔，孔的疏密要参照原来用作模本的那个真梨或其他同样的梨，然后用笔普遍涂一层褐色的油画色，最后用棉花蘸二甲苯（饱和后拧干）轻轻擦拭，把褐色色料擦去，由于进入小孔中的色料擦不着，而留在小孔里，看上去与真斑无异。

黄瓜刺：先将一些洗净干燥后的小砂粒用黑褐色的油画色染好，然后一手用尖头镊夹砂粒，另一手拿针，并将针尖在火焰上烧热，迅速刺烫蜡果表面，刚一拨针，立即安放砂粒于针孔处烫融的蜡液中，蜡液很快凝固，黄瓜刺也就作成了。操作必须迅速，两手动作协调，另外针孔不可刺烫得过大。

桃毛：桃子的表面，如水蜜桃等，有一层白色细细的桃毛。蜡果着色以后，可往表面上喷一层石膏粉，或将蜡桃埋在石膏粉中，然后取出用棉花轻轻擦拭，去掉多余的石膏粉，结果由于蜡果的石蜡光泽被白粉掩盖，显得与真果无异。

茄子的萼片：茄子的萼片，其顶端常与果体分离。制作时，先将厚薄适宜的纸片染上与真萼相同的颜色，然后分几次插入同样颜色的蜡液中，开始一次用比较热的蜡液，以后几次则用温度低的蜡液，最后一次用即将凝固的蜡液。每次插入蜡液中，都要迅速地提出，这样纸片上就会挂附一层厚薄适宜的蜡层。随之，把蜡纸片剪成尖角（也可先剪好后托蜡），形状力求与真萼片一样，然后把蜡茄上端适当修整，将蜡萼片放在上面，通过烫融少许碎蜡，把蜡萼片熔接在蜡茄上端；同时要使蜡萼片尖端稍向外倾斜，离开果体，这样就显得与真茄非常相似了。真茄萼片上常常带刺，这可用老的茄萼上的刺，用酒精脱水后染上真刺样的颜色后，用碎蜡熔接在蜡萼片上；另外可用与茄刺相似的其他草木植物或木本植物的刺，经染色处理后用碎蜡熔接于蜡萼片上。

上述各种蜡果制成后，可放在浅盘中，外覆玻璃罩保存。

第三节　在动物标本中新技术、新材料的应用

新技术、新材料在野生动物标本制作中的应用，是追踪世界先进技术、代表和反映我国目前野生动物标本制作的前沿。

现代模型技术与材料，广泛用于考古、仿古研究与展览，以及影视剧的制作等领域。

模型技术包括两个内容：制模和模型的复制。传统技术在制模和模型的复制都用石膏来完成。现代模型技术在制模时，广泛使用缩合型硅橡胶和乳橡胶，用硅橡胶制模比石膏方便耐用，对细微结构和纹理都能显示出来。标本上的弯曲部位用石膏需做几块模，而硅橡胶材料一块模就能完成，提高了工作时效和制模精度。

现代模型的复制材料常用的有三类：①义齿树脂和义齿基托树脂；②环氧树脂和低分子量聚酰胺树脂的结合材料（又称饱和树脂）；③不饱和聚酯树脂。它

们与石膏相比都具有结实、体轻、真实感强和好着色的优点。

在探索提高野生动物标本制作水平中，笔者逐渐认识到学习、掌握和运用新技术、新材料的重要性。自 1987 年，开始学习运用并收到了较好的效果。

把不属于剥制标本技术范畴的现代模型技术运用到哺乳动物标本的头骨上

珍稀物种的头骨在分类学上具有重要的研究价值。新技术使用前，往往是要保留皮张标本就不能保留头骨标本。因皮张标本要将头骨放入其内。新技术使用后，可将与头骨一样的模型放在皮张标本内，解决了一得一失，为充分利用珍稀野生动物资源提供了便利。笔者运用模型技术制作的头骨模型有大熊猫、华南虎、中印虎、猎豹、华北豹和南极海狼等。野生动物种类繁多，结构复杂，差异性大。新技术的使用，更准确地表现了哺乳动物标本头部的结构。以前靠人的记忆去塑和填充，制约了标本的精度和水平的提高；新技术的使用成为提高哺乳动物标本制作水平的一个手段。

创造性地使用新技术与新材料来表现猫科动物口腔的腭部和舌

制模材料的应用对象为干燥的硬质或软质材料，而口腔上颌牙齿为干燥硬质，腭部是一层软组织纹理，并含有水分。将这两个不同情况的材料制在同一个模上，在模型行业中也不多见。干燥硬质易使制模材料定型，含水软质不易使制模材料定型。时间长腭部会腐败变质，时间短制模材料还没定型。笔者通过调整材料配比，控制温度和时间，达到将不同性质的软、硬材料同制在一个模上的目的，并在 1990 年和 1993 年分别应用在豹和中印虎的剥制标本中，真实地表现出口腔腭部与舌的形态。

获得一张完整无缺的野生动物皮张并不是一件容易的事

1990 年在接受制作华北豹（金钱豹）标本任务时，经过验皮得知，这是一张干皮，并且不具有唇皮。干皮本身是不符合制作剥制标本条件的。由于这类珍稀野生动物皮张的奇缺，我们决定攻克难关，以最优美的姿态再现华北豹的神采。以前我们对没有唇皮的哺乳动物只能采用闭嘴的形态来掩饰缺欠，由于猛兽的凶猛气势多以张嘴的形态来表现，我们在这次制作中，经过反复试验，找到了采用硫化胶与纤维结合的最佳效果来仿造再现缺无的华北豹的唇皮。由于这项工作的突破，使得华北豹标本的形态更加完美，生动逼真。

使用新材料修补鸟类已经折断或缺损的喙部（极乐鸟、环颈雉）、（地犀）喉下气囊、（大凤冠雉）冠部、（白鹤）缺无的脚趾，修缮（扬子鳄）背部的鳞甲。从前，这些残缺和畸形是无法复原的。新材料的使用，不仅顺利地解决了难题，而且保持了标本的完美。

随着社会的进步与发展，人们对野生动物标本的要求也越来越高。把新技术、新材料应用到野生动物标本制作中，恰恰适应了社会的发展与需要。同时，为充分利用珍稀野生动物资源做了有意义的工作。

第四节　标本模型雕塑技术

在现代动物剥制标本制作中，模型制作是剥制标本制作的重要部分，一个结构精准，形态优美的模型是制作优质动物标本的基础。发达国家动物标本制作的产业化程度较高，分工较细，模型是由专业标本材料供应公司供给。根据动物种类，邀请专业的标本师或雕塑家，雕塑各种动物胚胎，翻制成模型后提供给标本制作者，制作者只需要根据皮张对模型略作修改，即可得到一个自己想要的动物标本雕塑模型。这样的工作流程可以提高动物标本制作的整体水平。中国动物标本制作的产业化程度还不高，模型制作需要由标本师自己完成。由于现阶段标本制作基本都还停留在作坊式上，所以要求一个制作者能独立制作各种各样的动物模型是很不容易的。简单实用的模型制作方法，对于没有雕塑基础的制作者是很有帮助的。

首先要区分，美术雕塑与标本模型雕塑两个概念。它们的共同点是雕塑技法相同，工具也有相通之处。标本模型雕塑是借鉴了美术模型雕塑的技法，它更强调复原和写实性。美术雕塑的历史悠久，杰出艺术家层出不穷，雕塑技法不断创新，创造了无数的优秀艺术作品；标本模型雕塑只有短短二百年左右的历史。美术雕塑有更多的发挥空间、创造空间、表现空间，主观能动性更强，可以通过材料、工具、形态等方面强化视觉效果，而标本模型雕塑则需具备更多的科学性、写实性，在尊重科学的基础上再力求形态生动，构图完美。可以说标本模型雕塑是写实类的美术雕塑。对于动物雕塑而言，美术雕塑的是带皮毛效果的动物雕塑，而标本模型雕塑是不带皮毛效果的动物雕塑。

标本模型雕塑的操作：

1. 材料工具准备：适宜的聚氨酯泡沫板或聚苯乙烯泡沫板，电脑，投影仪，照相机，手锯，板锉。

2. 测量：对皮张大小进行测量，主要是体长。

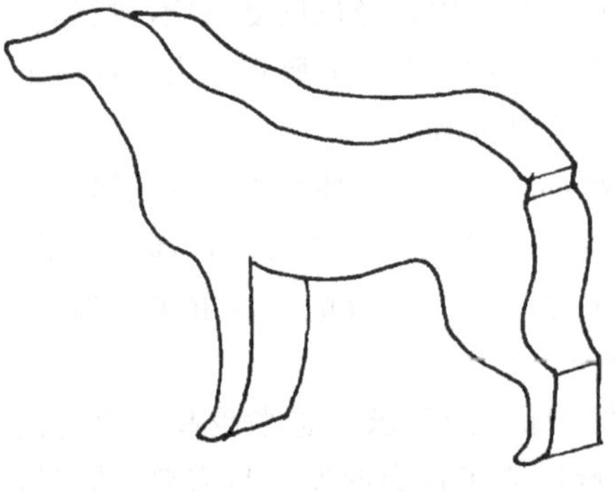

图 8－8　投影与雕塑

3. 确定动物形态：可以从各种渠道如网络、杂志、摄影等获取需制作的动物图片，选取优秀的侧视图、俯视图备用（无俯视图也可用正视图）。

4. 选取一块略大于皮张测量尺寸的泡沫板，将选好的图片侧视图用投影仪投射到泡沫板上，调整投影仪使图像大小与测量的动物皮张尺寸相等。用记号笔将图像的轮廓线描绘出来。可省略耳朵、尾等模型上不表现的部分（图 8－8）。用手锯沿轮廓线切下（图 8－9）。

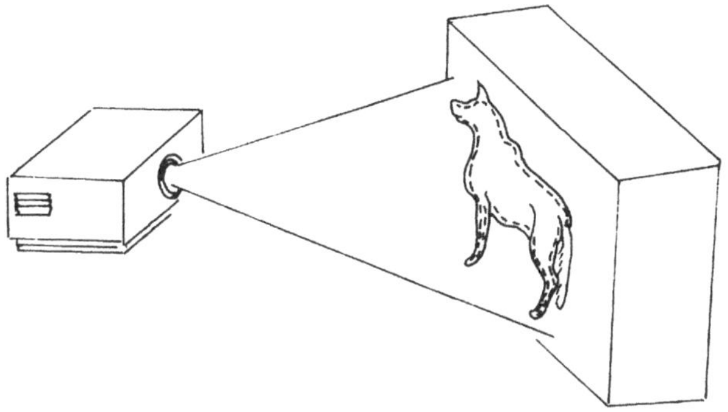

图 8－9　雕塑雏形

5. 用投影仪将俯视图或正视图投影在切下的泡沫顶端或前端切面上，同样用记号笔将轮廓线勾勒出来。用手锯沿轮廓线切下（图 8－10）。

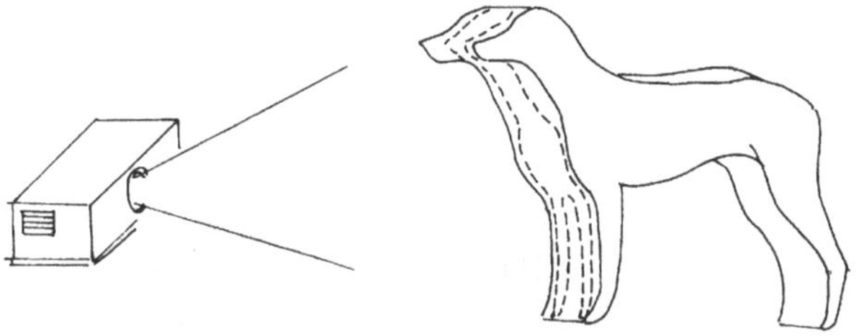

图 8－10　正面投影与雕塑

6. 这样即可得到了一个粗模，用手锯在粗模上雕刻出身体结构，并不断用投影仪投射图像进行校正，模型雕塑基本完成。4、5、6、7 步骤是依靠投影的影像来完成模型雕塑。

7. 在没有投影仪设备的情况下，可用手机的拍照功能或照相机取代其功能。选择距模型雕塑相同距离，将模型雕塑的雏形拍照下来，置换到计算机上，与计算机储存的资料图形进行比对，修正完善已有模型雕塑。直至消除差异和满意为止（图 8－11）。

8. 标本模型雕塑完成后，要在模型的腿部开槽埋入钢筋，用于支撑，再用聚氨酯发泡剂将槽填平，并起粘连作用（图 8－12）。

使用此方法的优势在于，一是没有雕塑基础的情况下，比较容易掌握动物的形态，抓住动物主要特征，二是可以不断对比修改模型，有利于标本师创作出不

图 8－11 计算机比对效果

图 8－12 模型支撑显示

同姿态的动物形象。三是随着网络的发达，海量的图片可以得到灵活应用。不足之处是制作者对动物的结构的认识不够深刻，在细节表达上受到限制。

第五节 铸型标本

铸型标本又称腐蚀标本，就是通过向动物某一器官的内腔、血管或排泄管灌注某种可塑性的材料，使其在腔道中模塑成型，然后用强酸腐蚀、自然腐败或解剖的方法，将器官组织除去，这样所遗留下来的就是该器官腔道的铸型。它能清楚地反映器官的内腔或其血管和分泌管的分支及分布，因此是形态学研究工作中所经常采用的一种技术。

制作铸型标本的材料大致可分冷塑性和热塑性两类。前者如赛璐珞、火棉胶、过氯乙烯树脂、甲基丙烯酸甲酯（即有机玻璃单体）、天然橡胶乳等；后者如松香蜡合剂和某些低融点合金。在实践上，冷塑性材料应用较广，尤其对管道细小、分支密度大的器官，如肾、肝、胰等器官的血管和管道；热塑性材料则主要用于塑造大口径管道和某些器官的腔室，如肾盂、心腔、脑室、头窦等。近年来，随着石油化工的快速发展，提炼出多种性能优良的合成树脂，为改进铸型标本创造了良好的物质基础，从而提高了铸型标本的质量，解决了标本变形、脆裂的问题。

1. 取材

新鲜或固定过的材料均可，以放血致死的为好。并要选体瘦脂肪少的动物，因脂肪多的动物血管包埋于脂肪中不易分离。根据需要可锯取头部、四肢的某一段、胸腔、骨盆腔等部位。填充血管前不能剥皮，并要保持皮肤完整。

2. 冲洗

锯下的材料，从动脉断端插入套管，用生理盐水冲洗血管内残血。冲洗时逐步提高吊桶位置，直到自静脉断端流出的溶液不带血色为止。冲洗过的标本倒着悬挂起来，排净残余溶液，暴露的断端用湿布包好防止干燥。

如材料系取自自然死亡的动物，其血管中有大量血栓，应先灌注溶栓剂，使血管扩张，血栓溶解，以利灌注填充剂。

常用的几种溶栓剂配方如下：

1）	95％酒精	200.0 毫升
	重铬酸钾	8.0 克
2）	3％硫酸钠	约 7 毫升
3）	硫酸钠	3.3 克
	乳酸	1.0 毫升
	加水至	100.0 毫升

一、用赛璐珞或火棉胶制作铸型标本

1. 赛璐珞或火棉胶胶液的配制

赛璐珞在化工原料商店有售，也可利用废乒乓球，用前先洗净晾干，然后剪成小片，以 1∶10 的量加入丙酮，每隔 2 小时用玻璃棒搅拌一次，使其完全溶解。如没有丙酮，可用无水酒精和乙醚的等量混合液代替，但效果较差。配制好的胶液似炼乳状，用玻棒挑起时，呈细条状淌下，如涂少许在玻板上，当丙酮挥发后，即形成一层薄膜，可用小刀刮下。如胶液太稠，则不易灌注到细小的分支，太稀则因赛璐珞成分少，灌注后标本主干常不饱满，分支也较脆弱。

如器官同时有两种以上的管道需要灌注，可在胶液中加入不同颜色的油画颜料，但添加量不宜太多，边加边搅拌，至胶液呈现鲜艳的颜色即可。如无油画颜料，也可用粉质宣传画颜料代替。常用的颜色为朱红、普蓝、铬黄、铬绿、锌白。

火棉胶系纯净的硝化赛璐珞，化工商店有售，常配制成不同浓度，一般用无水酒精和乙醚的等量混合液或丙酮作为溶剂。也可用废照相底片或电影胶卷代替，但应先检试一下，能强烈燃烧者为硝化赛璐珞，否则为醋酸赛璐珞，不能采用。利用废胶片应先用热水浸泡 1 小时，洗去药膜。

调制好的赛璐珞或火棉胶胶液，可以保存在任何盛有机溶剂的瓶中（盛苯、丙酮、乙醚、氯仿瓶)，因其密闭性好，可防止挥发干固，又便于随时取用。赛璐珞、火棉胶和丙酮等都是易燃品，因此在调制、储存和灌注时应严格注意防火。

2. 标本的准备

原则上应尽量采用新鲜而无破损的脏器。首先清理该器官门区的疏松组织和脂肪，暴露出器官的血管或管道要在 1 厘米以上。然后检查管道中有无血块或分泌物堵塞，用镊子小心夹出，并轻轻压挤，使管腔内遗留的液体尽量排出，否则会影响灌注效果。也可用温生理盐水从动脉端注入，冲洗去残血，再轻轻压挤出水分。

将分离出的血管或管道套上相应粗细的短玻管（长 5 厘米左右），玻管两端应预先烧制一细颈，另一端套上适合的乳胶管，玻管两端均用粗棉线扎紧。

3. 灌注

灌注胶液以 10 毫升和 20 毫升的玻璃注射器较为适宜，因其大小适中，且玻璃活塞比较灵活，灌注时通过活塞感知被注器官管道中的压力，可以控制注射量，避免因压力过高造成管道破裂。

配制好的胶液因粘滞性存在，不易吸取，通常直接倒入注射器内，再装上活塞。开始灌注时，管道中的内压小，胶液可以较快注入，当灌注量逐渐加多，管道中内压也增大，应缓慢注入，同时用手顺着管道的方向轻轻按摩器官，使胶液附着均匀。当感到注射器活塞推不动时，即应暂停灌注，否则会使管道胀破，此时可用止血钳夹住乳胶管，并退下注射器。之后，每隔 2～4 小时可重复灌注一次，次数依器官及管腔大小而定，通常 3～4 次，最后一二次可用较浓的胶液，直到大管道在间隔时间内无瘪塌现象，灌注即告完成。在灌注过程中器官应置于水中。

如该器官有两种以上的管道需要灌注，应先灌注较细的管道，如动脉、排泄管，再灌注较粗的管道，如静脉、腔室。

灌注完毕后，将器官静置2～3天，待丙酮挥发，大管道饱满并呈坚实感之后，即可进行腐蚀。在灌注与放置时，为了保持器官原形防止干燥，可将其置于水中，或用棉花、纱布等柔软物品衬垫。

为了缩短标本制作时间，可以在一次重复灌注之后，将标本材料置于水浴中加温至80℃左右，以加速丙酮挥发，这样维持1小时左右，就可进行腐蚀。

每次灌注完毕，注射器内剩余的胶液应即注入储存瓶内，并将注射器活塞抽出，用丙酮冲洗并抽吸数次，否则极易粘着，很难退下。

4. 腐蚀

通常用粗制浓盐酸进行腐蚀，盐酸量只要能浸没标本即可。腐蚀速度与标本大小、厚薄，盐酸的浓度和温度有关。标本大而厚者腐蚀慢，盐酸浓度和温度高则腐蚀快。因此，为了加速制作过程，可以适当加温盐酸。方法是将灌注好的器官与盐酸同置于烧杯或陶瓷器皿中，放在水浴中加温至70℃，维持1小时，这样小而薄的器官当时就可腐蚀完毕，较厚的器官在脱温后2天左右也可使全部组织分解掉。

如无盐酸，也可用20%～25%的氢氧化钾或氢氧化钠溶液，或将灌注好的器官置于清水内，让其自然腐败，但时间较长。

5. 洗涤和保存

标本经盐酸腐蚀2～3天后，可以进行初步冲洗，把被腐蚀成泥土状的组织冲洗掉。洗涤时可将一条橡皮管接于自来水龙头上，皮管的另一端系上一个14号注射针头，这样水流较细，不致冲坏标本的细小分支。初步冲洗后，如尚有未被腐蚀掉的组织，应将其重新放入盐酸中继续腐蚀，过1～2天后再进行冲洗，直到全部组织腐蚀和冲洗干净为止。

已冲洗干净的标本，应移入3%氢氧化钠溶液中浸泡1分钟，以中和标本上残留的盐酸，否则，标本的分支末梢日久易发脆断落。然后再把标本移置在净水中浸泡1天，洗去碱液，取出晾干。陈列用的标本可装架于标本板上，加玻璃罩保护，或浸泡在2%福尔马林溶液中。

二、用橡胶乳制作铸型标本

天然橡胶乳为乳白色液体，因此常称为乳胶。由于乳胶在遇酸后能立即凝固，所以也可利用作为铸型材料。用天然橡胶乳制作的铸型标本优点是具有弹性和柔软性，经得起提拉、曲折而不致损坏。其次，由于乳胶里所含的生胶很少，在碱性环境中几乎不带粘滞性，所以灌注时能到达最微小的管道，因而为形态学研究提供了有利条件。

1. 天然橡胶乳的配制

天然橡胶乳一般仅含34%的生胶，经加工浓缩后，含量可达50%以上。为了防止胶乳凝固，常掺有少量氨水。这种胶乳可以在乳胶制品厂买到。

制作乳胶的铸型标本，只要将其灌注入器官的管道中，经过酸的凝固作用和腐蚀作用，冲洗后即成。但这样制成的标本经过一段时间后，常会产生发粘变软或发硬变脆的现象。为了提高橡胶乳铸型标本的弹性、柔软性和抗老化性，延长使用期限，常向乳胶中加入某些化学药品，进行硫化作用。这些药品按性质来分有硫化剂（硫磺）、硫化促进剂（巯基苯并噻唑、二硫化四甲基秋兰姆）、防老化剂（苯基-β-萘胺）和填充剂（氧化锌）等，其配方如下：

天然橡胶乳	300毫升
硫磺	318克
巯基苯并噻唑	2.4克
二硫化四甲基秋兰姆	1.2克
苯基-β-萘胺	0.3克
氧化锌	10克

灌注前将上述药品与乳胶充分混合，如需要不同的颜色，可用水溶性颜料加少量氨水稀释后，再加入乳胶中调匀。

2. 灌注

天然橡胶乳中含有很多微小的生胶颗粒，它很容易进入玻璃注射器活塞与管壁之间，当推动活塞后，生胶颗粒被磨碎，颗粒中的胶体就粘住活塞，使之进退不得，所以不宜用玻璃注射器。通常采用50毫升兽用金属注射器，这种注射器的活塞能调节松紧，可避免发生粘连。

灌注方法与制作赛璐珞铸型标本基本相同，而且更为方便，因为只要一次灌注饱满，就可进行腐蚀。在灌注过程中，如发生管道破裂漏胶，可迅速用棉花蘸浓盐酸覆盖，乳胶即凝结成一层薄膜堵住破口，阻止胶液继续外流。灌注后的注射器等用清水冲洗即可。

3. 硫化和腐蚀

灌注完毕后，将器官移入75%盐酸中浸泡半小时，使管道表层的乳胶凝固。

然后将其捞出用清水冲洗，再置于蒸气锅中硫化半小时。这时乳胶中的硫化剂将乳胶中的生胶线性分子链联结成立体网状结构，所以经过加热硫化处理后的乳胶铸型标本，具有弹性、柔软性和耐老化性等良好的物理性能。

经过高热处理后，整个器官一般都会收缩变形，但这并不会影响以后标本的质量，腐蚀后一旦解除了束缚乳胶的组织，乳胶弹性立即会恢复成原来管道的形态。具体腐蚀过程与其他铸型标本一样。

4. 洗涤和保存

由于乳胶铸型标本具有相当的弹性，能经受一般水流冲击，腐蚀完毕即可大胆冲洗。冲洗后应在净水中浸泡一昼夜，但不能用碱溶液来中和残留在标本上的盐酸，因乳胶标本一遇碱溶液即变软发黏，甚至胶结成一团。

5. 修制

将固定好的标本取出，根据它们的走向，由上而下，由浅而深将血管、神经、肌肉分离清楚，切除遮盖血管、神经的肌肉，显示出血管、神经的分支和分布情况。但要保留固定血管神经位置的一些肌腱、筋膜的韧带，保持原来的位置与相互关系。为了使血管神经表面光滑，分离时应仔细剥去外膜。填充的血管剥去外膜后颜色更加醒目。

填充剂未充满的血管，可在管壁上着上相同的颜色。

经过冲洗干净后，即可将其保存于3%福尔马林溶液中。在液体中保存的优点是颜色鲜艳，又因与空气中的氧隔绝开，减缓了氧化过程，标本不易老化。

三、用松香蜡制作铸型标本

1. 松香蜡合剂的配制

松香蜡合剂的主要成分是松香和蜡，比例约为3∶1。先将松香放在金属锅或坩埚中用小火熔化，可加入少许松节油（每1000克松香约20毫升），加热时最好在锅下垫以金属板或石棉板，使其受热均匀，注意不要达到沸腾。待松香全部熔融后，如有杂质，最好用纱布过滤一次，然后将蜡加入，并保持一定温度，使蜡全部熔融。如需加色，可用油画颜料或颜料粉，搅拌均匀。

松香蜡合剂中松香和蜡的比例要根据当地最高气温略加增减。松香较多则制成的铸型标本较硬，但太多则发脆，易断裂；蜡较多则制成的铸型标本较软，天热时易变形。可将已熔融的合剂滴注于湿润的玻璃板上，待冷却后，用手检试其软硬是否合适。

2. 标本的准备和灌注

松香蜡合剂主要用于制作器官腔道较大的铸型标本，如肾盂、心腔及其大血管、脑室等。标本材料的准备与其他铸型标本相似，但灌注前最好放在38～40℃的热水中加温15～20分钟，同时加热松香蜡合剂，达80～90℃备用。灌注可采用玻璃注射器，但因松香蜡合剂温度较高，可用布片将注射器包裹。如果一次灌注没有装满，应立即继续灌注，直到腔道完全饱满。灌注时如发现腔道破裂漏蜡，可用止血钳夹住破口。灌注完毕，即将标本放在冷的清水中浸泡20～40分钟，使松香蜡合剂凝固，然后进行腐蚀。注射器及其他用具可先用松节油洗涤，再用热水清洗。

3. 腐蚀和洗涤

与其他铸型标本相同。腔道简单的器官如肾盂、脑室等也可用解剖的办法仔细将组织切除。松香蜡铸型标本经盐酸腐蚀后，表面常呈灰色，可用乙醚三份、松节油一份的混合液浸过，颜色即鲜艳如新。

四、用塑料制作铸型标本

（一）材料的选择和处理

铸型标本材料的选择，应根据制作标本的要求和目的选择材料。材料要求新鲜完整，管道通畅。如果是从局部取下的材料，取材时要把管道部分尽量保留长一些，以保证铸型的完整性。为了防止死后时间过长而产生血液凝固，最好由较粗的动脉注入抗凝剂（5%柠檬酸三钠）。制作一般陈列标本，不需专门冲洗。科研标本，要求在解剖显微镜下能观察到细小血管及其吻合形态，则须用生理盐水等冲洗血管。若是麻醉状态下的动物，则从动脉插入导管冲洗，剪开伴行静脉放血，待拟铸造的器官或组织呈苍白色时，再灌注填充剂。

（二）塑料填充剂的配制

目前能够用于解剖学技术的成型方法，有化学反应成型法和溶剂挥发凝固成型法。

1. 化学反应成型法

聚甲基丙烯酸甲酯

聚甲基丙烯酸甲酯是一种合成树脂，分子结构大，分子量高，由低分子的单元重复组成。相对密度为 1.18，透光率 92%，耐紫外线和大气老化。溶于丙酮、醋酸甲酯、芳族烃和氯化烃类。甲基丙烯酸甲酯亦称有机玻璃单体，通过聚合反应生成高分子有机物称为聚甲基丙烯酸甲酯或有机玻璃。单体是液体，聚合体是固体。

聚合反应过程分为引发、发展和终止三个阶段。在分子结构中含有双键的单体，可由外界能量的激发打开双键，产生活化中心，也叫游离基或自由基。通常要用一种受热作用可产生游离基的物质激发单体，这种物质称为引发剂。单体加入引发剂后，产生活化中心。这便是引发阶段。单体活化中心进一步激发其他单位，产生新的活化中心，这个过程一个接着一个地重复出现，形成大分子链的聚合反应，是为发展阶段。阶段进行很快，单体分子的双键解离时并放出大量聚合热。聚合反应不会无限地进行下去，由于大分子活化中心相互结合，歧化以及转移、碰撞等多种原因会失去活化，形成大分子链而终止。

(1) 影响聚合反应的主要因素

有机玻璃单体聚合反应比较复杂，使用单体灌注聚合成型方法制作标本，需要了解反应的进程及其影响因素以便按照需要，进行控制和调整。否则，将影响标本质量，甚至产生废品。影响聚合反应的主要因素有温度、光、其他能量、引发剂、氧和阻聚物质等。

聚合反应需要能量。加温促使引发剂激发单体，产生活化。温度对于分子链的增长和终止速度都有密切关系。因此可以通过对温度的调节，控制聚合反应的速度。特别重要的是温度不能过高，高温使聚合反应过快，会引起爆聚，出现废品。高温又能引起增长链的解聚，使生成短链的机会增多，影响标本质量。

光能也可以激发单体，产生活化中心，故单体贮存时应避光。在 3600 埃到 5500 埃的紫外线激发下，经过半小时左右，可以使单体聚合成具有一定分子量的预聚物质。其他能量如超声波、辐射等，都可使单体产生活化中心。但因受工艺设备条件限制，在标本制作中很少采用。

利用引发剂控制聚合反应，是目前常用的一种方法，具有操作方便，控制容易，设备简单，价格低廉等优点。很多有机氧化物，某些偶氮化合物和过硫酸盐等氧化还原体系，均可作为有机玻璃单体的引发剂。目前常用的一些引发剂和促进剂性能，将在灌注体会中介绍。

氧对聚合反应具有双重影响，视温度的不同，它既可起引发作用，又可起阻聚作用。在低温和常温下，氧是阻聚剂。在标本制作中，低温聚合后期，当其他部分聚合已固化时，与氧直接接触的那部分单体，还呈粘滞态或弹性态，就是这个原因。在高温下，已经与氧结合的单体过氧化物，会分解生成新的活化中心，反应速率骤增并大量放热，造成爆聚。

许多物质能延缓聚合的引发或阻止聚合链的增长，例如酚、醌、芳胺、单宁、松香、硫及低温条件下的氧等，统称为阻聚物质。工业上常用的阻聚剂是对苯二酚。在实际工作中，解剖标本是否含有阻聚物质或经过阻聚物质（例如常用于防腐固定的石炭酸）的处理，应作为影响聚合反应因素，给予考虑。

(2) 有机玻璃单体聚合灌注法

具体的操作方法很多，下面仅介绍四种作为参考。开展工作时，可视客观条件，根据聚合反应的基本知识，灵活调整。

方法一：在单体（甲基丙烯酸甲酯）中加入引发剂偶氮二异丁腈 0.05%～0.1%。操作时，将偶氮二异丁腈放入少量的单体中混合后，再放入全量的单体中。水浴加温到 80～90℃，15～20 分钟后，单体部分聚合，出现一定的黏性。调节预聚时间和温度，可以控制预聚单体的浓度，以适应各种不同的灌注目的和要求。达到所需的浓度后，立刻降温（浸入冷水或置冰箱内），使聚合过程暂停，贮存于冰箱内待用。

灌注前从冰箱内取出已经预聚的单体，加入引发剂、促进剂和增型剂，调配颜料。配方如下：

过氧化苯甲酰	1.0%
二甲基苯胺	0.5%～1.0%
邻苯二甲酸二丁酯（或二辛脂）	6.0%～8.0%
油画颜料	适量

配制搅匀后，稍等片刻，待溶液开始发热时，即可灌注。

方法二：

预聚：方法和上法相同。灌注前加入促进剂对甲亚磺酸0.2%～0.5%。如需加速聚合反应，可再加过氧化二碳酸二异丙酯0.1%。油画颜料适量。促进剂的增减，可以调节聚合反应速度。对甲苯亚磺酸和过氧化二碳酸二异丙酯这两种促进剂要分别溶解后加入，不能同时在一起溶解。

方法三：

预聚：甲基丙烯酸甲酯加入引发剂过氧化苯甲酰 0.5%，水浴加温至出现一定黏度后，降温保存。

灌注前加入促进剂和色料：

二甲基苯胺	0.1%～0.2%
对甲苯亚磺酸	0.1%～0.2%
油画颜料	适量

需要快速聚合时，促进剂可加量，但均不应超过 1%。

方法四：

预聚：	甲基丙烯酸甲酯	85%
	丙烯酸甲酯	10%
	过氧化苯甲酰	5%

水浴加温至出现一定黏度后，降温保存。灌注前加入二甲基苯胺1%，油画颜料适量。

（3）操作体会和注意事项

灌注有机玻璃单体聚合反应成型的方法，优点很多。这种聚合体的理化性能较为理想。灌注液的浓度可在预聚时任意调整，聚合反应成型的收缩率小，不但能获得精美的标本，而且对微小血管的铸型也是满意的。例如灌注的大白鼠肾脏，腐蚀后能在解剖显微镜下看清血管球的铸型，狗的眼球可看清脉络膜铸型。但是这种方法操作复杂，影响的因素很多。通常需要注意的环节是，单体的情况，引发剂、促进剂、增塑剂的用量，以及温度的控制等。

由工厂采购的每一批单体，活性多不一致，除化工厂外，一般都没有测定单体活性的装置。因此，在每批单体使用前，应先检验在不同数量引发剂作用下聚合反应的速度，找出使用该批单体应加引发剂的比例。一般单体置0℃冰箱中1年左右不致聚合。在化工厂也可以采购到已经预聚的单体，但保存时间较短，0℃可保存1～2月。如需在常温下长期保存单体，可加阻聚剂对苯二酚0.06%～0.1%，贮存时应防避紫外线和热的作用，要装在棕色瓶内放于暗凉处（10～20℃），并在容器内留一定空间，瓶口不宜塞紧密封，使之有一定量的氧。因对苯二酚需在有少量氧存在时才起到有效的阻聚作用。单体能溶解橡胶，如用橡胶瓶塞时，应加一层玻璃纸包裹，使瓶塞不直接与单体接触。甲基丙烯酸甲酯是挥发性很强的液体，燃点低至10℃，极易燃烧，在常温常压下，它在空气中的气体体积达2.12%～12.5%时，一遇火花即刻发生爆炸燃烧。所以贮存运输时，应当作易燃易爆品处理。

加入阻聚剂对苯二酚的单体，商品为牙托水。使用牙托水前，要先除去阻聚剂。处理方法是加入5%NaOH溶液洗涤单体，用量为100份单体加5%NaOH溶液20份，充分摇晃，碱液洗涤后，以清水洗使呈中性，再静置分离出单体至不呈色为止，最后用无水硫酸钠去水。采用加大引发剂用量的办法，也可以使未经碱液洗涤的牙托水聚合，但聚合体的理化性能较差。酚类是阻聚物质，用有机玻璃单体聚合法灌注的标本，事前不要用石炭酸处理。

单体相对密度0.94，聚合体相对密度1.19，固化后的收缩率应为21.2%。经过预聚处理的单体，收缩率约19%。这个收缩率要比任何溶剂挥发凝固成型的材料小得多。由于灌注前经过预聚，灌注时又施加了压力，间隙或管道有一定的扩张，所以铸型接近于正常管径。

常用的引发剂有偶氮二异丁腈和过氧化苯甲酰。过氧化苯甲酰是强氧化剂，用量过多会引起聚合体变色发黄，同时对某些染料有还原作用。过氧化苯甲酰加热到100℃左右，能迅速分解，在密封容器内可引起爆炸，应作为危险品处理。偶氮二异丁腈在聚合引发中无副作用，较氧化剂容易控制，故较常采用。它加热到108℃时，分解放出大量氮气，也应作为危险品处理。预聚时，引发剂的用量不宜过多，在预聚降温后，过多的引发剂继续起作用，使预聚液不稳定，黏稠度不易控制，难以贮存。

单体浆液的聚合速度与所加入的引发剂、促进剂用量有关。引发剂、促进剂用量越多，聚合的速度就越快。引发剂和促进剂用量也与聚合体的分子量有关。引发剂、促进剂的用量越多，聚合体的分子量越小，聚合体的物理机械性能就越差。当聚合率达到20%以上，单体浆液的黏稠度增大，对流散热受到局限，迅速发展的聚合反应产生大量的聚合热，促使温度很快上升。此时应迅速降温，使聚合热散失，否则聚合热所致的高温又促使反应加快，产生更多的热，甚至达到沸腾的程度。这种沸腾状态的聚合，称之为“爆聚”。爆聚生成的聚合体分子量小，带有大量气泡，质量低劣，容易断裂，使标本成为废品。二甲基苯胺、对甲苯亚磺酸、过氧化二碳酸二异丙酯等，都是快速促进剂，其中以二甲基苯胺的促进作用最快。对促进剂的用量和聚合反应速度，都应合理地加以控制。

增塑剂邻苯二甲酸二丁酯的加入，能使聚合体和多聚体的韧性增加，赋予制品以弹性，使铸型不易发脆断裂。这类增塑剂的用量越多，聚合体的柔软性越大，支撑力量越小。操作时，可按制品要求，适当增减增塑剂的用量。

环氧树脂

环氧树脂在解剖学技术上的应用还是一个新的课题。环氧树脂化学性能较稳定，机械强度好，收缩率低，操作方法简便，易于掌握，应用于解剖管道铸型，是一种良好的新型填充剂。

国内生产的环氧树脂，类型很多，用途不同，结构和性能不一。例如，广州东风化工厂生产的有E-51，E-44，E-42，E-20，E-12等型号。现将常用的E-44型环氧树脂介绍如下。

(1) 化学性能和聚合反应　环氧树脂是一种合成树脂。一般是由2,2-二（4-羟基苯基）丙烷（简称双酚A）和环氧氯丙烷为主要原料缩合而成。环氧树脂是分子结构庞大、分子量很高的高分子有机化合物，是液体状态。环氧树脂外观为浅琥珀色透明液体，环氧值0.41～0.47当量/100克树脂，软化点12～20℃，溶于丙酮、环己酮、乙二醇、甲苯和苯乙烯等。环氧树脂在分子结构中有活泼的环氧基及氢氧基，因此能与其他化合物的功能团，如氮基、羟基、酯等起反应而交联，变成坚硬的热固性高分子化合物。经过硬化后的树脂，有良好的耐腐蚀性和稳定性，它在多种酸类、碱类和一般有机溶剂中都很稳定。完全硬化后的树脂无味无臭，耐热性、硬度和柔韧性较好，不因气候变化而改变，也不受霉菌侵蚀而降解。

环氧树脂在催化型固化剂的作用下，打开环氧基，催化环氧树脂本身均聚，生成以醚链为主要结构的均聚物。一般常用的催化型固化剂苯二甲胺（简称

MXDA)，是低毒性常温催化型固化剂，属于三级胺（叔胺）。苯二甲胺为无色透明液体，杏仁味，凝固点 12℃，相对分子质量为 136.2，相对密度为 1.06，常温下是液体。常温固化环氧树脂，固化速度较慢，比一般的芳香族胺使用方便，便于操作，使用期限较长。用量是树脂重量的 16%～20%。加入过量的固化剂会使树脂固化时间缩短，均聚物的柔韧性降低，制成品易脆裂。

为了降低环氧树脂的脆性，可适当加入增塑剂。增塑剂根据作用，可分为主要增塑剂和辅助增塑剂（或溶剂型增塑剂和非溶剂型增塑剂），此外，还有催化型增塑剂等。根据结构可分为苯二甲酸酯类、磷酸酯类、脂肪酸酯类、聚酯类、环氧酯类和含氯化合物等。常用的有邻苯二甲酸二丁酯、邻苯二甲酸二辛酯、磷酸三甲酚酯、磷酸三辛酯、癸二酸二辛酯等。其中尤以邻苯二甲酸二丁酯和邻苯二甲酸二辛酯为常用。增塑剂不参与树脂的固化反应，只起增塑或稀释的作用。加入增塑剂能增加树脂的柔韧性，使其不易发脆，延长适用期，时间久后可使树脂硬化，并可抑制反应热。

未被固化的环氧树脂是黏稠度较大的液体，流动性差，不宜直接用于灌注细小的管道。为了操作便利，可以加入适量的稀释剂，以降低树脂的黏稠度。但这些稀释剂属于非活性添加剂，它们只溶混于树脂之中，并不参与树脂的固化反应。一般常用的稀释剂有：丙酮、环己酮、甲基戊酮醇、乙二醇、甲苯、二甲苯、苯乙烯、三氯甲烷、醋酸乙酯、四氢呋喃等。

（2）填充剂的配制　配方如下：

E-44 型环氧树脂	100 毫升
邻苯二甲酸二丁酯	17 毫升
苯二甲胺	16 毫升
丙酮	适量
油画颜料	适量

配制时，于环氧树脂内加入邻苯二甲酸二丁酯、丙酮及油画颜料后，充分搅拌均匀，然后再加入苯二甲胺。

（3）环氧树脂铸型标本的特点　环氧树脂的催化型固化处理是一种化学反应过程，在这个过程中不产生挥发性物质。环氧树脂的全固化收缩率不超过 1.5%～2.0%，用这种材料和方法制得的铸型标本，与用溶剂制备的其他塑料铸型标本相比，充盈饱满，柔韧性好，支撑力强，成型美观。由于其收缩率低，操作可以一次完成，不需补充灌注。液体状的环氧树脂加入固化剂后，在常温下 3 小时左右硬化，有较充分的操作时间，使用方便，配制简单，耐强酸、强碱腐蚀。

（4）环氧树脂铸型标本制作的体会　环氧树脂铸型，在配制填充剂的过程中，必须严格按照配制填充剂的顺序进行。液体的环氧树脂加入稀释剂、增塑剂和固化剂后要充分搅拌均匀，如果不与树脂搅拌均匀，有机溶剂容易只与少部分树脂混合成很稀薄的溶液，大量透过微细管壁，渗入组织间隙，使管道周围组织与树脂凝结成块，无法用酸、碱等腐蚀方法加以除去，影响铸型标本的质量，甚至成为废品。

环氧树脂铸型固化后收缩率很低，所以在灌注过程中，压力不宜过大，对管壁较薄，容易扩张的静脉灌注尤为重要。填充剂注入量不宜过多，以免管道过分膨大，失去正常比例。环氧树脂属于热固性塑料，由于带苯环的胺类具有流动性差的特点，固化时间较慢，灌注器材短时内还会粘连堵塞。但是，一旦完全固化后就不能溶解。在灌注结束后，必须将注射器材等用具，及时用稀释剂擦洗干净。

环氧树脂的配色颜料，选用水溶性或脂溶性的均可。水溶性的颜料溶解慢，有沉淀，脂溶性油画颜料溶解快，不会发生沉淀，比较理想。

固化剂苯二甲胺必须装在干净容器内密封，置于阴凉处保存，遇水失效。

环氧树脂类高分子化合物的理化性能虽然很好，但在一定的条件下会出现降解、脆裂以致完全丧失机械强度。在各种理化因素中，光线对于环氧树脂的老化影响较大。老化程度与光线的强度、波长、照射的时间有密切关系。因此，用环氧树脂制成的铸型标本，应避阳光保存。

使用适量的苯二甲胺，固化作用较慢，在常温条件下，固化过程 12～24 小时。但是，当苯二甲胺过量时，会很快发生固化现象，有时在灌注过程中也会发生固化，使灌注器材堵塞报废。填充剂加入固化剂后，应在一个小时左右灌注完毕。填充剂不加固化剂不会发生固化，可以长期保存使用。

固化剂胺类都有一定的挥发性，具有刺激作用，在操作过程中应适当注意对呼吸系统及皮肤的防护。

室温硫化硅橡胶

室温硫化硅橡胶是一种性能很好的合成橡胶，有比较强的韧性和弹性，也有一定的支撑力。硫化前呈胶水状，可用注射器灌注，加入催化剂和交联剂后，室温下约 1 天硫化，成为乳白色半透明弹性体。耐酸耐碱，硫化后收缩率仅 5%左右。配料和成型都很简便，不需特殊设备。室温硫化硅橡胶标本具有弹性较大的特点，对需要观察深部铸型的标本更宜选用。用氯仿稀释，以油画颜料着色。黏稠度较大，细小管道灌注时比较困难。现以四川晨光化工厂所产 SD－33 室温硫化硅橡胶为例，介绍配方如下：

SD－33 室温硫化硅橡胶	100 克
交联剂（203 硅油）	10 克
催化剂（二月桂酸二丁基锡）	2 克
颜料	适量

器械使用后宜及时用氯仿、汽油或其他有机溶剂清洗。

2. 溶剂挥发后凝固成型法

利用某些塑料能溶解于挥发性有机溶剂的特点配制灌注剂，注入管道后，溶剂挥发，留下凝固的塑料充填其中。这种方法在解剖学标本制作上，应用较早，主要优点是操作较简便，缺点是收缩率太大。因为一般用塑料浓度为20%～30%，浓度再高，黏稠性太强，灌注时阻力太大，不能注入管道。所以溶剂挥发后，收缩率高达一半以上，特别是比较粗大的管道，这种缺陷显得更加突出。为了弥补这一缺陷，对管径较大的管道，在灌注过程中，当溶剂挥发后，必须进行补注。粗大的管道需多次补注，才能充盈饱满。

塑料和溶剂的选择

原则上能溶解于挥发性溶剂，理化性能好的塑料品种均可使用。有些塑料虽然理化性能很好，如酚、聚四氟乙烯、聚乙烯、聚丙烯、尼龙等，但不能或不易为有机溶剂溶解，有些又只能溶于非挥发溶剂，就不适于解剖学标本的灌注。因此，选择塑料时，除考虑理化性能外，应选择溶解度高、溶解速度快的品种。溶剂的选择，则以挥发性强的较好，因其所配成的填充剂成型速度快，补注的间隔时间短。如溶剂具有水溶性则更好，因填充剂注入后，可利用有机溶剂溶于水的性能，扩散渗入邻近组织间隙，再从组织表面挥发，加快塑料凝固成型，常用的水溶性溶剂有丙酮、丁酮、四氢呋喃等。为了探索各种高分子化合物的实际应用和选用溶剂，可借助 Hildebrand 等理论推导高聚物的溶解参数，公式为：$(\Delta E/V)^{\frac{1}{2}}$，式中 ΔE 为内聚能，V 为克分子体积。以下两表，分别列出高聚物和溶剂的溶解度参数，两者溶解度参数值接近的有利于溶解，相距远的则不利于溶解。例如天然橡胶的溶解度参数约为8.2，甲苯为8.9，四氯化碳为8.6，与其相近，为其溶剂；乙醇为12.7，则相距较远，为非溶剂。但 Hildebrand 的推导，只限于非极性分子混合时无放热或吸热的体系。对于分子极性较强的体系，如生成氢链，混合放热者则不适用。例如聚碳酯的溶解度参数为9.5，溶于氯仿（9.4），却不溶于四氢呋喃(9.5)，所以下表所列只作为选择溶剂的参考，一般使用前应做小样品试验，才能确定使用。

颜色调配

在颜色调配上，各种能溶于有机溶剂的色料均可采用。通常采用油画颜料，色泽鲜艳。但应注意，橘黄、草绿、铬黄等色在强光下或遇酸时易褪色。填充剂配色时，要一次配足用量，多次调配，浓度难做到准确一致，颜色不易相同，影响铸型的外观。

表 8－1 常用塑料的溶解度参数表

品　名	观测值	计算值
天然橡胶	7.9～8.4	8.15
25%苯乙烯	8.1～8.6	8.54
聚苯乙烯	8.5～9.7	9.12
聚甲基丙烯酸甲酯	9.0～9.5	9.20
聚氯乙烯	9.4～9.7	9.55
聚碳酸酯		9.50
二硝基纤维素	10.6	10.48
二醋酸纤维素		11.35
尼龙 66		13.60

表 8－2 常用溶剂的溶解度参数表

四氯化碳	8.6	四氢呋喃	9.5
二甲苯	8.8	二氯乙烷	9.8
甲苯	8.9	环己酮	9.9
乙酸乙酯	9.1	丙酮	10.0
苯	9.2	乙醇	12.7
三氯甲烷	9.4	苯酚	14.5

标本制作中常用的塑料及配制

1）聚苯乙烯　聚苯乙烯代号“PS”，简称“苯塑”，优点是无色透明，透光性仅次于有机玻璃，能用着色剂染成各种鲜艳的颜色。用聚苯乙烯灌注的铸型有良好的耐腐蚀性，支撑力强，成型美观，但耐冲击强度低，韧性不足，易脆裂。

2）改性聚苯乙烯　为了弥补聚苯乙烯耐冲击强度低的缺点，可以加入合成乳胶，进行改性。这种含合成乳胶成分的聚苯乙烯，称为改性聚苯乙烯。我们使用过的改性聚苯乙烯含合成乳胶量为10%～30%。乳胶的比例越大，铸型的韧性越强，支撑力量则相对变小，可根据制成品的目的要求加以选择。

3）ABS　是一种改性的苯乙烯共聚物，全名是丙烯腈（A）—丁二烯（B）—苯乙烯（S）树脂，简称 ABS 树脂。在 ABS 中，由于加入了丁二烯，使塑料的抗冲击强度较聚苯乙烯有了显著的提高，其他机械强度、耐化学腐蚀等方面的性能，也都有很大的改进，不过透明度差，着色后色泽也不够鲜艳。

4）MABS　为了使 ABS 透明，再加入甲基丙烯酸甲酯（M），由四种单体经过共聚反应，就得到了透明的塑料，简称为 MABS 塑料。它的透明度可达85%，但机械性能比 ABS 差。

5）372 塑料　是苯乙烯与甲基丙烯酸甲酯的共聚物，透光率好，达 92%，接近有机玻璃。理化综合性能优于聚苯乙烯，逊于 ABS。上海化工厂的产品，代号称之为 372 塑料。

上述 5 个品种为聚苯乙烯及其共聚物，均能溶于多种有机溶剂，如丙酮、丁酮、氯仿、醋酸乙酯、醋酸丁酯等，常用丙酮和醋酸乙酯为溶剂。应根据标本铸型的目的要求进行选择：例如需要透明光洁的，可选用 372 塑料，MABS 或聚苯乙烯；如需理化综合性能好的，可选用 ABS。聚苯乙烯溶液还有一个优点，是流动性较好，灌注时阻力较小。

6）过氯乙烯　过氯乙烯是由聚氯乙烯经氯化后的产物。含氯量 61%～68%，具有热塑性，白色粉末，不易燃烧，耐强酸、强碱。过氯乙烯比降氯乙烯易溶于酯类、酮类、芳香烃等有机溶剂。根据聚合程度的大小，可制成高黏度型、中黏度型和低黏度型。高黏度型有较好的耐气候性，耐化学腐蚀性。低黏度型则较易溶于植物油类。

过氯乙烯是较好的铸型材料。特点是支撑力强、柔韧性好、成型美观。化学性能和物理机械性能都比较好。能用多种溶剂溶解，如醋酸乙酯、丙酮、氯仿、香蕉水等。

7）聚氯乙烯　聚氯乙烯代号“PVC”，简称“氯塑”，理化综合性能优良，它的韧度同增塑剂加入量的多寡有关，在沸水中抗缩性较差。聚氯乙烯能溶解于四氢呋喃和环已酮，在丙酮、氯仿、香蕉水中只能溶胀，不能充分溶解。

8）硝酸纤维素（赛璐珞）　硝酸纤维素是由胶棉（低氮含量的硝酸纤维素）和增塑剂（樟脑）、润滑剂、染料等经加工而成的塑料。硝酸纤维素呈角质状，无色透明而坚韧，有热塑性，在 80～90℃ 软化。耐水、耐稀酸、耐弱碱、耐盐溶液，并能耐烃类、油类等。但浓酸、强碱和许多有机溶剂可使其溶解或破坏。易着火。易溶于丙酮、醋酸丁酯、氯仿、乙醚、苯等有机溶剂。赛璐珞的化学稳定性较差，浓酸浓碱都能破坏它的分子组织，制成品也容易脆裂，因此使用渐少。为了增强其弹性，可加有机玻璃粉，配方为：有机玻璃粉 1 克，丙酮 100 毫升，赛璐珞 10～15 克，色料适量。配制时先将有机玻璃粉溶于丙酮，然后加入赛璐珞，等溶解后放进色料并搅拌均匀。

表 8-3　标本制作中常用的塑料填充剂及配制方法

编号	溶质	克	溶剂	毫升	颜料	使用参考
1	过氯乙烯	10	醋酸乙酯	100	油画颜料	细管道首次灌注
2	过氯乙烯	20	醋酸乙酯	100	油画颜料	一般管道补注用
3	过氯乙烯	30	醋酸乙酯	100	油画颜料	大管道补充灌注
4	过氯乙烯	15	醋酸乙酯	100	中国银朱	兼 X 射线摄影和透明

续表

编号	溶质	克	溶剂	毫升	颜料	使用参考
5	过氯乙烯	25	醋酸乙酯	100	中国银朱	同上，补充灌注用
6	过氯乙烯	20	丙酮	100	油画颜料	大管道铸型
7	过氯乙烯	25	丙酮	100	油画颜料	补充灌注
8	过氯乙烯	10	环己酮	100	油画颜料	细管道铸型
9	过氯乙烯	20	环己酮	100	油画颜料	微细管道铸型
10	过氯乙烯	25	环己酮	100	油画颜料	补充灌注
11	聚氯乙烯	10	环己酮	100	油画颜料	细管道铸型
12	聚氯乙烯	20	环己酮	100	油画颜料	补充灌注
13	聚氯乙烯	25	环己酮	100	油画颜料	补充灌注
14	ABS	10	醋酸乙酯	100	油画颜料	细管道铸型
15	ABS	20	醋酸乙酯	100	油画颜料	补充灌注

现将标本制作中常用的塑料填充剂及配制方法列表如下，若加用3%～5%的增塑剂邻苯二甲酸二丁酯或辛酯，可增强制品的韧性和弹性。

3. 控制凝固法铸型粗细的方法

由于医疗、科研和教学在不同的情况下，对铸型标本铸型粗细程度的要求不同，控制铸型的粗细是很有意义的。常用的方法有以下几种。

1）用填充剂的浓度调节：粗大管道的铸型宜用浓度高的填充剂，细小管道的铸型则用浓度低的填充剂。

2）用灌注的压力调节：压力高，填充剂可以到达细小的管道；压力低，填充剂只能到达较粗的管道。

3）用有机溶剂的理化性能调节：用同一种塑料为溶质，在填充剂浓度和灌注压力相同的条件下，不同的溶剂对塑料标本有很大的差异，其基本规律是：使用的溶剂易溶于水，比重轻，沸点低，挥发性强的，其铸型就粗；选用的溶剂不溶或微溶于水，比重大，沸点高，不易挥发的，其铸型就细。究其原因可能是前一种溶剂所配制的灌注液，在管道内行进过程中，有机溶剂不断与血管内液体混溶，并不断地透入组织中挥发。由于塑料不溶于水，有机溶剂不断地被释出后，一种溶剂所配成的灌注液是不易挥发的，不与管道内液体混溶，所以填充剂在管道内行进过程中，浓度相对稳定，阻力不致迅速增加，容易达到微细管道内。例如，用过氯乙烯为溶质，丙酮为溶剂，铸型较粗；若以乙酸乙酯为溶剂，铸型较细；若以环己酮为溶剂，铸型更细。

熟悉有关溶剂的理化特性，有目的地选择相应的塑料，适当地掌握浓度比例和灌注压力，将这四个因素相互适当配合，就能得心应手地铸出粗细程度不同的精美标本。下表为常用的有关控制粗细的参考数据，可供配制填充剂参考。

表 8-4 配制填充剂参考数据表

溶剂名称	水溶程度	相对密度	沸点（℃）	粗细程度	适用的溶质
丙酮	溶于水	0.79	56.5	粗	过氯乙烯
丁酮	溶于水	0.81	79.6	中	过氯乙烯
环己酮	微溶于水	0.95	155.7	细	聚氯乙烯
三氯甲烷	微溶于水	1.50	61.2	粗	372 塑料
四氯乙烷	不溶于水	1.60	146.0	细	赛璐珞
醋酸乙酯	微溶于水	0.90	77.1	中	过氯乙烯
四氢呋喃	溶于水	0.89	66.0	粗	聚氯乙烯

4. 灌注方法和标本修整

灌注器械：各种铸型标本的灌注器械，基本与一般血管灌注用具相同，主要有注射器、止血钳、压力灌注器及插管等。注射器以 10～20 毫升的玻璃注射器较为合适。用这样小的注射器，虽然每次灌注量不多，且需多次注射才能充分充填，但操作简便，易于成功。用过的注射器，待灌注告一段落时再洗涤。这样，就不会延误操作进度。如果灌注较大的脏器或肢体时，可用压力灌注器械。压力瓶可容纳大量充填剂，一次便能注入全量，不需容器，又能连续加压，脏器或肢体第一次灌注即可得到充盈良好的效果。

根据需要选择玻璃或金属插管。一般的插管可做成一端粗（直径约 1 厘米），一端细（直径 0.2～0.5）。粗端接橡胶管（听诊器用胶管），橡胶管的另一端用线结扎收口，以便接注射器头。细端做成球状，以防止滑脱。常用的插管有弯、直两种形状。

灌注方法：灌注的压力不宜太大，通常是根据标本的充盈程度凭手感来控制。由于标本的新鲜程度、管道的通畅情况、填充剂的浓度及所灌注器官的大小、年龄等均不一致，难以用一个统一的压力来灌注所有的标本。

塑料填充剂的溶剂挥发后有较大的收缩，应适当进行补充灌注，才能得到饱满的外形。补充注射的间隔时间和次数与溶剂、管道、气候等有密切关系。例如：溶剂挥发快的，补注间隔时间应短（如丙酮）；挥发慢的，补注间隔时间应长（如环己酮）；管径粗大的补注间隔时间宜长，次数宜多（如主动脉弓、门静脉）；管径细小的间隔时间宜短，次数宜少（如冠状动脉、桡动脉）；冬季温度低，补注间隔时间宜长；夏季温度高，间隔时间宜短。

补注时的压力宜小不宜大。因为补注是在标本放置一定时间后进行的。组织已有不同程度的腐败自溶，压力过大，可因标本破漏而失败。

整个灌注过程及灌注后的凝固期都要注意保持器官的自然外形，以免出现人为的畸形。一般实质性器官可用水漂浮法灌注，利用水的漂浮力保持器官的正常外形。水中可加入一定量的消毒防腐药，如石炭酸、煤酚皂、新洁尔灭等。肢体要按解剖学位置摆放，并避免挤压。

五、血管的灌注

血管灌注是将一些带有色料的填充剂灌注到血管内，通过解剖法、透明法、腐蚀法、放射线造影等，以显示其位置、行径和分支特点。血管灌注后，用于制作解剖、切片标本和科研材料，比未经灌注血管的观察效果好得多。同时，血管透明、腐蚀、放射线造影等，也必须借助血管灌注，才能达到预期效果。

（一）常用器材及装置

为了使血管灌注获得成功，必须有应手的器械。器械的准备与灌注方法和填充剂的性质有关，某些灌注方法还需要专门的设备。灌注前，要根据操作程序列出所需器材，认真地做好准备，以免在操作过程中，临时去找器材，造成工作忙乱，影响灌注效果。

1. 常用器材

常用的器材有解剖器械（刀、剪、镊）血管钳、结扎线、棉花、纱布、滤纸、胶布、量筒、天平、漏斗、乳钵、瓷盘、面盆等。其中有些是配制填充剂时所用，有些为血管灌注时所需。如果用热填充剂，则需准备电炉、水浴锅、烧杯、电热注射器等。

2. 灌注器材及装置

灌注器材中，一般常用的为注射器，包括玻璃注射器和金属注射器；有时在注射器上加附属装置，或将注射器用导管连接在特制的装置上，组成灌注装置。

玻璃注射器：即通常使用的注射器，常用容积为10～100毫升，视灌注需要加以选择。注射前应多准备几套。应用时，一套注射器最多只能使用一次，特别在灌注黏稠而易于凝固的填充剂时，灌注后应立即抽出管蕊暂搁置，或用来苏水浸泡，留待全部灌注完毕后再集中洗涤。国产连续注射器，适于血管灌注。它的接针头部位做成“T”字形，能分别连接注射针头和填充剂抽取管，并安有活瓣装置，可以交替连续抽取和灌注。

金属兽用注射器或金属螺旋加压注射器：具有能加大压力、不易破损、拆卸方便、容易洗涤等优点。适用于灌注黏稠性较大、需要大力加压的填充剂。

弹力注射器：由玻璃注射器和弹力装置组成。弹力注射装置由前、后两个铝制固定盒和 4 条胶管构成。根据注射器的规格（20、50、100 毫升）可分别使用大小不同的固定盒。前、后二盒借胶管连接在一起，前盒边缘部有一孔，留作插入注射器头。胶管的外径为 7 毫米，长度以把弹力装置套在注射器上时，胶管比注射器上的最大刻度略长 30 毫米左右为宜。这个长度能使注射器芯保持足够的推力，并能排净注射器内的填充剂。

灌注时，注射器吸满溶液后，先把注射器头插入前固定盒的孔内，用左手把前盒固定，用右手拉开后盒并套在注射器芯的后端，即可把灌注剂自动推出。

弹力注射器工作的原理是，借胶管的弹性回缩力量，把拉开的注射器芯缓慢而力量均匀地向前推进。由于持续时间较长，能使血管内含有的气泡逐渐散开，管腔也能被填充剂充满。因此能达到省力和灌注的标本质量较好的目的。适用于灌注各种填充剂。但这种注射器，在灌注开始时压力最大。以后要逐渐变小。而血管内的压力则随着灌注的进行愈来愈大。因此，将它用于补充灌注更为合适。

压力瓶：是压力灌注装置的一种，主要由三部分组成（图 8 - 13），即压力瓶、气泵和针头。

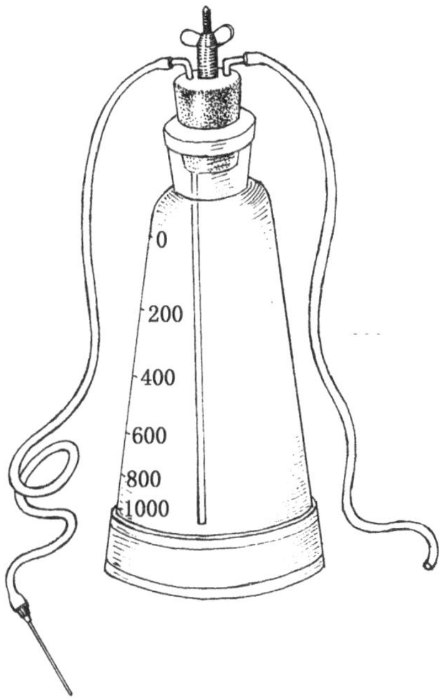

图 8 - 13　压力瓶

压力瓶是主体，容量为 1000 毫升，壁厚 5 毫米，可承受的压力为 1 个气压（760mmHg），压力瓶盛装灌注液。瓶上装有二个胶管：一根连接气泵，此管下端插入压力瓶内液面以上的空间；另一根连接注射针头，其下端借一玻璃管插入瓶内液面以下，接近瓶底。

灌注时，气泵输出的压缩气体送入瓶内，把瓶内的填充剂推进到血管内。

压力瓶能灌注全尸或较大的局部血管标本，最适于灌注橡胶乳浆和碳酸钙填充剂。

灌注用的针头和导管：根据所要灌注血管的粗细和位置，选用不同的针头或导管。目前常用的有金属的、塑料的和玻璃的三种。在灌注时应多准备一些，以便阻塞、破损时立即替换。

① 金属针头即一般注射用的各种型号的针头。但由于它过于尖锐，使用时应挫钝磨圆，以免穿破管壁。过细的血管，也可用头皮针。由于它们的末端多无膨大部，结扎后容易滑脱，因此结扎线应多留一段，固定在针头与胶管连接处。此外，还有一种不锈钢锥形静脉切开针头亦可应用。② 塑料导管即输液用的塑料导管可直接插入血管内用于灌注，也可截其一段套在金属针头上进行灌注。其优点是不易损伤血管壁，又可随意弯曲。但也要注意尖端不宜过锐。③ 玻璃导管即用细玻璃管拉制成的不同形状和粗细的玻璃导管。其近末端处制成球形膨大或侧钩形，利于结扎，避免滑脱。这种导管能抗酸碱，耐高压，且不易破损血管壁。灌注较粗血管仍以此种导管最为理想。

（二）灌注方法

1. 选材和一般注意事项

血管灌注是将填充剂从血管注入整个尸体、各种脏器或各个肢体，因此，首先要求管道畅通、管腔内没有血凝块。新鲜尸体或防腐固定的材料均可。

新鲜材料：如果是死后不久的尸体，可直接灌注填充剂。当血管内积血过多时，可先用生理盐水冲洗血管后再行灌注，也可向动脉内注入5%柠檬酸三钠抗凝，然后取下各种脏器。在天气不炎热的条件下，一般在1～2天内灌注血管的效果都很满意。这种措施，可以有充分的操作时间。

死亡时间较长的材料：估计其血管内已有大量血凝块（血栓）时，可先注入溶栓剂，使血管扩张，血栓溶解，以便灌注填充剂。常用的溶栓剂有：

第1种：4%重铬酸钾酒精溶液
95%酒精 100毫升
重铬酸钾 4克

第2种：3.3%硫酸钠溶液
硫酸钠 3.3克
乳酸 1克
蒸馏水 100毫升

此外，亦可用含有1%醋酸或含有0.5%草酸的生理盐水冲洗血管。但应注意，冲洗的压力不要过高，时间也不宜太长，尽量减少组织水肿的程度。然后尚需轻挤脏器或倒置肢体标本，使水分流出后再灌注血管。不过，制作一般动脉解剖标本或透明标本，只要求肉眼观察时，于灌注前不冲洗血管，也能达到满意的效果。静脉灌注时，材料愈新鲜愈好。因为死后血液大都滞留于静脉内，动脉内的血凝块很少。制作科研标本，要求在解剖显微镜下观察微血管及其吻合状态时，则必须冲洗血管。

防腐固定的尸体：因其血管壁失去弹性，又未经排血、冲洗过程，不适于器官内的血管灌注，无论是制作铸型标本、透明标本或镜下观察标本都难以成功。

但制作器官外动脉标本，在整尸上或取其肢体直接灌注填充剂，仍是完全可行的。

动物材料：可在动物麻醉状态下，或杀死后立即用3.3%硫酸钠或生理盐水冲洗血管，可以是全身的，也可以是局部的。全身性血管冲洗通过腹主动脉或升主动脉，局部的经该局部或脏器的动脉干，同时要剪开伴行静脉或右心耳放血，待脏器呈苍白色后，再灌注填充剂。

2. 灌注方法

整体灌注法和局部灌注法：根据制作标本的要求，可分整体灌注和局部灌注。如果制作全身动脉或半身动脉标本，即可采取整体灌注。整个尸体灌注的部位应选择在操作时容易暴露大动脉干、损伤组织结构较少的部位，如肱动脉、颈总动脉或股动脉。局部灌注时，可取下脏器或截下肢体，也可在整尸上，从分布于该器官或肢体的动脉干进行灌注。取下脏器灌注时，所留的动脉干要长一些，以便插入导管。灌注器官内血管，制作铸型或透明标本，以离体局部灌注效果为好。

静脉血管灌注应当分别进行。在四肢，由于肢体静脉有防止血液逆流的静脉瓣，从大静脉灌注不能达到充盈的效果。因此，应从小静脉进针，顺血流方向作向心注射。死后不久的尸体，也可利用骨髓穿刺的方法，达到灌注的目的。穿刺部位，通常选择长骨的骺端有骨松质的部位。器械选用有套管的穿刺针，刺入骨松质后，抽出穿刺针，只留下套管，然后注入填充剂。脑的静脉，既可以从颈内静脉，也要以从颅顶骨松质较厚的部位（新鲜材料）灌注。其他脏器，则可从该器官所属的静脉干灌注。

单色灌注法和双色灌注法：如果只灌注动脉或静脉，即称为单色灌注。如果动脉内灌注红色填充剂，静脉内灌注蓝色填充剂，则称为双色灌注。单色灌注已如前述。双色灌注一般是从动脉和静脉分别注入红、蓝两色填充剂，多用于器官内血管的观察，作成铸型标本或切片标本。双色灌注的另一种方法是，从动脉先注入蓝色填充剂，后注入红色填充剂，利用压力将蓝色填充剂压入静脉腔内，红色填充剂留在动脉内。这种方法虽可填充很细的血管支，但灌注压力不易控制，两种色料填充剂的用量也不易掌握，而且当填充剂通过微细的毛细血管时，由于其与管壁的接触增多，摩擦力增大，容易硬化、阻塞而难以到达静脉。

冷灌注法和热灌注法：是根据填充剂的性质决定的。热填充剂必须用热灌注法，其他填充剂则可用冷灌注法。

冷灌注法比较简单易行，目前广泛采用。

热灌注法比较复杂，首先要将热填充剂隔水加温溶化，同时把所要灌注的材料浸泡在30～40℃的温水中，并保持恒温。然后用温热的注射器，或电热注射器灌注。在热灌注时，所用的温度不要过高（55℃以下），以免破坏组织或引起组织的剧烈收缩，影响灌注效果。

应当注意，灌注的速度要缓慢，压力要适中而均匀，以免冲破血管。如有漏液，一般可用止血钳夹住或用线结扎。注入填充剂时，应先稀液，后浓液，如只要求充盈大血管，则可直接注入浓液。灌注填充剂的量因材料大小不同而异，一般感到有一定阻力时即可停注；也可在肢体远端切开皮肤，观察小血管的充盈程度。灌注后的尸体应在阴干处放置1～2天，然后再放入防腐保存液中。

六、各种填充剂及其制备方法

血管灌注使用的填充剂很多，且性能不同，配方各异。其中除了可用解剖法制作一般血管标本外，有的还适用于制作透明标本、铸型标本或放射线造影等。在配方中，有使管腔充盈的固体成分，有显示填充剂的色料，有增加填充剂粘度的油料，还有作为稀释填充剂的有机溶剂或水。作为一种较为理想的填充剂，应要求具备以下条件。

1）调配制备简便，操作使用容易掌握。最好用冷灌注剂，因为热灌注的操作复杂，要有一套加热保温装置。填充剂最好能预先制备贮存，不需临时配制。

2）填充剂的浓度可以控制。例如对微血管的铸型，要求浓度低，黏度小，流动性好，才能灌注到预期的部位；对于肉眼观察的陈列标本，则要求浓度高，收缩率小，管道分支才不致过分稠密，造型才能清楚美观。

3）灌注后不向周围组织弥散，不与组织相融，不溶于酒精和透明剂。

4）灌注后能够在室温下自行凝固，凝固后收缩率小或不收缩。

5）在理化性能上，耐酸碱、耐腐蚀性强，机械性能好，不易褪色；既要求有良好的支撑力量，能保持管道的立体形态，又要求有较强的弹性，不容易脆裂折断。

6）颗粒细小，并易于均匀地混入各种色料。

7）用于动物实验的填充剂，还要求毒性小，不致引起生物组织强烈的收缩和损伤。

（一）橡胶填充剂

包括橡胶乳浆和合成橡胶，橡胶乳浆为橡胶凝固前的乳浆，即所谓“Latex”，简称乳胶，可分为天然橡胶乳浆及合成橡胶乳浆两种，都可用于灌注血管。橡胶乳浆的颗粒很小，直径一般为5176埃，即0.5176微米，最大不超过1微米，相当于红细胞的1/8～1/7，容易进入微血管。天然橡胶乳浆含有34%

生胶，市售的加工浓缩后，可含 50%以上。乳胶在空气中能自然硬化，遇酸可立即凝固。防腐固定的尸体，有时在血管内灌注过带有酸性的药物（如石炭酸），故在灌注乳胶前，应注入少量含氨水的液体，防止乳胶在灌注过程中遇酸凝固，达到细小的血管内。乳胶的颜色调配应用球磨颜料或硝酸纤维漆。也可用广告色，但容易渗出血管，污染周围组织。灌注中见有渗漏的部位，可用棉球蘸醋或稀盐酸液贴敷，凝固止漏。

乳胶灌注血管凝固后，在小口径的血管内收缩率较小，充盈饱满；但在较粗血管内，收缩率较大，因此隔 1～2 小时后应补充注射（1～2 次）。灌注时，注射器和套管在盛装乳胶之前，应涂凡士林或肥皂水，可以减少因乳胶凝结致使注射器粘连废坏。在乳胶内加入乳化硅油，也可减少对器械的粘连，便于灌注操作。当然，最好使用金属注射器或灌注装置。

用乳胶灌注的血管，凝固后弹性良好，韧性很强，便于解剖制作，即使血管断裂，橡胶仍能连续不断，故非常适用于灌注教学用的血管标本，在实习应用中不易拉断。

配方 1：

乳胶	100 毫升
蒸馏水	80～100 毫升
色料	适量

市售乳胶液（含胶量 50%左右），加入色料与蒸馏水混合，搅拌均匀后，可直接灌注血管，用纱布过滤更好。

配方 2：

乳胶	100 毫升
乳化剂	0.5 毫升
10%酪蛋白溶液	3.0 毫升
有机染料	2～5 克

酪蛋白液的制备方法是，取 10 克酪蛋白与 90 毫升 20%氨水混合，于室温下放置 8～10 小时，再加温（不超过 65℃）溶解。乳化剂可用油脂酸。将色料与乳化剂和酪蛋白溶液充分混合，再加 5～10 毫升蒸馏水，用纱布过滤后，在不停地搅动下倒入乳胶。此填充剂比较稳定，保存几个月之后，亦不改变其特性。

配方 3：

40%浓度的乳胶	700 毫升
浓氨水	5 毫升
球磨颜料	适量

将氨水加入乳胶内，搅拌 2 分钟。把球磨颜料（铅丹或银朱、太清蓝）加少量水，使之呈糊状，倒入乳胶液中，再搅拌 2 分钟，用双层湿纱布滤过后待用。

此填充剂的灌注可与尸体防腐固定同时进行，即将防腐固定液注射终了时，立即灌注此乳胶填充剂，但压力应当加大（250毫米汞柱）。因此时血管内的固定液已加氨水呈弱碱性，可使乳胶色素剂顺利通过血管，不会发生凝结，又因对填充剂施以一定压力，故血管充盈良好。

配方4：

氯苯乳胶色素填充剂

氯苯乳胶为国产的合成乳胶，外观为乳白色或微黄色的乳浊液。其颗粒直径约为0.5微米，具有优越的抗结晶性能，也有良好的柔软性和很大的弹性，化学性能稳定，耐油，耐热，耐酸碱，耐臭氧，透气率低。灌注前不经任何处理，与球磨颜料搅拌均匀后，静置2～3分钟（不需过滤），待表面泡沫消失后即可进行灌注，也可加入遮光剂进行X射线摄影。灌注过程中不粘注射器和堵塞针头。从毛细血管到大血管干都可充盈。对固定时间短的材料以及固定时间长的陈旧肢体均可得到满意的效果。灌注前对防腐固定的标本要抽去灌注管道内残液，灌注后将标本浸泡在30%氯化钙水溶液内，约6～12小时可全部凝固。乳胶在血管内的凝固速度与氯化钙含量的多少有关。

配方5：

氯丁乳胶填充剂

氯丁乳胶是2-氯-1,3-丁二烯的聚合物，有α和μ两种；它的粒子约为0.1微米，呈圆形，遇酸、盐等即可凝结。其pH为10.5～12.5。乳胶液中含固态物50%～60%。一般用μ-氯丁乳胶，其抗张强度合适，附着力良好，并具有耐氧、耐臭氧、耐热、耐油和防燃等性能，但耐寒性及电绝缘性差。色料调配，油溶性比水溶性的好。

配方6：

此配方的主要成分为国产合成橡胶丁苯，系橙黄色半透明的橡胶块。剪碎后放入香蕉水内，经充分搅拌，使其彻底溶解，制成橡胶溶液。作一般的血管灌注配成10%的溶液即可；作器官内血管铸型，20%的胶液较好。其配方是：

橡胶溶液	100克
钾松香肥皂	5克

（二）碳酸钙填充剂

碳酸钙又名沉降石灰，也叫做Teichmann氏填充剂。用它制备的填充剂，是利用灌注后碳酸钙能吸附于血管内壁逐步硬化的作用。其优点是灌注后收缩率很小，染色后不易褪色，制作一般血管标本或透明标本效果都很理想。碳酸钙填充剂配方中各成分的比例诸家记载不一，配制时，可参考下述配方的比例，注意黏度的大小和色调的深浅，进行调整。

碳酸钙	500 克
亚麻仁油	150 毫升
银朱	100 克
乙醚	250～1000 毫升

配制方法是，先将碳酸钙研磨过筛，再将色料与碳酸钙一同放入植物油，边加油边搅拌，使三者混合均匀。然后用乳钵锤子捣，直到捣成黏糊膏状。将其做成蛋黄大小的圆丸，浸泡于密闭的水瓶中保存备用。色料除银朱外，尚可选用油画颜料或照像油色。

灌注时，将贮存于水中的圆丸取出，先把表面的水用吸纸吸干或擦净，再放入乳钵内弄碎，用乙醚稀释成 2∶1、1∶1 和 1∶2 的浓度，最好用金属注射器或压力瓶灌注。乙醚稀释的填充剂灌注后，数小时即可硬化，如灌注微细血管，可用乙醚和三氯甲烷（1∶1）或二硫化碳稀释，后者硬化的时间较长（需 1 日左右），但容易灌注。

（三）明胶填充剂

明胶或动物胶，加温能溶解液化，冷却后能凝结固化。用明胶配制的填充剂，属于热填充剂。灌注血管时，标本和灌注器械都要求持续地保持一定的温度，操作比较麻烦。但容易注到微小血管中，对血管壁损坏的机会也较少。用组织学方法研究器官内血管也多用明胶填充剂（配方 2～5）。常用的配方如下。

配方 1：

明胶	10～20 克
广告色（或银朱）	5～10 克
水	100 毫升

配制方法是，先把胶片擦干净，放入盛有水的烧杯内浸泡，再将杯置于水浴锅内加热（40～45℃）溶解。在溶解过程中。要时时搅拌，待胶液完全溶解后，再加入色料继续搅拌，直到颜色均匀为止（也可用 2～4 层纱布过滤一次），趁热灌注。必要时可加 0.1 克麝香草酚（先溶于少量酒精内），作为防腐剂。

配方 2：

明胶	50 克
卡红	1.5 克
10％硼砂水溶液	200 毫升

配制时，先将卡红放入硼砂液内加温溶解。再取明胶片，洗净后用蒸馏水浸泡数小时，至软化膨胀为止。取出胶片，放入卡红硼砂水溶液内染色 3 天，将染色明

胶用流水充分冲洗，用2%盐酸脱色至明胶呈樱红色，用流水洗去盐酸，置于水浴内加温，使其溶化呈胶状的浆液，即可使用。

配方3：

明胶	50克
柏林蓝饱和水溶液	500毫升
蒸馏水	100毫升

配制时，先将明胶用水洗净、浸泡，使其软化，再放入蒸馏水内加温溶解，然后加入柏林蓝水溶液，不断搅拌，使其混合均匀，过滤后即可使用。

配方4：

明胶	50克
0.2%硫堇水溶液	1000毫升
酒石酸	2克

制备方法是，将明胶按上述方法软化后，放入酒石酸、硫堇水溶液内染色24小时。然后用蒸馏水洗去明胶表面的浮色，于水浴内加温溶化，过滤后即可使用。

配方5：

明胶	15克
卡红	4克
蒸馏水	90毫升

将卡红放入容量瓶内，加5毫升蒸馏水，再滴入氨水使卡红完全溶解。滤过后（优质卡红可不滤过）放置数小时。

将明胶放入85毫升蒸馏水内，隔水加温溶化。然后与卡红溶液混合，并继续加温，搅拌均匀。此时浆液为弱碱性。灌注液pH以7～8为最佳，若过于呈碱性，可用25%冰醋酸调节。

（四）淀粉填充剂

淀粉作为灌注填充剂使用时，可分加热和不加热的两种处理方法。加热法是用水浴加温至淀粉变成悬浮液，冷却，用纱布过滤后灌注。不加热法是，研细过滤后即可使用。

配方1：

淀粉	30克
广告色（或银朱）	10克
甘油	10毫升
水	50毫升

配方 2：

淀粉	20 克
银朱（或漂银朱）	10 克
亚麻仁油	15 毫升
乙醚	100 毫升

先将淀粉与银朱混合，加亚麻仁油调成糊状，在乳钵内研磨，灌注时加乙醚稀释。

配方 3：

淀粉	20 克
银朱（或广告色）	10 克
水	100 毫升

将淀粉与银朱混合，先加少量水，在乳钵内研磨，然后加水至全量。

1、3 配方以水为基液，不易挥发，干固较慢。

（五）油类填充剂

油类填充剂灌注的血管，由于填充剂不能彻底凝固或硬化时间较长，解剖操作时，血管破损后容易外漏，所以应用较少。但油剂能将一些遮光效果很强的物质悬浮液，故多用于放射线观察或照像的科研标本，也可用于制作透明标本。

常用的油剂是甘油、亚麻仁油、松节油、白凡士林、桐油等。色料可用铅丹、银朱、油红或油画颜料，其中铅丹和银朱都有遮光造影的性能。对于凡士林这种过分黏稠的物质，可加汽油等挥发性溶剂稀释。现将甘油填充剂的制备方法介绍如下。

配方 1：

卡红	3 克
氨水	1 毫升
10％醋酸甘油	50 毫升

将卡红研磨后加少量水，搅拌成硬泥状，滴入氨水使其溶解并成紫红色，再加醋酸甘油。灌注时，用上述填充剂 1 份，加甘油 2 份，酒精 1 份，水 1 份混合。

配方 2：

硫酸铁	0.12 克
黄血盐	10 克
甘油	90 毫升

将硫酸铁以少量水溶解，加 30 毫升甘油稀释，再取黄血盐，以少量水溶解，

加 30 毫升甘油稀释。两液混合后再加 30 毫升甘油，搅拌均匀即可使用。由于硫酸铁与黄血盐作用形成蓝色，可用于灌注静脉。

（六）色料填充剂

色料，在其他填充剂中只起着色作用。但在血管和淋巴管灌注中它也可以作为填充剂的固体成分，悬浮于水或挥发性有机溶剂中，制成色料填充剂。这种填充剂，既有油类的特点，也有水溶性的特点，即硬化慢，易于扩散，外漏时污染组织，难以洗掉，故也较少应用。但因其颗粒小，灌注方便、容易充盈，观察细小血管，特别是器官内血管仍可使用。

1. 油画颜料填充剂

取 20～30 克红或蓝色油画颜料，加 50 毫升三氯甲烷，在乳钵内研磨，溶解后过滤，即可使用。这种填充剂取材容易，配制简单，灌注方便，不粘注射器。可用于血管透明标本和一般解剖标本的血管灌注。解剖操作过程中如遇外漏，洗掉后涂以明胶即可。用 40%～60%的油画颜料氯仿溶液灌注血管标本，经 2 日氯仿挥发后解剖，可获得满意的效果。

2. 朱砂填充剂

将朱砂放入乳钵内，加入亚麻仁油，研磨使其呈黏稠膏状，然后用少量乙醚稀释，并逐渐增加乙醚量，直到成乳脂状鲜红色为止。可用于全身的动脉灌注。

3. 铅丹填充剂

取铅丹或铅白 15 克，研磨后加水 250 毫升，制成铅丹水悬浮液，灌注血管后，可进行放射线照相。

4. 墨汁填充剂

以前用块墨或 20%乌贼墨的水溶液或生理盐水溶液。目前多用骨胶墨汁或绘图用墨汁（也可用印度墨汁）生理盐水稀释液。其浓度以滴在吸墨纸上墨点周围没有灰色为最好。用 5%墨汁生理盐水溶液，灌注器官内血管，虽经一般染片过程不会褪色，可用于观察毛细血管，特别对灌流后的动物材料更为理想。此外，也可用 3%～5%明胶墨汁溶液。

（七）其他填充剂

1. 琼脂填充剂

琼脂常用浓度为3%～5%水溶液，隔水加温溶化后灌注，在40℃左右开始凝固，属于热填充剂。

2. 松香黄蜡填充剂

也属于热填充剂。一般比例是：松香100克，黄蜡300克，落叶松胶50克，松节油20～50克，用油画颜料着色，或松香1000克，黄蜡250克，红油漆400克，亚麻仁油1～10克。配制时先把松香放入锅内，浇少量松节油在文火上缓慢加热，待松香完全熔化后，过滤到另一锅中，再加入黄蜡、松节油、落叶松胶、亚麻仁油和颜料，搅拌均匀。其中松香具有一定硬度，蜡具有可塑性，松节油或亚麻仁油使充填剂柔软而富有弹性。

3. 蛋白填充剂

制成30%～50%的蛋白水溶液，加适量水溶性颜料（如广告色），搅拌均匀后可使用。为了防腐，可加少量樟脑片。新鲜材料，灌注蛋白液前应向血管内注入5%福尔马林液，以便蛋白液灌注后易于凝固。

七、腐　　蚀

灌注的铸型标本凝固后，必须腐蚀掉外周的组织后才能显示铸型。常用的腐蚀方法有，酸腐蚀法、碱腐蚀法、自然腐蚀法和炭化法等。用酸、碱腐蚀时，应尽可能一个容器放一件标本，采用自然腐蚀法时更应如此。若将几件标本置同一容器里，可能在更换液体或冲洗过程中，标本因相互碰撞而损坏。各种腐蚀采用的酸、碱都是强腐蚀剂，务必谨慎操作，注意安全防护，避免灼伤。

1. 酸腐蚀法

酸腐蚀法适用于耐酸填充剂铸型的标本，是将标本的一切组织（包括骨）腐蚀去，把铸型的空间位置充分显示的方法。此法多用于实质性器官的管道铸型，如肝、肾、心、脑、胰、脾等。如果想保留相邻的骨、关节，可采用碱腐蚀法（详后）。

腐蚀用酸主要是强酸，如盐酸、硫酸、硝酸等，但以无氧酸（盐酸）为宜。含氧酸（硝酸、硫酸等），可损毁某些塑料和铸型剂。盐酸的浓度以25%左右为宜（市售工业用的浓盐酸为37%左右）。盐酸溶液的配制是酸与水按2∶1的比例，把浓盐酸缓慢加入水中，切不可将水倒入浓盐酸中。因浓酸加水后大量放热，当少量的水加入浓酸后，突然产生大量的热，可引起酸水爆沸溅出，伤人毁物。不太大的铸型标本，一般3～5天可完成腐蚀过程。较大的器官可适当延长腐蚀时间，经腐蚀数天后，取出标本，更换腐蚀液，继续浸泡，直到软组织完全被腐蚀掉为止。

腐蚀之前，清除与铸型标本无关的皮肤、被膜、脂肪等组织，可加速腐蚀进度，减少酸液的消耗。

如保留骨骼的铸型标本，不宜用酸腐蚀法。因骨骼遇酸脱钙，并进而被腐蚀。

金属灌注的标本，酸腐蚀后金属表面氧化变黑，可用稀碱液浸泡洗净。

2. 自然腐蚀法

此法只限于新鲜标本的铸型，腐蚀原理与制作新鲜骨骼标本的水浸法相同。铸型材料不受酸碱的影响，铸型的质量好。同时能完整地保留铸型相邻的骨骼，也可对铸型标本起支撑作用，保留铸型标本的一些毗邻关系。

自然腐蚀时，把标本放在装有水的容器内，并把标本稍露出水面，以利于细菌和蛆虫的生长，加速腐烂进程（注意蛆虫发育为成虫之前要将其杀灭，保护环境卫生）。自然腐蚀应在夏季进行，高温潮湿可加速组织腐烂。

使用经过防腐处理的器官灌注的铸型标本，由于防腐液影响细菌，蛆虫的繁殖，腐蚀进程很慢。可采用多次换水，以降低防腐液及塑料溶剂的影响，加快腐蚀的进程。换水时将标本轻轻取出，用自来水冲洗，将已腐烂的软组织冲去。并把标本的朝阳面与向阴面相互调换，再放入水中继续腐蚀。对一些还没有完全烂掉的软组织，不能用力撕拉，以防拉断该处铸型。已经腐烂但还粘附在铸型或骨骼上的软组织，可用镊子夹碎，慢慢冲洗去除。

自然腐蚀法对头颈部铸型标本较为合适，但不适用于骨块和关节较多的部位，如手、脚等。

3. 碱腐蚀法

碱腐蚀法的效果与自然腐蚀法相似，不同的是，碱腐蚀进程较快，并适用于关节及骨块较多的部位。

常用的腐蚀剂有氢氧化钾和氢氧化钠。配制浓淡两种不同的碱液，以氢氧化钠为例，常用浓度是：① 淡碱液：氢氧化钠10%～15%的水溶液。② 浓碱液：氢氧化钠50%的水溶液。淡碱液用于整个浸泡腐蚀，浓碱液用于局部调节性腐蚀。碱液要随配随用，既可避免浪费，又不致降低效果。

操作时，把已凝固的铸型标本放入淡碱液中腐蚀 1.5～2.0 小时后将标本取出，用自来水冲去软组织。视标本被腐蚀的程度，反复进行。既要清楚显露铸型，又要使骨骼、关节囊及韧带不被腐蚀，成为标本的支架。

浸泡腐蚀过程中，软组织较多的部位，如上肢的肩部、前臂、臀部、大腿及小腿后部等，可用注射器将浓碱液注入软组织的深部，以加速和调节腐蚀进度，碱对不同组织腐蚀的快慢不一：皮肤较快，肌肉次之，脂肪最慢。各个局部肌肉、脂肪的多少不一，操作中应根据这些情况注意掌握。例如腐蚀肢体标本，既要显露血管铸型，又要保留骨骼作为支撑，就应把肌肉、脂肪较多的部位先浸入碱液一段时间，然后依次将标本浸入碱液。如果腐蚀快的部位骨骼已经暴露，就不要把这个部位再次浸入碱液，以防骨骼被腐蚀。针对性的处理办法是：把这些部位吊起离开碱液，或把整个标本取出，用局部腐蚀法去掉未腐烂的软组织，如果注意不够，就会造成某些部分腐蚀过度，使原来要保留的骨骼、关节、韧带等被严重破坏，甚至分离，而软组织较多的部位尚未腐蚀好。

局部腐蚀时用较浓碱液，一方面将碱液注入软组织深部，另一方面把碱液滴在软组织的表面，15～30 分钟冲洗一次，视标本的腐蚀情况重复进行。关节部位应尽量少接触碱液，以完整保留关节囊及韧带。

4. 炭化法

炭化法适用于制作显示骨腔隙的铸型标本，如内耳、鼻旁窦等，一般用低熔合金作填充剂。将拟铸制的骨标本冲洗晾干后，置于火焰上炭化。加热不要太快，温度要慢慢升高，避免骨块因升温太快而崩裂。当骨骼不再冒烟时就完全炭化了。炭化的骨膜灌注后，仔细剥除骨炭，即可取出铸型。

5. 混合腐蚀法

不同的腐蚀法各有其优缺点，可根据标本设计的目的，采用几种腐蚀法混合使用。例如制作头颈部血管的铸型标本，既要求观察分布于颅外的血管，又需观察到颅内血管的分布情况，还要保留必要部分的颅骨。这对于颅脑外科及外科应用解剖学都是有意义的。

具体方法是将自然腐蚀或碱腐蚀后的头颈部血管铸型标本，按设计要求把需要去掉的部分（如去掉颅顶、半侧颅、前半颅或后半颅）浸入盐酸液。把需要保留的部分颅骨用塑料绳吊起露在酸液外，待浸泡部分的骨被腐蚀后，取出冲洗、漂白、修整、封装。

八、标本的洗涤

铸型标本腐蚀后，需要彻底冲洗。将橡胶管接在自来水龙头上，另一端接玻璃管，玻璃管末端的口径要细小，使之形成一股纤细的高压水柱。冲洗时根据铸型标本的粗细程度，调节水压，控制水柱从垂直方向射向器官表面，将已腐蚀的组织冲掉而不损伤铸型。对显示微细结构或填充剂韧性较差的铸型标本，可把橡胶管插入盛有标本的缸底，用缓慢流水间接冲洗。对大件标本和腐蚀不彻底的标本，冲洗与腐蚀可交替进行，直到把器官深部的组织残渣冲洗干净为止。酸腐蚀标本冲洗干净后，可用肥皂水或弱碱液浸泡，中和残酸，避免标本发脆、褪色。

碱腐蚀标本的脂肪皂化物，黏附在标本上不易冲掉，可留待漂白时处理。皂化物经漂白即氧化分解，失去黏附性，易冲洗掉。碱腐蚀的标本洗涤后可用弱酸液浸泡中和，然后冲净封存。

自然腐蚀的标本冲洗后，用5%～10%的过氧化氢漂白24小时，然后再入水中浸泡24小时，并需换水数次。但标本不要在自来水流下长时间冲洗，以免水中杂质沉淀在标本上，使标本发黄。

九、猩猩器官的首次灌注量

（一）心脏和冠状血管铸型

1. 冠状动脉的灌注

纵行切开升主动脉后壁，将插管分别插入左、右冠状动脉口内，用弧形缝合针穿线绕过冠状动脉根部，结扎牢固，分别注入红色和黄色填充剂。左冠状动脉首次注入量约12毫升，右冠状动脉约10毫升。

2. 心静脉的灌注

通过下腔静脉口找到冠状窦口插入插管，用缝合针穿线绕过冠状窦的根部结扎。打开右心房前壁，仔细寻找心前静脉开口，插入磨钝的注射针头，用上述方法穿线结扎，分别注入蓝色填充剂。冠状窦首次注入量约20毫升。心前静脉开口较难找到，故在冠状窦灌注后，可再仔细检查一次，常可循两种静脉间吻合通道进入的填充剂，追溯发现心前静脉及其开口。

3. 主动脉和心腔的填塞

心血管灌注及补注完毕后，拔出插管。用红、黄色填充剂凝块卷成粗细如冠状动脉的小条，沾填充剂，塞入左、右冠状动脉口内。再用浸透填充剂，填满主动脉窦，用镊子将饱吸填充剂的棉花朝冠状动脉口放射推塞，使冠状动脉与主动脉窦的填充剂互相溶合。待主动脉窦内填充物硬化后，缝合升主动脉后壁切口。将降主动脉、无名动脉、左总动脉和左锁骨下动脉等四个开口结扎其中三个，留下一个开口塞入饱吸填充剂的棉花。心腔的填充剂按设计要求，选用白、红、蓝等不同颜色。

4. 操作要点

取材时主动脉弓及其三大分支尽量留全，如果主动脉弓已残缺，可选用同一大小心脏的主动脉弓，单独铸型后，移接到标本上。升主动脉的切口部位宜选在后壁，缝合口留下的痕迹不致影响标本的美观。血管根部不要剥离过多，以免填充剂渗漏。结扎部位应紧靠血管根部，尽可能避免结扎靠近根部的分支或属支。缝针穿入的深度不穿透主动脉窦壁和右心房壁为度。填塞主动脉窦时，一定要与冠状动脉的铸型接合。否则，腐蚀后主动脉窦与冠状动脉的铸型会断离。填塞主动脉的棉花要浸透填充剂，一次不要塞得太紧，太紧则大量的铸型剂被挤出，填进去的多是棉花，腐蚀后主动脉铸型易断裂，且表面粗糙。以多次补塞，效果较佳。一般来说，心血管铸型标本有两个主要的项目：一是动脉铸型，二是静脉铸型。心腔的铸型可作为辅助项目。若制作心脏和冠状血管多个项目的铸型标本，血管铸型宜粗；若单独制作动脉或静脉铸型，该血管铸型宜细。这样，铸型标本既保持原有的轮廓，又能看清血管的分支或属支。若不制作心腔铸型，右心腔内也要填满棉花支撑，以免心壁塌陷，影响血管铸型的正常位置。这种支撑用的心腔填塞物，要在铸型干固后，标本置于酸液腐蚀前取出。注意观察主动脉窦处有无副冠状动脉开口，若有，可用磨钝的针状插入灌注。

（二）肝内管道铸型

1. 肝内四种管道的灌注

肝内有四种管道，一组是出入肝门的胆道、肝动脉和门静脉；另一组是肝静脉。这四种管道可以同时灌注，以显示在肝内的分支行程和相互关系，还可以嵌入颜色塑料片，以显示肝段。为了突出重点，也可只灌注一种管道系统。门静脉和肝静脉可以单独灌注，但胆道和肝动脉因管道较细，则需分别与门静脉一起灌注，否则胆道和肝动脉失去攀缘的支架，不容易保持其在肝内的正常位置。这四种管道，口径大小不一，灌注的顺序原则上应先小后大，即首先注胆道系统，其次为肝动脉、门静脉，最后灌肝静脉。常用填充剂的配色：胆道为绿色，肝动脉为红色，门静脉为黄色，肝静脉为蓝色。

2. 取材

靠近胃小弯处离断小网膜，连同膈肌取下肝脏，下腔静脉的上下端尽量多留。取材后，将肝标本漂浮于水中进行操作，以维持其自然形状。细心分离肝门处的结构，选用小口径插管插入肝管和肝动脉，直接用线结扎。门静脉和肝静脉则用大口径插管，先围绕血管壁缝合几针，将线提起，拉长血管，导入插管后再结扎，这样进行操作比较牢固可靠。下腔静脉上端用一软木塞或橡皮塞塞住，用线扎牢，必要时可用止血钳夹住。

3. 首次灌注量

胆道约 15 毫升，肝动脉约 20 毫升，门静脉约 130 毫升，肝静脉约 140 毫升。待肝内胆道灌好后，将插管拔至胆总管处，再灌肝外胆道及胆囊。胆囊容量较大，需补注多次，也可将针头直接刺入胆囊内注射，或切开胆囊，填入饱吸填充剂的棉花，然后缝合。灌注完毕，放置 5～7 天，待填充剂干固后，进行酸腐蚀。

4. 操作要点

肝脏自然形状的维持很重要。肝脏取下后，应马上漂浮于水中。因肝脏体积较大，管道内的铸型硬固较慢，灌注好的标本，应尽量多放置一段时间再腐蚀。

若四种管道系统同时灌注，或主要以门静脉为要，观察胆道系统或肝动脉，门静脉的首次注入量 70～90 毫升，且选用 6 号或 7 号填充剂为佳。这样的铸型标本，主次分明，各管道系统的分支和分布清晰。

灌注胆道系统时，先注肝管，使肝内胆道充分充盈，然后再注胆总管和胆囊。否则可因胆囊容量大，分散灌注的压力，虽然胆囊灌得很饱满，但肝内胆道压力不足，充盈不饱满。胆囊铸型体积很大，分量较重，而支撑附着的胆囊管很细小，易折断。胆囊管的铸型折断后虽可重新粘合，但断裂后必然会使附于胆囊上的胆囊动脉及静脉的铸型受损，很难修复。因此，操作过程中，尤其是冲洗时要特别细心。

（三）支气管树及肺的铸型

支气管和肺的铸型材料，应选取肺在固定时处于充盈状态，没有萎陷变形，无病变粘连或破漏的标本。通常可在尸体解剖时，选用符合上述条件的已固定的肺为灌注材料。

排除肺内积液后，在气管上端离断处，插入大口径玻璃插管。然后轻度加压灌注填充剂，支气管树铸型首次注入量约 110 毫升，以后每天补注一次，约需 5 天时间。若以支气管树为主要造型，填充剂可用浓度达 30%的过氯乙烯；若以肺为主要造型，则酌用稀的填充剂。已固定过的肺，在腐蚀时，时间要延长。两肺摘出胸腔后，容易移动其正常解剖学位置，灌注操作和进行腐蚀，都要特别注意保持肺的解剖学位置。

（四）肾血管、肾盂及肾盏的铸型

1. 双肾造型或单肾造型

若制作双肾造型标本，分别在肾动脉的发出处上方和下方离断腹主动脉和下腔静脉，长度约 10 厘米，距肾门 5 厘米处剪断双侧输尿管，将左右肾连同肾脂肪囊一起取出，置于水中操作。在腹主动脉和下腔静脉后壁作一纵行切口，长约 2 厘米。将插管经切口分别插入左右肾血管和输尿管内，加线结扎。

2. 首次注入量

一侧肾动脉的首次注入量约 15 毫升，肾静脉约 18 毫升。肾盂约 6 毫升。肾内血管灌注及补注完毕，拔出插管。将混有填充剂的棉花塞入肾血管的开口，填补插管所占据的位置。缝合腹主动脉和下腔静脉后壁的切口，将其一端结扎，再将混有填充剂的棉花从另一端填入腹主动脉和下腔静脉。

3. 操作要点

取材时不宜剥去肾脂肪囊，避免溢漏，待填充剂硬固后，再根据标本设计要求，决定取舍。也可分开取出左右肾灌注，后期再根据需要，用另一腹主动脉和下腔静脉铸型连接肾血管。取材和灌注时，注意有无肾副动脉的变异，如有应插管灌注。

（五）胃、肠、胰、脾的血管铸型

由腹腔动脉和肠系膜上、下动脉供血的胃、肠、胰、脾等器官，均由门静脉系统回流，按管道分布规律进行整体血管铸型，在操作上比单个脏器逐一灌注方便，且能较完整地保持这些器官的毗邻位置，显示它们血管系统的相互关系。如果重点研究某一器官的管道系统，或标本材料有所限制，进行单个器官灌注也是可行的。由于单个器官灌注操作比较简易，这里着重介绍整体灌注。

1. 取材和插管

靠近肝门和膈肌食管裂孔处，剪断小网膜和食管，切断乙状结肠，除门静脉外，其余各处用粗线结扎牢固。紧靠膈肌主动脉裂孔和在第四腰椎高度切断腹主动脉，然后切断肾动脉和腰动脉，将胃、肠、胰、脾连同腹主动脉一起取出。取出的材料置于水中操作。剪开腹主动脉后壁，找到腹腔动脉、肠系膜上动脉和肠系膜下动脉口，在小网膜处找到门静脉，分别插入插管，靠近血管根部用缝合线结扎。

2. 灌注和腐蚀

将红色和蓝色填充剂分别注入动、静脉内。首次灌注时要注意观察胃肠表面的血管，如果胃大、小弯的 4 条动脉均已充盈，且有一定的压力，说明腹腔动脉的灌注量已够。灌注肠系膜上、下动脉时，压力可稍大些，以能清楚显示肠管表面的动脉为度，但压力不能过大，以免胀破血管。灌注及补注完毕，将胃肠内充满空气，注意保持它们的自然形状和相互毗邻关系。待 4～5 天填充剂干固后，用酸腐蚀。

经过修整后的标本，可根据设计要求整体封装在一个标本盒内；也可将脾、胰、胃和十二指肠的血管铸型作为一件标本，空肠、回肠、大肠和血管铸型可各取一段，作为代表，将它们分装或组装在一个标本盒内，以比较它们各自的血管分布特点。

3. 注意事项

肠管的血管铸型宜细。肠管属于空腔脏器，血管呈薄层平面分布，特别是处在扩张状态时，需要细而密的铸型，才能显示肠管完整的轮廓。因此，注入肠系膜上、下动脉的填充剂以选用 1 号或 8 号填充剂为宜，压力适当大一些。实质性器官及胃的血管铸型宜粗。胰和脾属实质性脏器，血管分布密集，铸型过于稠密就看不清主要管道的分段和分级。胃有 4 条较粗的血管，分别位于胃大、小弯处，已构成了胃的基本轮廓。因此，灌注腹腔动脉和门静脉的填充剂，以选用 3 号或 6 号填充剂为宜，压力可以略低。

掌握好灌注压力。肠管的血管表浅，四周没有多少软组织保护，压力过大时容易胀破，灌注时要缓慢加压，同时用手顺血管的方向轻轻按揉，并常翻动肠管，避免部分血管受阻。

取材注意变异。腹腔动脉在膈肌主动脉裂孔稍下方由腹主动脉前壁发出，取材时注意不要损伤，以免给操作带来困难，并注意腹腔动脉的分支有无直接从腹动脉发出的变异，仔细检查腹主动脉壁有无此变异动脉的开口，如有，应插管灌注。

第九章　毛皮鞣制

在剥制哺乳动物标本时，使用毛皮鞣制技术。鞣制的毛皮（裘皮），不仅在防腐方面优于生皮，更在防收缩变形方面尽显优势。将经过鞣制的毛皮与翻制的动物体模型结合起来，可以使动物标本在科学性表达和情感表现方面更加自如。

在发达国家，一般是剥制人员将皮剥离下来后，送交皮革工厂去完成毛皮鞣制工作。剥制人员给鞣制工厂提出鞣制毛皮的具体要求，如皮张不能出现较大的变形，以及长度变形范围、宽度变形范围等一些细致的要求，工厂会按这个要求进行技术处理，使剥制工作者满意。目前，我国还没有这样的合作形式，因而掌握毛皮鞣制技术，对剥制工作者来说是十分必要的。它已成为构成现代剥制技术的要素之一。

第一节　毛皮的一般特性

一、毛的分布

毛的分布大致有以下四种类型。

（一）单毛分布型

毛一根一根地分布在皮板上，每根毛有自己的毛囊。例如牛、马、骡、驴、狍子、獐等的皮。

（二）简单组分布型

毛纤维按一定的形状排列成毛组，每组中有数根毛，每根针毛有自己的毛囊，例如山羊皮。

（三）束状分布型

若干绒毛或若干绒毛带一根针毛组成毛束，长在一个毛囊里。例如獾、家猫皮等。

（四）复杂组分布型

若干绒毛带一根针毛组成毛束，若干毛束又围绕着一根锋毛组成毛组。例如草兔、麝鼠皮等。

二、毛更换和季节特征

动物毛都有一定的生长期和脱落期。当生长到成熟末期，毛乳头开始萎缩，毛球组织发生变化。毛球上、中部细胞开始硬化，迅速与附着在毛乳头上的毛球基部活细胞分离。此时，毛囊收缩，毛根上升，并停留在毛囊上部，直至脱落。旧毛脱落前，毛乳头细胞又开始繁殖，逐渐长出新毛，组成新的毛。这就是毛脱换的规律。

（一）毛脱换类型

毛脱换有三种类型。

1. 一年两次换毛

大多数非冬眠动物毛属此类型，如绵羊、灰鼠、狸子、艾虎、扫雪等。立春脱去冬毛，生长夏毛；立秋前后开始脱换夏毛，生长冬毛。

2. 一年一次换毛（冬眠动物）

旱獭、獾等，一般冬眠醒后，开始脱去较丰富的绒毛，同时缓慢生长出新毛。新绒毛要到下次冬眠前才能完全成熟。

3. 常年零星换毛

水陆两栖的哺乳类动物，如水獭、麝鼠及长毛兔，换毛期常年不断，马、骡、驴的鬃和尾没有明显的换毛期，几乎终年零星不断。

（二）毛成熟期

由于动物品种、生活习性及气候等因素不同，毛成熟早晚不一样，大体分为以下四类。

1. 早期成熟类

一般是指毛在霜降前后至立冬前成熟的动物，主要有灰鼠、香鼠、花鼠、白鼠、银鼠等。

2. 中期成熟类

一般是指毛在立冬至小雪成熟的动物，主要有黄鼠狼、紫貂、扫雪等。

3. 晚期成熟类

一般是指毛在小雪至大雪成熟的动物，主要有狐狸、猸子、虎、狗、雪兔等。

4. 最晚期成熟类

一般是指毛在大雪以后成熟的动物，主要有麝鼠、水獭等。

（三）毛的季节特征

毛分为冬、秋、春、夏四个季节特征。

1. 冬皮

由立冬至立春所产的皮，特征是针毛稠密、整齐，底绒丰厚、灵活，色泽光润，皮板细韧，油性好，呈白色，尾毛丰满，质量最好。

2. 秋皮

由立秋至立冬所产的皮，夏毛逐渐脱落，生出短矮的冬季绒毛。又分为早秋皮、中秋皮和晚秋皮。早秋皮针毛粗短，稍有油性，尾毛短；中秋皮，针毛较短而平伏，底绒稍厚，光泽较好，仅头、颈部有少数夏毛，皮板厚，呈青色，有油性，尾毛较短；晚秋皮，针毛整齐，或有少数硬针，底绒略显空疏，光泽好，皮板较厚，颈部或臀部呈青色，油性较好，尾毛丰满。

3. 春皮

由立春至立夏所产的皮。这时气候逐渐转暖，畜、兽丰厚的冬季毛绒逐渐脱落，换成稀短的夏毛。又分立春皮、春皮和晚春皮。立春皮，毛绒较弱，光泽减退，底绒稍欠灵活，皮板颈部呈粉红色，略呈厚硬，油性差，尾毛略有弯曲；春皮，针毛略显弯曲，底绒已显粘合，干涩无光，皮板发红，显厚硬，枯燥无油性，尾毛勾曲；晚春皮，针毛枯燥、弯曲、凌乱，底绒粘合或已经浮起，皮板厚硬，呈红黑色，尾毛已脱针。

4. 夏皮

由立夏至立秋所产的皮。仅有粗毛而无底绒，稀短且显干燥，皮板枯白薄弱，尾毛稀短，大部分没有制裘价值。

动物皮的皮板与毛随季节变化而呈现的特征，仅是一般规律，由于动物生长地区的气候、生活条件及动物体质的不同，又有所差别。因此，在检验皮张品质时，应区别对待。

第二节　毛皮的组织构造

毛皮是一种复杂的生物组织。毛皮产品的制作工艺、产品质量、性能都与毛皮的形态结构、性能密切相关。了解毛皮的组织构造和特征及在加工过程中的变化，对于理解毛皮加工理论，从而制定正确的加工工艺极其重要。虽然毛皮种类繁多，外貌、大小、颜色、厚薄、被毛的组成均有显著差别，但其组织构造和化学组成却大同小异。毛皮由皮板和被毛两大部分组成，处理毛皮，皮板是基础，被毛是关键。

一、皮　　板

皮板分为：表皮层、真皮层、皮下组织（图 9-1）。

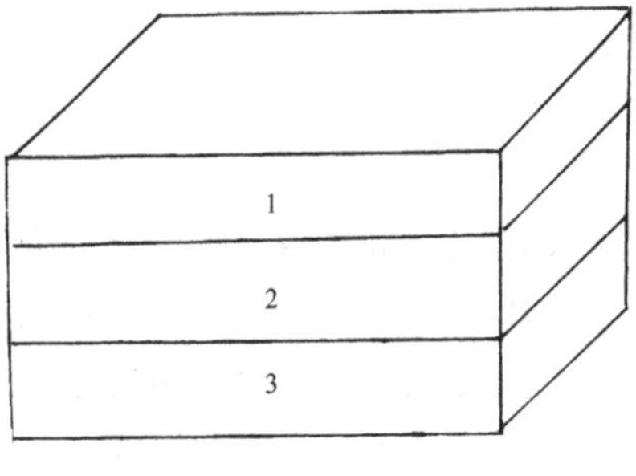

图 9-1　皮的结构

1. 表皮层　2. 真皮层　3. 皮下组织

（一）表　皮　层

表皮层位于被毛之下，紧贴真皮之上，由不同形状的表皮细胞组成。表皮层中，形状各异的细胞，实际上是同一类细胞新陈代谢的不同阶段。表皮的厚度随动物种类和身体部位而各有差异。

表皮层可以进一步分为两层。靠真皮层的为生发层，靠被毛的为角质层。角质层性质稳定，对外界各种物理、化学作用有一定的抵抗能力。尽管表皮很薄，但很重要，若毛皮表皮受到损伤，细菌就容易浸入真皮，引起掉毛和烂皮。因此在毛皮储存期，保护好表皮是很重要的。

（二）真 皮 层

真皮层是皮板的主要部分，皮板的性质特征由真皮层构造决定。真皮层的质量厚度占皮板的90%以上。真皮层又分为乳头层和网状层。

真皮层中有纤维成分和非纤维成分。其中的纤维成分包括胶原纤维、弹性纤维和网状纤维；非纤维成分包括纤维间质、毛根鞘、脂腺、游离脂肪细胞、汗腺、肌肉组织、血管、淋巴管、神经组织等。

（1）纤维成分

① 胶原纤维 胶原纤维是真皮层中的主要纤维。占全部纤维的95%～98%，是鞣制、皮板染色、加脂的主要对象，皮板的机械强度、延伸性、耐磨性等主要取决于真皮层中胶原纤维的编织状况。胶原纤维在水中长期煮熬后能降解成一种胶状物（即明胶），所以将其称为胶原纤维，意为胶之来源。胶原纤维是连续不断的许多单根纤维侧向聚集，形成胶原纤维束，纤维束分而合，合而纵横交错，编织成一种立体网络结构，从而构成真皮层的主体。正是由于胶原纤维束这种紧密的编织和成网，使皮板具有很高的力学强度和独特的使用性能。不同的动物皮，胶原纤维及纤维束的粗细、编织紧密程度、编织角度是不一样的，即使同一种动物，只是性别、年龄、环境等不同，胶原纤维也会不同。同一张皮不同部位，纤维编织也不同，都要在实际工作中深刻认识。

② 弹性纤维 弹性纤维在真皮中比较少，0.1%～1%，很细，但有很大弹性，化学性质稳定，耐酸、耐碱、耐水煮，对真皮起支撑作用。它影响真皮的柔韧度，所以要在加工中转变其性质。

③ 网状纤维 网状纤维分布在表皮与真皮交接处，形成稠密的网膜，把纤维束套住保护起来。

（2）非纤维成分

①纤维间质 纤维间质是填充在胶原纤维间的一种胶状物质，它由许多带黏性的物质如白蛋白、球蛋白、类黏蛋白、糖类和水组成。动物活着的时候，纤维间质具有黏结和润滑皮板构造成分的作用。毛皮干燥后纤维间质失去水分，把胶原纤维紧紧地黏结起来，使皮板变得很僵硬。纤维间质的存在有碍于化工材料向皮纤维内部渗透和松散胶原纤维。故此在准备工段要设法将纤维间质置换，打开通向皮纤维内部渗透的通道。

毛皮加工中，通过加脂剂置换纤维间质，对皮纤维起润滑作用，使皮板在干燥状态保持柔软。

②汗腺 汗腺由分泌部分和一个导管组成。分泌部分较大，分泌出的汗液经过导管排出于皮板外。不同的动物，汗腺发达程度不同。汗腺膨大的分泌部一般

主要分布在乳头层与网状层交界处，并在这个层面上占据了不少空间，使该层胶原纤维束编织不够连续，组织构造疏松，形成了胶原纤维编织的薄弱环节，使之在加工中容易出现分层。

③脂腺和脂肪细胞　脂腺像一个装着许多葡萄的囊状物，紧贴在毛囊上，以一个细管与毛囊相通。脂腺能分泌出类脂物，先储存在脂腺体内，然后由导管流入毛囊，又顺毛根渗至皮表面，润滑毛干和表皮。脂腺的发达程度也因动物种类和身体部位而异。如绵羊皮脂腺十分发达，牛皮和山羊皮的脂腺较不发达。一般背脊部位的脂腺较其他部位发达。脂腺的形状、大小因种而异，有的在毛囊一侧，有的绕毛囊一周形成环形。脂肪细胞多呈球形或椭球形，其内充满了脂肪，多数集中分布于皮下组织中。毛皮干燥时，如果温度太高，脂腺和脂肪细胞中的油脂就会从细胞内渗出，浸透皮纤维和被毛，形成油煎板，甚至使皮纤维胶化。油煎板皮很难浸透水或者干脆失去制革价值。皮板中的脂肪会严重阻碍加工液及试剂向皮内渗透，所以在准备工段时，应尽可能将皮下组织及皮内油脂除净。如果脱脂不干净，对后续加工及成品有百害而无一利。

④ 竖毛肌　肌肉组织真皮层含有少量肌肉组织——竖毛肌。竖毛肌是一条狭长的平滑肌纤维束，它的一端在脂腺以下附着于毛囊. 另一端终止在真皮乳头层近粒面处。当动物受到突然的刺激，如骤冷或惊吓，它们就会收缩，牵动毛囊，改变毛囊的角度，使毛竖立。竖毛肌会影响皮板的手感，在加工中应将其适当破坏。

⑤ 血管和淋巴管　血管主要分布在皮下组织与真皮网状层交界处，以及乳头层与网状层交界处和各种腺体周围。皮内也有丰富的淋巴管。血液和淋巴液容易腐败并因此引起掉毛和腐烂变质。皮毛加工不当时，易在皮板上沿背脊线两侧形成血管纹，俗称鸡脚爪纹。

⑥毛囊　表皮层沿真皮凹凸不平的表面在有毛生长的地方陷入真皮内，形成一个管状鞘囊，称为毛根鞘，它与毛袋构成毛囊，毛生长在其中。

(3) 乳头层与网状层　看真皮层的剖面，可清楚地看出真皮是由与表皮相连的乳头层和与皮下组织相连的网状层组成，两层以毛根底部的毛球和汗腺分泌部所在平面为界。

①乳头层　乳头层胶原纤维细小，越是靠近表皮处，胶原纤维越细小，但延伸至粒面处时，这些细小的纤维束又紧密地编织，构成非常致密的粒面，当脱去毛被后，这层致密的粒面就是革的最外层表面。由于乳头层内富含毛囊及其附属构件（脂腺、汗腺、竖毛肌等），使胶原纤维所占空间相对减少，编织连续性差，对于毛密度很大的毛皮尤其如此。乳头层所占比例越大，毛越密，则皮板的力学性能越差。对乳头层厚的皮削匀时要特别小心，否则易伤其毛球引起掉毛。

②网状层　网状层的胶原纤维束粗大，紧密编织成立体网状，所以叫网状

层。在网状层，弹性纤维及脂肪细胞少，且不含脂腺、汗腺、竖毛肌和毛囊等组织，所以纤维编织连续性好，结实，强度高，是皮板的主要部分。

③乳头层与网状交界处 乳头层与网状层界处是皮板胶原纤维编织的薄弱环节，分散开的毛囊、膨大的毛球、弯曲的毛根和汗腺分泌部在此处占据了较大的空间。多脂皮游离脂肪细胞有时在此处形成堆，甚至连成片，将乳头层、网状层两层隔开，使该层胶原纤维稀少且编织疏松。加工时对这种特点应给予重视，如果控制不当就会引起松而或分层。细毛羊皮是最典型的一例。

（三）皮下组织

皮下组织由与生皮表面平行的、编织疏松的胶原纤维和一部分弹性纤维及大量脂肪细胞所组成。另外还有血管、淋巴管和神经组织，脂肪细胞有时形成脂肪锥。皮下组织是动物皮与动物体之间相互联系的疏松组织，剥皮就是沿这层进行的。

皮下组织阻碍皮内水分蒸发，不利于毛皮保存，在皮毛加工中还阻碍化工材料向真皮中渗透。因此剥皮后和加工前都要尽力尽早将其除净。

二、毛

毛可分为鳞片层、皮质层、髓质层。

毛露在皮外的叫毛杆，皮内延伸的叫毛根，毛根下面膨大的部分叫毛球，里面包着毛乳头，毛乳头与皮连为一体，其中有丰富的微血管和淋巴管，毛球表面细胞硬化后变成毛的鳞片层。内层细胞逐渐伸长硬化生成皮质层的纺锤状细胞。而附在毛乳头上端的毛球上部细胞则皱缩干燥形成毛髓，正在成长的毛通过毛球与毛乳头紧密镶嵌而连接，比较牢固，不容易脱落；毛成长结束，进入换毛期，毛乳头萎缩，毛球组织则发生深刻变化，毛球上部和中部的细胞逐渐硬化，迅速与附着在毛乳头上的毛球基部活细胞分离，此时毛囊收缩，使毛根逐渐上升，停留在毛囊上部，直至脱落。

第三节 毛皮的化学组成

毛皮的化学组成是蛋白质、水分、脂肪、糖类和矿物质。除水分外，蛋白质是毛皮的主要化学成分，占30％～50％。由此可见，了解蛋白质的结构与性能，是掌握毛皮加工原理的基础。

一、蛋白质的基本概念

（一）元素组成、分类及基本单位——氨基酸

（1）元素组成

蛋白质主要由碳、氢、氧、氮和硫5种元素组成，有些蛋白质还含有微量的磷、卤素、铁、铜、锌、镉等元素。蛋白质按分子形状可分为球状和纤维状。

（2）蛋白质的两性及等电点

当蛋白质遇碱时，具有酸性的羧基与其反应，使蛋白质分子带负电荷；当蛋白质遇酸时，具有碱性的氨基与其反应，使蛋白质分子带正电荷，所以说蛋白质分子具有两性解离的性质。

显然在酸性条件下（低pH溶液中），蛋白质带正电性，在碱性条件下（高pH溶液中），蛋白质带负电性。那么当蛋白质所在溶液的pH由低向高慢慢变化时，蛋白质分子的正电荷量逐渐减小，并进而消失，然后再逐步转变成带负电荷，并且随pH继续升高，蛋白质所带负电荷量逐步增加，反之亦然，所以当蛋白质所在溶液pH由低向高转变或由高向低转变时，溶液必然会经历一个pH点，这时蛋白质分子既不带正电荷，也不带负电荷，或者说正负电荷数相等，互相抵消，对外不显电性，溶液的这个pH就叫做该蛋白质的等电点。

由于不同蛋白质的多肽链上所带氨基和羧基数目不同，所以与酸碱反应的能力有别，等电点也就不同。

等电点是蛋白质的特征常数，是每种蛋白质固有的性质。它的具体值主要与组成该蛋白质多肽链侧链上氨基与羧基数目的相对多少有关。当氨基数目多时，等电点偏高；羧基数目多时，等电点偏低。当蛋白质多肽链侧链上氨基与羧基数目相对量发生变化时，该蛋白质的等电点也会发生相应的迁移。

当蛋白质所在溶液的pH高于该蛋白质的等电点时，蛋白质带负电荷；相反，当低于等电点时，蛋白质带正电荷；等于等电点时，蛋白质不带电荷，呈电中性。在等电点时，蛋白质的物理化学性质都有很大变化，它的溶解度、黏度、渗透压、电导率和膨胀作用都达到最低值。毛皮加工中人们常常采用调节溶液pH的方法，改变蛋白质如皮板或毛所带电荷的性质，从而控制化工材料如鞣剂、染料等与其的反应性。

二、胶原与胶原纤维

蛋白质是毛皮加工的直接对象，胶原则是皮板的主体，占皮板蛋白质含量的80％～85％。

（一）原胶原分子

胶原是由原胶原分子组成。原胶原分子为细棒状，长约 280nm，直径约 1.5nm。每个原胶原分子由三条长肽链组成，每条长肽链由 21 种、1000 多个氨基酸通过肽键首尾相连而成。1000 多个氨基酸形成的每条长肽链，在空间先自己扭成一根左手螺旋结构，然后三根这样的左手螺旋再相互拧在一起，就像拧麻花一样形成一条右手复合大螺旋，肽链之间靠氢键、离子键、范德华力、疏水键等连接在一起，这就是原胶原分子。

（二）胶原纤维的形成

原胶原分子首尾一致地排列成一行，形成一根初原纤维，许许多多的初原纤维侧向聚集形成胶原纤维。胶原纤维再侧向聚集形成纤维，纤维进而形成纤维束。纤维束分而合、合而分编织成一种立体网状结构即构成皮板的主体。

（三）胶原的性质

（1）胶原的两性与等电点　胶原是蛋白质，所以也具有两性的性质，可以与酸或碱反应。胶原的等电点 7.5～7.8。溶液的 pH 在胶原等电点时，胶原在溶液中不带任何电荷，且膨胀最小；当溶液 pH 低于胶原等电点时，胶原分子带正电荷，反之则带负电荷。

（2）酸、碱对胶原的作用　胶原在酸或碱的溶液中，其分子链上的碱性基或酸性基与酸或碱反应，胶原分子内和分子间的离子键交联和氢键交联被打开，胶原就充水膨胀。若胶原经受酸或碱的长时间作用，其分子间的交联键被破坏，胶原就会胶解。氢氧化钙的胶解能力很大，强酸的胶解能力又比强碱的大。强酸和强碱在高浓度或高温度或长时间作用，就会使胶原发生水解，即肽键断开，使长肽链断成多肽，进而成短肽，甚至氨基酸。毛皮加工，除特殊情况外，一般不希望胶原发生膨胀和过度水解，仅要求胶原在非膨胀状态下受到适度胶解，纤维结构被松散。

（3）中性盐和酶对胶原的作用　不同的中性盐对胶原的作用差别很大。胶原在食盐的稀溶液中有轻微膨胀，当食盐浓度较大时才能引起胶原脱水，此时胶原的收缩温度略有提高；硫酸盐在任何浓度下都会引起胶原脱水；钙盐、镁盐、钡盐在任意浓度下都会使胶原产生剧烈膨胀，纤维束变粗、变短，收缩温度显著降低。毛皮加工中，使用中性盐的工序很多，如浸水、脱脂、软化、浸酸、鞣制、中和等工序以及毛皮防腐。

盐对胶原的膨胀、脱水的作用机理比较复杂，至今仍未完全搞清楚。一般认为，不同的盐对维持胶原分子结构形状的氢键和离子键具有不同的影响，胶原分子的螺旋结构及维持这种结构的各种化学键赋予胶原纤维不溶的性质。任何使胶原膨胀的盐类都降低胶原分子的内聚作用并增加其亲溶剂性，而使胶原脱水的盐大都能增加其结构的稳定性。

（4）胶原的湿热稳定性及收缩温度　胶原纤维在水或甘油等介质中，受热到一定温度就自行收缩卷曲，使胶原产生这种变形时介质的温度称为胶原的收缩温度。收缩温度高低对于皮毛的加工影响很大。如鞣制初期一定要用较低温度。

第四节　毛皮鞣制的基本条件

毛皮加工是一个复杂的物理与化学过程，从生皮到成品皮，中间要经过几十甚至上百道工序，涉及近百种的化工材料和十几种机器设备，其加工理论涉及有机化学、无机化学、蛋白质化学、络合物化学、胶体化学、高分子化学、染料化学等许多学科领域。为了生产和技术管理方便，习惯上把毛皮加工过程划分为鞣前准备、鞣制、梳理三大阶段，其中整饰工段又可以细分为湿梳理和干梳理，从鞣制方法来说，可以将毛皮加工分为无机鞣剂鞣（包括铬鞣、铝鞣及它们的结合鞣等）、醛鞣（包括甲醛鞣、戊二醛鞣、改性戊二醛鞣等）、油鞣等几大类鞣法，合成鞣剂鞣、植物鞣剂鞣在毛皮鞣制中的应用也在发展之中。毛皮生产使用的化工材料既有通用化工材料，也有专用化工材料，而且随着毛皮加工技术的提高，专用化工材料范围越来越广，产品种类越来越多。

一、主要原料

（1）酸、碱、盐、氧化剂、还原剂

①酸类　硫酸、盐酸、甲酸、乙酸、乳酸、草酸、柠檬酸、酒石酸、巯基乙酸等。

②碱类　碳酸钠（纯碱）、碳酸氢钠（小苏打）、氨水、氢氧化钠、氢氧化钙（石灰）、硫氢化钠等。

③盐类　氯化钠（食盐）、硫酸钠（元明粉、芒硝）、硫酸铝、铵明矾、硫酸铵、氯化铵、硫酸铜、焦磷酸钠等。

④氧化剂类　过氧化氢、重铬酸钾、重铬酸钠、次氯酸钠等。

⑤还原剂类　二氧化硫脲、保险粉、硫酸亚铁、雕白块、氯化亚锡及毛皮专用拔色剂。

（2）酶制剂类

按用途分有浸水酶、脂肪酶（脱脂酶）、软化酶、脱毛酶。按作用的底物分有蛋白酶（碱性蛋白酶、酸性蛋白酶、中性蛋白酶）、脂肪酶、淀粉酶等。

（3）表面活性剂类

按离子类型分有阴离子型、阳离子型、非离子型、两性离子型。按用途分有渗透剂、润湿剂、洗涤剂、浸水助剂、脱脂剂、乳化剂、匀染剂及其他助剂。

（4）毛皮处理材料

防腐剂、防霉剂、消毒剂、杀菌剂、防虫剂。

（5）鞣剂及鞣制辅助材料

①无机鞣剂　铬鞣剂、铝鞣剂、锆鞣剂、铁鞣剂、异多核络合鞣剂。

②有机鞣剂　醛鞣剂（甲醛、戊二醛、脂肪醛、改性戊二醛等）、油鞣剂（踢皮油、磺酰氯等）、植物鞣剂、树脂类鞣剂、合成鞣剂。

③鞣制辅助材料　助鞣剂、蒙囿剂、交联剂、中和剂、防绞剂、填充剂等。

（6）加脂剂

按油脂的来源分有动物油脂、矿物油、植物油、天然油脂加工产品、合成加脂剂、蜡类等。按加脂剂乳液的电荷性质分有阴离子加脂剂、阳离子加脂剂、两性离子加脂剂和非离子型加脂剂。

（7）被毛整理材料及其他助剂

漂白剂、漂白助剂、漂毛剂、增光剂、光亮剂、手感剂、增白剂、烫毛剂、固定剂等。

毛皮加工机器设备有以下几种。

（1）羊皮加工设备　主要包括划槽、划池、转鼓、去肉机、湿剪毛机、磨里机、甩水机、压油机、削匀机、绷板干燥机、干燥箱、脱脂机（干洗机）、伸展机、磨革机、铲软机、拉软机、摔软机、烫毛机、剪毛机、梳毛机、辊涂机、喷涂机、量皮机等。

（2）细皮加工设备　主要包括划槽、划池、转鼓、圆盘削匀机、钢刷去肉机、踢皮机、撑宽机、拉长机、翻皮机、除尘机、转笼、脱脂机、拉软机等。

（3）杂皮加工设备　主要有划槽、划池、转鼓、小型去肉机、圆盘削匀机、转笼、拉软机、拔色机等。

二、鞣制前的准备

准备工作包括初步处理、浸水、去肉、脱脂、软化、浸酸等工序。

① 去掉皮下软组织、油脂、污垢（例如血渍、尿渍、粪便等）、防腐物等；

② 让毛皮水分含量及水分分布情况，恢复到鲜皮状态；

③ 除去皮内的纤维间质，破坏弹性纤维和肌肉组织，松散胶原纤维；

④ 调节皮板纤维上的电荷情况，为鞣制创造条件。

三、浸　水

1. 浸水目的

①使皮板回软，使皮板内的水分含量及分布情况、皮纤维的结构恢复到鲜皮状态；

②洗涤皮上的污物；

③溶解皮中的可溶性蛋白质如白蛋白、球蛋白，初步松散纤维；

④削弱皮下组织与真皮的联系，为下一步处理创造条件。

2. 影响浸水的因素

浸水既是物理过程也是化学过程，毛皮的状态、水质、水量、助剂、机械作用、温度、浸液 pH、浸水时间等因素都会影响浸水效果。

（1）毛皮状态的影响　毛皮的种类、大小、厚薄、防腐方法、储存期长短、脏污程度、油脂大小都影响毛皮的浸水难易程度。

一般情况下，大皮、老皮、厚皮、纤维编织紧密的皮充水比较慢，浸水时需要浸水助剂、机械作用的配合，并需要较长的浸水时间；相反，小皮、嫩皮、薄皮、纤维编织疏松的皮容易充水。

晾干皮失水严重，浸水最困难。在清水中，皮子的充水度远远小于在酸性条件下和在碱性条件下的充水度，这就是浸水时为什么需要加入一些酸或碱性材料作浸水助剂的缘故。盐干皮浸水比晾干皮容易。鲜皮的毛口松，浸水时容易引起掉毛，对此应引起足够重视；陈板皮和枯瘦皮浸水最困难，一般不容易彻底回软，浸水时需要采取一些措施，例如加浸水助剂、中间穿插去肉、伸展、铲软等机械作用。绒毛长而细密的皮应注意防锈结毛发生。

（2）水质和水量

浸水对水质的要求是干净、杂质少、细菌少、硬度低、温差小，一般的井水、泉水、自来水都可以。清洁水中没有其他微生物，浸水比较安全；不清洁的水中常含有大量的杂菌．由于这些杂菌会分泌出酶，所以使皮板回软较快，但又容易导致异味、掉毛、烂板等组织腐败问题。当不能保证用水洁净时，应加入适量的防腐剂。

水量通常用液比或百分比或每张皮用水最表示。液比是指水与皮的质量之比。百分比指水量占皮量的百分比。用水量越大，浸水越均匀，越不容易引起锈毛，但并非水量越大越好，因为水量过大浪费水、废水多、浸水助剂消耗量增加，而且容易引起皮质损失。一般晾干皮、毛长绒厚的皮液比要大，在20～30之.间，盐湿皮、毛短绒稀的皮液比可小一些，10～20 即可。毛特别稀短的皮液比可在 8 左右。

(3) 防腐剂

浸水过程的防腐措施主要是勤换水，这样做加大了劳动强度和用水量，另一种行之有效的方法是加注防腐剂。普通防腐剂有漂白粉、次氯酸钠、氟硅酸钠、甲醛、中性盐等。

(4) 温度

浸水温度对浸水效果影响很大。温度低，则毛皮回软速度慢，不容易引起掉毛和腐烂，但浸水周期长，平衡充水度大，传统工艺都是采用常温（10～25℃）浸水：温度高，浸水速度快，细菌繁殖也快，对蛋白质的溶解作用也强，浸水周期短，浸水皮板充水度较低，皮板柔软，控制不好容易引起掉毛、烂皮和皮质过分损失，所以采用高温（30～35℃）快速浸水时，必须加防腐剂，并要严格控制浸水时间。

3. 浸水方法

根据浸水速度和浸水使用的助剂情况，把目前常用的浸水方法分为以下几种。

(1) 传统浸水方法　即在常温下用清水浸水，向浸水浴液中仅加一些表面活性剂类助剂和防腐剂、少量的酸或碱类。浸水时间长，作用缓慢，只能除去脏物、部分血污和简单可溶性蛋白质及少量油脂，对皮纤维的松散作用有限，比较安全可靠。仍是最常用的浸水方法。

(2) 盐浸水（即浸硝）　盐浸水是在常温下进行，但在浸水液中加入少量硫酸和大量芒硝。盐浸水有一定的松散纤维作用，皮板回软速度比浸清水快，安全可靠，不会引起掉毛，但消耗中性盐量大，操作麻烦，对环境污染严重。

四、去肉、洗皮

1. 去肉

去肉的目的是为了除去皮下组织，同时去肉过程中的机械拉伸作用，可以把皮纤维拉活，使皮板柔软。

去肉有机械去肉和手工铲皮两种做法。对于皮板厚而紧实的毛皮，必须借助去肉时的机械作用，适当地把皮板拉软。浸水、去肉、脱脂几个工序交替进行，以互相促进。

2. 洗皮

洗皮的目的主要是洗去被毛上的油脂、污物，以提高毛被的光泽、松散性，除去皮板上的部分油脂。洗皮可用的材料有纯碱、洗衣粉、洗涤剂、渗透剂等。

五、皮板脱脂

有些毛皮，例如绵羊皮、猫皮、獾皮等动物皮板中含有大量油脂，单单在准备过程中，应用表面活性剂的乳化法只能除去表面上的少量油脂，此种情况尤以绵羊皮最为突出。有的绵羊皮含脂量可达30%～40%，甚至可达50%。这些油脂不除净，必然要影响其使用价值，须挑出处理。

使用有机溶剂浸提法，对毛皮进行脱脂处理。可以在浸水之前预先处理，也可以先经浸水，初步除去毛皮带有的污物和可溶性蛋白，再经干燥后，做脱脂处理。用于皮板脱脂的常用方法有：压榨法、吸附法、皂化法、溶剂萃取法、乳化法和酶化法。

1. 压榨脱脂法

压榨脱脂法是指浸水、去肉的皮，用明矾预处理（目的是使皮纤维得到一定的固定，增加其强度），或是鞣后的皮张，调节皮的温度至35℃左右，置于压榨机上压榨。压力约为1.47×10^7Pa。压榨时可在皮板的肉面放上毡片，以吸附由皮内压出的油脂。明矾预处理的皮在压榨后，再将皮回湿、洗皮、浸酸、鞣制等。由于用的压力较大，所以皮子必须放平整、均匀，否则容易压破皮。用这种方法，基本上可以除去板上的油脂，但对油脂含量特别大的皮，脱脂效果也不十分理想。

2. 吸附法

酸性白土脱脂法：用酸性白土进行脱脂，成本低，设备简单，有一定效果。但是劳动强度大，卫生条件差。其操作方法是将皮板上多脂的部位，如颈部、背脊部、尾部等涂上用酸性白土和砂子（比例约5：1）调成的糊状混合物，放在干燥室进行干燥，干燥后用木棒将砂子和白土打掉。若一次脱脂不净，可反复进行2～3次。没有干燥室的可放在阳光下，板朝外晾晒，但要注意温度不能超过40℃，以免烫伤皮板。去油后须再进行一次回潮、铲软、除灰操作。

3. 皂化法

利用碱性材料皂化皮内外及被毛上的油脂，使不溶于水的油脂变成溶于水的脂肪酸钠，经过水洗除去。皂化法脱脂常用的材料是食用纯碱，因为食用纯碱的碱性较温和，脱脂效果比较好。纯碱一般用量0.5～1.5g/L。

4. 有机溶剂萃取脱脂法

有机溶剂，如汽油、松节油、石油醚、三氯甲烷、三氯乙烯、四氯乙烯等都可溶解油脂。在常温下，1～2小时，就可使油脂溶于这些溶剂中。但由于这些溶剂容易着火（如汽油、石油醚等）或有毒（如三氯甲烷、三氯乙烯等），并在低温下即可挥发，所以脱脂必须在密闭的设备中进行。

脱脂后，放出溶剂和脂肪的混合物，用蒸馏的方法回收溶剂，余下的油脂亦可进行综合利用（如做肥皂等）。取出皮之前，应用热空气仔细吹风，以充分回收毛皮上所含的溶剂。

轻汽油萃取脱脂成本低、毒性小，设备较为简单，但是易燃易爆，特别要注意安全。

三氯乙烯脱脂，脱脂效率高，脱脂质量好，不燃不爆，但是毒性大，设备复杂，造价高。目前，有采用四氯乙烯脱脂的，其毒性较小。对于大油板皮采用以上两种设备效果较好。珍贵毛皮脱脂多采用三氯乙烯脱脂法。中等油皮不少工厂采用转鼓起油法，即将皮板有油的部位涂刷上汽油。然后丢入鼓中，倒入滑石粉，在转鼓中转动起油。一次起不净者，挑出再起油。这个方法既有汽油溶解油脂的作用又有滑石粉吸附油脂的作用。

5. 乳化法

用脱脂剂例如洗衣粉溶液进行脱脂叫乳化脱脂法。含油较少的毛皮可以直接用洗衣粉洗，则可达到脱脂的目的。

以上几种方法可以单独使用，也可以联合使用，主要考虑其效果和成本。

油脂检查方法有钳夹法、眼观法、试剂法和油脂分析法。现场检查时将皮板折合，垫上白纸用手钳用力夹，纸上呈油漆状说明皮板有油。对于大油皮板直接用眼观察。试剂法配方：1份浓硫酸与20份醋酸酐混合而成。操作：将上述溶液滴在检测部位，若呈绿色，则有油，不呈绿色，油脂在2%以下。如果要得到油脂准确含量则需在化验室中用索氏油脂抽提器进行定量分析。

6. 酶化法

利用脂肪酶和蛋白酶对脂肪细胞膜、脂腺膜和脂肪的水解作用实现脱脂的方法，所以也叫水解法脱脂。影响脱脂的因素：

①温度　动物脂肪的熔点在40℃左右，提高脱脂温度有利于油脂熔化，也有利于皂化反应和乳化作用的发生，脱脂干净。

②pH　毛皮在碱性介质中进行长时间加工，就会降低毛与皮板的结合牢度，并且损坏毛的鳞片结构和机械性能，容易引起锈毛，因此毛皮理想的脱脂条件是在中性或者弱酸性介质中。但是一般的表面活性剂都是在碱性条件下脱脂效果较好，而且在碱性条件下对纤维间质的溶解作用也较强。因此用乳化法脱脂时，在不引起掉毛、锈毛的情况下，可以考虑加入少量纯碱，调节脱脂液的 pH 在 9 左右。

③脱脂剂的浓度　表面活性剂的脱脂洗涤能力是以润湿、乳化、分散的综合作用为条件的。表面活性剂浓度适宜，脱脂效果就好，所有脏物都能完全被润湿，所形成的乳粒有较高的强度，在这种条件下表面活性剂就能够分散油污和硬质脏物，使它们离开表面，在强烈的胶溶、分散、乳化作用下可以避免污垢再沉积于毛皮上。表面活性剂过稀就不具备乳化油脂的条件，容易产生再沉积现象。在考虑脱脂剂浓度时，要考虑毛被及硬质脏物对表面活性剂的吸附作用，浓度以 2～5g/L 为合适。向表面活性剂溶液中加入某种有机溶剂如煤油、汽油、三氯乙烯等，可以大大提高溶液的脱脂效果，防止污物再沉积。

④时间　脱脂时间一般在 20～60 小时，最长不超过 90 小时。延长脱脂时间不但不会提高脱脂效果，反而增加了锈毛的可能性，脱脂液温度下降后还会引起油脂再沉积。在生产中，如果一次不能将油脂脱干净，可以考虑换液水洗后进行二次脱脂，这比一次长时间脱脂效果好得多。

六、浸　　酸

1. 目的

（1）除去纤维间质，松散胶原纤维，使胶原纤维束分离成更细小的微纤维，增加纤维表面及纤维间的空隙，为鞣剂渗透创造条件。

（2）破坏皮板中的弹性纤维和肌肉组织，使皮板柔软。

（3）分解皮内脂肪组织。

2. 影响浸酸的因素

（1）酸的种类

浸酸可以用无机酸如硫酸，有机酸如甲酸、乙酸、乳酸、柠檬酸等。无机酸酸性强，作用剧烈，且主要作用于胶原蛋白的主链，使蛋白水解。有机酸作用缓和，对胶原主链作用小，除间质作用强。

（2）中性盐

盐是常用的浸酸浸水助剂，皮张鞣制一般主要使用食盐、芒硝、亚硫酸氢钠、亚硫酸钠、焦亚硫酸钠等中性盐。皮板在没有足够浓度中性盐的酸溶液中产生“酸肿”。使乳头层与网状层位移，影响皮的强度。抑制的方法就是加入盐。

中性盐的另一个作用就是使胶原纤维脱水。

（3）温度与时间

从松散纤维的角度考虑，浸酸温度要高些，时间要长些，有利于酸向皮深处渗透。浸酸温度高，酸的作用强烈，获得皮张更柔软，但是用无机酸浸酸，温度高，对皮胶原有水解作用，对被毛有损伤。一般用无机酸做浸酸液，温度在15～25℃，用有机酸做浸酸液温度掌握在 25～35℃，温度低，可以延长浸酸时间。大皮、厚皮、纤维紧密的皮，浸酸时间要长，通常在 24 小时以上。对小皮、纤维疏松的皮，浸酸时间在 12 小时左右。

（4）浸酸方法

皮板的松散程度与浸酸方法有很大关系，常用的浸酸方法有强浸酸、弱浸酸、联合浸酸、软化浸酸。

强浸酸是指蛋白质完全吸酸，每千克干皮吸酸量为 0.8～1.88ml；弱浸酸是指蛋白质不完全吸酸，每千克干皮吸酸量为 0.3～0.5ml。联合浸酸法是先用有机酸进行弱浸酸，pH 在 3.5～4.5，然后再用无机酸浸酸，pH 在 2.5～3.5。弱浸酸阶段较多地除去了包裹纤维束的糖蛋白类，对 pH 较高的皮板纤维起到分散作用；第二阶段的无机酸浸酸，对真皮纤维产生了补充分散作用和脱水作用，使皮板成型，毛和皮板的结合牢度提高。如果在弱浸酸阶段还有酶软化，那么第二阶段的浸酸还可以终止酶的作用。总之联合浸酸是一种优点较多的浸酸方法。软化浸酸是将酸性酶软化和浸酸同浴的方法。该法松散纤维效果好，皮板柔软、延伸性大，生产周期短，但要求酶的专一性要高。

3. 鞣制理论与方法小结

毛皮经过准备阶段的一系列处理之后，毛皮无用的组织和成分已被基本除去，这时纤维编织结构变得很疏松，肽链之间的一些交联键（氢键、盐键、共价交联键等）被破坏，皮的稳定性变得很低。鞣制就是用能够与皮胶原蛋白结合并能够在肽链间产生交联缝合作用的物质与胶原反应，在胶原肽链之间形成新的更牢固的交联，使皮板结构的稳定性大幅度提高，使生皮转变成熟皮，所以鞣制俗称熟制。毛皮常用的鞣剂有无机铬鞣剂和铝鞣剂、有机醛鞣剂和油鞣剂，其次是树脂类鞣剂、合成鞣剂、植物鞣剂等。不同的鞣剂与皮蛋白作用的方式不同，但都能在胶原分子间产生交联键，对皮板产生鞣制效应则是相同的。

作为剥制动物标本中的鞣皮，和工厂化的毛皮制作还是有差别的，工厂化的毛皮制作更注重加工后的外观和手感；而标本制作中的鞣皮一是要求毛皮化学性质的改变，从而达到防腐保存的目的，二是不改变皮张的毛色，三是毛皮的大小改变不大，具备良好的弹性。所以鞣制程序会更适合手工操作，相对简化。

第五节　毛皮鞣制操作程序

一、剥皮去肉

将皮完整剥下来。常用方法有腹部开口法、背部开口法、袋式开口法。剥下来后，马上去肉是很重要的，皮张损害主要是因为它们没剔干净，脂肪和肌肉阻止盐进入真皮层，从而使毛皮分离、皮张腐败。

二、腌　　制

腌制非常重要，它可以使皮张快速脱去水分，抑制细茵繁殖，固定被毛，比将皮直接浸酸效果好。剥皮后第一件事就是腌制，不要在清除小的肉和组织上浪费时间，腌制须及时。可以在浸酸过程中再次剔除。

清除大块的肉和组织，将眼睛、嘴唇和耳朵翻开，将一切厚的地方削薄(图 9－2)。

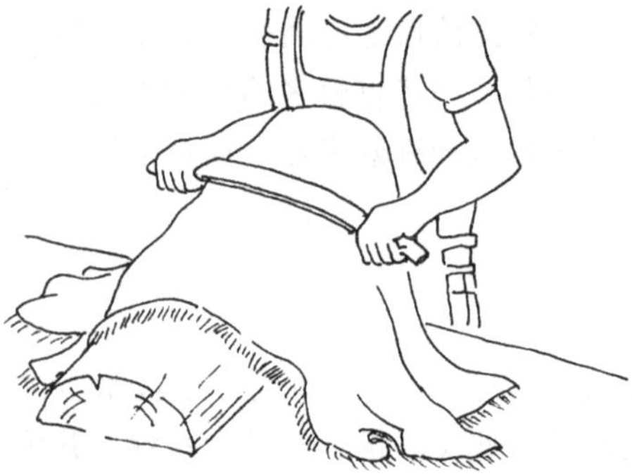

图 9－2　手工削皮

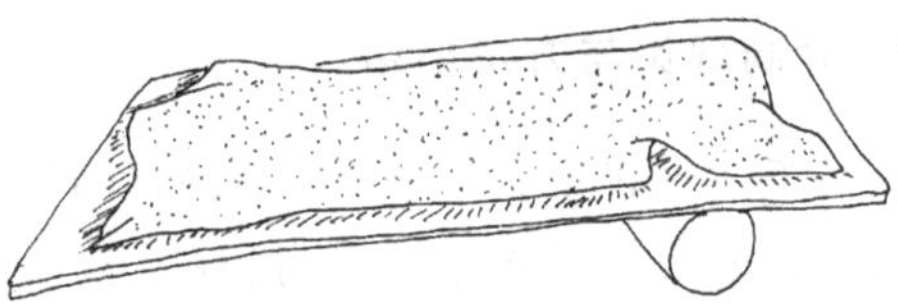

图 9－3　皮张腌制

厚厚的涂一层盐，用手搓进皮内，不要错过任何地方，然后将皮面卷起，放在一个斜面上，几小时后控出水分，打开皮张，清除多余的盐，再涂一层盐，挂起来晾干，如果皮太厚或潮湿，可反复更换新盐（图 9－3)。经过 24～48 小时后，皮张已变得很僵硬，这样的皮可保存 2 年。

三、回湿（浸水）

准备浸酸时，要回软皮张，将皮放在盐水中回软，1 公斤水加入 25 克盐，盐干皮比较容易回软，但有些硬皮就不太容易了。

将皮放入清水中，几小时后，皮张应已软化，如果腌制的时间超过 48 小时，就需要更长的时间回湿。当一张皮张经过几个星期甚至数月腌制和干燥，回湿的时间可能超过 24 小时。特别脏的皮，可加入清洗剂仔细清洗皮张。

四、浸　　酸

浸酸便于鞣制，阻止被毛脱落，同时使刮削更容易。盐可以阻止细菌入侵，但不能杀死它们，酸却可以杀死细菌。

浸酸可以清除不可鞣制的蛋白质。在浸酸前须确认洗掉了血迹，这不仅是使皮张干净，同时可以方便控制 pH。

有很多酸，可以配制浸酸液。配比时只需控制 pH 在 1 到 2 左右即可。以柠檬酸为例：1 公斤水，加入 100 克盐、35 克柠檬酸，搅拌均匀，将皮张放入，皮面向下，2 小时搅拌一次，浸泡时间 24～48 小时。

浸酸的时间是由皮张的厚度决定的，皮呈乳白色后表示浸透了，粉红色表示没浸透。小型皮张一般不少于 24 小时。

五、刮　　削

刮削是为了清除皮张内未刮净的脂肪和较厚的组织，以便鞣制。用刮皮机刮削更轻松些，没有也可以手工刮削，完毕后再将皮放入浸酸液中浸泡。

六、中　　和

浸酸后的皮酸性太强不能直接鞣制，可以用小苏打中和皮张的酸性，1 公斤水，放入 10 克小苏打，搅拌均匀，浸泡 1 小时。取出，彻底用清水冲洗，沥干 10 分钟，皮方可进行鞣制工序。

七、鞣　　制

三种鞣制的配方如下表。

	水量	配比	浸泡时间	温度	注意事项
配方一：硫酸铝鞣制	1 升	盐 80 克 硫酸铝 25 克	5～10 天	25℃	前 6 小时每 2 小时搅拌 1 次，厚皮中间可以取出来刮皮，薄皮浸泡 5 天，厚皮 10 天

续表

	水量	配比	浸泡时间	温度	注意事项
配方二：甲醛鞣制	1升	盐40克 芒硝50克 40%甲醛5克	48h	36℃	先加入盐、芒硝，加温36℃，加甲醛，下皮。24小时后用纯碱5克用20倍温水化开，分4次加入，出皮
配方三：氯化铝鞣制	1升	盐50克 氯化铝25克 硫酸铵25克	24～72h	21℃	先加入盐和氯化铝，再加硫酸铝，下皮，出皮后不漂洗，晾干至潮湿即可制作

三个配方的比较如下。

配方一：操作简单，成皮为白色，有弹性，对毛色无影响，用于草食动物效果较好；缺点是皮张略硬，易褪鞣，不耐水洗，怕潮湿。

配方二：成皮为白色，鞣制均匀，结合牢固，皮柔软、丰满、挺括、耐水洗，对各类皮张均可适用；缺点是操作较复杂，需要有较为丰富的经验。

配方三：操作简单，成皮为白色，丰满有弹性，对毛色无影响，适用范围广，可用于哺乳动物、两栖和爬行类动物，鱼类效果略差；缺点是不耐水洗。

八、加　　脂

加脂也叫加油。活体动物皮的胶原纤维之间存在大量的水分和纤维间质，对纤维起润滑作用，所以动物皮柔软可以弯曲．动物死后的皮，失去了在纤维间起润滑作用的水分子膜而相互黏结。皮板变硬脆，不能弯曲。对皮板在干燥以前加脂，使之在纤维之间覆盖一层油膜，有如下作用：①防止皮板在干燥时因革纤维黏结而变僵硬；②增加皮纤维之间的润滑性，使成品皮板柔软而耐曲折；③提高皮板的物理机械强度，如提高皮板的抗张强度和撕裂强度等；④减少皮板在干燥中面积收缩，增加面积产率；⑤提高皮板防水性和使用寿命；⑥改善毛被的油润光泽感；⑦赋予毛皮一些新的功能和性质。另外皮板的孔率、吸水性、透气性和透水汽性、弹性、延伸性、丰满性都会对加脂效果产生影响。随着皮革中的油脂含量增大，皮板孔率下降、透气性降低、延伸性增大。加脂适当，可以提高皮板的丰满性和弹性，有的加脂剂还具有填充作用，但是过量的加脂会导致皮板过于松软，失去弹性。毛皮加工主要采用乳化法加脂，即用水泡油乳液浸加脂或刷加脂。

常用加脂剂按来源、结构不同一般可以分为三大类：①天然动植物油脂和矿物油。即通常所说的中性油或生油；②天然油脂的改性产品，主要是动物油和植物油的硫酸化、亚硫酸化、磷酸化、酰胺化产品等；③以石油产品为基础的合成

加脂剂，

使用予加脂和刷加脂两种方法，予加脂就是在浸酸后期和鞣制的后期在浸酸液和鞣制液中加入加脂剂；刷加脂就是在鞣制好后的皮将稀释后的加脂剂涂刷在皮内，两种方法均可达到促进皮张柔软的效果。经常使用的加脂剂有：天津皮革化工厂的 A-3 合成加脂剂，德国波美公司 Eakatan GLS 加脂剂，美国 Mckenzie 公司的 Leather oil。用法如下：

加脂剂名称	加脂剂∶水	用法	注意事项
A-3 合成加脂剂	1∶9	取 1 份加脂剂，用 45～55℃水稀释，搅拌成稳定乳液	用于毛皮、软革加脂。涂刷到皮不能吸收乳液即可
Eakatan GLS	1∶300	用于予加脂，在鞣制液中加入	在鞣制后期加入。用于鱼类、两爬类效果较好
Leather oil	1∶1	用 60℃温水 1∶1 稀释，涂刷于毛皮内侧，静置一夜	适用于各种方法鞣制的皮张

皮张的鞣制是一个复杂的过程，各地域的气候、水质不一样，也会影响鞣皮的效果，需要在实践中注意把握。

九、晾　　干

干燥的目的是除去皮中多余的水分，使其达到成品的要求。常用干燥方法有挂晾干燥、转鼓干燥。

挂晾干燥是一种自然干燥。在干燥过程中，皮板可以自由收缩，传热和传质都依靠周围的空气，即是无定型对流干燥方式。此法成本较低，皮板纤维编织较高，丰满，较柔软，延伸性大，但不够平整，自然收缩大。在挂晾干燥过程中，进行适当的平展操作，可以克服这些不足。此法的缺点是皮面粗糙，收缩较大，干燥快慢受气候影响大。

转鼓干燥也是常用的方法。转鼓转锯末干燥是把毛皮与特制的锯末装入转鼓，进行转动，同时，还可加入热空气是一种动态干燥的方法。转鼓中转锯末干燥时，毛皮被不断地抛摔、揉搓，皮纤维始终处于动态，皮内水分向外扩散的同时，皮内加脂剂重新分布，能及时扩散补充到分离开的纤维间，从而防止皮纤维干燥时黏结，皮板柔软，皮纤维松散、活络。锯末作为一种介质，能使被毛与皮板的干燥进程趋于一致，锯末的摩擦、吸附作用，能除去毛皮表面的油渍，使皮板面洁净，被毛松散、光亮灵活，为以后整理创造良好的条件。中小体型的动物张皮，和细毛、毛束类皮张适宜采用转鼓转锯末干燥法。

第十章　色彩知识

拥有色彩知识可以帮助我们将动、植物标本还原其真实的面貌。着色是标本制作后期的一个组成部分。让我们一起用色彩知识丰富自我，还原自然。

第一节　色彩的属性

凡色彩都一定同时具备三种属性，即色相、明度和彩度。它们虽有相对独立的特点，但又相互关联，相互制约共同形成一种颜色或一组色彩关系。这三属性的变化可以形成色彩的调和感觉，也能形成不同的心理效应。因此三属性是色彩研究的基础。

一、色相（Hue，H）

色相是颜色面貌。我们借助色名来区别色相，如前所述，不同色相是反射不同波长光的结果。700 纳米光，或反射光的波长为 700 纳米的物体或颜料，被称为“红色”；反射 650 纳米波长的物体或颜料，虽然也可以称之为“红色”，但这种红色却带有一点橙色，称之为“橙红”；反射波长为 610 纳米光的物体或颜料，我们叫它“橙色”，等等。

在七色光谱上，色相的顺序是一种固定关系，而各色相之间并没有明显的边界。比如在 700～610 纳米的范围内分布着紫红-红-橘红-橘黄等不同色相，而在 450～400 纳米不同波长内，分布着蓝紫-紫-红紫等色相。这样一来，七色光谱完全可以形成一个天衣无缝的圆环。人们根据这个关系制出一个色相圆环，上面按顺序安排着一些基本色相，这就是色相环。

二、明度（Value，V）

物体表面反射的光因波长不同，呈现出各种色相，而由于反射同一波长的光量有不同，这又使颜色的深浅（明暗）有了差别。如前所述，如果各种波长的光全被吸收，则产生黑色；反射与吸收为等量则形成中性灰；全部反射则形成白色。

另外，各种波长的光的明度也有差异。黄光明度最高，橙光次之，红光和绿光居中，蓝光暗些，紫光则最暗。在色彩对比中，明度差往往是醒目的重要因素。为确定各种色相的明度，往往用从黑到白九个明度阶段来衡定各色相的明度值，以便进行各种明度对比组合。

三、彩　　度

即色彩的鲜艳度。彩度和色相共同构成色彩性。

另外还有二个概念也有必要掌握：

1）色度　色彩的明亮深浅程度。

2）色性　色彩的冷暖性质。

染料的分类。古代染料主要是天然产物，即来源于植物、动物和矿物。现代染料主要是人工合成的，主要是以煤焦油、石油为原料加工制成，品种成千上万。合成染料既可按化学结构来分，也可按染料应用性质来分。

第二节　光与颜色

物质呈现的颜色与光有着密切的关系。

光波是种电磁波。太阳光由各种不同波长的光波组成，用三棱分光镜来分解日光，可分成红、橙、黄、绿、青（天蓝）、蓝、紫七种颜色的可见光谱（波长为 400～800 纳米），红外线（波长大于 800 纳米）和紫外线（波长小于 400 纳米），红外线和紫外线又称为不可见光谱。物质的颜色是由光的照射而产生的（在黑暗中是难以分辨颜色的），光照在物质上所引起的反射、透射和吸收等作用各不相同，肉眼的感觉也不同，因而形成不同的颜色。不透明物质主要是光的吸收和反射两种情况。如果照在物体上的光线全部被吸收，该物体就是黑色；如果全部被反射，则是白色；全部透过物体则是无色。假如它只是均匀地、部分而又无选择地吸收可见光，则它是灰色，吸收愈强，物体愈接近黑色。当物质选择性地吸收可见光谱中某些光波，反射出其余光波时，则呈现出各种不同的颜色。因此物质颜色的产生是由于选择吸收了光谱中（可见光）部分光波段的结果，或者说，选择吸收就是造成物质颜色的原因。

由此可见，物体的颜色是由其本身反射（或透射）光的颜色所决定的。当物体呈现的颜色和被它所吸收的光的颜色两者混合后能成为白光，那么通常称这两种光的颜色为互为补色。如果某物质能从射在它上面的日光中反射出黄光，物质显出黄色，被吸收的光为紫蓝色，则我们称黄色是紫蓝色的补色或黄色与紫蓝色互为补色。

根据两种光的颜色为互补色的关系，可以在染色中加以利用。在染黑色时，如果所得到的黑色不够纯正，泛有一定红光，在染色时可以加入适量的红色的补色——蓝绿色染料，使蓝绿色光将红光抵消，使染成的毛皮黑色显得纯正。例如白兔皮染黑色时，用酸性黑 ATT 为主体染料，为了消除红光，需加入适量的酸性黑 10B 或酸性绿。

又如白毛稍带有黄光，亦称“黄头”，不受欢迎，加入少量的蓝色染料，可将黄头消除，使毛皮呈现洁白的颜色。

互为补色的光谱颜色见表 10－1。在图 10－1 中，光谱的各个颜色是沿着圆圈分布的，同时各补色是分别位于圆圈的对顶角位置上的。

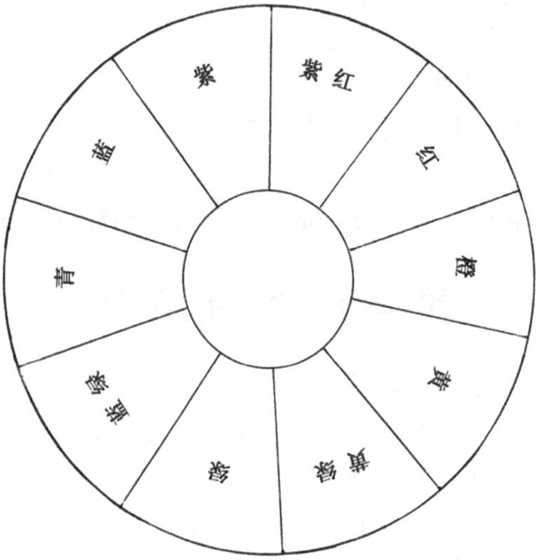

图 10－1　补色图

表 10－1　不同波长光的颜色及其互补色

物质吸收的光		眼睛所见的颜色（互补色）
波长（纳米）	相应的颜色	
400～420	紫	绿黄
400～450	紫蓝	黄
450～480	蓝	橙
455～492	青（天蓝）	橙
480～500	蓝绿	红
500～560	绿	紫红
560～580	绿黄	紫
580～600	黄	紫蓝
600～620	橙	蓝
620～760	红	蓝
全部吸收		黑
全部反射		白
全部透射		无

第三节 色彩的种类

色彩是绘画表现形式的重要组成部分。一幅作品有好的色彩效果，总能为作品增添无穷的艺术乐趣。

自然界的色彩是十分丰富的。但水彩画的颜料或其他颜料，少的只有几种，多的也不外数十种，因而只有用颜料来调配出更多的色彩，才能接近大自然的丰富、纷繁的真实色彩。这样，我们就需要有观察色彩、调配色彩和动用色彩的知识了。

自然界的色彩关系主要是由物体固有色、光源色和环境反光色的互相作用而形成的。

1. 固有色

指物体本身固有的颜色，如红旗、绿树。固有色在不同光的照射和环境反光色的影响下，产生色彩的明暗、冷暖变化，使画面形成一种新的色彩关系。色彩的变化与物体本身的质地、远近及光线强弱也有密切关系。反光弱的物体固有色明显，如陶器、棉布等；反光强的物体固有色弱，如玻璃、瓷器等；近的物体和间接光线下的物体固有色明显，远的和强光照射下的物体固有色会减弱。

2. 光源色

按冷暖分，光有冷光和暖光；按色相分，有红光、黄光、白光等等。不同的光源投射在物体上会发生不同的色彩感觉。一般灯光下使物体受光面罩上一层暖黄色；日光灯照射下物体受光面呈冷白色；太阳光下物体亮面发暖，而室内物体主要受天光影响，又使亮面带有冷的蓝灰色。

3. 环境色

一切物体都受周围环境的影响，一只白色的口杯放在红色桌面上，其暗面很明显地可以感到红色反光，这种环境反射的颜色就叫环境色。由于各个物体吸收、反射光的性质不同，所处的空间环境不同，互相影响的程度也就不同。

美丽的彩虹有红、橙、黄、绿、青、蓝、紫七种颜色。这就是经水汽折射出来的太阳光的七色。这七种色光的排列，就显示出色彩的原色、间色和冷暖关系来了。让我们先弄清一些色彩的概念。

4. 原色

指红、黄、蓝三种颜色，即最基本的颜色，也叫“三原色”，用原色可以调出其他色（不包括白色与黑色），而用其他色却不能调出原色。

5. 间色

三原色之间相互调配的颜色，指橙、绿、紫三种颜色，又称“二次色”。红调黄为橙，黄调蓝为绿，红调蓝为紫。

6. 复色

包括颜料盒中的土黄、赭石、熟褐、橄榄绿等颜色。即用原色与间色相调，或间色与间色相调而成的“三次色”，亦即原色和间色以外的一切颜色。

7. 深色

指较浓重的色彩，如熟褐、群青、橄榄绿、黑色等。

8. 浅色

指明亮的色彩，如白色、黄色、粉绿等。

9. 冷色

指给人寒冷和清凉感觉的颜色，如群青、湖蓝、翠绿等。

10. 暖色

与冷色相反，给人温暖的感觉，如红色、黄色、橙色、赭石等。

11. 鲜色

包括一切色度（色彩的饱和度）较高、明度较强的鲜艳夺目的颜色，如朱红、橘红、橘黄、天蓝、钴蓝、草绿等。

12. “灰”色

包括所有色度较低的颜色，而不是光指黑加白那种的灰色。因而，土黄、灰黄、灰蓝、灰紫、灰绿和那些叫不出名堂的低色度颜色，都是“灰”色。

第四节　颜色的拼配

在染色中，用一种染料往往不能获得所要求的颜色，需要几种染料拼色。在这里须指出，染料的混合和有色光线（光谱色）的混合是有区别的。互为补色的光线混合起来为白色，而互为补色的染料拼配起来则得深色，在比例适当时为黑色。还有，各种染料由于不同程度地吸收或者反射各种不同波长的光，而呈现各种各样的颜色。在配色时，染料混合以后的颜色就是由各种染料所反射的混合光所决定的。

例如，黄色和蓝色颜料混合产生绿色，原因是黄色染料除反射黄色光外，只微微吸收绿色光和青色光线，而强烈地吸收所有剩余光线；蓝色颜料除反射蓝色光线外，只微微吸收绿色和青色光线，而强烈吸收所剩余光线。因此在混合物中，只有绿色光线被吸收很微，其余均被黄色颜料及蓝色颜料分别强烈吸收，所以混合物的颜色呈现绿色。假如把红色颜料加入混合物中，由于红色颜料轻微地吸收红色和紫色光线，而强烈地吸收其余光线，则所得混合物变为深色，甚至是黑色（图 10－2）。

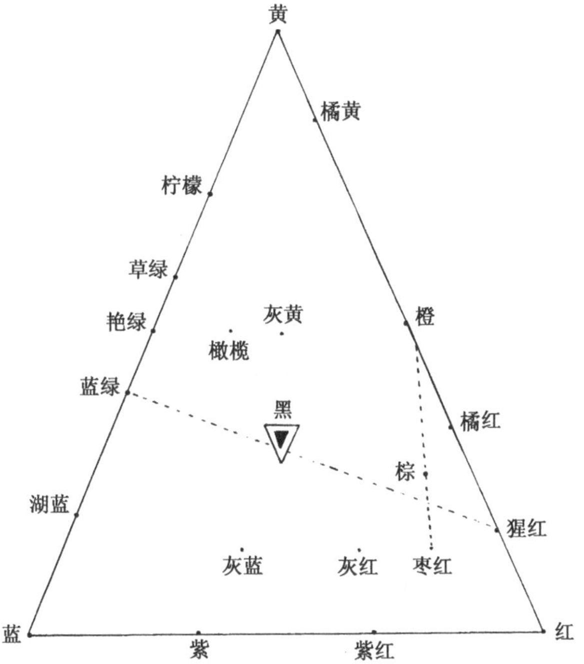

图 10－2　配色三角形

在三角形内某点所表示的颜色，一般可用通过该点直线的两端所示的颜色来拼配。如对毛皮非常重要的棕色色调，在配色图右下方（三分之一）的位置上，是由邻近的橙、猩红、红、紫红及黑色色调包围着，因此，根据在图中的位置，就可按此法选择适当的染料进行拼配。如果用橙色染料染中等红棕色，由图所知应与带蓝光的枣红色染料混合拼配。当配色太靠近中心的黑色时，拼配色浑浊，不艳亮也不够饱满。

染料的二次色往往不是以等量的原色拼配的。通常按表 10－2 拼配：

以上拼色均按原色成分相等计，若染料成分不同，应换算之。

表 10－2　利用三角形拼配的几种基本色调

配得色调	黄（份）	红（份）	蓝（份）	备　记
橙	5	3	/	
绿	3	/	8	
紫	/	5	8	
橘黄	8	2	/	
猩红	2	8	/	
蓝绿	3	/	7	
红蓝	/	3	7	
蓝红	/	7	3	
柠檬色	7	/	3	
棕	4	4	2	
海蓝	2	4	4	
橄榄绿	4	2	4	
黑	1	1	1	

拼色时还应注意：

1）争取“就近出发”不要“从远出发”。如果要求的色泽为绿色，应从绿色出发，非必要时，不要用蓝和黄拼色。

2）争取“一补两全”，而不要“两补两全”。如果要求的色泽是军草绿，应从绿出发，用暗黄补充黄色和灰色，而不宜用黄和灰分别补充黄光和灰光。

第五节　怎样调色

一、练习方法

客观世界的色彩，难用现成的颜料来充分表达，所以，绘画时要将现成的颜料进行调配。怎样调色呢？有多少种调合方法呢？大家可以作下述几个方面练习。

1. 浓淡（明暗）调配

水彩和水粉颜料可以调水达到冲淡的要求，调水愈多，色愈淡。油画色则以加白色或浅色为手段，白色调进愈多，色也愈淡；反之，调进黑色和浓重色便可加深颜色的浓重度，调进愈多，色愈深浓。

2. 多次调配

按照色彩组合规律分次调成。如树色的灰绿，先用蓝加黄得出绿色，再用赭褐类色调成暖灰绿，或用其他冷色调成翠绿，还可用黑色调成墨绿等等。

3. 快速调合

如要一次或两次就快速调成所需的色彩，得运用复色调合法，即使用复色组成该色，如用熟褐调土绿，得出浓重的暖绿；用群青调土黄，得出灰绿等。也可以运用对立色调合法，如用少量的朱红调绿色，得出复杂的暖绿（但比例相等时色相会变黑）。还可以运用黑色调合法，如在一切颜料中调进少许黑色，都会使以色彩显得沉着，有时用黑色也可作为调合沉着的灰色的组成部分。

二、色彩的表现

上述几种方法还只量色彩的完全调合法，都是在调色盒中将颜色调匀后再放到画面上去，这里还要介绍另几种色彩的表现法。

1. 色彩的重置法

一种在画面上进行调色的方法。一种颜色涂在画面上以后，再涂上另一种或多种较透明的颜色，便产生一种新的色彩感觉。如在红色上面覆盖透明的青色，能得出一种透明的青紫色，这种紫色比用红和蓝相调而成的紫色更具有透明感。

2. 色彩并置法

把两个或几个色性不同、明度相近的颜色邻接在一起，称并置。不同的色彩并置在一起，使观众在一定的距离内产生新的色彩感觉。并置法比完全调合法和重置法更能产生鲜艳、响亮的色彩效果，甚至令画面产生色彩和光的颤动感觉。色彩并置法特别适宜于创作大幅画或装饰性绘画。

3. 色彩掺杂法

一种不调匀的色彩调合法。这种方法也属于小范围的色彩并置，所以有丰富的色彩表现效果。

取得色彩知识，一要靠观察，二要靠理解，三要靠实践。

色表中相对的两个颜色称对比色、相对色，邻近的颜色称同类色、邻近色。虚线一边是冷色，一边是暖色。

三、色彩的冷暖变化

根据自然界各种颜色在人心理上引起的反应和感觉，基本上分成两大类；冷色和暖色。红、黄以及倾向红黄的颜色，能给人以温暖的感觉，故称为暖色；蓝以及倾向蓝的颜色，给人以寒冷的感觉，故称为冷色。暖色使人联想到阳光、火光的色彩，冷色 使人联想到冰雪、海洋、天空的色彩。

物体色彩的冷暖，除了本身的色性，还受外部色彩的影响，如光源色和环境色，它可以部分甚至整个地改变物体原来的色性。

颜色的冷暖也是相对而言。如红是暖色，把大红和朱红相比较，则感到大红比朱红冷一些；玫瑰红与大红相比，玫瑰红又比大红冷一些。同为暖色的黄，柠檬黄又比中黄和橘黄冷些。阳光下的物体，其受光面一般是暖色，但如其暗部受环境色或其他因素影响而变得更暖时，则受光面的色性亦会相应的感到冷些。

冷暖色也是对比色，把它们并列在一起时，可起互相对比，互相衬托的作用。运用颜色的冷暖变化，可以表现出物体的空间透视和体积感。

四、调和颜色的三种方法

1. 混合法

把不同色相的颜料在调色盘里调匀，混合成需要的色相（如红和蓝混合成紫），然后用到画面上去。这是一般常用的调色方法。

2. 溶合法

把不同色相的颜料在调色盘里用笔稍微拨一下，不使完全调匀就使用到画面上去。或用笔蘸了不同色相的颜料，不经过调色盘，直接放到画面上去，使其在画面上趁湿溶合，形成需要的色相。此法不同于混合法的地方是，由于颜色调得比较“生”，在溶合成的色相里还保持少量原先的色彩，一般采用此法表现复杂的色彩关系。

3. 并置法

把不同色相的小块颜色，直接并置在画面上，利用颜色并置而产生调和的效果（类似印刷制版中运用网点的原理）。用此法表现的画面色彩效果比较强烈。

五、调色的注意事项

1. 三原色或补色混合是一种灰黑色，往往是造成画面脏的一个原因。但可利用它来调各种灰颜色。三原色或补色不等量混合，可衍化出各种复色。

2. 同性色（都是暖色或都是冷色）或邻近色混合一般不会脏。

3. 调大块淡颜色，应以白色为主，逐渐加入深色，至适度为止。反之如以深色为主加入白色来调淡色，易产生两种弊病：一是颜色容易画深（和原来深色相比已很淡了，放到画面上仍会比较深）；二是数量不易掌握（使一块深色变淡色需要加进较多的白色，初学者没经验，深色往往易取得太多，减淡这些深色需加入大量的白色，结果调出的淡颜色会大大超过实际需要而造成浪费）。

4. 提高深色（如普蓝、深红等）的明度要注意，少量的白色加在深色里，在湿的时候不易看出它们的变化，要等完全干了才能看出明度的变化，如果企图在湿的时候就看出明度变化，则要加入较多的白色，这样在干了以后，往往会比你预期的明度要淡得多。

5. 注意水粉色干湿度变化较大的特点，干了之后的颜色会变淡，鲜艳度也会降低，颜料里的粉质愈多，变化愈大。因此在调色时应注意把这一变化估计进去。

6. 调色不能像打浆糊那样把颜色调得太“熟”，以致产生气泡而影响画面效果。

7. 注意保持调色工具和用水的洁净。

第十一章　标本数字化与保护区标本资源网

第一节　标本的数字化进展

生物标本是指生物实体原样或者经过特殊加工处理后，用于学习、研究、展示等的生物完整个体或者实体的某一部分。生物标本的意义主要体现在对科学研究、科普教育及对国家经济建设的作用，主要作为生物物种鉴定的主要依据，是研究物种分布、系统发育等的实物证据资料，采自不同时间和地域的标本进行形态学或者分子系统学对比研究，最终能够探讨有关物种系统发育的科学问题。对标本的系统研究，可以提供更多有关资源变化，特别是珍稀濒危物种的历史和现状资料，为物种的保护服务。生物的认识和对照标本进行物种鉴定是农业、林业、医药卫生等生物学家常用的手段，也是科普的重要工具。

生物标本被保藏在各类生物科研院所，高等院校、博物馆中，任何机构的收藏数量都是有限的，而且往往存在地区局限性，生物标本的数字化和共享是国际趋势。

我国地形复杂，气候类型多样，生物物种资源十分复杂，我国生物标本的采集工作由来已久，在 20 世纪 50 年代、70 年代后半期、80 年代出现三次生物资源调查高峰，标本采集数量激增。为了更好地保存和使用这些标本，建立了各种类型和不同规模的标本馆。20 世纪 80 年代，我国生物标本馆的数量达到 1500 个左右，馆藏生物标本达到 2500 万件。这些生物标本保存单位有点保存困难，缺少投入，被单位封存，很难谈得上标本的科学管理和利用，正规的标本馆也因为人员素质和投入等因素，没有很好的整理和补充。西方发达国家早就在尝试用数据库方法建立大型的标本管理系统。美国国家标本馆用几十年的时间花费巨资将近 20 万份的植物标本录入数据库。我国自 20 世纪 80 年代起，开始了标本数据库的建设，特别是在 2005 年科技部自然科技资源平台项目的支持下，开展了动物、植物、教学和自然保护区的生物标本的整理整合与共享试点项目，将国内有关标本保藏单位纳入了数字化标本数据库。

第二节　标本数字化基本要求

生物标本被认为是重要的自然科技资源。科技部为自然科技资源平台的建立提供了专门建设和运行的经费支持。国家标本平台下建立了植物标本平台、动物标本平台、教学标本平台和自然保护区生物标本资源平台。根据国家自然科技资源平台建设的总体目标，研究制定国家自然科技资源平台生物标本资源共性描述规范，以整合全国生物标本资源，规范生物标本资源的收集、保存、鉴定、评价、研究和利用，实现生物标本资源的充分共享和可持续利用。

1. 共性描述表的基本内容

序号	描述符	说明
1	平台资源号	国家自然科技资源平台统一生成的资源编号
2	中文名称	以“三志”上的名称为主要依据
3	属名	生物标本的拉丁文属的名称
4	种本名/种加词	生物标本的拉丁文种本名/种加词
5	命名人	生物物种的命名人
6	命名年代	生物物种的命名年代
7	种下名	生物标本的种下名称
8	纲名	生物标本的拉丁文纲的名称
9	目名	生物标本的拉丁文目的名称
10	科名	生物标本的拉丁文科的名称
11	采集地点（省）	生物标本采集地所属省份
12	国家	生物标本采集地所属国家名称
13	资源归类编码	国家自然科技资源平台资源分级归类与编码标准中的编码
14	描述	主要（区别）特征/特性的描述
15	生境	生物标本采集生境
16	寄主	菌物、无脊椎动物、昆虫和植物的寄主，以及植物的附生和腐生
17	图像	生物标本的图像信息
18	记录地址	指该信息查询地址
19	保存单位及其标本馆	生物标本的保存单位名称，为单位的正式全称和标本馆的名称
20	标本馆代码	可选用标本馆的国际/国内标准代码
21	采集人	生物标本采集人
22	采集时间	生物标本的采集时间（年、月、日）
23	采集号	采集生物标本时附给的采集号码
24	标本号或台纸号	生物标本入库时所附给的号码/流水号，如动物和菌物的标本号，植物的台纸号
25	鉴定人	对该生物标本所属物种名称进行鉴定的人

续表

序号	描述符	说明
26	鉴定时间	对生物标本名称进行鉴定的时间
27	标本属性	是否为模式标本
28	保藏方式	生物标本保存的方式：干制标本、玻片标本、液浸标本、针插标本、假剥制标本、剥制标本、皮张标本、骨骼标本、头骨标本、腊叶标本等
29	实物状态	生物标本实物的状态，如完整、受损、严重受损、无实物等
30	共享方式	公益性共享、公益性借用共享、合作研究共享、知识产权性交易共享、资源纯交易性共享、资源租赁性共享、资源交换性共享、收藏地共享、行政许可性共享等
31	获取途径	邮件、现场获取、网上订购、其他等
32	联系方式	联系人、单位、邮编、电话、E-mail 等

2. 生物标本资源平台编码规则

编码方法：

生物标本资源编码由三段共 10 位数字构成。第一段共一位，代表物种门类；第二段共三位，表示标本保藏单位；第三段共 6 位，代表标本的流水号。

编码结构图如下：

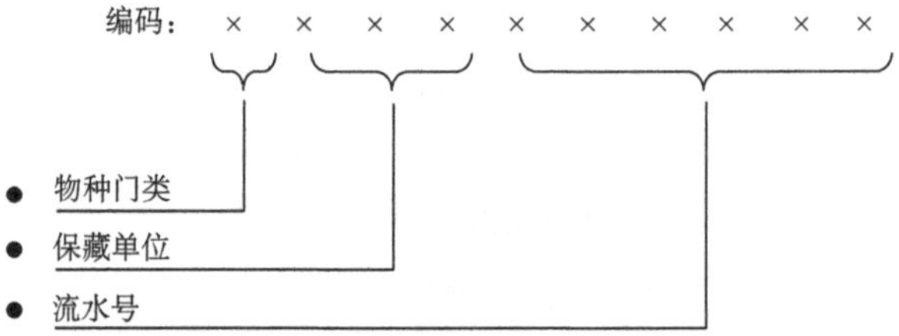

第一段表示标本的物种门类信息，“1”代表植物；“2”代表动物；

第二段表示项目收录标本目前所在的保藏单位，代码从 001 开始；

第三段表示个单位标本的流水号，代码从 000001 开始。

本代码的 10 位编码可以唯一地标识一份标本。

举例说明：有一份来自壶瓶山自然保护区的植物标本，它的编码是 1004000001：第一位“1”表示植物标本；第二、第三、第四位“004”表示标本保藏单位壶瓶山自然保护区；第五至第十位表示该标本的流水号。

生物标本的信息描述类别分为以下 6 类。

(1) 护照信息

1) 中文名称

生物的中文名称，为全国统一的名称，即以“三志”（《中国动物志》《中国植物志》《中国孢子植物志》）名称为依据。

2) 属名

生物分类学上的属名。拉丁字符。

3) 种加词/种本名

生物分类学上的种加词（植物、菌物）/种本名（动物）。拉丁字符。

4) 命名人

对该生物标本所属物种名称进行命名的人。

5) 命名年代

指对生物标本所属物种名称进行命名的年代。

6) 种下名称

指亚种（动物）、变种及变型（植物、菌物）名称。拉丁字符。

7) 纲名

指菌物标本的拉丁纲名。拉丁字符。

8) 目名

指菌物标本的拉丁目名。拉丁字符。

9) 科名

动物和植物分类学上的科名，菌物还要加上目名或纲名。建议注明所采纳的科名系统。拉丁字符。

苔藓类依 Schuster 1958～1963 在其 6 卷本的《北美苔类与角苔类志》中公布的科名系统和陈邦杰主编的《中国藓类植物属志》（1963、1978，北京：科学出版社）上下册中提出的科名；蕨类科名基本上依秦仁昌 1978 年系统［植物分类学报 16（3）：1～19，16（4）：16～37］；裸子植物依郑万钧、傅立国 1978《中国植物志》第七卷采纳的系统；被子植物科名依据 Engler & Prantl，1887～1899. Die naturlichen Pflanzenfamilien 中的科名。

哺乳类主要依据 Wilson（1993）Mammal Species of the World，结合国内通用的系统；鸟类主要依据 Cheng T. H.（2000）分类系统；两栖纲和爬行类主要依据 IUCN 的《全球两栖动物名录》和《全球爬行动物名录》；鱼类主要依据 Nelson J. S.，1984 和 1994 年的分类系统；昆虫类主要依据郑乐怡（1999）《昆虫分类》为基础。

10) 自然保护区

生物标本采集地所属的自然保护区，为自然保护区编码规范中的编码。

11）省

生物标本采集地所属的省份，为GB行政区划代码。

12）国家

生物标本采集地所属国家名称，为ISO国家代码。

（2）标记信息

资源归类编码，自然保护区生物标本资源归类编码。

（3）基本特征特性描述信息

1）性别

动物的性别，除♂ ♀之外，如为多个个体，或难以辨认，则记录“一”；社会性昆虫的工蜂、工蚁记录“工”。

2）年龄

采集标本时个体的年龄或虫龄（植物标本不填）。

3）经度

标本产地之经度。

4）纬度

标本产地之纬度。

5）海拔

标本产地之海拔，允许给一个范围。

6）描述

主要区别特征/特性的描述，在标本采集时的一些实物状态、特征可能在制作成标本后会发生改变和丢失，可以对这些特征进行描述。

7）生境

标本采集地的生境，使用生态学标准术语，尽量简明扼要。

8）植被类型

标本采集地的植被类型，可以根据中国植被编集委员会1983年出版的《中国植被》一书填写。

9）寄主

菌物、无脊椎动物、昆虫和植物的寄主，以及植物的附生和腐生。字段值复选。

（4）多媒体描述信息

1）多媒体类型

生物标本的多媒体信息，包括数码照片、扫描图片（来自印刷品）、手绘图像、照片、视频、音频、动画。

2）主题词

用生物学术语说明多媒体信息体现的实体属性，例如植株、头骨、宏观形态等。

3）版权人

对此多媒体享有版权的个人或单位。

4）多媒体描述

具体说明多媒体信息的所体现的内容、实体特征或来源等信息。

（5）收藏单位信息

1）保存单位及其标本馆

生物标本资源的保存单位名称，依公章上的单位全称和生物标本所保存的标本馆名称。

2）标本馆

可用国际/国内标本馆标准/统一代号表示，如植物和菌物以下列两书中的代码作为国内外统一标准：Holmgren，P. K.，N. H. Holmgren，& L. Barnett. 1990.《标本馆索引》（《Index Herbariorum》）. 第一部分（Part I），全世界的标本馆（The Herbaria of The World），ed. 8. The New York Botanical Garden，Bronx，USA. 693 Pages Regnum Vegetabile，vol. 120）；

Fu Li-kuo（傅立国）et al. 1993.《中国植物标本馆索引》（《Index Herbarium Sinicorum》）. China Science & Technology Press. Beijing，China. 458 pages.

3）采集人

生物标本的采集人。采集人为多人时，需要记录多人。一般需要保持与采集签上一致。

4）采集时间

采集生物标本的具体时间，年、月、日。

5）采集号

采集生物标本时所给的永久的流水号。

6）采集地

采集标本所在的小地名。

7）鉴定人

对该生物标本所属物种名称进行鉴定的人。

8）鉴定时间

对生物标本名称进行鉴定的时间。

9）标本号/台纸号

生物标本入库时所附给的唯一的永久性号码/流水号，如动物和菌物的标本号，植物的台纸号。

10）标本属性

是否为模式标本。

11）保藏方式

生物标本保存的方式，如干制标本、玻片标本、液浸标本、针插标本、假剥制标本、剥制标本、皮张标本、骨骼标本、头骨标本、腊叶标本等。

12）实物状态

生物标本实物的状态。包括①完整，②受损，③严重受损，④无实物。

（6）共享信息

1）共享方式

生物标本资源的共享方式。

a. 公益性共享：标本资源持有方提供的资源来源于国家财政投入，资源使用方获得该资源后，用于科研、教育及科普等公益事业的非营利性共享活动，资源持有方可以收取相关成本费用，但不包括公共投入形成的成本费用。

b. 公益性借用共享：标本资源持有方提供的资源来源于国家财政投入，资源使用方借用该资源后，用于科研、教育及科普等公益事业的非营利性共享活动，资源持有方可以收取相关成本费用，但不包括公共投入形成的成本费用。

c. 合作研究共享：标本资源持有方和资源使用方利用各自在自然科技资源、人才、技术、设备、研究基础或资金方面的优势，开展合作研究的共享活动。双方共同享有合作研究产生的成果及效益。

d. 知识产权性交易共享：标本资源持有方将拥有的与自然科技资源相关的知识产权转让给资源使用方的共享活动，包括资源与知识产权权属分离的情况，若用于科学基础研究、社会公益事业等活动，并已获得相关行政部门的证明，可不选用此种共享方式。

e. 资源纯交易性共享：标本资源持有方将拥有的没有公共投入、没有权属纠纷的自然科技资源，与资源使用方进行合法交易的共享活动，此种共享方式应遵循市场规律进行。

f. 资源租凭性共享：标本资源持有方将拥有的没有公共投入的自然科技资源，以租凭的方式提供给资源使用方的共享活动，此种共享方式可遵循市场规律运行，对于有公共投入的资源且用于科研、社会公益性活动的，允许取适当的资源占用费用。

g. 资源交换性共享：标本资源持有方以对等的原则，互相从对方获得各自所需资源的共享活动。

h. 收藏地共享：对于具有特定地域属性或需要特殊收藏条件的生物标本资源，资源使用方必须到资源收藏地开展研究、教学或科普等的共享活动，共享费用或成果分享由双方共同协商确定。

i. 行政许可性共享：对需要经过国家行政许可才能使用的生物标本资源，资源使用方须得到行政许可后才能获得资源的共享活动，对很多国家Ⅰ级国家重点保护物种的标本共享就需要进行国家行政许可。

2）获取途径

获得生物标本资源的途径。

a. 邮件：通过邮寄或者快递方式进行标本索取。

b. 现场获取：到标本所在地进行查阅。

c. 网上订购：主要指购买标本。

d. 其他

3）联系方式

获取生物标本资源的联系方式，包括联系人、单位、邮编、电话、E-mail 等。

生物标本资源目录信息示例（以菌物标本为例）

护照信息			
平台资源号*（1）	2111C0001000000001	中文名称*（2）	鬼针草生单胞锈菌
属名*（3）	Uromyces	种本名/种加词（4）	bidenticola
命名人（5）	Arthur	命名年代（6）	
种下名（7）		纲名称（8）	Urediniomycetes
目名（9）	Uredinales	科名（10）	Pucciniaceae
采集地点省（11）	贵州省	国家（12）	中国
标记信息			
资源归类编码*（13）	21151111103		
基本特征特性描述信息			
描述（14）	性孢子器生于叶两面，小群聚生，近球形，直径 100～150μm，有缘丝，淡黄色；春孢子器生于叶两面，围绕性孢子器，为夏型春孢子器，春孢子似夏孢子；夏孢子堆生于叶两面，不与性孢子器伴生，圆形，直径 0.2～1mm，裸露、粉状，肉桂褐色或略暗；夏孢子倒卵形或椭圆形，表面有刺，肉桂褐色，芽孔 2 个，腰生或近腰生；冬孢子堆生于叶两面，多在叶下面，圆形，直径 0.2～1mm，常呈环状排列并互相联合，裸露，垫状，略紧实，栗褐色，刨子萌发后变灰褐色；冬孢子倒卵形、椭圆形或肠倒卵形，表面光滑，淡黄褐色或淡黄色，柄无色，不脱落；生活史：0，Ⅰ，Ⅱ，Ⅲ		
生境（15）	寄生在鬼针草上	寄主（16）	Bidens pilosa L.
其他描述信息			
图像（17）	/pic/2111C0001000000001.jpg	记录地址（18）	http://limiao.im.ac.cn/sample/query.jsp?平台资源号＝2111C0001000000001
收藏单位信息			

续表

保存单位及其标本馆*（19）	中国科学院微生物研究所标本馆	标本馆代码（20）	HMAS
采集人（21）	Zhuang Jian-yun	采集时间（22）	2001 XI 8
采集号（23）	6964	标本号或台纸号（24）	HMAS 82846
鉴定人（25）	Zhuang Jian-yun	鉴定时间（26）	2003.04.25
标本属性（27）	非模式		
保藏方式*（28）	干制标本		
实物状态（29）	完整		
共享方式			
共享方式*（30）	公益性共享		
获取途径*（31）	邮件		
联系方式*（32）	郭林，北京中关村中国科学院微生物研究所，邮编 100080， 电话：010-62624948　E-mail：hmasas@sun.im.ac.cn		
源数据主键（33）	0000001		

第三节　动植物标本平台

进入 20 世纪 90 年代以来，中国科学院实施了“中国科学院生物标本馆网络信息系统建设方案”（2003～2006）。其中，植物学科中心包括中科院所属的 10 余个研究所的植物标本馆。随后，科技部启动了“国家科技基础条件平台”建设项目“标本资源的标准化整理、整合与共享平台建设”（2006～2008）。在这两个项目的支持下，“中国数字植物标本馆”（Chinese Virtual Herbarium，简称 CVH，网址：http://www.cvh.org.cn）于 2006 年正式上线运行。目前，中国数字植物标本馆的共享数据单位包括中科院植物研究所在内的 13 家中科院系统的植物标本馆，以及河南师范大学在内的多家高校及地方科研机构的标本馆。共完成数字化标本达 500 万份，其中，可在线查阅大陆标本 331 万份（其中 167 万份带有照片，180 万份带有地理坐标数据）和台湾 26 家单位的 153 万份生物标本（植物、动物、微生物、海洋生物等）。此外，还有其他重要的植物学数据，包括物种名称 11 万多条，图片 5 万张（8000 多种），各类志书 230 多本（13 万页，26 万名称—页码记录）等，成为国内最大的植物标本及其相关数据的共享平台。它也是一个综合的植物学信息平台。

动物标本资源共享平台（http://museum.ioz.ac.cn）是在中国科学院动物

学科中心等早期动物标本与物种信息系统的基础上，由国家科技部自然科技资源基础条件平台项目资助。自 2004 年建设起，历经 8 年，已经形成中国最大的动物标本资源共享平台，为国家建设、动物科学研究和动物知识普及提供全方位的服务。自 2004 年开始建设以来，动物标本资源共享平台先后有 20 个共建单位参加，这些单位馆藏各类群动物标本 1500 余万号，约占我国动物标本保藏量的 60% 以上。目前，动物标本资源共享平台已对 293 万号动物标本进行了数字化整理，拍摄动物标本图片 13 万张。按照任务要求，向 E- 平台提供共享数据 200 万条和 3 万张动物标本图片。数据已全部通过质量审核，可在平台共享网站——国家数字动物博物馆进行查询。此外，平台还注重相关辅助资源的建设和共享。1）地名库：包含了我国各省市和部分国外地名及 2000 余条经校正和勘误后的历史地名；2）文献资料库：汇集了 3647 篇模式标本原始文献、《中国动物志》鸟类 10 卷、昆虫 12 卷以及《中国动物图谱》；3）鸟类鸣声库：已收录 61 种类鸣声；4）入侵物种数据库：收录了 1500 余种外来物种信息。这些资源已经构成中国最大的动物标本数据集。

动物标本资源共享平台已经在生物多样性认知、资源保存、物种保护、国家生物安全、国民经济建设等方面发挥了重要作用。

第四节　自然保护区标本平台

自然保护区生物标本标准化整理整合及共享试点平台系统收集自然保护区保藏生物资源基本信息，以生物标本为自然资源索引，全面系统整理整合自然保护区生物资源信息。

1. 自然保护区在生物资源保存方面的重要性

自然保护区是按照依法保护生物资源和生物多样性而划定的陆地或者海洋区域。建立自然保护区是生物资源就地保护的根本措施。截至 2009 年底，我国已建立自然保护区 2595 个，总面积 15 188 万 hm^2，约占我国陆域国土面积的 15.2%，其中国家级保护区共有 303 个，面积 9365 万 hm^2。经过 50 多年的保护努力，中国自然保护区从无到有，从少到多，面积上已超过全世界陆地面积 12%的平均水平，初步形成了类型比较齐全、布局比较合理、功能比较健全的全国自然保护区网络。全国 85%的陆地自然生态系统类型、47%的天然湿地、20%的天然林、绝大多数自然遗迹、65%的高等植物群落类型，特别是国家重点保护的珍稀濒危野生动植物中的大部分物种，都在保护区内得到了有效保护。

自然保护区作为生物多样性和自然科技资源的保护基地，但是保护区有哪些物种？这些物种现状如何？如何来提供给科研和社会公众服务？这些物种有哪些价值？建立起生物资源实物与信息背景之间的桥梁，构建生物信息分析平台，作为自然科技资源平台标本平台项目的子项目之一“自然保护区生物标本整理整合和共享试点”进行了初步探讨。

2. 自然保护区平台项目建设情况

（1）主要工作内容

自然保护区生物标本标准化整理整合及共享试点子项目，将系统收集自然保护区生物资源基本信息，以生物标本为自然资源索引，全面系统整理整合自然保护区生物资源信息。首先是建立自然保护区生物资源野外实物——标本及其环境描述、标本采集制作及其数字化表达的相关技术规范和标准。按照相关标准，系统整理整合自然保护区现有标本，发展自然保护区标本共享同盟单位。选择代表性自然保护区，将标本与野外资源实物及其生长环境直接相关联，采集相关标本，并进行以标本信息为索引的生物资源就地保存状况的整理整合和数字化表达。

其次是系统整理和补充具有特殊价值的生物资源的特殊信息。一是系统收集保护区的特有濒危物种生长状况，系统整理其生活群落生物标本及其环境信息，利用 3S 技术及其多媒体技术展示其活动规律及其环境状况，并提供关键濒危物种的遗传多样性信息；二是系统收集整理保护区及其周边生物资源利用的传统知识，特别是民族药用植物标本及其传统利用方式，提供其基因和化学指纹信息。

最后，在生物资源和生物标本信息基础上，结合基础地理信息，建立数字化保护区模型，实现生物资源和标本地标化，及其自然保护区保藏实物资源信息的共享。

（2）实物层建设

制定和完善了自然保护区生物资源调查和生物标本整理共享相关的标准规范体系。

建立标准规范是开展自然保护区生物资源和标本平台建设的前提。项目实施期间，尽可能地收集了国内外各方面的已有资料，结合编写者实际工作中积累的经验，在征求本领域的知名专家和保护区工作人员意见的基础上，制定了 56 项自然保护区生物资源调查和标本整理相关的技术规范和标准。其中包括：共性描述和技术规范 2 项，生物标本采集和整理标准规范 26 项，生物标本信息化表达、共享和数字化保护区建设标准规范 9 项，自然保护区生物资源调查监测标准规范 8 项，生物标本关键信息补充标准规范 11 项。

（3）自然保护区生物标本的采集、整理、整合

根据制定的标准和规范，选择生物多样性热点地区的自然保护区和具有较大保护区标本收藏的单位进行已有标本的整理和整合。同时，对云南高黎贡山国家

级自然保护区、湖南壶瓶山国家级自然保护区、湖南八大公山国家级自然保护区、贵州梵净山国家级自然保护区、重庆金佛山国家级自然保护区、四川贡嘎山国家级自然保护区、天津八仙山国家级自然保护区、青海青海湖国家级自然保护区、吉林长白山国家级自然保护区和北京松山国家级自然保护区等 10 个国家级自然保护区开展了不同类群和重要科学价值标本的采集、整理、数字化描述和共享。3 年项目开展期间，已经在 20 个省市的 170 多个自然保护区和 20 多家自然保护区标本收藏单位采集、整理生物标本 70 余万号，拍摄生物标本照片 35 万张。

珍稀濒危物种及其药用植物标本整理、备份和标志性、关键性信息的补充

采取跟踪取样技术，收集了黔金丝猴、普氏原羚、川金丝猴、黑叶猴、双峰野骆驼和白眉长臂猿等珍稀濒危动物的种群及其生境等相关信息，拍摄多媒体信息 500 多分钟，并应用分子粪便学和遗传标记技术相结合，分析补充了雪豹、藏羚羊、川金丝猴、普氏原羚、双峰野骆驼、东北虎等珍稀濒危动物的种群结构和遗传多样性信息，采集分析粪便样品 1000 余份，为这些珍稀濒危动物的研究和保护提供了不可多得的科学资料和依据。

重点在云南、贵州和四川等少数民族聚居的地方，采集和整理了民族药用植物和传统生物资源标本 2.5 万号，涉及的少数民族包括傣族、彝族、哈尼族、拉祜族、苗族、侗族、土家族和藏族等。同时利用最新的化学指纹、基因指纹和基因芯片技术，对不同海拔和地理区域的 80 多个传统利用植物进行了标志性和关键性信息的补充，获取图谱 300 多张（表 11 - 1）。

表 11 - 1　重要资源植物关键信息补充情况

新技术类型	图谱数	物种数	物种名称
基因指纹	152	49	鬼针草、马兰花、斑鸠菊、白术、清明菜、苍耳、青蒿、千里光、天名精、野菊花、重皮消、三角叶、血甲草、石凤丹、头花蓼、扁蓄、水辣蓼、车前草、马鞭草、腋下珠、滴水珠、元宝草、一支箭、何首乌、薄荷、虎耳草、红豆杉、金疮小草、白花败酱、独蒜兰、金银花、虎杖、桔梗、铁皮石斛、川芎、东北红豆杉、党参、平贝母、黄芪、刺五加、列当、杜松、人参、细辛、龙胆、五味子、北重楼、淫羊藿、龙胆等
化学指纹	146	24	草珊瑚、紫金牛、多枝木贼、龙芽草、夏枯草、木贼、中华槲蕨、侧柏、蕺菜、地锦草、三七花、金银花、益智、何首乌、虎杖、吴茱萸、女贞、川芎、过路黄（金钱草）、扁蓄、天麻、葛根、山楂、银杏等
基因芯片	30	10	长春花、银杏、青蒿、文县黄耆、杜仲、黄连、野薄荷、红豆杉、华中雪莲、黄芩等

（4）数据库层

现根据收集到的70余万号实物标本，按照自然科技资源平台要求的身份证信息和自然保护区生物资源的特点，研制开发了专门的生物资源和标本数字化录入软件、标本数据网络汇交系统、数据质量控制系统。保证了一个标本都有一张照片，野外采集标本有生长环境、采集植株或群落照片，标本制作实物照片等资料。

如何配合保护区已有标本实物资料，为保护区生物资源和标本关注的人员服务，我们确立了针对不同人员的生物资源数据库的建设。保护区物种名录库的建设，在此基础上，建立了如下数据库：

1）自然保护区边界数据库及其功能区划数据库；

2）保护区科学考察物种名录数据库；

3）自然保护区保护物种数据库；

4）自然保护区生物群落及其生态系统数据库；

5）生物分类基本数据库，生物资源调查相关数据库；

6）建立自然保护区百科全书，系统将自然保护区相关的书籍、法律、管理规定和相关的内容；

7）建立自然保护区数据库；

8）建立了数据库全方位整合了保护区生物物种、群落、地理、环境、人文等多方面信息。还汇集了自然保护区生物标本资源、动物名录、植物名录、共享联盟、共享标准规范、全国自然保护区等方面的信息，提供综合生物标本信息汇集、查询、交换、标本远程鉴定及数字自然保护区等功能，建立了基于保护区标本数字化整理整合标准的自动数据提交和质量控制系统；

9）建立了自然保护区空间基础信息平台，包括基于平台整合保护区空间基础数据、物种资源数据、物种标本数据、物种生境数据、物种空间分布数据、群落特征数据及其他基础与背景数据，形成了具有个体（实物、标本）—群落—环境整体关联的自然保护区标本与资源综合数据库。

对主要的优势物种和主要保护对象实行标准化的实物信息化描述，采集标本，进行标本制作、整理和信息化加工，建立标本—实物及其环境的一体化数字化表达体系。

已经装载并发布了所有的自然保护区生物标本整理和共享相关的技术标准规范，已经近50多万份的生物标本共性描述信息。

3. 应用网络层

以现有数据库为基础，针对非常丰富的物种及其保护区信息，通过生物信息学手段，通过建立网站，向用户提供丰富信息，服务于保护区生物资源和标本相关专家和公众，是保护区子平台网络应用层的目标。

首先是数据库底层的全部信息分级共享机制建立：

建立起查询和索引功能和展示功能：如何建立起物种分析系统，是我们研发的主要目的，查询需要有按照物种来检索，可以查到数据库该物种分布的自然保护区和在每一个保护区的

生物信息学分析工具：

提供知识分析软件：其次是提供丰富资料，关注保护区生物资源的人员还会关注那些信息，尽可能满足这些人的要求。服务于生物资源和标本研究和信息需求的人员。

4. 自然保护区平台建设的主要成效

按照不同生物类群制定的标准规范，选择有代表性的不同类型的自然保护区进行标本采集，以灵活多样的方式进行整理、整合自然保护区生物标本，建设完善的国家自然科技资源共享平台，实现自然科技资源的信息共享。

根据本子项目的特点，研制开发了专门的标本数字化录入软件、标本数据网络汇交系统、数据质量控制系统。构建了自然保护区资源共享网站，已经通过http://www.papc.cn的地址向公众开放，自开放以来，访问量已经超过72 000人次。同时，建立了湖南壶瓶山和八大公山、海南尖峰岭、贵州梵净山等国家级自然保护区等的基础地理数据库、专题空间数据库、统计数据库、多媒体数据库和自然保护区研究成果库。在开展调查采集标本的同时，研制和应用了一批用于自然保护区生物标本调查和采集的新的技术，目前已经获得国家实用新型专利1项，基本建成标本管理地理信息系统和远程无线网络监测系统。

抢救性收集整理了一大批珍稀濒危物种的标本和相关信息，发现了110多种新种，230多种新记录和新分布种。

对12个国家级自然保护区进行了生物资源复查，帮助这些保护区进行标本馆（宣教中心）的恢复和重建，并实现了标本馆数字化。

促进了资源的多方面共享和科普。网站信息共享人次近150人次/日；向社会提供超过36万人次的科普教育。

为实现“数字化保护区”、“国家示范性保护区建设工程”和“全国野生动植物保护工程”提供了基础资料。

为国家科技任务提供支撑服务。为近20项国家科技项目提供了3000余份标本信息和实物共享，累计发表研究论文近50篇。

培养了一大批专业人才，包括本科生和研究生110余人，自然保护区工作人员约140人。

5. 自然保护区平台发展展望

近期将建立生物分类专家组，组织不同类群的专家编制自然保护区生物类群名录，为自然保护区生物标本鉴定提供技术支持。

建立自然保护区生物资源信息共享联盟：本项目涉及保护区多，需要针对不同项目保护区的基础，发展不同自然保护区生物资源与标本的整理整合与共享模式，建立自然保护区生物资源与标本共享联盟。为不同保护区生物标本的整理整合和共享服务。以自然保护区平台为基础，建立以生物标本、生物资源共享、数字化自然保护区和自然保护区生物资源管理为主要内容的自然保护区生物资源信息共享体系。

挖掘标本价值，加强共享服务：充分利用基因指纹、化学指纹、基因芯片和树木年轮来揭示物种的信息和价值，对民族药用植物和珍稀濒危物种的标志性和关键性信息的补充和利用。该子项目在试点阶段已经对民族药用植物和珍稀濒危物种的标志性和关键性信息的补充和利用进行了探索性工作，确定了树木年轮、基因指纹、化学指纹和基因芯片，它们为讲述标本“背后的故事”提供了重要的技术支撑。

强化数字化保护区的试点工作，服务于保护区管理：建立保护区资源现状-实时多媒体信息-标本体系，促进保护区生物资源与标本的应用，特别是为保护区管理服务。

附录一 鸟类测量数值参考表（单位：厘米 cm）

名称	体长	翼长	翼展长	尾长	躯干	颈长	嘴长	跗蹠	中趾
阿尔泰隼	58.0	39.0	121.0	24.5	21.0	11.0	3.0	7.0	5.5
鹌鹑	20.0	10.0	31.0	4.0	9.0	6.0	1.2	2.2	2.5
鹌鹑	21.0	10.0	33.0	4.0	8.0	6.0	1.2	2.2	2.5
凹嘴鹳	142.0	66.0	216.0	39.0	34.0	49.0	36.0	36.5	12.4
凹嘴鹳	133.0	55.0	208.0	27.0	32.0	38.0	28.0	31.0	11.0
澳洲王鹦鹉	39.0	20.0	60.0	29.0	10.0	6.0	2.0	2.0	2.5
白额雁	72.0	36.0	134.0	16.0	30.0	25.0	5.0	5.0	7.0
白腹鹳	71.0	38.0	130.0	15.0	23.0	20.0	11.0	12.0	7.0
白腹锦鸡	71.0	20.0	62.0	43.0	19.0	14.0	2.8	7.0	5.0
7 例平均值	61.1	18.2	57.9	30.3	18.4	12.7	2.4	6.4	5.1
白冠长尾雉	69.0	28.0	74.0	68.0	23.0	14.0	5.0	7.0	6.0
白冠长尾雉	68.0	21.0	64.0	65.0	19.0	10.0	2.0	6.0	5.0
白鹳	123.0	66.0	194.0	25.0	36.0	39.0	24.0	25.0	10.0
6 例平均值	118.2	59.2	206.2	25.7	33.5	38.2	23.1	42.5	14.5
白鹤	126.0	58.0	198.0	22.0	32.0	46.0	16.5	24.0	12.0
白鹤	113.0	48.0	188.0	18.0	53.0	42.0	16.0	25.0	12.0
白喉噪眉	28.0	11.0	39.0	12.0	11.0	5.0	2.4	4.0	3.0
白鹮	75.0	36.0	132.0	16.0	21.0	21.0	16.0	10.0	9.0
5 例平均值	62.2	32.4	114.0	13.4	19.0	17.4	14.6	9.4	8.0
白火鸡	81.0	45.0	128.0	38.0	47.0	26.0	4.0	15.0	9.0
白颈长尾雉	67.0	19.0	62.0	34.0	16.0	10.0	3.0	6.0	6.0
白颈长尾雉	48.5	22.0	65.0	17.0	18.0	14.0	3.0	7.0	5.5
白颈长尾雉	44.0	18.0	57.0	16.0	17.0	9.0	2.5	4.0	4.0
白孔雀	111.0	42.0	128.0	54.0	25.0	27.0	3.5	12.0	7.0
白孔雀	93.0	41.0	120.0	42.0	29.0	23.0	3.5	9.0	7.0
白鹭	50.0	24.0	92.0	10.0	16.0	20.0	6.0	9.0	7.0
白马鸡	84.0	28.0	91.0	46.0	23.0	26.0	4.0	9.5	6.0
白马鸡	88.0	30.0	90.0	42.0	25.0	20.0	4.0	10.5	6.0
白梢蕉鹃	43.0	19.0	48.0	19.0	15.0	9.0	2.0	4.0	3.5
白头鹤	107.0	50.0	184.0	18.0	35.0	36.0	11.0	22.0	10.0

续表

名称	体长	翼长	翼展长	尾长	躯干	颈长	嘴长	跗蹠	中趾
白头鹤	105.0	48.0	148.0	18.0	33.0	42.0	11.0	20.0	10.0
白头鹤	91.0	49.0	160.0	19.0	30.0	33.0	10.0	20.0	9.0
白鹇	92.0	27.0	80.0	50.0	28.0	13.0	3.0	10.0	9.0
9例平均值	69.4	23.3	72.8	30.1	20.1	15.2	2.8	8.8	6.4
白枕鹤	121.0	57.0	186.0	22.0	38.0	48.0	13.5	24.5	10.0
白枕鹤	110.0	55.0	180.0	28.0	50.0	39.0	13.0	26.0	11.0
白枕鹤	111.0	57.0	176.0	24.0	32.0	36.0	15.0	24.0	10.0
白雉	51.0	23.0	70.0	25.0	19.0	11.0	2.5	6.0	4.0
斑翅山鹑	25.0	15.0	46.0	6.0	9.0	7.0	2.0	4.5	3.5
斑鸫	29.0	16.0	47.0	12.0	8.0	5.0	2.5	3.0	3.0
斑鸠	30.0	15.0	47.0	13.0	9.0	6.0	2.0	2.5	3.0
斑头雁	73.0	43.0	136.0	18.0	23.0	26.0	5.5	8.0	8.0
斑头雁	71.0	44.0	128.0	17.0	28.0	19.0	4.8	7.0	8.0
斑犀鸟	66.5	25.0	73.0	26.0	16.0	13.0	14.0	5.0	5.0
斑犀鸟	67.0	24.0	86.0	25.0	20.0	15.0	12.5	6.0	4.0
斑犀鸟	80.0	30.0	70.0	32.0	15.0	14.0	19.0	6.0	5.0
斑胸草雀	10.0	5.8	17.0	4.0	4.0	2.5	1.0	1.2	1.2
斑啄木鸟	23.0	12.5	36.0	9.0	6.0	4.0	2.5	2.0	1.5
鹛鹈	51.0	20.0	80.0	3.0	25.0	20.0	5.5	6.5	7.5
鞭笞鹞鸶	63.0	23.0	74.0	17.0	15.0	11.0	19.0	6.0	4.5
鞭笞鹞鸶	51.0	25.0	76.0	12.0	12.0	14.0	18.0	6.0	5.0
鞭笞鹞鸶	53.0	22.5	70.0	11.0	14.0	11.0	18.0	5.0	4.5
波斑鸨	56.0	34.0	101.0	22.0	17.0	17.0	3.0	8.0	3.0
彩雉	63.0	21.0	64.0	30.0	18.0	12.0	3.0	7.0	5.0
苍鹭	98.0	43.0	156.0	19.0	44.0	24.0	12.0	16.0	10.0
苍鹰	59.0	33.0	107.0	29.0	15.0	9.0	3.0	8.0	5.0
苍鹰	61.0	38.0	110.0	32.0	16.0	10.0	4.0	9.0	5.0
苍鹰	56.0	35.0	92.0	30.0	16.0	11.0	3.0	10.0	5.0
苍鹰	55.0	34.0	101.0	26.0	20.5	8.5	2.3	8.5	4.7
草鸮	34.0	30.0	86.0	38.0	10.0	6.0	3.0	5.0	3.0
草原雕	80.0	26.0	184.0	24.0	25.0	15.0	5.0	10.0	6.5
草原雕	77.0	54.0	132.0	29.0	22.0	12.0	6.0	9.0	7.0

续表

名称	体长	翼长	翼展长	尾长	躯干	颈长	嘴长	跗蹠	中趾
草原雕	66.0	56.0	166.0	30.0	28.0	10.0	6.0	9.0	6.5
草原雕	82.0	64.0	190.0	32.0	30.0	13.0	6.0	8.0	7.0
长尾阔嘴	27.5	10.5	32.0	13.0	8.0	5.0	2.0	2.8	2.0
8 例平均值	26.0	10.2	30.9	12.9	6.9	4.1	1.8	2.8	2.1
橙冠鹦鹉	35.0	26.0	82.0	18.0	11.0	12.0	5.0	2.0	4.0
赤颈鹤	155.0	66.0	264.0	30.0	46.0	57.0	20.0	33.0	13.0
赤嘴鸭	53.0	26.0	74.0	10.0	18.0	15.0	5.0	4.0	6.0
大白鹦鹉	36.0	26.0	70.0	5.0	13.0	10.0	4.5	3.0	5.0
大鸨	80.0	43.0	140.0	22.0	31.0	23.0	3.0	10.0	5.0
大鸨	79.0	44.0	148.0	22.0	26.0	22.0	3.5	12.0	5.0
大绯胸鹦鹉	48.0	22.0	62.0	20.0	9.0	7.0	1.0	2.0	2.5
大绯胸鹦鹉	42.0	23.0	67.0	21.0	11.0	7.0	4.0	1.5	3.0
大绯胸鹦鹉	48.0	22.0	62.0	20.0	9.0	7.0	1.0	2.0	2.5
大凤冠雉	98.0	35.0	120.0	41.0	17.5	28.0	4.6	13.5	8.0
7 例平均值	86.0	38.0	120.0	38.8	30.5	20.8	4.6	12.1	7.0
大灰鹦鹉	36.0	22.0	60.0	9.0	11.0	6.0	3.5	2.0	3.0
大灰鹦鹉	35.0	22.0	70.0	10.0	13.0	9.0	4.5	2.0	4.0
大葵花鹦鹉	47.0	27.0	92.0	16.0	18.0	12.0	5.2	3.0	5.0
大葵花鹦鹉	39.0	26.0	66.0	17.0	14.0	9.0	3.2	2.0	5.0
大天鹅	149.0	55.0	182.0	25.0	46.0	64.0	10.0	10.0	15.0
8 例平均值	141.7	58.5	191.3	24.1	41.5	62.8	10.4	11.3	15.5
大眼斑雉	133.0	47.0	116.0	88.0	24.0	16.0	3.0	9.0	6.5
丹顶鹤	138.0	64.0	172.0	26.0	34.0	51.0	14.0	29.0	13.0
5 例平均值	118.0	55.8	193.2	23.8	35.4	44.6	12.8	27.2	11.6
淡腹雪鸡	61.0	25.0	80.0	15.0	20.0	16.0	3.0	5.0	6.0
6 例平均值	50.0	29.2	79.7	17.2	21.8	13.8	3.6	5.2	5.4
雕鸮	63.0	42.0	152.0	28.0	25.0	14.0	4.5	5.0	5.5
5 例平均值	60.6	41.2	137.8	26.4	21.6	11.8	4.8	6.7	5.3
东非冠鹤	90.0	55.0	195.0	25.0	30.0	39.0	5.0	18.0	9.0
东非冠鹤	106.0	57.0	202.0	26.0	32.0	36.0	6.0	21.0	10.0
非洲秃鹳	136.0	69.0	207.0	29.0	37.0	46.0	28.0	27.0	11.0
非洲秃鹳	115.0	62.0	200.0	28.0	35.0	29.0	27.0	25.0	13.0

续表

名称	体长	翼长	翼展长	尾长	躯干	颈长	嘴长	跗蹠	中趾
非洲秃鹳	122.0	69.0	224.0	32.0	42.0	31.0	29.0	28.0	14.0
非洲秃鹳	138.0	74.0	228.0	31.0	38.0	40.0	29.0	29.0	16.0
非洲鸵鸟	268.0	50.0	244.0	55.0	90.0	105.0	9.0	43.0	22.0
非洲小红鹳	76.0	34.0	132.0	17.0	22.0	34.0	10.0	21.0	6.0
绯胸鹦鹉	31.0	19.0	56.0	27.0	12.0	5.0	3.5	2.5	2.0
绯胸鹦鹉	48.0	24.0	66.0	29.0	10.0	9.0	4.0	1.5	2.5
绯胸鹦鹉	50.0	22.0	65.0	30.0	9.0	9.0	3.0	1.5	3.0
粉背鹈鹕	145.0	62.0	214.0	20.0	35.0	46.0	35.0	8.0	11.0
粉背鹈鹕	131.0	57.0	208.0	24.0	42.0	41.0	38.0	9.0	13.0
粉红凤头鹦鹉	29.0	23.0	62.0	13.0	9.0	4.0	2.0	1.5	2.5
凤头鹦鹉	28.0	15.0	44.0	2.0	12.0	7.0	4.0	7.0	5.0
高山兀鹫	117.0	73.0	246.0	28.0	46.0	26.0	6.0	11.0	13.0
高山兀鹫	110.0	76.0	218.0	39.0	32.0	28.0	7.0	10.0	10.0
高山兀鹫	113.0	71.0	232.0	34.0	34.0	31.0	18.0	10.0	10.0
鸽子	40.0	26.0	76.0	14.0	10.0	6.0	3.0	2.0	2.5
古巴火烈鸟	107.0	41.0	138.0	14.0	29.0	44.0	13.0	26.0	8.0
挂线鹦鹉	41.0	18.0	52.0	19.0	8.0	5.0	2.5	1.2	2.6
5 例平均值	32.6	16.6	49.0	16.8	8.2	4.8	2.7	1.6	2.1
冠鱼狗	32.0	17.0	50.0	13.0	11.0	8.0	6.0	1.5	3.0
冠鱼狗	37.0	17.0	56.0	11.0	12.0	7.0	5.5	2.0	3.0
鲑色鹦鹉	42.0	24.0	90.0	/	15.5	13.0	6.0	3.5	5.0
哈曼马鸡	84.0	29.0	66.0	42.0	21.0	19.0	4.5	9.0	7.0
9 例平均值	76.6	26.4	79.9	37.9	19.5	16.6	4.0	8.2	6.1
海南鹦鹉	37.0	16.0	49.0	12.0	7.0	6.0	3.0	2.0	2.0
5 例平均值	30.8	15.8	46.0	11.2	7.8	5.6	2.9	1.7	2.0
褐林鸮	37.0	21.0	72.0	10.0	14.0	5.0	3.0	5.0	3.0
褐马鸡	74.0	20.0	78.0	34.0	23.0	13.0	3.0	9.0	6.0
褐马鸡	90.0	32.0	74.0	42.0	24.0	15.0	4.0	9.0	6.0
褐马鸡	74.0	20.0	78.0	34.0	23.0	13.0	3.0	8.0	9.0
黑顶吸蜜鹦鹉	31.0	16.0	44.0	11.0	8.0	6.0	3.0	2.0	2.0
黑顶噪眉	20.0	11.0	33.0	13.0	9.0	14.0	2.0	4.0	2.5
黑鹳	110.0	56.0	202.0	30.0	28.0	34.0	19.4	19.0	9.0

续表

名称	体长	翼长	翼展长	尾长	躯干	颈长	嘴长	跗蹠	中趾
5 例平均值	100.8	49.6	178.8	24.8	27.0	31.2	17.8	18.5	9.0
黑颈阿拉卡鵎	39.0	15.0	50.0	13.0	12.0	7.0	10.0	3.0	3.6
黑颈阿拉卡鵎	46.0	15.0	46.0	18.0	12.0	6.0	10.0	3.5	3.0
黑颈长尾雉	58.0	21.0	72.0	26.0	19.0	13.0	2.5	7.0	5.0
黑颈长尾雉	80.0	21.0	66.0	46.0	26.0	9.0	3.0	6.5	5.5
黑颈鹤	118.0	50.0	164.0	20.0	38.0	42.0	12.0	24.0	10.0
5 例平均值	114.6	55.8	192.0	23.0	35.2	41.2	12.6	23.9	10.8
黑脸琵鹭	77.0	28.0	122.0	/	27.0	25.0	18.5	12.0	8.0
黑天鹅	137.0	46.0	160.0	18.0	41.0	68.0	7.5	8.0	11.0
8 例平均值	130.0	45.9	152.5	15.8	39.0	62.4	7.8	9.5	12.6
黑头白鹮	72.0	36.0	128.0	14.0	21.0	21.0	17.0	11.0	8.0
黑头蜡嘴雀	23.0	12.0	37.0	9.0	8.0	4.0	2.5	2.0	2.0
黑头鸥	70.0	51.0	164.0	22.0	23.0	14.0	7.0	8.0	7.0
黑头鹦哥	23.0	14.0	42.0	8.0	8.0	5.0	3.0	1.5	2.5
黑秃鹫	110.0	81.0	246.0	43.0	33.0	24.0	9.0	14.0	10.0
黑秃鹫	106.0	80.0	252.0	40.0	34.0	20.0	8.0	12.0	9.0
黑秃鹫	103.0	73.0	246.0	35.0	39.0	18.0	8.0	10.0	10.0
黑秃鹫	112.0	62.0	222.0	39.0	37.0	22.0	8.0	14.0	10.0
黑鹇	55.0	21.0	66.0	29.0	16.0	13.0	2.5	8.0	6.0
黑雉	44.0	23.0	72.0	23.0	11.0	14.0	3.5	6.0	6.0
黑雉	35.0	21.0	68.0	26.0	19.0	12.0	2.3	7.0	5.0
黑雉	53.0	19.0	66.0	23.0	13.0	13.0	2.0	6.0	5.0
黑雉	64.0	24.0	74.0	28.0	17.0	13.0	3.0	7.5	6.0
红点颏	18.0	7.0	23.0	6.0	4.8	4.5	1.3	2.5	1.6
红点颏	16.0	7.0	24.0	6.0	5.0	4.0	1.4	2.5	1.4
红点颏	17.0	7.0	24.0	6.0	5.0	4.0	1.3	2.8	1.6
红耳鹎	19.0	8.0	24.0	8.0	6.0	2.0	1.4	2.0	1.0
红耳鹎	20.0	10.0	26.0	10.0	6.0	2.0	2.0	2.0	2.0
红腹角雉	61.0	25.0	72.0	22.0	18.0	15.0	1.5	6.0	5.0
9 例平均值	49.8	22.4	66.8	19.2	17.2	12.8	1.5	6.2	5.2
红腹金刚鹦鹉	41.0	24.0	71.0	20.0	11.0	8.0	3.0	2.0	3.0
红腹锦鸡	97.0	19.0	58.0	68.0	17.0	11.0	2.0	7.0	5.5

续表

名称	体长	翼长	翼展长	尾长	躯干	颈长	嘴长	跗蹠	中趾
红腹锦鸡	109.0	19.0	60.0	80.0	13.0	12.0	3.0	8.0	5.0
红腹锦鸡	95.5	21.0	58.0	65.5	20.5	14.0	3.1	9.0	6.0
红骨顶	33.0	17.0	55.0	8.0	12.0	8.0	3.0	5.0	5.5
红骨顶	32.0	17.0	56.0	9.0	11.0	11.0	4.0	5.0	7.0
红肩鹦鹉	29.0	17.6	51.0	14.0	11.0	44.0	2.4	1.6	2.6
红角鸮	18.0	12.0	45.0	7.5	6.0	3.0	1.6	2.0	2.0
红脸鸭	83.0	39.0	118.0	27.0	22.0	29.0	7.5	6.0	10.0
红脸鸭	90.0	36.0	116.0	23.0	32.0	24.0	7.0	8.0	10.0
红面鹤	144.0	63.0	254.0	28.0	43.0	55.0	19.0	32.0	13.0
红嘴鸥	39.0	30.5	93.5	15.0	13.5	9.0	4.0	4.5	4.0
红嘴鸥	40.0	27.0	85.0	14.5	13.5	10.0	4.0	5.0	4.0
红嘴鸥	36.0	23.0	81.0	13.0	11.0	7.0	3.0	4.0	3.5
红嘴鹞鸰	59.0	23.0	73.0	16.0	11.0	11.0	17.0	4.0	4.0
红嘴弯嘴犀鸟	48.0	16.5	56.0	22.0	9.0	7.0	8.0	4.0	3.0
红嘴弯嘴犀鸟	46.0	18.0	53.0	18.0	16.0	8.0	6.0	4.0	3.5
洪氏环企鹅	65.0	10.0	47.0	10.0	23.0	12.0	6.5	1.5	6.0
9 例平均值	57.9	10.7	51.8	8.7	26.0	11.7	6.3	3.4	6.2
鸿雁	89.0	37.0	132.0	17.0	33.0	31.0	10.0	7.0	10.0
猴面鹰	40.0	26.0	88.0	17.0	11.0	10.0	1.5	5.0	3.0
花冠皱盔	94.0	45.0	146.0	34.0	24.0	22.0	19.0	7.0	7.0
6 例平均值	87.3	44.7	140.5	28.5	23.8	20.3	18.2	6.0	6.8
环喉雀	12.0	6.0	20.0	4.5	4.0	2.5	1.0	1.2	1.4
环颈雉	43.0	24.0	72.0	46.0	26.0	7.0	3.0	7.0	6.0
环颈雉	62.0	24.0	78.0	26.0	22.0	14.0	2.5	7.0	6.0
环颈雉	48.0	25.0	78.0	16.0	22.0	13.0	3.0	7.5	5.5
环颈雉	43.0	24.0	72.0	46.0	26.0	7.0	3.0	7.0	6.0
黄腹角雉	65.0	24.0	82.0	29.0	18.0	16.0	3.4	9.0	7.0
7 例平均值	56.6	22.6	67.9	19.9	17.9	14.9	1.9	6.9	6.3
黄秃鹫	125.0	71.0	258.0	35.0	41.0	31.0	8.0	10.0	12.0
黄爪隼	36.0	25.0	74.0	19.0	11.0	6.0	2.0	4.0	3.0
黄嘴鹳	92.0	64.0	160.0	16.0	40.0	33.0	23.0	20.0	11.0
黄嘴鹮鹳	97.0	47.0	164.0	18.0	27.0	31.0	25.0	23.0	12.0

续表

名称	体长	翼长	翼展长	尾长	躯干	颈长	嘴长	跗蹠	中趾
灰鹤	106.0	48.0	172.0	21.0	36.0	42.0	11.0	26.0	10.0
灰鹤	196.0	48.0	112.0	21.0	36.0	42.0	11.0	26.0	10.0
灰鹤	100.0	51.0	168.0	19.0	37.0	32.0	10.5	21.0	9.0
灰鹭	85.0	43.0	154.0	17.0	28.0	34.0	13.0	14.0	8.0
灰文鸟	12.0	7.0	23.0	3.0	4.5	3.0	2.0	3.0	2.0
灰雁	82.0	64.0	134.0	17.0	33.0	19.0	6.5	9.0	9.0
灰雁	88.0	46.0	150.0	20.0	32.0	28.0	8.0	8.0	9.5
火鸡	102.0	43.0	124.0	32.0	27.0	35.0	4.0	12.0	9.0
火鸡	86.0	3.0	112.0	31.0	36.0	22.0	4.0	10.0	7.0
火鸡	90.0	37.0	110.0	31.0	23.0	31.0	5.0	10.0	7.0
火鸡	97.5	45.5	154.0	31.0	32.0	32.5	3.8	14.0	8.5
鸡尾鹦鹉	29.5	7.3	48.0	18.0	7.5	4.5	1.8	1.4	2.1
5 例平均值	29.2	13.1	47.6	17.8	7.6	7.4	5.3	1.4	2.1
加拿大鹤	100.0	49.0	154.0	18.0	30.0	38.0	13.0	22.0	9.0
加拿大雁	94.0	47.0	152.0	22.0	31.0	37.0	6.0	9.5	9.0
6 例平均值	88.3	45.3	140.3	17.7	30.5	31.2	6.2	9.1	9.2
焦鹏	43.0	18.0	48.0	26.0	11.0	8.0	2.0	3.5	3.5
金背绯红鹦鹉	31.0	17.0	48.0	9.0	14.0	5.0	2.7	2.0	2.3
金雕	87.0	61.0	182.0	30.0	28.0	17.0	6.0	11.0	9.0
9 例平均值	85.7	61.4	183.3	34.7	27.9	13.7	5.4	10.3	7.7
金刚鹦鹉	49.0	40.0	110.0	16.0	14.0	8.0	6.0	3.0	5.0
金刚鹦鹉	67.0	42.0	108.0	38.0	20.0	10.0	6.0	3.0	5.0
金刚鹦鹉	67.0	42.0	108.0	30.0	20.0	10.0	6.0	4.0	3.0
金冠鹦鹉	26.0	16.0	40.0	13.0	9.0	4.0	3.0	1.5	2.0
金黄织布鸟	16.0	8.0	22.0	5.0	6.0	3.0	1.7	2.0	1.7
金帽鹦哥	27.0	15.0	45.0	13.0	7.0	6.0	2.5	1.0	3.0
卷羽鹈鹕	170.0	72.0	222.0	25.0	49.0	45.0	50.0	14.0	15.0
卷羽鹈鹕	177.0	69.0	262.0	25.0	50.0	62.0	40.0	12.0	12.0
鵟	54.0	40.0	132.0	20.0	20.0	9.0	5.0	5.0	5.5
鵟	63.0	45.0	134.0	26.0	15.0	17.0	2.0	9.5	5.0
鵟	63.0	47.0	144.0	28.0	21.0	11.0	3.5	8.5	5.0
盔顶珍珠鸡	48.0	28.0	80.0	15.0	20.0	14.0	2.5	6.0	5.0

续表

名称	体长	翼长	翼展长	尾长	躯干	颈长	嘴长	跗蹠	中趾
蓝冠焦鹃	40.0	16.0	52.0	19.0	11.0	9.0	1.0	4.0	3.0
蓝鹤	141.0	49.0	152.0	24.0	31.0	49.0	10.0	42.0	10.0
8 例平均值	111.6	56.8	168.3	27.9	31.1	41.9	10.1	26.8	8.6
蓝喉太阳鸟	13.0	5.0	15.0	6.0	4.5	0.5	1.5	1.5	1.0
蓝喉太阳鸟	12.0	5.0	14.5	6.0	4.5	0.8	1.8	1.5	1.0
蓝孔雀	130.0	45.0	144.0	66.0	33.0	32.0	4.0	15.0	9.0
9 例平均值	120.9	44.7	134.4	56.8	34.2	32.3	4.3	13.9	9.2
蓝马鸡	90.0	29.0	90.0	37.0	22.0	18.0	4.5	9.0	6.0
6 例平均值	82.8	28.8	82.8	38.7	23.2	17.5	3.9	8.7	6.3
蓝尾焦鹃	40.0	16.0	52.0	20.0	12.0	7.0	1.5	4.5	3.5
蓝纹西蜜鹦鹉	32.0	16.0	45.0	14.0	12.0	7.0	2.0	6.0	4.0
蓝鹇	69.0	24.0	80.0	40.0	32.0	14.0	3.0	10.0	5.0
7 例平均值	54.4	21.3	62.4	20.7	22.0	13.0	2.8	8.0	4.5
鹩哥	26.0	14.0	48.0	8.0	8.0	8.0	2.0	3.0	3.0
鹩哥	26.0	15.0	48.0	9.0	9.0	7.0	2.5	3.0	3.0
鹩哥	27.0	15.0	48.0	9.0	9.0	6.0	2.4	3.0	3.0
猎隼	55.0	39.0	121.0	26.0	20.0	6.0	3.6	6.0	5.5
猎隼	60.0	41.0	120.0	29.0	16.0	13.0	3.5	7.0	5.5
猎隼	55.5	39.0	112.0	25.0	18.0	11.0	2.5	6.5	5.0
猎隼	57.0	40.5	122.0	26.0	18.0	12.0	3.0	6.0	6.0
领角鸮	25.0	15.0	56.0	9.0	10.0	5.0	2.5	4.5	/
琉璃金刚鹦鹉	49.0	38.0	109.0	43.0	15.0	6.0	7.0	2.6	4.6
琉璃金刚鹦鹉	86.0	38.0	108.0	56.0	17.0	11.0	7.0	2.0	4.5
琉璃金刚鹦鹉	82.0	43.0	101.0	49.0	18.0	7.0	7.0	3.0	5.0
琉璃金刚鹦鹉	89.0	40.0	120.0	58.0	17.0	8.0	7.0	3.0	5.0
绿翅鸭	33.0	17.0	56.0	8.0	13.0	8.0	4.0	3.0	4.0
绿孔雀	131.0	23.0	86.0	68.0	45.0	30.0	3.5	17.0	12.0
5 例平均值	118.2	40.0	126.0	56.0	34.8	33.2	4.1	14.6	9.4
绿头鸭	63.0	21.0	86.0	14.0	17.0	22.0	6.0	5.0	6.1
绿头鸭	57.0	27.5	89.0	40.0	22.0	18.0	7.0	4.0	6.5
绿头鸭	63.0	21.0	86.0	14.0	17.0	22.0	6.0	5.0	6.0
绿尾虹雉	75.0	31.0	95.0	29.0	21.0	22.0	6.0	8.0	8.0

续表

名称	体长	翼长	翼展长	尾长	躯干	颈长	嘴长	跗蹠	中趾
9 例平均值	72.9	31.0	102.0	25.0	24.1	16.8	5.7	7.6	7.4
罗纹鸭	56.0	25.0	82.0	13.0	17.0	19.0	6.0	5.0	5.0
毛腿沙鸡	37.0	20.8	32.0	18.0	13.0	7.0	1.0	2.2	1.2
毛腿沙鸡	29.0	18.0	52.0	10.0	10.0	9.0	1.5	2.0	1.5
玫瑰鹦鹉	31.0	16.0	46.0	20.0	9.0	3.0	2.0	1.5	2.0
玫瑰鹦鹉	35.0	17.0	47.0	20.0	9.0	5.0	1.5	2.0	2.0
玫瑰鹦鹉	33.0	17.0	46.0	20.0	7.0	6.0	2.0	2.0	2.0
美洲神鹰	112.0	68.0	146.0	32.0	24.0	27.0	10.0	10.0	11.0
蒙古百灵	20.0	11.0	35.0	8.0	6.0	3.5	1.2	2.2	1.6
拿岛犀鸟	82.0	42.0	120.0	24.0	21.0	15.0	18.0	5.0	6.0
欧洲火烈鸟	119.0	44.0	168.0	16.0	33.0	59.0	13.0	30.0	10.0
欧洲火烈鸟	122.0	44.0	166.0	19.0	34.0	63.0	13.0	31.0	8.0
欧洲火烈鸟	120.0	43.0	172.0	18.0	38.0	65.0	12.0	28.0	8.0
欧洲火烈鸟	103.0	40.0	158.0	21.0	20.0	53.0	12.0	30.0	8.0
翘鼻麻鸭	62.0	33.0	54.0	14.0	18.0	20.0	6.0	6.0	6.0
丘鹬	32.0	20.0	59.0	9.0	12.0	4.0	7.0	4.0	4.0
肉垂鹤	110.0	48.0	188.0	27.0	50.0	35.0	13.0	32.0	12.0
勺鸡	61.0	23.0	82.0	22.0	19.0	14.0	2.0	7.0	5.5
5 例平均值	56.2	22.4	78.2	21.2	19.2	13.8	2.1	7.0	5.7
石鸡	34.0	15.0	51.0	9.0	14.0	8.0	2.0	4.0	4.0
石鸡	26.0	14.0	44.0	8.0	10.0	8.0	2.0	4.5	4.0
石鸡	32.0	16.0	52.0	7.0	13.0	9.0	2.0	4.5	4.5
双角犀鸟	110.0	47.0	121.0	40.0	24.0	23.0	30.0	8.0	7.0
双角犀鸟	115.0	35.0	110.0	48.0	28.0	21.0	36.0	7.0	8.0
松雀鹰	20.0	14.0	46.0	8.0	21.0	17.0	2.0	1.5	5.0
松雀鹰	25.0	13.0	50.0	13.0	8.0	4.0	1.5	4.5	3.0
松鸦	20.0	11.5	39.0	4.0	7.0	6.0	3.0	3.0	6.0
松鸦	32.0	14.0	45.0	16.0	8.0	5.0	3.0	3.0	2.8
蓑羽鹤	92.0	47.0	132.0	15.0	32.0	27.0	8.0	17.0	7.0
5 例平均值	84.0	47.2	152.4	19.4	25.0	29.6	6.6	16.8	7.4
太阳鸟	11.5	6.0	16.0	4.0	3.0	1.5	1.5	1.0	1.0
太阳鸟	13.0	6.0	18.0	5.0	3.0	1.0	1.6	1.5	0.6

续表

名称	体长	翼长	翼展长	尾长	躯干	颈长	嘴长	跗蹠	中趾
太阳鸟	9.0	5.0	17.0	3.1	3.2	1.1	1.3	1.4	0.7
太阳鹦哥	31.0	16.0	44.0	14.0	8.0	4.0	2.6	2.0	2.0
鹈鹕	186.0	63.0	239.0	26.0	61.0	78.0	39.0	11.0	10.0
7例平均值	161.6	61.1	225.1	23.4	44.1	58.3	35.6	10.4	12.0
铜色鹮	59.0	35.0	104.0	30.0	8.0	17.0	3.6	8.0	6.0
铜色鹮	58.0	35.0	96.0	26.0	7.0	17.0	3.5	5.5	5.8
秃顶珍珠鸡	83.0	30.0	102.0	33.0	24.0	24.0	3.0	11.0	7.0
秃顶珍珠鸡	82.0	31.0	114.0	31.0	23.0	22.0	4.0	10.0	6.0
血雉	46.0	17.0	52.0	16.0	18.0	12.0	2.0	6.0	5.0
7例平均值	41.7	17.6	55.4	14.9	14.7	9.9	2.0	6.1	4.9
夜鹭	52.0	30.0	95.0	12.0	16.0	17.0	7.0	8.0	7.0
夜鹭	55.0	26.0	93.0	12.5	16.0	19.0	8.5	7.5	6.2
夜鹭	51.0	26.0	94.0	10.0	16.0	18.0	7.5	7.0	6.5
银颊犀鸟	70.0	31.0	96.0	26.0	18.0	13.0	12.0	4.5	5.0
银颊犀鸟	68.0	31.0	102.0	27.0	17.0	18.0	11.0	4.5	5.0
银颊犀鸟	68.0	31.0	102.0	27.0	17.0	18.0	10.0	4.5	5.0
疣鼻天鹅	162.0	68.0	219.0	33.0	53.0	53.0	11.0	11.0	16.0
疣鼻天鹅	155.0	68.0	260.0	26.0	50.0	52.0	11.0	11.0	15.0
疣鼻天鹅	146.0	55.0	218.0	26.0	44.0	58.0	11.0	12.0	16.0
鸳鸯	44.0	22.0	66.0	12.0	16.0	12.0	3.0	4.5	5.0
9例平均值	39.3	21.2	60.2	9.4	14.2	11.3	3.0	4.2	4.7
折衷鹦鹉	39.0	27.0	76.0	15.0	12.0	8.0	3.0	2.0	3.0
6例平均值	35.3	22.7	71.8	12.8	11.5	7.7	3.7	2.1	3.1
珍珠鸡	63.0	28.0	90.0	17.0	28.0	19.0	2.0	8.0	7.0
5例平均值	51.8	26.4	76.4	17.0	25.2	15.8	2.4	8.0	6.6
智利火烈鸟	112.0	41.0	166.0	15.0	31.5	59.5	13.5	34.0	10.0
6例平均值	105.8	42.3	154.3	16.7	30.9	50.8	11.7	26.0	9.0
朱鹮	72.0	39.0	130.0	17.0	19.0	18.0	16.0	7.0	6.5
9例平均值	70.0	38.9	118.4	16.7	22.2	17.9	15.5	8.2	6.5
棕尾虹雉	70.0	29.0	89.0	19.0	31.0	11.0	3.5	6.0	5.0
棕尾虹雉	71.0	28.0	90.0	22.0	29.0	14.0	5.0	8.0	6.0

附录二　野生哺乳动物测量数值参考表（单位：克 g，厘米 cm）

名称	体重	体长	躯干长	尾长	颈长	颈围	耳长	肩高	前肢围	前肢左右间距	臀高	后足长	后肢围	后肢左右间距	前后肢间距	胸围	腹围	腰围
白唇鹿	203 500.0	186.0	123.0	10.0	35.0	54.0	24.0	117.0	40.0	10.0	102.0	47.0	76.0	4.0	64.0	122.0	160.0	132.0
白唇鹿	219 500.0	166.0	120.0	17.0	40.0	66.0	29.0	122.0	46.0	9.0	112.0	49.0	63.0	8.0	53.0	128.0	140.0	130.0
白袋鼠	16 000.0	75.0	57.0	66.0	7.0	26.0	10.0	29.0	19.0	11.0	57.0	22.0	23.0	13.0	34.0	44.0	66.0	67.0
白狐	7 250.0	64.0	46.0	37.0	7.0	28.0	6.0	39.0	22.0	10.0	37.0	14.0	22.0	7.0	24.0	53.0	52.0	54.0
白狐	6 250.0	66.0	42.0	40.0	10.0	29.0	7.0	39.0	38.0	6.0	39.0	12.0	4.0	31.0	24.0	40.0	46.0	44.0
白脸羚羊	54 000.0	138.0	82.0	28.0	30.0	47.0	17.0	92.0	33.0	9.0	84.0	39.0	49.0	7.0	50.0	106.0	120.0	90.0
白脸羚羊	75 000.0	140.0	91.0	30.0	30.0	51.0	20.0	101.0	32.0	10.0	93.0	41.0	51.0	8.0	45.0	100.0	114.0	98.0
白眉长臂猿	9 250.0	51.0	40.0	/	4.0	27.0	2.0	52.0	22.0	17.0	47.0	16.0	26.0	5.0	24.0	43.0	44.0	35.0
白眉长臂猿	7 600.0	50.0	37.0	/	6.0	29.0	2.0	67.0	16.0	12.0	49.0	15.0	19.0	3.0	19.0	42.0	36.0	29.0
白眉长臂猿	5 000.0	53.0	38.0	/	5.0	19.0	2.0	60.0	15.0	15.0	47.0	13.0	22.0	12.0	24.0	27.0	33.0	29.0
白眉长臂猿	8 500.0	58.0	47.0	/	6.0	36.0	3.0	58.0	15.0	18.0	47.0	14.0	22.0	7.0	37.0	56.0	58.0	42.0
白熊	350 000.0	257.0	170.0	22.0	35.0	140.0	12.0	128.0	77.0	16.0	115.0	30.0	112.0	12.0	68.0	166.0	194.0	180.0
白长角羚	140 000.0	171.0	117.0	34.0	29.0	74.0	18.0	113.0	42.0	16.0	115.0	44.0	60.0	11.0	56.0	136.0	168.0	128.0
斑海豹	16 500.0	100.0	63.0	21.0	9.0	43.0	/	29.0	18.0	17.0	47.0	23.0	17.0	7.0	57.0	59.0	58.0	44.0
斑羚	27 500.0	106.0	85.0	18.0	18.0	36.0	15.0	64.0	23.0	6.0	68.0	42.0	27.0	7.0	27.0	72.0	82.0	73.0
5 例平均值	23 600.0	98.8	71.2	16.8	16.2	35.8	15.2	64.8	26.2	6.6	66.0	30.6	31.4	4.8	33.0	64.0	75.6	64.8
斑马	290 000.0	232.0	141.0	61.0	33.0	88.0	18.0	127.0	62.0	15.0	132.0	45.0	82.0	19.0	75.0	156.0	194.0	174.0
5 例平均值	272 200.0	202.0	131.4	45.2	37.2	77.4	19.2	125.0	51.8	12.4	129.0	48.4	82.2	12.0	73.0	147.6	183.0	162.8
豹猫	4 500.0	56.0	37.0	29.0	7.0	20.0	6.0	32.0	14.0	3.0	32.0	21.0	11.0	2.0	22.0	33.0	37.0	31.0
北山羊	20 000.0	103.0	66.0	12.0	17.0	36.0	16.0	71.0	28.0	6.0	77.0	39.0	31.0	4.0	27.0	74.0	82.0	76.0
北山羊	46 500.0	118.0	90.0	15.0	19.0	64.0	15.0	87.0	43.0	8.0	86.0	33.0	48.0	6.0	38.0	100.0	114.0	94.0
藏原羚	12 500.0	89.0	62.0	14.0	17.0	25.0	15.0	60.0	23.0	8.0	60.0	27.0	35.0	5.0	22.0	59.0	65.0	60.0

续表

名称	体重	体长	躯干长	尾长	颈长	颈围	耳长	肩高	前肢围	前肢左右间距	臀高	后足长	后肢围	后肢左右间距	前后肢间距	胸围	腹围	腰围
藏原羚	13 500.0	84.0	54.0	10.0	24.0	27.0	16.0	62.0	25.0	11.0	65.0	30.0	31.0	6.0	26.0	72.0	78.0	66.0
朝鲜豹	36 000.0	133.0	96.0	95.0	15.0	47.0	8.0	62.0	37.0	18.0	66.0	28.0	46.0	6.0	42.0	74.0	84.0	60.0
朝鲜豹	32 500.0	102.0	73.0	78.0	14.0	46.0	7.0	61.0	34.0	7.0	63.0	24.0	54.0	6.0	23.0	72.0	77.0	74.0
赤猴	11 500.0	61.0	43.0	67.0	6.0	30.0	5.0	57.0	22.0	6.0	45.0	17.0	25.0	8.0	34.0	50.0	66.0	48.0
赤颈袋鼠	15 500.0	83.0	60.0	75.0	6.0	22.0	12.0	33.0	25.0	14.0	59.0	21.0	35.0	5.0	33.0	46.0	52.0	58.0
赤颈袋鼠	13 500.0	74.0	54.0	74.0	5.0	23.0	10.0	31.0	17.0	12.0	63.0	23.0	37.0	6.0	35.0	43.0	55.0	54.0
赤颈袋鼠	12 500.0	74.0	53.0	79.0	5.0	23.0	12.0	34.0	19.0	5.0	61.0	23.0	36.0	3.0	32.0	41.0	51.0	53.0
赤掌獝	480.0	23.0	18.0	38.0	2.0	13.0	1.5	16.0	9.0	4.0	11.0	8.0	10.0	4.0	10.0	17.0	23.0	16.0
赤掌獝	320.0	28.0	22.0	38.0	2.0	9.0	2.0	14.0	7.0	6.0	18.0	6.0	9.0	3.0	13.0	13.0	12.0	10.0
川金丝猴	16 000.0	66.0	47.0	74.0	8.0	32.0	4.5	75.0	20.0	17.0	57.0	20.0	28.0	6.0	35.0	60.0	62.0	48.0
粗尾猢	652.0	26.0	21.0	39.0	3.0	13.0	7.0	15.0	9.0	7.0	22.0	8.0	12.0	4.0	10.0	18.0	21.0	19.0
粗尾猢	710.0	32.0	22.0	45.0	3.0	11.0	6.0	13.0	8.0	3.0	20.0	10.0	12.0	22.0	10.0	20.0	18.0	16.0
粗尾猢	600.0	25.0	18.0	32.0	2.0	13.0	7.0	14.0	10.0	6.0	14.0	7.0	9.0	3.0	10.0	17.0	16.0	15.0
翠猴	6 000.0	50.0	38.0	40.0	7.0	26.0	3.0	38.0	14.0	10.0	38.0	15.0	20.0	5.0	27.0	34.0	44.0	36.0
大赤袋鼠	57 500.0	111.0	73.0	104.0	12.0	30.0	16.0	65.0	36.0	12.0	107.0	34.0	63.0	9.0	46.0	78.0	88.0	90.0
大赤袋鼠	40 000.0	106.0	76.0	97.0	11.0	31.0	17.0	56.0	29.0	12.0	100.0	33.0	47.0	7.0	43.0	60.0	78.0	84.0
大耳羊	18 500.0	87.0	59.0	20.0	18.0	44.0	17.0	69.0	28.0	5.0	69.0	25.0	38.0	3.0	23.0	68.0	72.0	67.0
大耳羊	16 500.0	94.0	70.0	72.0	17.0	29.0	21.0	60.0	23.0	5.0	65.0	26.0	29.0	5.0	40.0	63.0	74.0	64.0
大耳羊	22 000.0	87.0	57.0	40.0	15.0	31.0	21.0	64.0	24.0	7.0	60.0	23.0	27.0	5.0	40.0	70.0	84.0	74.0
大羚羊	183 500.0	200.0	148.0	45.0	39.0	61.0	24.0	138.0	55.0	14.0	139.0	53.0	97.0	5.0	69.0	154.0	176.0	138.0
大猩猩	58 500.0	118.0	88.0	/	10.0	80.0	3.0	86.0	43.0	33.0	82.0	27.0	69.0	18.0	58.0	116.0	129.0	114.0
大熊猫	75 000.0	120.0	92.0	19.0	10.0	61.0	11.0	70.0	40.0	13.0	60.0	25.0	52.0	9.0	38.0	98.0	112.0	92.0

续表

名称	体重	体长	躯干长	尾长	颈长	颈围	耳长	肩高	前肢围	前肢左右间距	臀高	后足长	后肢围	后肢左右间距	前后肢间距	胸围	腹围	腰围
大熊猫	97 000.0	150.0	92.0	21.0	9.0	68.0	12.0	66.0	49.0	12.0	73.0	55.0	26.0	10.0	46.0	102.0	118.0	98.0
大熊猫	60 000.0	120.0	86.0	25.0	13.0	56.0	9.0	73.0	45.0	8.0	61.0	22.0	46.0	5.0	40.0	100.0	118.0	94.0
袋熊	16 500.0	80.0	61.0	3.0	8.0	53.0	8.0	27.0	30.0	18.0	29.0	9.0	40.0	13.0	25.0	58.0	61.0	60.0
东非疣猴	2 000.0	39.0	28.0	38.0	3.0	13.0	2.0	25.0	8.0	6.0	32.0	12.0	13.0	4.0	18.0	27.0	31.0	21.0
独角犀	2 500 000.0	336.0	224.0	73.0	34.0	178.0	28.0	177.0	128.0	24.0	176.0	45.0	167.0	14.0	133.0	288.0	356.0	298.0
鹅喉羚	23 000.0	125.0	64.0	24.0	22.0	23.0	15.0	27.0	19.0	7.0	31.0	10.0	36.0	23.0	25.0	34.0	48.0	35.0
7 例平均值	18 500.0	107.1	63.1	19.3	22.0	27.3	15.7	61.3	19.7	7.3	58.7	30.0	34.9	7.6	27.9	62.1	74.1	61.1
耳廓狐	1 250.0	36.0	25.0	21.0	5.0	11.0	9.0	23.0	11.0	4.0	24.0	10.0	12.0	3.0	11.0	16.0	21.0	16.0
二趾树懒	6 100.0	65.0	48.0	/	3.6	23.8	1.5	59.0	15.0	5.0	46.0	12.0	17.0	9.0	16.0	35.0	52.0	54.0
非洲獴	1 350.0	32.0	24.0	21.0	3.0	16.0	1.0	17.0	9.0	4.0	20.0	7.0	13.0	3.0	15.0	21.0	25.0	24.0
非洲狮	88 500.0	158.0	91.0	82.0	16.0	62.0	12.0	84.0	44.0	7.0	88.0	37.0	63.0	7.0	36.0	100.0	115.0	94.0
广西猴	13 750.0	69.0	50.0	22.0	3.0	40.0	3.0	45.0	26.0	11.0	45.0	16.0	42.0	5.0	26.0	58.0	64.0	54.0
海狸鼠	5 000.0	50.0	37.0	33.0	4.0	20.0	2.0	21.0	14.0	7.0	26.0	12.0	27.0	4.0	10.0	36.0	40.0	35.0
豪猪	8 000.0	60.0	44.0	13.0	8.0	36.0	4.0	29.0	25.0	8.0	33.0	11.0	22.0	4.0	21.0	54.0	68.0	70.0
河麂	15 000.0	83.0	63.0	13.0	20.0	22.0	11.0	56.0	19.0	6.0	65.0	26.0	33.0	5.0	37.0	50.0	70.0	58.0
6 例平均值	12 041.7	86.3	59.0	9.2	16.0	26.5	10.8	55.5	20.5	5.0	60.8	27.5	26.0	3.2	27.5	52.2	63.7	55.2
黑豹	29 000.0	107.0	80.0	68.0	7.0	41.0	7.0	61.0	38.0	6.0	70.0	24.0	43.0	4.0	35.0	62.0	68.0	49.0
黑豹	23 500.0	85.0	65.0	75.0	7.0	42.0	5.0	48.0	31.0	6.0	49.0	21.0	50.0	4.0	20.0	61.0	63.0	59.0
黑麂	17 500.0	95.0	73.0	21.0	17.0	33.0	12.0	50.0	21.0	8.0	58.0	29.0	37.0	5.0	36.0	68.0	87.0	66.0
黑麂	22 000.0	99.0	74.0	22.0	12.0	34.0	10.0	60.0	28.0	7.0	70.0	28.0	41.0	5.0	40.0	62.0	77.0	65.0
黑羚羊	35 000.0	116.0	23.0	37.0	14.0	74.0	15.0	76.0	34.0	10.0	78.0	33.0	50.0	6.0	32.0	75.0	86.0	78.0
5 例平均值	27 350.0	110.8	55.4	20.8	20.4	38.4	16.2	67.2	27.4	8.8	71.4	31.6	43.2	6.8	33.0	70.2	84.8	72.8

续表

名称	体重	体长	躯干长	尾长	颈长	颈围	耳长	肩高	前肢围	前肢左右间距	臀高	后足长	后肢围	后肢左右间距	前后肢间距	胸围	腹围	腰围
黑帽悬猴	2 000.0	39.0	39.0	43.0	2.0	16.0	1.0	20.0	14.0	6.0	26.0	11.0	17.0	4.0	10.0	24.0	20.0	20.0
黑尾牛羚	190 000.0	177.0	120.0	52.0	28.0	94.0	27.0	128.0	45.0	18.0	119.0	47.0	76.0	15.0	65.0	152.0	168.0	134.0
黑叶猴	5 100.0	56.0	39.0	83.0	6.0	20.0	3.0	39.0	15.0	7.0	40.0	21.0	16.0	6.0	26.0	39.0	49.0	35.0
黑叶猴	5 500.0	53.0	40.0	79.0	4.0	21.0	3.0	33.0	13.0	8.0	52.0	16.0	21.0	4.0	20.0	31.0	45.0	30.0
红狼	15 750.0	85.0	60.0	41.0	11.0	50.0	11.0	53.0	33.0	7.0	52.0	20.0	44.0	4.0	25.0	74.0	70.0	66.0
红狼	11 000.0	87.0	57.0	40.0	15.0	35.0	11.0	50.0	28.0	6.0	52.0	20.0	28.0	4.0	32.0	47.0	51.0	35.0
荒漠猫	6 000.0	58.0	44.0	33.0	5.0	28.0	6.0	37.0	21.0	5.0	44.0	31.0	16.0	3.0	27.0	42.0	48.0	46.0
荒漠猫	5 500.0	58.0	43.0	36.0	5.0	26.0	8.0	35.0	15.0	10.0	38.0	11.0	26.0	5.0	15.0	44.0	48.0	46.0
黄猄	8 250.0	76.0	46.0	14.0	13.0	26.0	8.0	42.0	16.0	5.0	49.0	18.0	26.0	5.0	20.0	46.0	54.0	47.0
黄猄	8 500.0	77.0	47.0	9.0	9.0	24.0	10.0	43.0	18.0	2.0	45.0	19.0	23.0	2.0	26.0	38.0	48.0	40.0
黄猄	12 000.0	80.0	52.0	10.0	12.0	33.0	11.0	42.0	17.0	3.0	47.0	20.0	25.0	4.0	31.0	32.0	70.0	40.0
黄猄	10 000.0	69.0	46.0	13.0	10.0	23.0	8.0	42.0	20.0	5.0	48.0	30.0	18.0	3.0	28.0	48.0	62.0	48.0
黄鼠狼	250.0	29.0	17.0	17.0	3.0	9.0	1.0	10.0	5.0	2.0	12.0	4.0	7.0	1.0	9.0	12.0	13.0	11.0
黄黇鹿	30 500.0	120.0	70.0	23.0	27.0	32.0	13.0	75.0	28.0	8.0	86.0	45.0	37.0	7.0	36.0	78.0	102.0	88.0
黄黇鹿	30 000.0	123.0	77.0	20.0	28.0	31.0	13.0	74.0	25.0	7.0	82.0	38.0	36.0	7.0	40.0	76.0	96.0	64.0
黄黇鹿	41 500.0	133.0	88.0	22.0	32.0	45.0	17.0	90.0	32.0	6.0	91.0	39.0	53.0	4.0	36.0	92.0	120.0	94.0
角马	146 500.0	140.0	100.0	72.0	27.0	70.0	22.0	128.0	26.0	12.0	113.0	43.0	38.0	14.0	55.0	140.0	144.0	55.0
节尾狐猴	2 000.0	40.0	26.0	53.0	4.0	13.0	3.0	24.0	15.0	6.0	31.0	10.0	20.0	2.0	15.0	24.0	24.0	22.0
节尾狐猴	2 000.0	37.0	32.0	54.0	2.0	15.0	4.0	25.0	11.0	4.0	34.0	13.0	18.0	3.0	17.0	26.0	33.0	24.0
角马	146 500.0	140.0	100.0	72.0	27.0	70.0	22.0	128.0	26.0	12.0	113.0	43.0	38.0	14.0	55.0	140.0	144.0	55.0
金猫	10 000.0	80.0	58.0	51.0	6.0	36.0	7.0	40.0	23.0	5.0	37.0	18.0	35.0	3.0	29.0	44.0	46.0	40.0

续表

名称	体重	体长	躯干长	尾长	颈长	颈围	耳长	肩高	前肢围	前肢左右间距	臀高	后足长	后肢围	后肢左右间距	前后肢间距	胸围	腹围	腰围
金毛羚牛	225 000.0	193.0	120.0	18.0	28.0	70.0	16.0	117.0	59.0	7.0	100.0	34.0	74.0	5.0	63.0	144.0	148.0	126.0
金毛羚牛	257 000.0	199.0	141.0	21.0	33.0	104.0	/	133.0	74.0	13.0	103.0	36.0	59.0	10.0	67.0	168.0	184.0	154.0
金毛羚牛	215 000.0	232.0	130.0	18.0	23.0	96.0	14.0	126.0	44.0	9.0	111.0	36.0	54.0	6.0	49.0	161.0	178.0	158.0
灵猫	2 250.0	50.0	32.0	35.0	11.0	15.0	3.0	23.0	7.0	1.0	28.0	9.0	14.0	2.0	14.0	26.0	28.0	22.0
绿狒狒	16 000.0	64.0	47.0	48.0	5.0	37.0	5.0	53.0	27.0	12.0	51.0	16.0	35.0	4.0	26.0	55.0	64.0	46.0
蛮羊	40 000.0	116.0	77.0	18.0	20.0	45.0	13.0	86.0	33.0	6.0	80.0	27.0	43.0	4.0	41.0	90.0	94.0	80.0
蛮羊	47 500.0	118.0	79.0	19.0	23.0	40.0	13.0	78.0	31.0	11.0	80.0	30.0	47.0	7.0	45.0	96.0	108.0	84.0
蛮羊	50 000.0	114.0	86.0	16.0	18.0	58.0	13.0	85.0	31.0	10.0	86.0	32.0	49.0	6.0	38.0	98.0	110.0	88.0
蛮羊	40 000.0	102.0	80.0	18.0	16.0	44.0	14.0	73.0	28.0	10.0	77.0	30.0	40.0	7.0	45.0	98.0	114.0	86.0
梅花鹿	56 500.0	168.0	83.0	20.0	30.0	47.0	18.0	104.0	30.0	9.0	107.0	45.0	52.0	3.0	35.0	96.0	110.0	96.0
梅花鹿	38 250.0	148.0	94.0	22.0	22.0	50.0	19.0	85.0	36.0	7.0	89.0	45.0	46.0	5.0	38.0	86.0	92.0	94.0
美洲虎	51 500.0	131.0	82.0	56.0	10.0	54.0	8.0	62.0	38.0	8.0	54.0	23.0	55.0	6.0	34.0	80.0	90.0	77.0
美洲狮	36 000.0	115.0	86.0	77.0	14.0	40.0	11.0	72.0	31.0	5.0	70.0	27.0	4.0	33.0	33.0	74.0	82.0	68.0
蒙古野驴	161 000.0	225.0	122.0	50.0	43.0	81.0	21.0	128.0	43.0	12.0	126.0	51.0	64.0	16.0	53.0	128.0	144.0	130.0
蒙古野驴	218 500.0	206.0	133.0	50.0	44.0	68.0	22.0	131.0	45.0	7.0	136.0	50.0	69.0	8.0	62.0	136.0	170.0	148.0
孟加拉虎	97 000.0	171.0	124.0	106.0	21.0	58.0	12.0	91.0	50.0	13.0	92.0	39.0	55.0	6.0	55.0	102.0	102.0	101.0
孟加拉虎	86 500.0	172.0	116.0	99.0	20.0	60.0	11.0	25.0	60.0	10.0	80.0	35.0	65.0	8.0	60.0	108.0	110.0	100.0
麋鹿	127 000.0	174.0	116.0	38.0	32.0	71.0	19.0	119.0	45.0	8.0	125.0	50.0	76.0	6.0	62.0	130.0	144.0	126.0
蜜熊	2 500.0	40.0	30.0	43.0	4.0	15.0	4.0	55.0	20.0	6.0	53.0	25.0	7.0	26.0	31.0	48.0	56.0	45.0
棉头猵	500.0	24.0	19.0	11.0	3.0	13.0	1.3	16.0	8.0	4.0	20.0	7.0	11.0	2.0	12.0	16.0	15.5	11.0
棉头猵	470.0	22.0	19.0	12.0	2.0	11.0	/	14.0	9.0	7.0	17.0	6.0	8.0	4.0	10.0	18.0	24.0	17.0
南美浣熊	6 500.0	56.0	39.0	24.0	5.0	25.0	5.0	21.0	16.0	7.0	36.0	9.0	25.0	5.0	20.0	38.0	45.0	47.0

续表

名称	体重	体长	躯干长	尾长	颈长	颈围	耳长	肩高	前肢围	前肢左右间距	臀高	后足长	后肢围	后肢左右间距	前后肢间距	胸围	腹围	腰围
狞猫	14 000.0	71.0	60.0	15.0	5.0	34.0	6.0	35.0	21.0	6.0	50.0	17.0	30.0	5.0	35.0	58.0	70.0	58.0
狞猫	13 200.0	76.0	56.0	18.0	9.0	31.0	7.0	45.0	18.0	5.0	50.0	19.0	31.0	6.0	35.0	56.0	72.0	70.0
欧洲盘羊	18 000.0	94.0	62.0	17.0	18.0	27.0	10.0	62.0	21.0	8.0	60.0	27.0	29.0	9.0	28.0	70.0	86.0	86.0
盘羊	51 000.0	160.0	89.0	12.0	31.0	38.0	10.0	87.0	27.0	16.0	78.0	37.0	41.0	12.0	32.0	98.0	108.0	88.0
盘羊	53 500.0	150.0	88.0	11.0	29.0	36.0	14.0	85.0	38.0	8.0	90.0	39.0	48.0	3.0	40.0	90.0	114.0	106.0
盘羊	81 000.0	141.0	94.0	15.0	26.0	74.0	10.0	116.0	30.0	9.0	105.0	43.0	48.0	5.0	43.0	130.0	124.0	102.0
狍子	21 000.0	11.0	76.0	5.0	20.0	30.0	14.0	78.0	30.0	6.0	84.0	44.0	37.0	3.0	36.0	66.0	74.0	62.0
狍子	23 500.0	108.0	69.0	5.0	27.0	29.0	13.0	75.0	29.0	5.0	80.0	35.0	36.0	3.0	35.0	65.0	73.0	62.0
平顶猴	5 750.0	50.0	41.0	7.0	8.0	27.0	2.0	31.0	17.0	5.0	32.0	13.0	26.0	3.0	17.0	37.0	28.0	29.0
普氏野马	208 000.0	210.0	132.0	45.0	36.0	82.0	16.0	136.0	57.0	10.0	126.0	51.0	82.0	8.0	68.0	144.0	152.0	140.0
山魈	18 750.0	96.0	72.0	12.0	6.0	48.0	3.0	67.0	37.0	6.0	58.0	22.0	37.0	5.0	36.0	82.0	67.0	59.0
猞猁	14 000.0	75.0	64.0	23.0	10.0	25.0	8.0	52.0	24.0	7.0	59.0	21.0	31.0	4.0	40.0	48.0	61.0	47.0
狮尾猴	9 000.0	50.0	37.0	36.0	6.0	33.0	3.0	38.0	21.0	12.0	46.0	16.0	27.0	5.0	23.0	44.0	47.0	39.0
食蟹猴	8 000.0	61.0	39.0	37.0	5.0	31.0	4.0	37.0	18.0	9.0	36.0	12.0	23.0	8.0	21.0	41.0	45.0	38.0
食蟹猴	7 000.0	45.0	34.0	34.0	4.0	28.0	4.0	36.0	18.0	6.0	37.0	11.0	22.0	4.0	20.0	36.0	47.0	45.0
水貂	553.0	34.0	25.0	20.0	6.0	13.0	2.0	11.0	9.0	2.0	14.0	15.0	8.0	2.0	13.0	17.0	20.0	17.0
水獭	7 500.0	64.0	50.0	44.0	10.0	27.0	2.0	22.0	26.0	4.0	25.0	15.0	30.0	4.0	20.0	31.0	42.0	37.0
水獭	6 750.0	63.0	46.0	47.0	8.0	26.0	2.0	21.0	20.0	3.0	28.0	13.0	25.0	4.0	23.0	30.0	43.0	40.0
水獭	7 250.0	61.0	44.0	38.0	9.0	24.0	2.0	25.0	17.0	7.0	29.0	12.0	25.0	5.0	30.0	32.0	49.0	40.0
四川羚牛	193 500.0	202.0	148.0	34.0	30.0	81.0	13.0	135.0	56.0	15.0	133.0	66.0	45.0	13.0	72.0	156.0	194.0	146.0
松鼠猴	650.0	30.0	22.0	42.0	2.0	12.0	1.0	20.0	8.0	4.0	27.0	9.0	11.0	3.0	15.0	15.0	19.0	13.0
松鼠猴	420.0	23.0	16.0	38.0	2.0	12.0	2.0	15.0	9.0	4.0	20.0	7.0	10.0	2.0	11.0	16.0	12.0	11.0

续表

名称	体重	体长	躯干长	尾长	颈长	颈围	耳长	肩高	前肢围	前肢左右间距	臀高	后足长	后肢围	后肢左右间距	前后肢间距	胸围	腹围	腰围
松鼠猴	400.0	24.0	20.0	34.0	3.0	8.0	2.0	18.0	5.0	4.0	17.0	7.0	6.0	2.0	16.0	14.0	12.0	10.0
松鼠猴	420.0	24.0	17.0	35.0	2.0	12.0	1.0	16.0	7.0	4.0	23.0	8.0	9.0	2.0	9.0	14.0	12.0	12.0
兔狲	5 000.0	46.0	34.0	28.0	4.0	24.0	4.0	27.0	18.0	9.0	34.0	10.0	25.0	7.0	14.0	38.0	44.0	43.0
5例平均值	3 570.0	48.2	35.4	27.2	4.8	19.6	4.0	28.6	15.2	5.6	30.2	10.6	20.8	5.2	16.0	32.0	36.4	33.0
兔豚鼠	4 000.0	65.0	45.0	2.0	3.0	22.0	3.0	20.0	13.0	6.0	26.0	10.0	20.0	6.0	13.0	34.0	45.0	44.0
兔豚鼠	5 250.0	52.0	36.0	2.0	4.0	20.0	3.0	22.0	14.0	5.0	27.0	10.0	26.0	4.0	18.0	32.0	39.0	36.0
豚鹿	28 500.0	119.0	74.0	17.0	22.0	46.0	10.0	62.0	28.0	8.0	66.0	30.0	44.0	10.0	39.0	76.0	84.0	72.0
豚鹿	20 000.0	107.0	70.0	11.0	17.0	26.0	11.0	62.0	24.0	8.0	67.0	28.0	45.0	9.0	29.0	66.0	76.0	64.0
豚鹿	19 000.0	98.0	67.0	14.0	18.0	35.0	11.0	60.0	26.0	5.0	65.0	41.0	28.0	3.0	30.0	66.0	74.0	64.0
倭蜂猴	560.0	28.0	18.0	2.0	1.0	14.0	2.0	16.0	8.0	5.0	16.0	9.0	4.0	3.0	10.0	20.0	22.0	19.0
5例平均值	373.0	25.8	18.0	1.7	1.6	12.0	2.0	15.4	6.0	4.0	15.2	6.0	5.4	3.2	9.2	15.8	15.8	13.8
鼯鼠	1 100.0	46.0	36.0	59.0	4.0	14.0	6.0	22.0	19.0	7.0	28.0	7.0	20.0	4.0	16.0	26.0	24.0	21.0
小熊猫	8 500.0	72.0	56.0	54.0	4.0	31.0	7.0	37.0	23.0	7.0	39.0	26.0	12.0	6.0	29.0	42.0	58.0	52.0
雪豹	38 000.0	127.0	64.0	89.0	12.0	43.0	7.0	60.0	39.0	12.0	66.0	26.0	44.0	6.0	46.0	76.0	80.0	78.0
雪豹	26 500.0	104.0	83.0	90.0	9.0	42.0	5.0	58.0	37.0	8.0	60.0	55.0	23.0	4.0	39.0	74.0	70.0	60.0
雪豹	34 000.0	94.0	77.0	99.0	10.0	56.0	7.0	64.0	46.0	8.0	54.0	26.0	54.0	7.0	30.0	86.0	84.0	80.0
雪兔	3 250.0	56.0	42.0	4.0	3.0	22.0	13.0	32.0	13.0	3.0	34.0	15.0	17.0	5.0	20.0	36.0	42.0	40.0
雪兔	3 250.0	56.0	42.0	4.0	3.0	22.0	13.0	32.0	13.0	3.0	34.0	15.0	17.0	4.0	20.0	36.0	42.0	40.0
岩袋鼠	33 750.0	102.0	76.0	81.0	6.0	30.0	17.0	45.0	32.0	6.0	80.0	51.0	28.0	3.0	34.0	59.0	80.0	74.0
岩羊	26 500.0	100.0	65.0	10.0	19.0	35.0	14.0	75.0	35.0	7.0	78.0	30.0	48.0	5.0	34.0	80.0	90.0	70.0
岩羊	45 000.0	112.0	72.0	14.0	18.0	37.0	14.0	92.0	35.0	6.0	87.0	36.0	45.0	3.0	48.0	90.0	100.0	86.0
野马	240 000.0	203.0	107.0	39.0	49.0	90.0	15.0	134.0	22.0	22.0	129.0	51.0	29.0	15.0	80.0	156.0	200.0	170.0

续表

名称	体重	体长	躯干长	尾长	颈长	颈围	耳长	肩高	前肢围	前肢左右间距	臀高	后足长	后肢围	后肢左右间距	前后肢间距	胸围	腹围	腰围
野马	311 500.0	215.0	127.0	39.0	44.0	86.0	17.0	130.0	68.0	7.0	134.0	52.0	97.0	12.0	75.0	150.0	172.0	148.0
野马	265 000.0	216.0	134.0	54.0	36.0	76.0	18.0	130.0	51.0	12.0	133.0	50.0	95.0	11.0	73.0	154.0	182.0	156.0
夜猴	800.0	29.0	22.0	37.0	2.0	14.0	2.0	20.0	7.0	6.0	24.0	9.0	12.0	3.0	14.0	19.0	18.0	13.0
银狐	5 000.0	62.0	45.0	38.0	6.0	26.0	10.0	40.0	19.0	6.0	46.0	16.0	26.0	4.0	20.0	33.0	49.0	30.0
5 例平均值	3 800.0	63.6	38.8	41.2	8.6	24.2	9.2	36.6	15.0	4.6	39.0	15.6	23.0	3.0	21.6	34.2	39.6	30.4
尤氏袋鼠	4 000.0	53.0	38.0	39.0	4.0	16.0	7.0	19.0	10.0	3.0	41.0	15.0	25.0	3.0	21.0	26.0	35.0	37.0
尤氏袋鼠	6 500.0	55.0	43.0	40.0	4.0	24.0	10.0	20.0	11.0	7.0	42.0	24.0	15.0	8.0	20.0	35.0	51.0	53.0
尤氏袋鼠	5 000.0	54.0	40.0	49.0	3.0	18.0	9.0	24.0	13.0	4.0	43.0	15.0	28.0	2.0	19.0	26.0	36.0	41.0
原驼	100 000.0	250.0	104.0	45.0	62.0	35.0	19.0	190.0	41.0	11.0	126.0	46.0	62.0	8.0	56.0	118.0	152.0	126.0
云豹	15 000.0	83.0	58.0	58.0	6.0	34.0	6.0	33.0	23.0	6.0	43.0	16.0	34.0	4.0	30.0	51.0	62.0	52.0
长角羚	61 500.0	137.0	91.0	37.0	20.0	52.0	21.0	92.0	30.0	20.0	108.0	48.0	39.0	13.0	40.0	94.0	126.0	102.0
长角羚	92 500.0	176.0	109.0	41.0	33.0	48.0	23.0	108.0	41.0	13.0	92.0	45.0	57.0	10.0	52.0	116.0	144.0	120.0
长颈鹿	110 000.0	207.0	118.0	70.0	102.0	70.0	20.0	180.0	66.0	10.0	148.0	77.0	78.0	7.0	51.0	160.0	146.0	132.0
爪哇鹿	61 000.0	154.0	90.0	20.0	24.0	52.0	17.0	84.0	35.0	11.0	89.0	36.0	57.0	13.0	37.0	108.0	122.0	108.0
爪哇鹿	41 500.0	136.0	90.0	18.0	31.0	49.0	16.0	91.0	36.0	8.0	98.0	36.0	59.0	6.0	35.0	96.0	106.0	92.0
猪獾	9 500.0	72.0	51.0	13.0	6.0	37.0	3.0	26.0	19.0	7.0	29.0	8.0	23.0	8.0	27.0	38.0	56.0	49.0
猪獾	9 000.0	60.0	42.0	16.0	5.0	46.0	3.0	24.0	21.0	11.0	26.0	27.0	9.0	13.0	24.0	67.0	74.0	76.0
猪獾	12 000.0	57.0	44.0	15.0	5.0	33.0	3.0	26.0	20.0	14.0	25.0	9.0	24.0	12.0	22.0	80.0	70.0	76.0
猪獾	8 500.0	61.0	40.0	14.0	8.0	29.0	4.0	25.0	14.0	8.0	23.0	9.0	19.0	11.0	29.0	46.0	56.0	40.0
棕熊	223 000.0	186.0	128.0	14.0	19.0	92.0	15.0	89.0	62.0	15.0	84.0	27.0	91.0	19.0	56.0	150.0	172.0	152.0
棕熊	252 000.0	179.0	125.0	6.0	26.0	110.0	13.0	101.0	83.0	15.0	91.0	25.0	101.0	18.0	59.0	150.0	166.0	154.0

参 考 文 献

1. 脊椎动物标本制作．唐子英等．上海：复旦大学出版社．1985
2. 家畜解剖标本制作法．《家畜标本解剖制作法》编写组．北京：农业出版社．1977
3. 解剖学技术．于频等．北京：人民卫生出版社．1985
4. 烟台海滨无脊椎动物．姜在阶等．北京：北京师范大学出版社．1986
5. 毛皮工艺学．《毛皮工艺学》编写组．北京：中国轻工业出版社．1989
6. 植物标本制作．倪兰瑜等．福建：福建科学技术出版社．1983
7. 昆虫标本技术．王林瑶等．北京：科学出版社．1983

第一版后记

《野生动植物标本制作》是作者二十年来的实践和认识。希望在传播知识，普及制作技能，充分利用动植物资源方面起到促进作用。同时，也希望能唤起人们保护环境、保护资源的意识。

本书的问世，归功于作者拥有一个良好的环境。如果没有北京动物园二十年来为作者提供的丰富的学习和实践场所，没有各级领导的关心和培养，没有师傅的指导，没有徒弟们的合作参与，没有周围众多同事和朋友无私、真诚的帮助，本书都将不能顺利出版。为此，特向以上各方人表示衷心地感谢。

特别应该感谢的是我国著名的鸟类学家郑光美先生。他在国内外享有盛名，是北京师范大学教授、博士生导师，同时也是中国鸟类学会理事长、国际鸟类学委员会（IOC）委员、世界雉类协会中国分会主席、第八届全国人大代表。郑光美先生在百忙之中，为本书作了具有指导意义的序。作者感到无尚荣幸，并将序作为鞭策标本事业发展的动力，来回报和感谢郑光美先生对这一事业的关怀。

北京动物园的黄世强老师担任了主审工作，对本书的设计、编写工作都提出了许多建议，并通审了全文。杨琴同志负责本书的录入、修改和编排工作，为此付出了极大的热情与辛苦。白明亮先生负责本书的绘图工作，他的精美绘图，为本书增添了无限光彩。他们利用自己的休息时间，来参与、支持本书的编著，这种无私和友谊胜过一切，无法估价。

由于作者水平的局限，在书中难免会有许多纰漏，恳请各位老师、同仁和读者批评指正。

肖　方

一九九九年一月